Colored Illustration

がんを薬で治したい

序章 P.5 へ

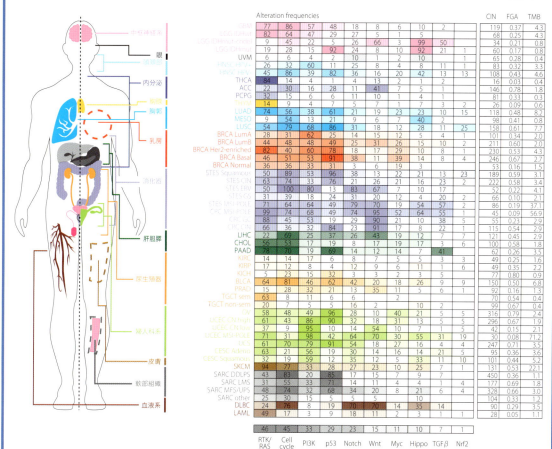

図3 がんを部位・タイプ別にみたときのゲノム変異・分子経路異常の頻度

9,125症例のがんを部位・タイプ別に分類し，それぞれにおける主要10種類の経路（RTK/RAS，Cell cycle，PI3K，p53，Notch，Wnt，Myc，Hippo，TGFβ，Nrf2）の変異頻度（Alteration frequencies）を示している．CIN：染色体不安定性，FGA：コピー数変化の頻度，TMB：遺伝子変異数．文献4）をもとに作成．

Colored Illustration

がん創薬の基盤となるコンセプト

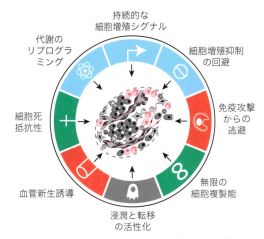

図 1.2　がんのホールマーク（基本的特徴）
文献 3）より引用.

図 1.3　がんのホールマークの分類

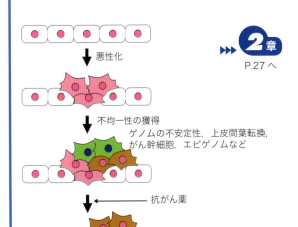

図 2.1　がんの不均一性と薬剤耐性

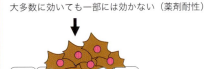

図 3.1　ソラフェニブのキナーゼ阻害プロファイル
文献 4）より引用.

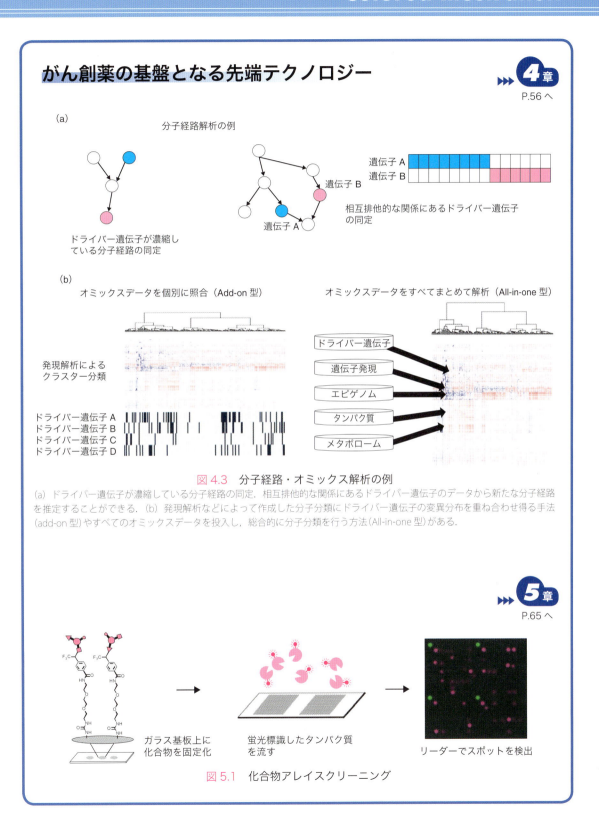

Colored Illustration

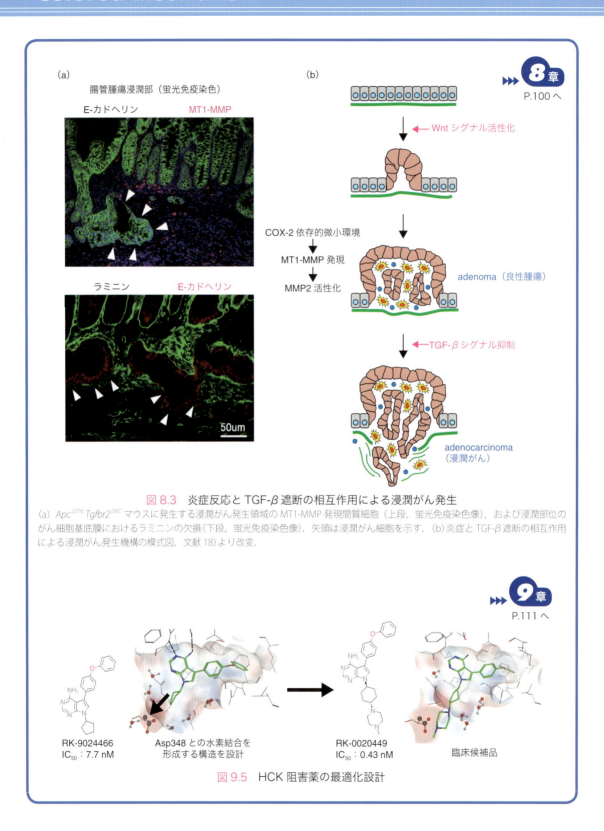

図 8.3 炎症反応と TGF-β 遮断の相互作用による浸潤がん発生

(a) $Apc^{\Delta 716}\ Tgfbr2^{\Delta IEC}$ マウスに発生する浸潤がん発生領域の MT1-MMP 発現間質細胞（上段，蛍光免疫染色像），および浸潤部位のがん細胞基底膜におけるラミニンの欠損（下段，蛍光免疫染色像）．矢頭は浸潤がん細胞を示す．(b) 炎症と TGF-β 遮断の相互作用による浸潤がん発生機構の模式図．文献 18) より改変．

図 9.5 HCK 阻害薬の最適化設計

Colored Illustration

がん治療薬の分類と特徴

▶▶▶ **12**章 P.153 へ

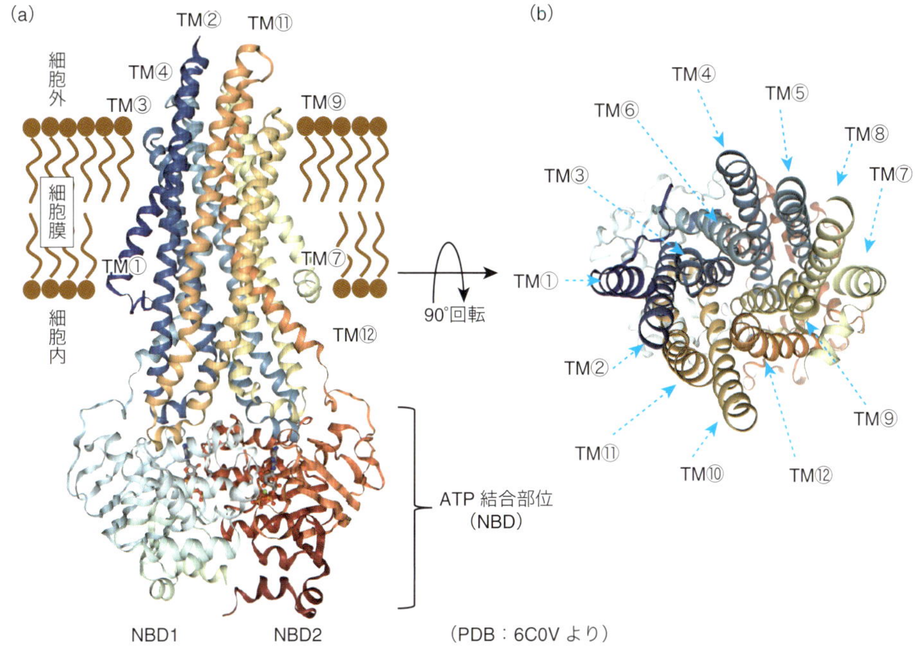

図 12.11　P-糖タンパク質の立体構造
(a) P-糖タンパク質の横からみた立体構造 (PDB:6C0V). 12 か所の膜貫通 (transmembrane, TM ①〜⑫) 部分と 2 個の ATP 結合部位 (nucleotide-binding domain, NBD1, 2) をもつ. (b) (a) を回転させた P-糖タンパク質の細胞膜貫通部位の断面図. P-糖タンパク質は，ATP 加水分解のエネルギーを利用した立体構造変換により，さまざまな基質薬剤を膜貫通ドメインから細胞外に排出すると考えられている.

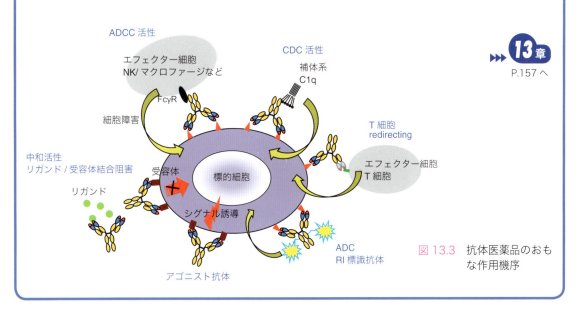

▶▶▶ **13**章 P.157 へ

図 13.3　抗体医薬品のおもな作用機序

C-5

Colored Illustration

分子標的治療薬の実績と展望

16章
P.192 へ

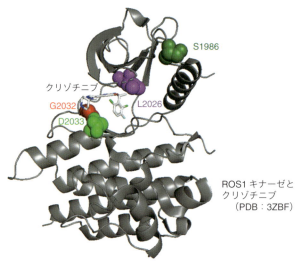

図16.5　ROS1 チロシンキナーゼの構造（グリゾチニブとの共結晶構造）

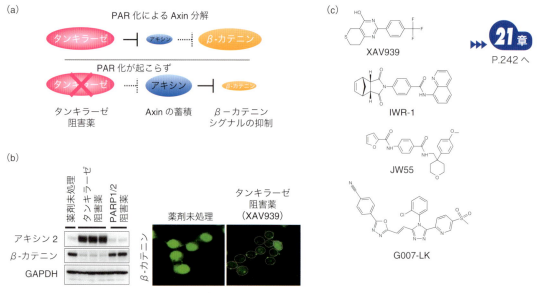

図21.9　タンキラーゼ阻害薬による Wnt/β-カテニンシグナルの遮断

(a)タンキラーゼはアキシンを分解に導き，β-カテニンを蓄積させる．タンキラーゼ阻害薬はβ-カテニンの分解を促進することで同シグナルを遮断する．(b) 左：ヒト大腸がん COLO-320DM 細胞のタンパク質抽出液を用いたイムノブロット．タンキラーゼ阻害薬（左から）：XAV939，IWR-1，JW55．PARP1/2 阻害薬（左から）：ベリパリブ，オラパリブ．いずれも 3.3 μM，16 時間処理．右：同細胞の免疫蛍光染色．核内に蓄積したβ-カテニン（左）がタンキラーゼ阻害薬によって消失している（右：点線は核の位置）．(c) タンキラーゼ阻害薬の構造式．

21章
P.242 へ

Colored Illustration

今後注目すべきがん治療標的

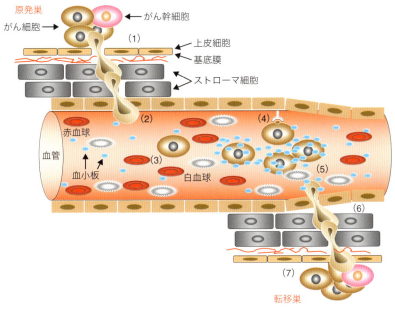

図 22.1 転移巣形成に至るまでの多数のステップ

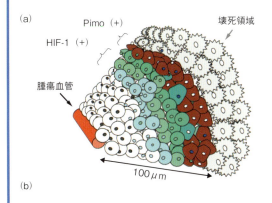

図 23.1 固形腫瘍内にみられる低酸素領域
(a) 腫瘍内の慢性的低酸素環境．Pimo（＋）：きわめて低酸素（10 mmHg 以下）で応答するピモニダゾール反応（低酸素マーカー）の陽性領域．(b) 酸素濃度依存的に制御される HIF，酸素センサーとして機能するプロリン水酸化酵素 PHD2 と HIF の転写活性抑制因子 FIH の活性，ピモニダゾール反応の関連性を模式的に示した．

Colored Illustration

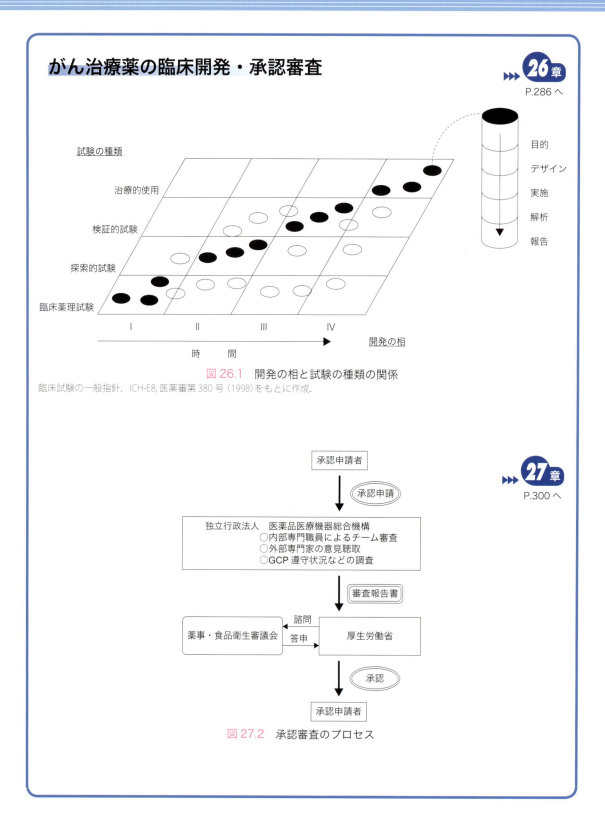

図 26.1 開発の相と試験の種類の関係

図 27.2 承認審査のプロセス

進化するがん創薬

がん科学と薬物療法の最前線

清宮啓之 編

化学同人

執筆者一覧

編 者

清宮　啓之　　　　がん研究会がん化学療法センター 分子生物治療研究部

著 者

序章	清宮　啓之	がん研究会がん化学療法センター 分子生物治療研究部
1章	宮澤　恵二	山梨大学大学院総合研究部(医学域) 生化学講座
2章	山田　泰広	東京大学医科学研究所 システム疾患モデル研究センター先進病態モデル研究分野
	島田　由衣	東京大学医科学研究所 システム疾患モデル研究センター先進病態モデル研究分野
3章	西尾　和人	近畿大学医学部 ゲノム生物学教室
	坂井　和子	近畿大学医学部 ゲノム生物学教室
4章	柴田　龍弘	国立がん研究センター研究所 がんゲノミクス研究分野, 東京大学医科学研究所 ヒトゲノム解析センターゲノム医科学分野
5章	長田　裕之	理化学研究所 環境資源科学研究センター ケミカルバイオロジー研究グループ
	平野　弘之	理化学研究所 環境資源科学研究センター ケミカルバイオロジー研究グループ
	近藤　恭光	理化学研究所 環境資源科学研究センター ケミカルバイオロジー研究グループ
6章	旦　慎吾	がん研究会がん化学療法センター 分子薬理部
7章	筆宝　義隆	千葉県がんセンター研究所 発がん制御研究部
8章	大島　正伸	金沢大学がん進展制御研究所 腫瘍遺伝学研究分野
9章	本間　光貴	理化学研究所 生命機能科学研究センター 制御分子設計研究チーム
10章	西山　伸宏	東京工業大学科学技術創成研究院 化学生命科学研究所
11章	高橋　陵宇	広島大学大学院医系科学研究科 細胞分子生物学研究室
	プリエト・ビラ　マルタ	東京医科大学 医学総合研究所 分子細胞治療研究部門
	小濱　一作	群馬大学医学部　整形外科学教室
	落谷　孝広	東京医科大学 医学総合研究所 分子細胞治療研究部門
12章	野口　耕司	横浜薬科大学薬学部 健康薬学科 感染予防学研究室
13章	秋永　士朗	アキュルナ株式会社
	中村　康司	株式会社カイオム・バイオサイエンス　創薬研究所
14章	西川　博嘉	名古屋大学大学院 医学系研究科 微生物・免疫学講座 分子細胞免疫学, 国立がん研究センター研究所 腫瘍免疫研究分野／先端医療開発センター 免疫トランスレーショナルリサーチ分野
	種子島時祥	国立がん研究センター先端医療開発センター 免疫トランスレーショナルリサーチ分野
15章	田原　栄俊	広島大学大学院医系科学研究科　細胞分子生物学研究室
	山本　佑樹	広島大学大学院医系科学研究科　細胞分子生物学研究室
	城間　喜智	広島大学大学院医系科学研究科　細胞分子生物学研究室
	矢野　公義	広島大学大学院医系科学研究科　細胞分子生物学研究室
16章	片山　量平	がん研究会がん化学療法センター 基礎研究部
17章	足立　雄太	金沢大学がん進展制御研究所 腫瘍内科
	矢野　聖二	金沢大学がん進展制御研究所 腫瘍内科
18章	馬島　哲夫	がん研究会がん化学療法センター 分子生物治療研究部
	冨田　章弘	がん研究会がん化学療法センター ゲノム研究部

19章	樋田	京子	北海道大学大学院歯学研究院 口腔病態学分野 血管生物分子病理学教室
	間石	奈湖	北海道大学大学院歯学研究院 口腔病態学分野 血管生物分子病理学教室
20章	新城	恵子	名古屋大学大学院医学系研究科 腫瘍生物学
	近藤	豊	名古屋大学大学院医学系研究科 腫瘍生物学
21章	清宮	啓之	がん研究会がん化学療法センター 分子生物治療研究部
22章	藤田	直也	がん研究会がん化学療法センター
23章	近藤	科江	東京工業大学生命理工学院
24章	上野	将也	金沢大学がん進展制御研究所 遺伝子・染色体構築研究分野
	平尾	敦	金沢大学がん進展制御研究所 遺伝子・染色体構築研究分野
25章	光石陽一郎		順天堂大学大学院医学研究科 呼吸器内科学
	本橋ほづみ		東北大学加齢医学研究所 遺伝子発現制御分野
26章	布施	望	国立がん研究センター東病院
	大津	敦	国立がん研究センター東病院
27章	成川	衛	北里大学薬学部 臨床医学(医薬開発学)

はじめに

わが国では，がんは1981年から死因の第一位を占め，罹患数も死亡数も増加の一途を辿ってきた．今や日本人の2人に1人ががんを経験する時代であり，年間37万人以上もの人ががんで亡くなっている．一方，診断・治療法の発達により，がんの死亡率そのもの（年齢調整死亡率）は明らかな減少傾向にある．近年はとくに，がんのバイオサイエンスに立脚した分子標的治療薬，さらには免疫療法薬が，がんの治療成績を大きく改善している．また，症例ごとにがんのゲノム異常を調べ，最適な治療薬を選択する精密医療（プレシジョン医療）も本格化している．しかし一方で，アキレス腱の不明瞭ながん，薬剤をつくりにくい標的分子，根治を阻む薬剤耐性など，今なお多くの解決すべき課題が残されている．

このような，がん薬物療法をめぐる研究背景の多様化・複雑化に伴い，従来型の「個」の研究に加えて，異分野連携によるチームサイエンスの意義が高まっている．この傾向は，がん創薬を大規模かつ複合領域的な新しい学問へと変貌させる一方，初学者にとっては，個々の専門知識を体系的に習得しにくい状況をもたらしているかもしれない．そこで本書は，がん創薬の広大な森の景観を俯瞰しつつ，そこに混生し合う，さまざまな樹木の息吹を伝えることを趣旨とした．がん創薬の基盤となるコンセプト，先端テクノロジー，種々の治療標的から新薬の臨床試験・承認審査に至るまで，それぞれの第一線で活躍されているエキスパートに執筆をお願いした．

医薬品を最終的に世に送り出すのは製薬会社であるが，その端緒となる基礎研究・シーズ創出において，アカデミアの果たすべき役割は大きい．本書が次代を担う学生および若手研究者ががん創薬を志すきっかけとなれば，これ以上の喜びはない．すべては，患者さんとその家族のために．

2019年5月

清宮啓之

目 次

Colored Illustration

序章　がんを薬で治したい ……………………………………………………………… 1

1	はじめに	*1*
2	がんの標準治療	*2*
3	がん薬物療法のあゆみ	*3*
4	がん創薬の流れ	*7*
5	分子標的治療薬にみる課題と新たな展開	*8*
6	がん薬物療法の変革を促す諸因子	*12*
	文　献	*14*

Part I　がん創薬の基盤となるコンセプト

1章　がん細胞の基本的特徴 …………………………………………………………… 16

1.1	腫瘍，新生物，がん	*16*
1.2	がん細胞の八つの基本的特徴	*17*
1.3	がんを促進する二つの特性 －ゲノム不安定性と炎症	*23*
1.4	がん微小環境	*25*
1.5	分子標的としてのホールマーク	*25*
1.6	最後に	*26*
	文　献	*26*

2章　がんの不均一性と可塑性 ………………………………………………………… 27

2.1	はじめに	*27*
2.2	がんの不均一性	*28*
2.3	がんの可塑性を生み出すメカニズム	*29*
2.4	まとめ	*35*
	文　献	*35*

3章　がんの分子標的とバイオマーカー ……………………………………………… 36

3.1	分子標的治療の概念	*36*
3.2	Proof-of-concept（POC）	*38*
3.3	バイオマーカーの意義	*39*
3.4	オフターゲットの臨床的意義	*39*
3.5	コンパニオン診断薬	*41*
3.6	プレシジョン医薬	*42*
3.7	がんクリニカルシーケンシングの実際	*43*
3.8	マルチ診断技術のリキッドバイオプシーへの応用	*45*
3.9	がんクリニカルシーケンスの実装に向けて	*45*
	文　献	*46*

■ 目　次 ■

Part II　がん創薬の基盤となる先端テクノロジー

4章　がんゲノミクス　48

- 4.1　はじめに　48
- 4.2　がんにおけるゲノム異常　48
- 4.3　がんゲノムシーケンス解析戦略　49
- 4.4　がんシーケンスデータ1次解析　51
- 4.5　ドライバー遺伝子の同定　53
- 4.6　パスウエイ解析，統合オミックス解析　56
- 4.7　腫瘍内多様性を組み込んだがんゲノム解析　57
- 4.8　がん免疫療法における総変異数や新生抗原の評価　57
- 4.9　臨床シーケンス　58
- 4.10　シングルセル解析　59
- 文　献　59

5章　抗がん薬探索を加速する化合物バンク　60

- 5.1　はじめに　60
- 5.2　海外の状況　61
- 5.3　日本の状況　64
- 5.4　おわりに　66
- 文　献　67

6章　がん細胞パネルを用いた標的探索と創薬　68

- 6.1　はじめに　68
- 6.2　がん細胞パネル法の誕生　69
- 6.3　NCIにおけるがん細胞パネル法の実際　69
- 6.4　NCI60スクリーニングによる創薬の成功例　70
- 6.5　がん研究会におけるJFCR39パネルの構築とその運用　71
- 6.6　薬剤感受性データとポストゲノムデータとの融合　73
- 6.7　"CellMiner"の開発　75
- 6.8　多種類の細胞株パネルと薬剤感受性・オミックス統合データベースの構築　77
- 6.9　DepMapとProject DRIVE－機能ゲノミクスデータの統合　78
- 6.10　おわりに　80
- 文　献　82

7章　オルガノイド・患者由来ゼノグラフト　83

- 7.1　はじめに　83
- 7.2　がん細胞株に関連する問題点　83
- 7.3　患者由来組織ゼノグラフト（PDX）　86
- 7.4　スフェロイド培養　88
- 7.5　オルガノイド培養　89
- 7.6　Liquid-air interface 共培養　91
- 7.7　マウス細胞由来がん細胞　92
- 7.8　おわりに　93
- 文　献　93

8章　がん創薬のための動物モデル　94

- 8.1　はじめに　94
- 8.2　発がん初期過程を再現するマウスモデル　94
- 8.3　新しいモデル開発に向けた革新的技術開発　97
- 8.4　大腸がん悪性化進展マウスモデルの開発研究　98
- 8.5　おわりに　103
- 文献　103

9章　情報計算科学によるインシリコ創薬　105

- 9.1　はじめに　105
- 9.2　インフォマティクスとシミュレーションを融合したインシリコ創薬技術　106
- 9.3　創薬への応用例　109
- 9.4　インシリコ創薬からAI創薬へ　111
- 文献　114

10章　ドラッグデリバリーシステム　115

- 10.1　DDSの必要性　115
- 10.2　DDSの目的と得られる効果　115
- 10.3　徐放型DDSのがん治療分野への応用　116
- 10.4　ターゲティング型DDS　117
- 10.5　トランスレーショナルリサーチ(TR)における課題　122
- 10.6　将来展望　124
- 文献　124

11章　リキッドバイオプシー　125

- 11.1　リキッドバイオプシーの確立に向けて　125
- 11.2　リキッドバイオプシーを担う細胞，分子，小胞　125
- 11.3　miRNAを対象としたがんの迅速診断技術の開発　129
- 11.4　エクソソームを用いた抗がん薬感受性の評価　129
- 11.5　がん再発の予測　130
- 11.6　おわりに　130
- 文献　131

Part III　がん治療薬の分類と特徴

12章　小分子化合物　134

- 12.1　細胞傷害性抗がん薬　134
- 12.2　がん分子標的治療薬　146
- 12.3　その他の分子標的治療薬と作用機序　150
- 12.4　薬物排出トランスポーターと抗がん薬耐性機構　152
- 12.5　まとめと今後の展望　153
- 文献　153

目次

13章 抗体医薬 — 154

- 13.1 はじめに 155
- 13.2 抗体の構造的特徴 155
- 13.3 IgGのアイソタイプの選択 156
- 13.4 抗体医薬品のおもな作用機序 157
- 13.5 がんに対する抗体医薬品 157
- 13.6 まとめ 164
- 文献 165

14章 がん免疫療法薬 — 166

- 14.1 はじめに 166
- 14.2 がん免疫療法のはじまり 166
- 14.3 HLA結合ペプチドとがんワクチン 167
- 14.4 T細胞遺伝子改変療法 168
- 14.5 免疫チェックポイント分子と免疫チェックポイント阻害療法 169
- 14.6 おわりに 171
- 文献 171

15章 核酸医薬 — 172

- 15.1 核酸医薬とは 172
- 15.2 核酸医薬の種類とその特徴 173
- 15.3 核酸におけるDDS 178
- 15.4 FDAに承認された核酸医薬 180
- 15.5 核酸医薬の今後 181
- 文献 181

Part IV 分子標的治療薬の実績と展望

16章 チロシンキナーゼ阻害薬 — 184

- 16.1 受容体型チロシンキナーゼ異常によるがん 184
- 16.2 CMLの原因遺伝子 *BCR-ABL* と薬物療法 185
- 16.3 その他のがんにおけるチロシンキナーゼの異常 186
- 16.4 最後に 195
- 文献 195

17章 シグナル伝達系阻害薬 — 196

- 17.1 がん細胞におけるシグナル伝達 196
- 17.2 MAPK経路 197
- 17.3 PI3K/AKT経路 202
- 17.4 おわりに 204
- 文献 204

18章 プロテアソーム阻害薬 — 206

- 18.1 ユビキチン・プロテアソーム経路とがん治療 206
- 18.2 がん治療標的としてのオートファジー・リソソーム系 210
- 18.3 がん治療標的としてのプロテオスタシス 213
- 18.4 おわりに 215
- 文献 215

19章 血管新生阻害薬 — 216

- 19.1 血管新生の制御 216
- 19.2 腫瘍血管の特徴 219
- 19.3 血管新生阻害療法開発の背景と作用 220
- 19.4 血管新生阻害薬 221
- 19.5 おわりに 223
- 文献 223

20章 エピゲノム標的薬 — 224

- 20.1 DNAメチル化異常を標的とする治療 224
- 20.2 ヒストン修飾とそれを標的とするがん治療 227
- 20.3 まとめと展望 232
- 文献 233

21章 PARP阻害薬 — 234

- 21.1 ポリ(ADP-リボシル)化とPARPファミリー酵素 234
- 21.2 PARP-1/2によるDNA損傷修復 235
- 21.3 PARP阻害薬とBRCA1/2機能欠損による合成致死 236
- 21.4 PARP阻害薬の臨床開発 236
- 21.5 PARP阻害薬の種類と適用 238
- 21.6 PARPトラッピング効果による制がん 238
- 21.7 コンパニオン診断法の開発とその臨床的意義 239
- 21.8 PARP阻害薬の耐性機構 239
- 21.9 PARP阻害薬のさらなる可能性 240
- 21.10 タンキラーゼ(PARP-5a/b)阻害薬の開発 241
- 21.11 今後の展望 243
- 文献 243

Part V 今後注目すべきがん治療標的

22章 がんの浸潤・転移 — 246

- 22.1 はじめに 246
- 22.2 がん転移における臓器指向性 246
- 22.3 がん転移モデル 247
- 22.4 浸潤・転移の基本メカニズム 248
- 22.5 浸潤・転移を標的とした治療薬の開発とその問題点 251
- 22.6 おわりに 253
- 文献 253

■ 目　次 ■

23章　腫瘍内微小環境 ……………………………………………………… 254

- 23.1　腫瘍内微小環境　*254*
- 23.2　低酸素誘導因子 HIF　*256*
- 23.3　治療抵抗性を培う腫瘍内低酸素環境　*259*
- 23.4　環境標的薬の開発　*261*
- 23.5　おわりに　*264*
- 文　献　*265*

24章　がん幹細胞——がん幹細胞の概念と治療戦略 ……………………… 266

- 24.1　がん幹細胞研究の経緯　*266*
- 24.2　がん幹細胞のステムネスを標的とした治療法の開発　*270*
- 24.3　おわりに　*273*
- 文　献　*273*

25章　がん特異的代謝経路 ………………………………………………… 274

- 25.1　がん細胞における好気的解糖（ワールブルク効果）　*274*
- 25.2　代謝産物濃度に異常をきたすメカニズム　*274*
- 25.3　がん細胞に特異的な代謝産物のバイオロジー　*277*
- 25.4　おわりに　*282*
- 文　献　*282*

Part IV　がん治療薬の臨床開発・承認審査

26章　がん治療薬の臨床開発 ……………………………………………… 286

- 26.1　はじめに　*286*
- 26.2　第Ⅰ相試験　*287*
- 26.3　第Ⅱ相試験　*290*
- 26.4　第Ⅲ相試験　*294*
- 26.5　おわりに　*296*
- 文　献　*296*

27章　がん治療薬の承認審査 ……………………………………………… 297

- 27.1　最近のがん治療薬の承認と治験の状況　*297*
- 27.2　新薬の承認審査の仕組み　*299*
- 27.3　新薬の承認可否判断とレギュラトリーサイエンス　*301*
- 27.4　今後のがん治療薬の承認審査　*302*
- 文　献　*303*

用語解説 …………………………… *305*
索　引 ……………………………… *317*

がんを薬で治したい

Summary

がんは異常な細胞増殖や遠隔転移などの悪性形質を示し，1981年より日本における死因の第一位を占めている．がん薬物療法は，手術や放射線治療が困難な進行・再発がんに適用されるばかりでなく，術前・術後の補助療法としても有用である．細胞傷害性の抗がん薬に加えて，がん細胞に固有の分子変化をピンポイントで捉える分子標的治療薬が多用されている．しかし，がんは不均一で可塑性に富む細胞集団で構成されており，これによる薬剤への不応性や獲得耐性が完治を阻む要因となっている．さらに，薬剤をつくりにくい標的分子や，がん種によっては標的分子の存否そのものも未解決の課題である．一方，近年はがん免疫療法が治癒率の向上に貢献しつつある．がん創薬においてとくに重要なのは，薬効機序の論理的裏づけ（POC）である．これにより効果予測や耐性出現のバイオマーカーを設定することが可能となり，侵襲性の低い体液診断などの実用化にもつながっている．そして今，ゲノム変異を指標に有効な治療薬を選択し，無用な薬剤投与を回避する「がんゲノム医療」が本格化しつつある．

1 はじめに

私たちのからだは，一つの受精卵が増殖と分化を経てさまざまな組織・器官を形成し，これらが総体として恒常性（homeostasis）を保つことで成り立っている．人体を構成する細胞は200種類以上存在し，その数は推定37兆個ともいわれている．これらのなかには，神経細胞や心筋細胞のように生涯にわたって入れ替わることのない細胞も存在するが，血液中の好中球や小腸の上皮細胞のように，寿命がわずか1日足らずの細胞も存在する．その他の臓器を構成するほとんどの組織においても，数日から数か月まで，それぞれに固有の速度で新しい細胞への入れ替わりが起きている．この仕組みは人体の機能的完全性（integrity）と頑健性（robustness）を担保する，組織細胞社会の根幹をなすものである．

がん細胞は，もともとは正常であった細胞が病的に変化したもので，無秩序で無制限な分裂増殖，本来の体内住所を踏み越えた浸潤・転移など，細胞社会の秩序から逸脱した挙動を示す（→第1章）．それは自己の増殖繁栄のみを希求する単細胞生物を想起させるが，単細胞生物と異なる点として，増殖したがん細胞集団（腫瘍塊）には多様性・不均一性（heterogeneity）が認められる．その原動力はがん細胞自身の可塑性（plasticity）であり，生存増殖に一層有利な形質を獲得したがん細胞クローンが選択される（→第2章）．がん細胞は，周囲の正常な間質細胞・血管内皮細胞・免疫細胞などの働きを撹乱することで，腫瘍内に増殖因子や血流を供給したり，異物反応から回避したりもする（→第14，19，23章）．このように進行したがんは，原発あるいは転移先（→第22章）のvital organ（生命の維持に必要不可欠な臓器）の機能不全を引き起こすなどして，宿主を死に至らしめる．

がんによる致死を回避するには，「予防」・「診断」・「治療」をいかに早期に，いかに効果的に行

■ 序章　がんを薬で治したい ■

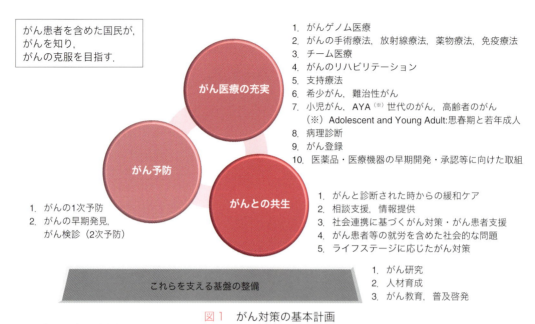

図1　がん対策の基本計画

日本の第3期がん対策推進基本計画（2018年3月9日閣議決定）の概要を示す．①科学的根拠に基づくがん予防・がん検診の充実（がん予防），②患者本位のがん医療の実現（がん医療の充実），③尊厳を持って安心して暮らせる社会の構築（がんとの共生）を目標とした施策が掲げられている．

うかが重要である．2018年の閣議決定『第3期がん対策推進基本計画』（図1）ではさらに，がんとの「共生」が新たな目標に掲げられ，緩和ケアの充実やサバイバーシップ支援の取り組みもなされている．本書はがん創薬を主題とすることから，本章ではそのイントロダクションとして，がんの薬物治療とその礎となる創薬研究について概説する．

2　がんの標準治療

国立がん研究センター「がん情報サービス」の定義によれば，標準治療とは「科学的根拠に基づいた観点で，現在利用できる最良の治療であることが示され，ある状態の一般的な患者さんに行われることが推奨される治療」である．がんの標準治療は手術療法，放射線療法，薬物療法の三つに大別されるが，近年は第四の治療法として免疫療法が定着している．ここではまず，前者の三つの標準治療について説明する．

2.1　手術療法

手術療法は治療の第一選択肢である．早期のがんで転移のみられないものなどは，メスで完全に取り切ることにより大抵は完治するといってよい．肉眼でも顕微鏡でもがん細胞を完全に切除できたことを「治癒切除（もしくはR0切除）」と呼ぶ．ただし開腹など侵襲性の高い手術ではからだに大きな負担がかかるばかりでなく，切除された部位・範囲によっては，器官・臓器の機能の一部もしくは全部が損なわれ，術後のQOL（quality of life，生活の質）の低下が問題となる場合もある．開腹手術の侵襲性を低減させる手段として，腹腔鏡手術や胸腔鏡手術が選択されることも多い．手術は局所療法であるため，組織に深く浸潤したがんや他臓器に遠隔転移してすべてを切除しきれなくなったがん（→第22章），白血病などの血液腫瘍に対しては適用が困難である．

2.2　放射線療法

放射線療法は，X線・電子線・ガンマ線などを

2

病巣部に照射することにより，がん細胞のDNAに損傷を与え，細胞死に導く治療法である．リニアックという放射線発生装置でからだの外から放射線を照射する方法と，放射線を発生するカプセル上の小線源を病巣もしくはその近傍に挿入する小線源治療がある．それぞれが単独で用いられる場合と，外照射ののちに小線源治療が施される場合，あるいは手術や薬物療法と組み合わせて用いられる場合がある．放射線障害を極力避けるため，放射線の照射をいかに病巣部のみに集中させるかが重要である．

2.3　薬物療法

小分子（低分子）化合物（→第12章）や抗体（→第13章）などの薬物を体内に投与することで，がん細胞の生存増殖を抑える治療法である．手術療法や放射線療法では対応しきれない場合に適用されるばかりでなく，術前・術後の補助療法としても有益である．術前薬物療法（ネオアジュバント療法）は，外科手術の前に抗がん薬を投与し，病巣を縮小させることで，手術の規模ひいては患者のからだへの負担を軽減させることを目的とする．検出限界以下の微小転移巣を駆逐する狙いもある．一方，術後の補助療法（アジュバント療法）は，手術では切除しきれなかった微小ながん細胞あるいは微小転移巣の存在を想定し，これを叩くことで再発を防ぐものである．例として，ステージⅢの大腸がんでは治癒切除が行われた場合でも再発リスクが高いことから，これを防止する目的でアジュバント療法が適用される．また，切除不能な進行がんや再発がんに対して最後の砦となるのも薬物療法である．これまでにさまざまな抗がん薬が開発され，かつては手術ができなければなす術のない不治の病であったがんも，「薬で治る」時代となった．しかし，進行・再発がんや難治がんにあっては，抗がん薬は延命効果をもたらすものの，根治のハードルはいまだ高い状況にある．

3　がん薬物療法のあゆみ

がん薬物療法で用いられる抗がん薬は，がん細胞の旺盛な分裂増殖性に対抗する「細胞傷害性抗がん薬」と，がん細胞における質的・量的な分子変化を選択的に認識，阻害，あるいは矯正する「分子標的治療薬」に大別される（→第12章）．

3.1　細胞傷害性抗がん薬

世界初の抗がん薬として用いられたのは細胞傷害性抗がん薬で，その起源は第1次世界大戦で初めて用いられたマスタードガスという化学兵器にまで遡る．マスタードガスは粘膜にびらん（ただれ）を引き起こすが，第2次世界大戦中の1943年，爆撃を受けた米軍輸送船からマスタードガスが漏れ，被爆した兵士らにおいて白血球の大幅な減少が認められた．これを契機に，マスタードガスやその誘導体であるナイトロジェンマスタード（nitrogen mustard）が悪性リンパ腫の治療に用いられるようになった．ナイトロジェンマスタードはDNAをアルキル化することでDNA損傷を引き起こし，細胞毒性を発揮する．以降，がん薬物療法学の草創期ともいうべき1950～70年の20年間において，増殖性の高い細胞に対して細胞毒性を引き起こすさまざまな抗がん薬が開発された．これらの薬剤には，アルキル化薬のほかに代謝拮抗薬，微小管阻害薬などが含まれ，いずれもDNAや微小管など，細胞の分裂増殖に必須の生体分子に作用することが明らかにされた．細胞傷害性抗がん薬には微生物や植物などに由来する天然物質も多く含まれる．いずれもがん細胞の盛んな分裂増殖を抑えることを特徴としており，骨髄・腸管・皮膚・毛根などの増殖性の高い組織での障害に加えて，悪心・嘔吐や手足のしびれなど，副作用も大きい．このように，抗がん薬はほかの医薬品と比較して治療指数（therapeutic index，50%薬効量と50%致死量の比）が低く（図2），処

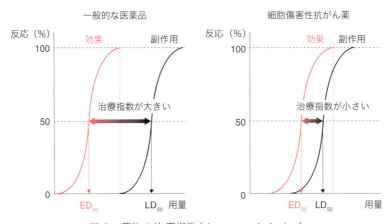

図2　薬物の治療指数（therapeutic index）
細胞傷害性抗がん薬は一般的な医薬品と比較して治療指数が小さい．

方する医師は高度な専門知識と経験を必要とする．薬物療法は化学物質を用いるため化学療法（chemotherapy）とも呼ばれるが，近年は後述する分子標的治療薬や免疫療法など，新たな概念の薬物療法も普及してきたため，細胞傷害性抗がん薬を用いた薬物療法のみを狭義の化学療法とする傾向も見受けられる．

3.2　分子標的治療薬

1980〜90年代に発展したがんのバイオサイエンスにより，発がんの仕組みが遺伝子のレベルで解明された．すなわち，本来は細胞の生存増殖を正に制御する遺伝子が機能獲得型（gain-of-function）変異もしくは遺伝子増幅などを起こしてがん遺伝子（oncogene）として活性化したり，細胞の生存増殖を負に制御するがん抑制遺伝子（tumor suppressor gene）が機能喪失型（loss-of-function）変異もしくは欠損したりすることでがんが生じるとの概念が確立した．がんの悪性形質とその原因となる分子変化を紐づけて議論することができるようになったことは，現代生物学の最も大きな成果の一つであるといえよう（→第1章）．そして，近年のTCGA（The Cancer Genome Atlas）をはじめとするがんゲノム解析の進展に伴い，さまざまながん種のそれぞれに特徴的なゲノム異常のランドスケープが明らかとなり，発がんおよびがんの悪性化を牽引するドライバー遺伝子（がん遺伝子・がん抑制遺伝子）のリストを一望することができるようになってきた（図3）（→第4章）．

重要な点として，がん細胞は正常細胞と異なり，ドライバー遺伝子に対する依存性（oncogene addiction）を獲得していることが挙げられる．したがって，ドライバー遺伝子とそれに対するがん細胞の依存度を理解することは，当該ドライバー遺伝子をもつがんの脆弱性を理解することと表裏一体である．治療的視点に立てば，ドライバー遺伝子産物はがんに選択性の高いアキレス腱，すなわち分子標的（molecular target）であり，その働きを抑える小分子化合物および免疫グロブリン製剤（抗体医薬→第13章）が分子標的治療薬として広く用いられるようになった（図4）．分子標的治療薬のうち，小分子化合物としてはキナーゼ阻害薬（→第16，17章），プロテアソーム阻害薬（→第18章），ヒストン脱アセチル化酵素阻害薬やメチル化酵素阻害薬などのエピゲノム標的薬（→第20章），ポリ（ADP-リボシル）化酵素（PARP）阻害薬（→第21章）などがある．これらの特異的標的分子のうち，リン酸化反応を触媒するキナーゼはドライバー遺伝子の代表例であり，

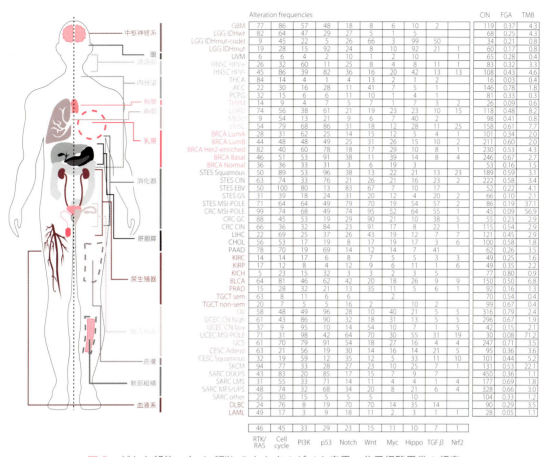

図3 がんを部位・タイプ別にみたときのゲノム変異・分子経路異常の頻度

9,125症例のがんを部位・タイプ別に分類し，それぞれにおける主要10種類の経路（RTK/RAS, Cell cycle, PI3K, p53, Notch, Wnt, Myc, Hippo, TGFβ, Nrf2）の変異頻度（Alteration frequencies）を示している．CIN：染色体不安定性，FGA：コピー数変化の頻度，TMB：遺伝子変異数．文献4）をもとに作成．

キナーゼ阻害薬〔上皮成長因子受容体（epidermal growth factor receptor, EGFR）阻害薬ゲフィチニブ（gefitinib）やALK阻害薬クリゾチニブ（crizotinib），ABL阻害薬イマチニブ（imatinib）など〕はがん治療特異性が最も高いレベルの薬剤に位置づけられる．抗体医薬は細胞膜貫通型のタンパク質もしくは分泌性の増殖因子などを認識するものに大別され，抗EGFR抗体セツキシマブ（cetuximab）のように受容体型チロシンキナーゼの働きを抑えるもの，抗血管内皮増殖因子（vascular endothelial growth factor, VEGF）抗体ベバシズマブ（bevacizumab）のように腫瘍内の血管新生を抑えるもの（→第19章）などがある．抗体医薬の場合，標的分子の働きを抑えるばかりでなく，抗体依存性細胞傷害（antibody-dependent cellular cytotoxicity, ADCC）や補体依存性細胞傷害（complement-dependent cytotoxicity, CDC）といった生体固有の防御反応を介して，あるいは殺細胞性化合物（→第10, 13章）や放射性同位元素を抱合したかたちでがん細胞を殺傷するものもある．

分子標的治療薬が登場したインパクトは絶大であった．例として，9番染色体と22番染色体の相互転座で生じる*BCR-ABL*融合遺伝子がドラ

■ 序章　がんを薬で治したい ■

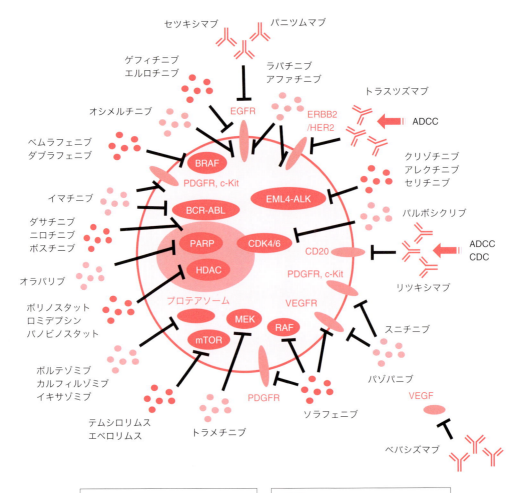

図4　さまざまながん分子標的治療薬
がんに特徴的な分子変化を狙い撃ちする小分子治療薬および抗体医薬が臨床で活躍している（本図では便宜上，一つの細胞内に多数の分子標的を同時に描いている．実際は臓器および症例ごとに分子標的が異なることに留意されたい）．

イバー遺伝子となる慢性骨髄性白血病は，造血幹細胞移植ができなければ完治は困難であった（ドナーの有無などの条件から，造血幹細胞移植が可能な患者は全体の30％程度に過ぎない）．2001年にアメリカおよび日本で承認されたABLチロシンキナーゼ阻害薬イマチニブは，慢性骨髄性白血病の標準治療を塗り替え，10年の全生存割合が83.3％という優れた治療成績を収めるに至っている．

4 がん創薬の流れ

4.1 抗がん薬のシーズとなる候補物質の初期探索

細胞傷害性の抗がん薬とがん選択的な分子標的治療薬では，薬剤探索の流れは互いに逆の方向を向いている．すなわち，細胞傷害性の抗がん薬は細胞毒性を指標に，分子標的治療薬はがん選択的標的分子の阻害活性（キナーゼ阻害活性など）を指標に探索され，その後で前者では標的分子が，後者では制がん活性が検証されるのが一般的である．近年は後者のアプローチが主流で，まずは大規模な化合物ライブラリーを用いたハイスループット探索からヒット化合物を同定するのが定石といえる（図5）（→第5章）．一方，細胞の表現型変化を指標とした探索アプローチも有効である．ファーストインクラスの（これまでに認可された薬剤とは異なる新しい標的・作用点をもつ）新薬は標的指向型よりも表現型指向型のアプローチからのほうがより多く開発されているとの統計もあり，創薬の針路を設定するうえで，探索に用いるアッセイ系の構築は大きな意義をもつといえる．いずれの場合も，細胞（→第6章）から個体レベル（→第8章）の薬効POC（proof-of-concept，想定した作用機序によって治療効果が現れていることの証明）を確立することが重要である[1]．その際，細胞レベルと組織レベルのギャップを少なくするためのオルガノイドや，非臨床と臨床のギャップを少なくするための患者由来腫瘍ゼノグラフト（patient-derived xenograft，PDX）モデルも有用である（→第7章）．

4.2 薬剤の最適化による開発候補品の選定

前述の初期探索でヒットした化合物は，薬理活性の強度や選択性がまだ低かったり，医薬品として扱うための溶解性や安定性，体内に投与した際の代謝安定性や体循環血液中への到達性（バイオアベイラビリティ）が低かったりするため，これを最適化する必要がある．具体的には有機合成展開による誘導体群の構造活性相関解析が主体であるが，精度と効率を上げるために，化合物と標的分子の in silico による（コンピュータを用いた）ドッキングスタディ（→第9章）や共結晶構造解析などが取り入れられている．このようにして磨かれた化合物のうち，優れた薬効と体内動態を示す目星が立ったものを医薬品としての開発候補品とする．化合物の構造に，類似の先行特許を侵している部分がないかについても注意を払う必要が

図5　がん創薬の流れ

小分子創薬の例を示す．略語については本文を参照のこと．

4.3 非臨床試験および CMC

開発候補品が決定すると，非臨床レベルの各種試験が実施される．この段階では開発候補品の安全性に関する信頼性を確保するため，GLP（Good Laboratory Practice）と呼ばれる基準に準拠した厳格な試験の実施が求められる．具体的には，開発候補品の吸収（absorption），分布（distribution），代謝（metabolism），排泄（excretion）の4項目から成る体内動態が調べられるとともに，毒性（toxicity）に関する試験が実施される．これらはそれぞれの頭文字を取ってADMETという．一方，医薬品の製造承認を得るためには製造物として規格化され完成されたものでなければならず，CMC（Chemistry, Manufacturing and Control）と呼ばれる開発プロセスが必須となる．薬物の送達に問題がある場合はドラッグデリバリーシステム（DDS）の導入も考えられる（→第10章）．

4.4 臨床治験から承認申請・審査へ

臨床試験（治験）（→第26章）は人を対象とした試験であり，第Ⅰ相試験では薬剤の安全性と忍容性が評価される．第Ⅱ相試験では治療効果すなわち腫瘍の縮小効果が評価される．固形がんでは，RECIST（Response Evaluation Criteria In Solid Tumors）と呼ばれる効果判定基準が用いられることが多い．第Ⅲ相試験では，当該疾患の標準治療との比較試験により，有効性と安全性の観点から被験薬の有用性が検証される．主要評価項目は全生存期間（overall survival，生存している期間）とするのが理想的であるが，現実としては第Ⅱ相もしくは第Ⅲ相試験における主要評価項目が無増悪生存期間（progression-free survival，腫瘍が増大せず安定している期間）とされることも多い．これらの試験成績を添付して承認申請された新薬については，厚生労働大臣の指示に基づき独立行政法人医薬品医療機器総合機構（PMDA）による審査が行われる（→第27章）．

5 分子標的治療薬にみる課題と新たな展開

各種臓器がんを含むあらゆる疾病のなかで，2000年代に治療満足度と薬剤の貢献度の伸び率が最も高かった疾病の一つとして，白血病と肺がんが挙げられる．その要因として，第一に肺がんでは慢性骨髄性白血病における*BCR-ABL*と同様に，強力なドライバー遺伝子に対する依存性（addiction）が成立していること，第二にそれらのドライバー遺伝子はチロシンキナーゼが主であり，これらの酵素の選択的阻害薬が顕著な制がん効果を発揮することが挙げられる（→第16章）．*EGFR*, *EML4-ALK*に加えて*KRAS*, *MET*, *RET*, *ROS1*といった肺がんの代表的ドライバー遺伝子はいずれも発がん活性が強く，一つのがんでこれらの複数が同時には活性化しないという「相互排他性（mutual exclusivity）」が認められる．したがって，*EGFR*変異陽性であればEGFRチロシンキナーゼ阻害薬，といった具合に，ドライバー遺伝子変異の有無で治療薬を選択することができる．しかしながら，これらのチロシンキナーゼ阻害薬が肺がんの病勢を制御できる期間は1〜2年程度であり，延命はしても完治しないのが現状である[2]．以下，分子標的治療薬にみる課題と新たな展開を列挙する（図6）．

5.1 薬剤耐性とその克服

がん薬物療法の問題点の一つとして薬剤耐性が挙げられる．薬剤耐性には，薬剤が始めから効かない自然耐性と，もともとは効いていたがやがて効かなくなる獲得耐性がある．さらに，作用機序の異なる複数の薬剤に効かなくなる多剤耐性

5 分子標的治療薬にみる課題と新たな展開

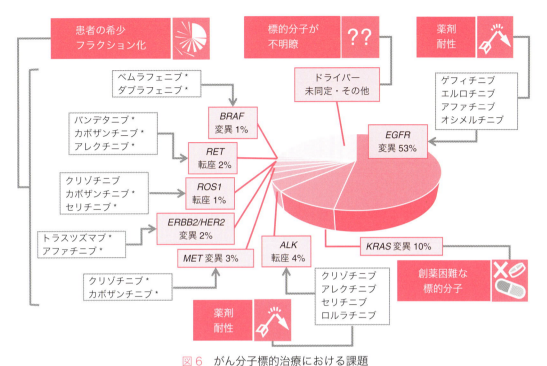

図6　がん分子標的治療における課題
肺腺がんの分子標的治療を例に，それぞれのドライバー遺伝子陽性例に対して用いられる薬剤（＊印は適応未承認）および付随する課題を示す．

もある．このような変化は，ゲノム変異によるクローン進化（clonal evolution）もしくはゲノム変異を伴わないエピゲノム変化（→第2章）や適応応答，あるいは休眠状態にあってストレスにも抵抗性を示す「がん幹細胞（cancer stem cell）」（→第24章）などに起因すると理解されている．耐性の具体的なメカニズムとしては，ABCトランスポーターの発現による薬剤の細胞外への排出，薬剤不活性化の亢進，薬剤活性化の低下，アポトーシス機構の欠損などに加えて，標的タンパク質の質的・量的な変化などが挙げられる．チロシンキナーゼ阻害薬に対する耐性機序の代表例としては，キナーゼ触媒ドメインのATP結合部位の変異やバイパス経路の活性化がある．EGFR阻害薬の場合，*EGFR* のT790M変異や*MET* チロシンキナーゼの増幅などが挙げられる．T790M変異型EGFRに対しては，第一世代の阻害薬であるゲフィチニブ（gefitinib）やエルロチニブ（erlotinib）は無効であるが，同変異型EGFRに有効な阻害薬としてオシメルチニブ（osimertinib）が開発されている．オシメルチニブは近年，*EGFR* 変異陽性非小細胞肺がんの第一選択薬としても承認されているが，*EGFR* にC797S変異を獲得したがん細胞は同剤に対して耐性となる．このように，ATP結合部位に作用する基質競合型のキナーゼ阻害薬ではそれに対応した耐性変異が生じ易いことから，最近では基質結合部位とは異なる部位に非競合的に結合することで標的タンパク質を不活性型に保つ，アロステリック阻害薬に期待が寄せられている．

5.2　創薬が難しい "non-druggable" な標的の攻略

ドライバー遺伝子のなかでも，生命維持に必須の役割はもたず，がん選択性の高いものは有望な治療標的となる．前述のキナーゼなどの働きは酵

素阻害物質によって抑えることが可能であるため，ドラッガブル (druggable) である (創薬のフィージビリティが高い)．一方，創薬が困難な標的分子も存在する．がん遺伝子の代表格である RAS (→第 17 章) や MYC はドラッガブルでない標的分子の筆頭に挙げられる．RAS の機能獲得型変異体と GTP (活性に必要) の結合は強固であることに加え，GTP は細胞内に豊富に存在するため，両者の結合を阻害するにはフェムト (10^{-15}) M 以上の親和性をもつ化合物を創出しなければならない．さらに，RAS は活性中心となる溝が浅く，特異的阻害薬をデザインしにくい．一方，MYC に代表される転写因子は酵素活性をもたず，その働きを抑えるにはタンパク質間相互作用もしくは核酸・タンパク質間相互作用を阻害する必要がある．小分子化合物でそのような相互作用を抑制するには限界があり，新たなアプローチとして中分子阻害薬や核酸医薬 (→第 15 章)，PROTAC や SNIPER などのタンパク質ノックダウン技術 (→第 18 章) の開発が進められている．

がん抑制遺伝子はがん遺伝子とは異なり，失われることで発がんに寄与するため，治療の標的分子とするにはその「不在性」が問題となる．例として，細胞周期の停止やアポトーシスにかかわる *TP53* は最も普遍的ながん抑制遺伝子でありながら，その不在性を標的とした創薬はいまだに成功していない．一方で，がん抑制遺伝子の不在性は「合成致死 (synthetic lethality)」という概念で標的化できるケースもある．合成致死とは，二つの異なる遺伝子 A と B が，それぞれ単独で機能欠損した場合は細胞の生存増殖に影響を与えないが，両者の機能欠損が同時に生じると細胞毒性が表れるという現象である．創薬の成功例として，がん抑制遺伝子 *BRCA1* もしくは *BRCA2* を欠損したがんは，PARP 阻害薬によって標的化することが可能である (→第 21 章)．合成致死を利用した治療薬はがん抑制遺伝子の不在性を標的化するのみならず，がん細胞選択的な殺傷効果を発揮することで，当該薬剤の治療指数を飛躍的に上昇させる．

5.3 希少フラクションとなるがん患者への対応

日本では，肺腺がんの約半数が *EGFR* 変異陽性，10％が *KRAS* 変異陽性，4〜5％が *ALK* 転座陽性である．一方，がんゲノム解析とドライバー遺伝子の解析が進展するとともに，肺がん患者の 1％は *ROS1* 転座陽性，2％は *RET* 転座陽性であることが判明している．いずれの場合も融合型チロシンキナーゼがドライバー遺伝子として働いており，たとえば *ROS1* 転座陽性肺がんに対しては ROS1 チロシンキナーゼ阻害活性を示すクリゾチニブが有効である．このように，ゲノム解析の解像度が向上するにしたがって，患者全体における頻度は希少でありながらも，治療標的となるドライバー遺伝子が発見されている．しかしこのことは一方で，いくつかの課題を生んでいる．まず，変異を確実に検出することができる診断薬の開発が必要となる (→第 3 章)．これは，治療薬の適否を判断するために付帯するという意味で「コンパニオン診断薬」と呼ばれる．次に患者数が希少であるため症例集積が困難になり，少数の被験者の治験成績をもとに実施される新薬承認審査にも特別な配慮が必要になってくる．患者数が少ないということは製薬会社にとっては市場規模が小さいことを意味し，開発が鈍化する恐れもある．このような背景を踏まえ，希少がん (希少がん種および各がん種における希少フラクション) の治療薬開発をいかに促進すべきかについて，PMDA の科学委員会専門部会から提言が公表されている (→第 27 章)．

さらに 2013 年には，希少肺がんの遺伝子スクリーニングネットワーク LC-SCRUM-Japan が設立されている．翌年には大腸がんの遺伝子スクリーニングネットワーク GI-SCREEN-Japan も

始動し，現在はこれらが統合された産学連携全国がんゲノムスクリーニング事業SCRUM-Japanが稼働している．この事業では，全国約250の医療機関と20社近くの製薬会社の参画のもと，遺伝子異常に基づく治療薬の選択と治験への参入が行われている．肺がんなど特定のがん種の患者集団に対して，ドライバー遺伝子の種類に応じて薬剤を選択する試験を「アンブレラ試験」，ドライバー遺伝子が同一であればがん種を問わず共通の薬剤を使用する試験を「バスケット試験」と呼ぶ．これらを複合したアンブレラ・バスケット型の試験も実施されるようになってきている（→第26章）．SCRUM-Japanにおける2018年上半期時点での症例登録数は9,630件であり，患者のフォローアップとともにデータベースも深化し，さらなる精度向上と新たな効果予測システムの構築が期待されている．

5.4 アキレス腱が不明瞭ながん

肺腺がんにおいては活性の強いドライバー遺伝子が相互排他的に検出されるため，それに対応する分子標的治療薬を用いた個別化医療が飛躍的に進歩してきた．しかしながら，肺腺がんの2割程度の患者においては，そのような代表的ドライバー遺伝子の活性化は認められず，治療に有効な分子標的が特定されていない．このような症例に対しては従来の細胞傷害性抗がん薬が使用される．一方，ドライバー遺伝子が不明瞭ながんであっても，がんゲノム解析からドライバー遺伝子を同定できることがある（→第4章）．ゲノム解析で重要な点は，多数検出された遺伝子変異からがん化に寄与するドライバー変異と機能しないパッセンジャー変異を選別することである．ドライバー変異の判別法としては，その変異ががんで高頻度に観察されるかどうかが基準となるものの，希少フラクションの例もあるため，頻度のみで判別するのは困難である．ドライバー変異のなかでも，がん遺伝子として働くものはアミノ酸の置換を導くミセンス変異のホットスポットであることが多いのに対し，がん抑制遺伝子の場合はタンパク質の欠失を導くナンセンス変異がアミノ酸コード領域のおおむね全域に分布することが多い．がん抑制遺伝子の場合はさらに，ヘテロ接合性の消失（loss of heterozygosity，LOH）も特徴の一つである．クロマチンリモデリングに作用するSWI/SNF複合体の構成遺伝子群のように，各構成遺伝子が患者間で相互排他的に変異している場合も，それぞれがドライバー変異であると推定することができる（図7）．

一方，多数のドライバー変異が同時多発的に

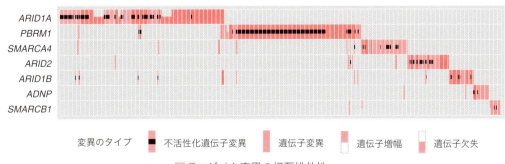

図7 ゲノム変異の相互排他性
さまざまながん種の症例（一つの短冊は5症例，全523症例）のゲノム解析．クロマチンリモデリングにかかわるSWI/SNF複合体構成遺伝子の変異が症例間で相互排他的に生じていることがわかる．文献5)をもとに作成．

生じている場合(いわゆる"long-tail"タイプ)は，アキレス腱を一義的に掴むことが困難である．例として，大腸発がんではがん抑制遺伝子 *APC* の失活に伴う Wnt/β-カテニンシグナルの活性化に始まり，前がん病変(adenoma)から悪性腫瘍(carcinoma)へと多段階発がんのステップを経てがんが発生する(→第 8 章)．このとき，Wnt 経路の活性化に加えて KRAS/BRAF 経路および PI3K 経路の活性化，p53 経路および TGF-β 経路の失活が高頻度で生じるが，これらの異常パターンに相互排他性は認められず，一つのがん細胞で複数のドライバー経路の活性化が観察される．このため，大腸がんでは特定のドライバー経路の活性化の有無から当該ドライバー分子の阻害薬の有効性を予見することは困難である．事実，*BRAF* 変異陽性大腸がんに対する BRAF キナーゼ阻害薬の治療効果は低く，*BRAF* 変異陽性メラノーマ(悪性黒色腫)に対して同剤が有効であることと対照的である．このように，特定のドライバー遺伝子を治療の標的分子として設定できない場合の対応として，腫瘍内の特異な微小環境(低酸素や栄養飢餓など)を標的とした創薬(→第 23 章)や，ワールブルク効果(Warburg effect，有酸素下でもミトコンドリアでなく解糖系で ATP を産生する現象)に代表されるように，がんに特徴的な代謝のリプログラミング様態を標的とした創薬(→第 25 章)などが試みられている．

6 がん薬物療法の変革を促す諸因子

6.1 薬剤の効果を予測するバイオマーカーの意義(→第 3 章)

　抗 EGFR チロシンキナーゼ阻害薬ゲフィチニブは当初，劇的な腫瘍縮小効果を示す症例がある一方，そのような効果をまったく示さない症例もあり，その根拠となる因子の探索研究が進められていた．その結果，*EGFR* 遺伝子の機能獲得型変異であるエクソン 19 欠失変異もしくは L858R 変異が陽性の症例においてゲフィチニブが腫瘍縮小効果を示すことがわかった．このように，特定の薬剤の効果を予測する判断基準となる因子を効果予測バイオマーカー(predictive biomarker)と呼ぶ．前述のコンパニオン診断薬は効果予測バイオマーカーの陽性・陰性を判定するものである．効果予測バイオマーカーが明確に設定された薬剤の場合，マーカー陰性患者への投与を回避することで無用な副作用リスクを防止でき，医療経済の観点からも有益である(後述する免疫チェックポイント阻害薬ニボルマブは，1 人あたり 1 年間の薬価が 1,000 万円以上もかかり，医療経済上の問題となっている)．ただし，効果予測バイオマーカーの設定を過剰に厳格化してしまうと，マーカー陰性でも治療効果が得られる可能性のある患者から投薬のチャンスを奪ってしまう恐れもある．例として，オラパリブ(olaparib)などの PARP 阻害薬の効果予測バイオマーカーとして *BRCA1* もしくは *BRCA2* の遺伝子欠損が設定されているが，これらの変異以外にも相同組換え修復不全を起こしていて PARP 阻害薬に感受性となる例がある．日本では実際に，オラパリブの使用はがん化学療法歴のある HER2 陰性の手術不能または再発乳がんでは *BRCA* 変異陽性例に限定されているが，白金系抗悪性腫瘍剤感受性の再発卵巣がんにおける維持療法の場合は，*BRCA* 変異に関する限定条件は付されていない．

6.2 薬剤耐性細胞の出現をダイナミックに捉える

　効果予測バイオマーカーのなかには，大腸がんにおける抗 EGFR 抗体の耐性因子である *KRAS* 変異のように，除外基準(exclusion criteria，その因子が陽性であった場合に薬剤の投与を行わないと判断する基準)として有用なものもある．この *KRAS* 変異は，抗 EGFR 抗体で治療中の患

6 がん薬物療法の変革を促す諸因子

者の血液中に循環する微量DNA（circulating tumor DNA, ctDNA）から検出され，耐性細胞の出現を早期の段階から鋭敏に検出するのに有用である（図8）．このような，血液をはじめとする体液による診断をリキッドバイオプシーと呼ぶ（→第11章）．この方法は腫瘍組織から直接がん細胞を採取するのと比較して低侵襲であり，随時検査が可能であるという点で優れている．さらに腫瘍組織からのサンプリングでは不均一ながん細胞集団の一部しかモニタできないのに対して，リキッドバイオプシーではそのような不均一な細胞集団をある程度俯瞰的に捉えることができると期待されている．例として抗EGFR阻害薬オシメルチニブで治療した肺がん患者のリキッドバイオプシーにより，同剤に対する獲得耐性変異である*EGFR* C797S変異が多クローン性に生じることが明らかにされている．これらの知見は，投与された薬剤に応じてがん細胞集団が速やかにクローン進化していることを物語っている（→第2章）．これからの薬物療法では，将棋の対局のように何手も先を見据えた治療アルゴリズムを構成する必要があるかもしれない．

6.3 第4のがん治療法としての「がん免疫療法」（→第14章）

　がん細胞は本来，遺伝子変異を起こした異常な細胞として，宿主の免疫監視機構によって排除される運命にある．しかし，一部のがん細胞は免疫監視機構に対する回避機構を獲得することで，さらに進展してゆく．とりわけ，PD-1/PD-L1などの細胞膜タンパク質による細胞間相互作用を介した免疫チェックポイントの成立により，がん細胞はがん抗原特異的T細胞からの攻撃を免れることができる．抗PD-1抗体ニボルマブ（nivolumab）は免疫チェックポイント阻害薬として作用し，がん抗原特異的T細胞によるがん細胞の攻撃を惹起することで制がん効果を示す．ここで，がん細胞のドライバー遺伝子が不明確であっても，ゲノム変異数（tumor mutation burden, TMB）が多いがんでは免疫細胞によって認識される新生抗原（neoantigen）の産生確率が高まることから，免疫チェックポイント阻害薬が有効となる．なかでもマイクロサテライト不安定性（microsatellite instability-high, MSI-H）をもつがんやミスマッチ修復機構を欠損した（defective mismatch repair, dMMR）がんではTMBが大きいため，免疫チェックポイント阻害薬が有効である．2017年，アメリカ食品医薬品局（Food and Drug Administration, FDA）がMSI-H/dMMR固形がんに対する治療薬として，抗PD-1抗体ペムブロリズマブ（pembrolizumab）を臓器横断的に迅速承認した[3]．これは「適応がん腫（がん種）」という従来の考え方を打ち破る，画期的な出来事であった．従来のがん薬物療法は，延命効果はあっても治癒率を向上させることが難しかったが，がん免疫療法は治癒率の向上にも威力を発揮しており，併用療

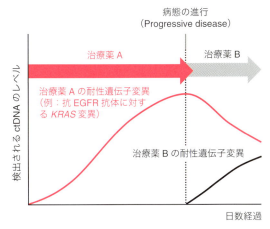

図8　リキッドバイオプシーによる薬剤耐性のモニタリング

血液中に循環するがん細胞由来の微量DNAの配列を解析することで，投薬中の薬剤に対する耐性細胞の出現を高感度で検出することができる．薬剤耐性細胞は，画像診断でPD（progressive disease，薬剤がもはや病勢を抑えられなくなった状況）と判定される時期よりも早期に出現している．文献6）をもとに作成．

13

法など，今後のさらなる発展が期待されている．

6.4 がんゲノム医療（プレシジョン医療）の時代へ

分子標的治療の発展とともに，治療薬が存在する（actionable）標的分子の数も増えてきている．このことはすなわち，分子標的治療薬の選択にはそれぞれのがんが当該標的分子（遺伝子の変異もしくは増幅）をもつかどうかを正確に判断するコンパニオン診断が重要であることを意味している．Actionable なドライバー遺伝子のレパートリーが増えてきた現在においては，多数のドライバー遺伝子を同時かつ網羅的に検出するがん遺伝子パネル検査が有用である（→第4章）．このような多数の actionable なゲノム変異をバイオマーカーとして患者を層別化し，有効な治療薬の選択と無用な薬剤投与の回避を実現する仕組みをがんゲノム医療と呼ぶ．パネル検査の結果はゲノム塩基配列によって決定されることから精密医療（precision medicine）とも呼ばれ，個別化医療の究極形態ともいえる．アメリカではすでに，MSK-IMPACT や FoundationOne CDx といった遺伝子パネル検査が診療方針の決定に活用されている．日本においても，2019 年 4 月の時点で，全国 11 か所の医療施設が「がんゲノム医療中核拠点病院」として，さらに 156 か所の施設が「がんゲノム医療連携病院」として指定されている．またその前年には，NCC Oncopanel および FoundationOne CDx の製造販売も承認された．ただし，現状ではがんゲノム医療の費用対効果は十分に検証されておらず，原則として標準治療が無効であった患者のみが遺伝子パネル検査の対象とされている．いずれにしても，クリニカルシークエンス情報と薬物療法の治療成績に関する情報の紐づけが今後飛躍的に進歩することは確実であり，がん個別化医療のさらなる発展普及が進むものと期待される．

文　献

1) Hayakawa Y. et al, *Cancer. Sci.*, **107**, 189 (2016).
2) Herbst R. S. et al, *Nature*, **553**, 446 (2018).
3) Lemery S. et al, *N.Engl. J. Med.*, **377**, 1409 (2017).
4) Sanchez-Vega F. et al., *Cell*, **173**, 321 (2018).
5) Leiserson M.D.M. et al., *Nat. Genet.*, **47**, 106 (2015).
6) Vilar E. and Tabernero. J., *Nature*, **486**, 482 (2012).

☑ Drug Discovery for Cancer

I

がん創薬の基盤となるコンセプト

1章　がん細胞の基本的特徴

2章　がんの不均一性と可塑性

3章　がんの分子標的とバイオマーカー

Part I　がん創薬の基盤となるコンセプト

がん細胞の基本的特徴

Summary

　がん細胞の顕著な特徴として，誰もが頭に思い浮かべるのは過剰な細胞増殖であろう．現在，がんを成立させるうえでの重要な基本的特徴として「持続的な細胞増殖シグナル」，「細胞増殖抑制の回避」，「細胞死抵抗性」，「無限の細胞複製能」，「血管新生誘導」，「浸潤と転移の活性化」，「代謝のリプログラミング」，「免疫攻撃からの逃避」の八つが提示されている．また「ゲノム不安定性」と「炎症」は，これらの特徴の獲得を促進する要因と位置づけられている．一方で，腫瘍組織は単なるがん細胞の集団ではなく，宿主の正常細胞に由来する間質細胞とがん細胞がコミュニケーションしながら，がん細胞の生存と増殖をサポートする微小環境（がん微小環境）を形成していることが明らかになった．これらの基本的特徴やその獲得過程，がん微小環境は，治療のための標的候補と考えることができる．

1.1　腫瘍，新生物，がん

　多細胞生物においては，特定の機能を備えた多種類の細胞が空間的に適切に配置されて組織を構築し，協調的に生命活動を営んでいる．個々の組織中では，細胞の分化状態や数のバランスを維持するため，細胞間コミュニケーションを担う液性因子が重要な役割を果たしている．このシステムが機能不全に陥るとしばしば病的状態につながるが，その代表例が腫瘍（tumor）であり，がん（cancer）である．腫瘍は新生物（neoplasm）ともいい，その定義はオーストラリアの病理学者 Rupert A. Willis によるものがよく知られている．Willis は腫瘍を「異常な組織の塊」としたうえで，その特徴を二つ挙げた．一つ目は「周囲の正常組織との協調性を欠いた過剰な増殖をすること」である．単に増殖が盛んなだけでなく，制御を逸脱した細胞増殖であることに留意したい．二つ目は「過剰増殖の原因となった刺激がとり除かれた後も，過剰な増殖が継続すること」である．これは

がん細胞の形質変化が遺伝子変異を伴い，子孫細胞に受け継がれることを示している．「がんは遺伝子の病気」ともいわれるゆえんである．

　腫瘍は体内での発育様式の違いによって良性腫瘍（benign tumor）と悪性腫瘍（malignant tumor）に分類される（図1.1）．良性腫瘍の細胞は隣接組織との境界がはっきりした状態でゆっくり増殖する（腫脹性発育）．このため腫瘍部分を切除できれば治癒することが可能である．一方，悪性腫瘍の細胞は基底膜を破壊して隣接組織に浸潤しながら増殖し，遠隔臓器に転移することもある（浸潤性発育）．したがって原発巣を切除しても体内に散らばった腫瘍細胞から再発の可能性が残る．悪性腫瘍のうち上皮細胞由来のものはがん腫（carcinoma），非上皮性のものは肉腫（sarcoma）やリンパ腫（lymphoma）などに分類されるが，がん腫が悪性腫瘍全体の90％を占めるので，一般的には悪性腫瘍を「がん」と呼んでいる．

　これらの腫瘍の特徴は *in vivo*（＝生体内）のコンテキストのなかで病理学的に記述されたもので

■ 1.2 がん細胞の八つの基本的特徴 ■

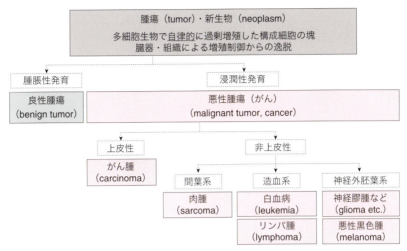

図 1.1 腫瘍の分類

あるが，その後の細胞培養技術の進歩に伴い，悪性腫瘍細胞の特徴が細胞生物学的にも記述されるようになった．1980年代初頭にがん遺伝子の探索において威力を発揮したのは，マウス胎児由来線維芽細胞 NIH3T3 に遺伝子導入してフォーカス形成を検出する実験法である．正常な細胞は培養ディッシュ上で増殖させると，互いに接触して隙間なく単層を形成した段階で増殖を停止する（接触阻害）．しかし正常細胞から形質転換した腫瘍細胞は増殖を停止せず，細胞が折り重なって重層したフォーカスを形成するようになる．また，足場非依存性増殖能（anchorage-independent growth）も形質転換の指標として用いられてきた．正常細胞は固い基質上でしか増殖できないが，腫瘍細胞は軟寒天培地中でも増殖することができる．この性質は免疫不全マウスに移植したときの造腫瘍能とよく相関することがわかっている．このほか，正常細胞は一定の回数，細胞分裂すると分裂を停止するのに対してがん細胞は無限に細胞分裂を繰り返す（分裂寿命をもたない）こと，一部のがん細胞は in vitro（＝培養ディッシュなどの「試験管内」）での培養時に，低濃度の血清存在下でも十分に増殖できることなどが見いだされている．このように培養系を用いた研究は，がん細胞

の挙動について多くの重要な基礎的知見をもたらした．

1990年代になると腫瘍組織の構築についての理解も進み，組織の実質にあたるがん細胞と宿主の正常細胞に由来する間質との相互作用が，がんの悪性化に大きく影響することが明らかになった．すなわち細胞レベルではなく，組織レベルでがん細胞の特徴を捉えることの重要性が意識されるようになったのである．このような状況下で，がん細胞のもつ諸性質を整理し体系化したのが Douglas Hanahan と Robert A. Weinberg による記念碑的な総説，The Hallmarks of Cancer（2000年）[1] である．この総説はがんの生物学的理解を深めるだけではなく，治療法開発を活性化させる大きなインパクトがあった．

1.2 がん細胞の八つの基本的特徴

培養系において，ヒト由来の正常細胞を悪性腫瘍細胞に形質転換させることは長らく困難とされていた．しかし Weinberg らは，遺伝子導入実験により必要な因子の同定を進め，その結果に基づき 2000 年の総説[1] でヒトのがん細胞に共通の基本的特徴（ホールマーク，the hallmarks of

17

■ 1章 がん細胞の基本的特徴 ■

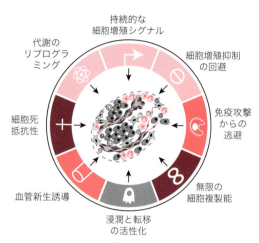

図1.2 がんのホールマーク（基本的特徴）
文献3)より引用.

図1.3 がんのホールマークの分類

cancer)として六つを提示した．この六つとは「持続的な細胞増殖シグナル」，「細胞増殖抑制の回避」，「細胞死抵抗性」，「無限の細胞複製能」，「血管新生誘導」，「浸潤と転移の活性化」で，これらが集合的に機能してがんの悪性増殖を引き起こすとした．その後の研究の進展を受けて2011年[2]と2016年[3]に改訂版が発表され，新たなホールマーク (emerging hallmarks) として「代謝のリプログラミング」と「免疫攻撃からの逃避」が追加された（図1.2）．またホールマークそのものではないが，その獲得を促進する特性 (enabling characteristics) として「ゲノム不安定性」と「炎症」を挙げている．

がんが成立するために必要なホールマークが多いことは，がんが多段階で進行する事実とよく一致する．これらのホールマークを個別にみると，必ずしもがん細胞に特有とはいえないものもある．たとえばエネルギー代謝のリプログラミングは正常な増殖細胞でもみられる．また正常細胞でも低酸素状態に陥ると低酸素誘導因子 HIF1α (hypoxia-inducible factor-1α) の働きにより血管内皮増殖因子 VEGF (vascular endothelial growth factor) を放出して血管新生を誘導する．無限の細胞複製能も正常幹細胞には備わった性質である．しかしこれらの性質を示す正常細胞はごく一部の例外であり，また，これらの性質を同時に備えている訳ではない．したがって八つのホールマークのすべてを備えているがん細胞は，正常細胞からかけ離れた異質な存在であることは間違いない．以下，各々のホールマークとその役割を簡単に紹介する（図1.3）．

1.2.1 持続的な細胞増殖シグナル

持続的な細胞増殖は，がん細胞の特徴として古くから認識されており，八つのホールマークのなかでも筆頭というべきものである．過去に同定されたがん遺伝子のほとんどは，細胞増殖を調節するシグナル伝達経路上に位置づけられている．これらのがん遺伝子の産物によるシグナル伝達は最終的にサイクリンDの発現誘導へと収束していく（図1.4）．サイクリンDはCDK4/6 (cyclin-dependent kinase 4/6) と複合体を形成してRBタンパク質 (pRB) のリン酸化を引き起こし，その不活性化を開始する．pRBには細胞周期進行のゲートキーパーとしての役割があり，通常は細胞周期のS期に発現する遺伝子を誘導する転写因子E2Fに結合し，その機能を抑制している．サイクリンD-CDK4/6複合体に引き続きサ

■ 1.2 がん細胞の八つの基本的特徴 ■

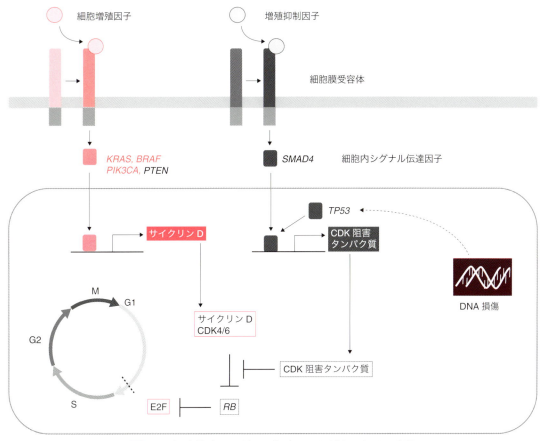

図 1.4　細胞増殖のシグナル伝達因子とがんにおける変異
細胞増殖を調節するシグナル伝達経路の因子とがんで変異がよくみられる遺伝子．*KRAS*，*BRAF*，*PIK3CA* はがん原遺伝子，*PTEN*，*SMAD4*，*TP53*，*RB* はがん抑制遺伝子である．

イクリン E-CDK2 複合体が pRB のさらなるリン酸化を進めて不活性化・分解を促進することでE2F が脱抑制し，細胞周期が S 期へと進行できるようになる．

　多細胞生物の構成細胞が細胞分裂するためには細胞外から増殖促進シグナルを受け取ることが必須である．しかしがん細胞では基本的に，このシグナルが自律的かつ持続的になることで周囲の正常組織との協調性が失われた細胞増殖が起こる．細胞増殖因子の発現・分泌が過剰になったり，受容体（多くはチロシンキナーゼ型）が過剰発現あるいは変異して活性化する例もあるが，下流のシグナル伝達因子が変異し，シグナル伝達経路をショートカットして恒常的に増殖シグナルを伝達していることも多い．なかでも Ras-ERK 経路とホスファチジルイノシトール 3 キナーゼ（PI3K）経路に関係するものが代表的である．前者の例として *KRAS* やその下流の *BRAF* の機能獲得（gain-of-function）変異，後者の例として *PIK3CA* の機能獲得変異や *PTEN* の機能喪失（loss-of-function）変異・発現低下が多くのがんで認められる．

1.2.2　細胞増殖抑制の回避

　細胞増殖因子のシグナル伝達が細胞分裂のためのアクセルだとすれば，細胞増殖抑制因子はブ

19

レーキに相当する．がん細胞では細胞増殖抑制機構も機能不全状態になっており，いわばアクセルもブレーキも壊れた状態である．そのため制御できない細胞増殖が起こる．細胞増殖抑制機構の中心的な分子はpRBとTP53タンパク質(p53)である(図1.4)．pRBは前述のように細胞周期のS期への進行制御に関与しており，外来性因子による細胞増殖抑制シグナルのエフェクターである．代表的な細胞増殖抑制因子TGF-β(transforming growth factor-β)はpRBの不活性化を阻害することにより細胞周期の進行を抑制する．一方，p53はゲノムDNAの損傷や細胞内に起因するストレスに応答した増殖抑制・アポトーシスのシグナル伝達に関与している．p53の機能喪失に伴って細胞のゲノムDNAには変異が蓄積しやすくなり，悪性化は促進される．p53はCDK阻害タンパク質であるp21$^{\text{CIP/WAF}}$を誘導して細胞周期を停止させるので，この場合も最終的なエフェクターはpRBということになる．

細胞増殖の抑制に関与するタンパク質の遺伝子は腫瘍抑制遺伝子(がん抑制遺伝子)として知られており，前述のpRBやp53の遺伝子である*RB*や*TP53*は多くのがんで変異や欠失が認められている．一方，TGF-βのシグナルを伝達する細胞内因子の遺伝子*SMAD4*は膵がんでの変異・欠失の頻度が高い．このほか遺伝子変異によらず増殖抑制経路を回避する例として，pRBと結合してこれを不活性化する発がん性ヒトパピローマウイルスの産物E7が挙げられる．

1.2.3 細胞死への抵抗性

DNAの重篤な傷害あるいは異常に強いレベルの細胞増殖シグナルを受けた細胞は，通常，細胞老化あるいはアポトーシスを起こし，子孫細胞を残すことはない．これは異常な細胞の排除により，がん化へのバリアーとして機能するプロセスと考えられている．実際にがん化した細胞は，細胞老化や細胞死に対して抵抗性をもつ．

アポトーシスの経路には，細胞死受容体のリガンド刺激により開始する外因性経路とDNA傷害や小胞体ストレスなどの細胞内ストレスにより作動する内因性経路が知られている．両経路とも細胞内プロテアーゼであるカスパーゼ8/9（イニシエーターカスパーゼ）が活性化され，これがカスパーゼ3（エフェクターカスパーゼ）を活性化することによってアポトーシスが引き起こされる．このうち，がん化へのバリアーとしておもに機能しているのは内因性経路である．内因性経路ではNoxa，PumaなどのBH3タンパク質の誘導が起こり，これがミトコンドリア外膜に結合しているBCL2ファミリーのアポトーシス促進タンパク質(Bax, Bak)を脱抑制してミトコンドリアの膜透過性を変化させ，シトクロムCの遊離を引き起こす．こうして遊離したシトクロムCがイニシエーターカスパーゼを活性化するのである．

がん細胞における細胞死経路の抑制にはいくつかのメカニズムがあるが，最も一般的なものはp53の機能欠損である．また，アポトーシス阻害能のあるBCL2ファミリータンパク質が誘導された細胞でもシトクロムCの遊離が抑えられることがわかっている．さらにがん細胞では，カスパーゼを負に制御する調節因子IAP (inhibitor of apoptosis protein) ファミリーのタンパク質が，しばしば過剰発現していることも知られている．一方，Aktはアポトーシスに関与するさまざまなタンパク質をリン酸化して機能調節を行っている．この経路の上流に位置するインスリン様増殖因子1/2 (insulin-like growth factor-1/2, IGF-1/2) の発現上昇，*PIK3CA*の変異や*PTEN*の変異・発現低下などによりPI3K-Akt経路が活性化した細胞も細胞死抵抗性を獲得している．

1.2.4 無限の細胞複製能

正常細胞には分裂寿命があり，ヒト細胞の場合

は約50回である．これは細胞分裂を繰り返すたびに染色体末端を保護しているテロメアというDNAの反復構造が短小化するからである．テロメアの短小化が一定の限界に達すると細胞増殖が停止して細胞老化の状態に移行する．仮に細胞が老化を回避して細胞分裂を続けても，テロメアがさらに短縮すると染色体末端の保護機能が失われて末端融合などが起こり，これが原因でクライシス(crisis)と呼ばれる細胞死を起こす．

がん細胞は事実上，無限の複製能を備えているが，そのためにはテロメアを維持する機構を獲得しなければならない．がん細胞や自発的に不死化した正常細胞では，短縮したテロメアを伸長させる特殊なDNAポリメラーゼであるテロメラーゼの発現亢進，あるいはDNA組換えによりテロメアを維持する機構（alternative lengthening of telomere，ALT）の活性化がみられる．腫瘍発生初期の組織にはテロメアが消失して染色体異常を起こした細胞が観察されるが，これらの細胞は増殖が亢進したものの，テロメア維持機構を獲得できなかったものと考えられる．

テロメラーゼは逆転写酵素（reverse transcriptase）活性をもつ触媒サブユニットと鋳型RNAで構成されるが，前者をコードする遺伝子 *TERT* のプロモーター領域の2か所に転写活性を上昇させる変異が見つかっている．これらの変異はメラノーマ(悪性黒色腫)でとくに頻度が高いが，すべてのがん種でも16％の頻度で見いだされることが報告されている．

1.2.5　血管新生誘導

細胞増殖シグナルの自律性はがん細胞の特徴の一つであるが，栄養・酸素の供給，二酸化炭素・老廃物の排出については完全に宿主の血管に依存している．正常血管は胎児期に形成された後，通常は静止期にある（ただし，炎症や女性の性周期に際して一過性に増殖期に入ることがある）．腫瘍組織は正常な組織構築を逸脱して増殖するので，自身の生存のためには新たに血管を引き込む必要がある．

このため増殖中の腫瘍細胞は，VEGFなどの血管内皮細胞の遊走と増殖を促進する因子を積極的に放出し，血管新生を誘導する．しかし秩序だって発生してきた正常血管とは異なり，腫瘍血管は階層性が乱れて血流が不安定で，灌流が十分ではない．また血管透過性が亢進していて漏出しやすいという特徴がある．さらに腫瘍組織内はリンパ管が未発達であるため，高分子化合物が滞留しやすくなっている．この現象はEPR効果（enhanced permeation and retention effect）と呼ばれ，がん細胞への抗がん薬のドラッグデリバリーを考えるうえで重要な概念である．

腫瘍血管の形成はトロンボスポンジン1など，内因性の血管新生阻害因子との作用のバランスによっても影響される．実際にこれらの物質を欠損したマウスで，腫瘍の成長が促進されることが確認されている．内因性の血管新生阻害因子の作用は体内の部位(微小環境)によって強弱が異なるので，血管の豊富な腫瘍もあれば，乏しい腫瘍もある．

1.2.6　浸潤と転移の活性化

悪性腫瘍の特徴が浸潤性増殖であるように，浸潤と転移の活性化はがん悪性化の中心的なプロセスである．がん細胞が原発巣から周囲の組織に侵入して増殖することを浸潤（invasion），さらに遠隔臓器に移動して増殖巣を形成することを転移（metastasis）という．

がん細胞が転移巣で増殖するまでには，多数のステップを踏む必要がある．すなわち，①局所における浸潤，②血管あるいはリンパ管への脈管内侵入（intravasation）と脈管内の移動，③遠隔臓器における脈管からの遊出（extravasation），④微小転移巣の形成（micrometastasis），⑤転移巣の形成(転移増殖，colonization)であり，この一

連のプロセスは浸潤転移カスケードと呼ばれている.

がん細胞の浸潤・転移に重要な役割を果たしていると考えられているのが上皮間葉転換（epithelial-mesenchymal transition, EMT）という現象である．EMT が進行すると上皮細胞が細胞間接着と細胞極性を喪失し，運動性の高い間葉系細胞の表現型を示すようになる．「転換」という訳語ではニュアンスが伝わりにくいが，どちらかというと一過性で可逆的なプロセスで，通常は E-カドヘリンの発現低下と細胞外マトリックス分解酵素の誘導を伴う．これと同時に，抗がん薬耐性（アポトーシス耐性）と幹細胞性も出現することから，EMT はがん悪性化に深くかかわると考えられている．なお EMT はがん細胞の抗がん薬耐性には重要であるが，転移への貢献は大きくないとの主張もある．しかし反論もなされており，現状では議論が収束していない[4]．

EMT のプロセスは，TGF-β, Wnt などの液性因子や低酸素などの環境因子の作用により，EMT を誘導する転写因子（EMT-TF）が発現あるいは活性化して引き起こされる．また EMT を起こして転移したがん細胞は微小転移巣を形成後，逆向きの間葉上皮転換（MET）を起こし，盛んに増殖して転移巣を形成すると考えられている．実際のがん細胞は完全な EMT を起こしているわけではなく，上皮マーカーと間葉系マーカーを同時に発現している例も多い．この状態は partial EMT と呼ばれている．がん細胞は可塑的にこのような中間的な段階を移行しながら，最終的に転移巣を形成するとされる．

1.2.7 代謝のリプログラミング

がん細胞ではグルコース輸送体 GLUT1 の発現が上昇してグルコース取り込みが大きく亢進している．この性質はグルコース誘導体 2-フルオロデオキシグルコース（FDG）をプローブとした PET（陽電子放出断層撮影, positron-emission tomography）によるがんの画像診断に応用されている．

静止期の細胞は好気的条件下で，取り込んだグルコースの大部分を解糖系とクエン酸回路で代謝し，炭素骨格を二酸化炭素に酸化しながら ATP を産生する（図 1.5 a）．これはグルコースを燃料として燃やし尽くすことに相当する．一方，増殖期の細胞は，生体反応に必要な ATP だけでなく，生体高分子を生合成するための素材（前駆体）も大量に調達する必要がある．この前駆体の炭素骨格部分はグルコースに由来するため，増殖細胞は代謝経路をリプログラムし，糖代謝経路から枝分かれしたアミノ酸やヌクレオチドの生合成経路へと代謝産物の供給量を増加させる（図 1.5 b）．その結果，解糖系からクエン酸回路への代謝物供給が制限されるようになる．ただしクエン酸回路の代謝産物もアミノ酸や脂質の生合成に関与しているため，この経路を完全に止めてしまうこともできない．そこで増殖細胞は細胞外からのグルタミン取り込み量を増やし，これを代謝してクエン酸回路に途中から流入させ，代謝経路の一部を動かす．このような代謝のリプログラミングは細胞増殖の調節と密接な関係があるため，独立したホールマークかどうかは，現時点では明らかではない．

1.2.8 免疫攻撃からの逃避

T 細胞（CD8$^+$ 細胞傷害性 T 細胞，CD4$^+$ T$_h$1 ヘルパー T 細胞）や NK 細胞の機能に欠損があるマウスでは化学物質による発がんが促進される．また，臓器移植のレシピエントでは拒絶反応を抑えるために免疫抑制薬が投与されるが，このときドナーの臓器に由来する微小な腫瘍が休眠状態から抜け出して増殖を始めることがある．このように免疫監視システムは腫瘍の発生・増殖を抑制することができる．

一方，体内で成長するがんは，免疫系による

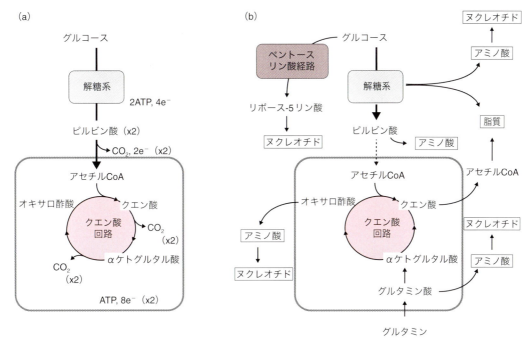

図1.5 増殖細胞における代謝のリプログラミング
(a) 静止期の細胞は，好気的条件下で，解糖系でグルコース（炭素数6）を2分子のピルビン酸（炭素数3）に代謝する．ピルビン酸はさらにアセチルCoAに変換されてクエン酸回路に入り，この過程で3分子のCO_2に酸化される．産生されたATPに加え，得られた電子を用いた酸化的リン酸化により，さらに大量のATPをつくり出す．
(b) 増殖期の細胞では，ATP産生だけでなく，生体高分子の前駆体をつくり出す必要がある．このため，エネルギー産生のための糖代謝経路から枝分かれした経路への代謝産物の供給が増え，解糖系からクエン酸回路への代謝物の流量は制限される．クエン酸回路から分枝する生合成経路を動かすために，増殖細胞はグルタミンを盛んに取り込み，αケトグルタル酸に変換してクエン酸回路へ代謝物を供給する．このうちの一部はクエン酸回路を逆行して脂質合成に利用される．

選択圧のもとにあるので，免疫攻撃から逃避するように性質を変化させている．がん細胞が自身の免疫原性を低下させて免疫監視から逃れるほか，免疫抑制能のあるTGF-β（細胞傷害性T細胞やNK細胞を抑制する）を産生・分泌したり，免疫チェックポイントのリガンドであるPD-L1を発現する例が知られている．1.2.6で説明したEMTのプログラムも免疫攻撃の逃避に関係している可能性がある．PD-L1の発現はEMT-TFの一つであるZEB1によって誘導されるからである．

がん細胞が免疫攻撃から逃避するメカニズムの解明は，がん治療の領域にパラダイムシフトをもたらした．従来の免疫療法は細胞傷害活性の増強を図るものであったが，がん細胞が免疫系の攻撃を逃れる仕組みを阻害する新しい治療法が開発され，予想外の成功を収めたのである．

1.3 がんを促進する二つの特性 ―ゲノム不安定性と炎症

がんを成立させるうえでの必須条件ではないが，八つのホールマークの獲得を促進する特性（enabling characteristics）として「ゲノム不安定性」と「炎症」が知られている（図1.6）．

がん細胞の悪性形質が子孫細胞へと伝達されることからもわかるように，多くのホールマーク獲得には遺伝子変異がかかわっている．実際に

■ 1章 がん細胞の基本的特徴 ■

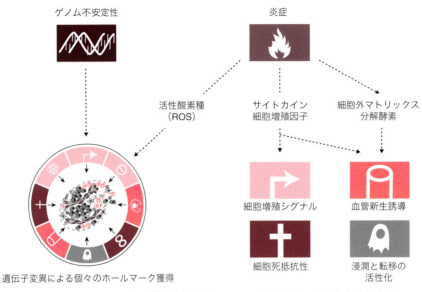

図 1.6 ホールマークの獲得を促進する二つの要因（ゲノム不安定性と炎症）

　環境中の物理的・化学的発がん物質のほとんどはDNAに変異を引き起こす性質をもつ．がん細胞のゲノムには30〜100種類くらいの体細胞変異がコード領域にあり，染色体の欠失や転位などの異常もみられる．もっとも，これらの変異のすべてががんの発生に関与している訳ではない．がん細胞の増殖や生存に優位性を与える"ドライバー変異"は全変異の5〜10％と見積もられており，その他は優位性に寄与せず，機能的に中立な"パッセンジャー変異"とみられている．DNAの完全性維持に関与する遺伝子（産物）は *TP53* 以外にも，DNAの異常を検出して修復を行うシグナル伝達に関与するもの，修復を実行する酵素，変異原物質の不活性化酵素などがあり，これらはケアテイカー遺伝子と呼ばれている．*TP53* やケアテイカー遺伝子の機能不全は，ゲノム変異の蓄積につながり（もちろん，がん細胞の増殖に不利な変異が導入される可能性もあるが，それらは淘汰される），ホールマークの獲得を促進すると考えられている．なお，ゲノムDNAの変異ではなく，DNAメチル化やヒストン修飾などのエピジェネティックな変化によりホールマークの獲得が促進される例もある．腫瘍抑制遺伝子のDNAメチル化による発現低下はよく知られている．

　「腫瘍は治らない傷（tumors: wounds that do not heal）」といわれるように，腫瘍組織の間質には炎症組織と同じように多様な免疫系の細胞が浸潤している．これは抗腫瘍免疫系が機能している状態とみることもできるが，近年，炎症細胞がホールマークの獲得を助けている証拠も得られるようになってきた．炎症細胞の産生する活性酸素種（reactive oxygen species，ROS）は遺伝子変異の誘因となる．また炎症細胞から分泌されるサイトカインや細胞増殖因子などの液性因子は細胞増殖を促進し，細胞死を抑制する．これに加えて細胞外マトリックスを分解する酵素も炎症細胞から放出されるため，血管新生誘導や細胞浸潤が亢進し，ホールマークの獲得が促進されることになる．実際に慢性炎症を引き起こす感染症（ウイルス性肝炎，ヘリコバクターピロリによる胃炎）は，しばしば発がんにつながることが問題となっている．

24

1.4 がん微小環境

　腫瘍組織にはがん細胞だけではなく，正常組織に由来する多種多様な間質細胞が存在する．これらの間質細胞のなかには，がん細胞から放出されるシグナル伝達因子の作用やエピジェネティック変化によりリプログラムされ，腫瘍組織の維持に貢献する表現型を示すものがある．たとえばがん随伴線維芽細胞（cancer-associated fibroblast, CAF）には線維芽細胞様のものとα平滑筋アクチン陽性の筋線維芽細胞が含まれ，浸潤や転移を促進することが知られている．最近，乳がん細胞がCAFとのクロストークにより悪性度の低いluminal-typeから悪性度の高いbasal-like typeに表現型を変換することが報告された[5]．また，腫瘍随伴マクロファージ（tumor-associated macrophage, TAM）はがん細胞から放出される液性因子によりM2型に分化し，がん細胞の増殖促進，抗腫瘍免疫抑制，腫瘍血管新生促進などの作用を示す．一方，腫瘍血管内皮細胞は細胞傷害性T細胞の血管外遊出を阻害している．また，腫瘍組織に浸潤した骨髄細胞のなかには細胞傷害性T細胞やNK細胞の機能を抑制する細胞集団があり，MDSC（marrow-derived suppressor cell）と呼ばれている．このように，がん微小環境中のさまざまな細胞種は「無限の細胞複製能」を除く七つのホールマークの獲得に寄与できると考えられている．そのため最近では，がん細胞そのものではなく，がん微小環境，あるいはそのなかで行われている異種細胞間のクロストークを標的とした治療法も考案されている．

1.5　分子標的としてのホールマーク

　従来型の化学療法薬は，がん細胞の増殖が盛んなことに注目し，DNA合成や細胞分裂の阻害を作用原理にしたものであった．これは正常な増殖細胞にも影響を与えるので，消化管障害や造血障害などの副作用が問題であった．しかし，がんが成立するための必要条件の理解が進んだことにより，八つのホールマークすべてが治療標的の候補とされ，腫瘍特異的な治療法開発への努力が続けられている．ただホールマークの多くは単一のシグナル伝達経路にのみ依存しているわけではないので，特定経路の抑制だけでがん細胞を完全に抑え込むことは容易ではない．

　一方，がん細胞が表現型の可塑性によりほかのホールマークへの依存性を高め，特定の治療に耐性になる例も報告されている．よく言及されるのは血管新生療法による浸潤・転移の促進である．血管からの栄養や酸素の供給が受けられなくなると，がん細胞が自ら好適な環境を求めて体内を移動するのである．このような現象の対策として，複数のシグナル伝達経路を同時に標的とするような併用療法が考えられる．そのためには個々の腫瘍の特質を知ることが重要であり，治療法選択の参考になるようなバイオマーカーの探索が精力的に進められている．

　最近，ホールマークと直接関係のない，付随的な現象に伴うがん細胞の脆弱性を標的にする治療法も考案されている．がん細胞では腫瘍抑制遺伝子とともに，周辺の遺伝子も一緒に欠失している（co-deletion）．これは本来パッセンジャー変異であり，通常は細胞の生理機能には大きな影響を与えない．しかしco-deletionした遺伝子のなかに代謝酵素が含まれていることがしばしばある．たとえば神経膠芽腫の1〜5％には1p36遺伝子座の欠失がみられ，解糖系の代謝酵素エノラーゼ1の遺伝子*ENO1*も高頻度でco-deletionしている[6]．エノラーゼ活性をもつ酵素はほかにエノラーゼ2があるので，これだけでは糖代謝に大きな影響は出ない．しかしエノラーゼ2に特異的な阻害薬で処理すると，1p36に欠失のある膠芽腫細胞は死滅する．一方，1p36遺伝子座の欠

失がない細胞はエノラーゼ1が機能できるので生存に影響はない．

EMTを起こした細胞は抗がん薬耐性を示すようになるが，実際に抗がん薬耐性となった細胞の多くも間葉系細胞の性質を示している．間葉系細胞では，運動性を亢進させるためにリン脂質中の高度不飽和脂肪酸含量を増加させ，細胞膜の流動性を高めている．高度不飽和脂肪酸は酸化による損傷を受けやすいため，このような細胞は膜リン脂質中の過酸化脂質を消去できる唯一の酵素であるグルタチオンペルオキシダーゼ4（GPX4）への依存性が高くなっている[7]．実際，抗がん薬耐性細胞でGPX4の機能を低下させると，酸化障害によるフェロトーシスという鉄依存性・非アポトーシス性の細胞死を起こすことが示されており，GPX4やその補因子であるグルタチオンの代謝に注目した治療法も検討されている．

主要なドライバー遺伝子の変異に起因するがんの治療法開発は，現在進行形で盛んに進められている．しかし主要なものだけでカバーできる割合はまだまだ限られており，残された部分をどのように治療していくかが今後の課題と考えられる．がん生物学の基礎的な研究により，ドライバー遺伝子変異の種類によらない治療法を開発するための手がかりが現れることにも期待がかかる．

1.6 最後に

2000年にHanahanとWeinbergが著名な総説であるThe Hallmarks of Cancer[1]を発表してから20年が経とうとしている．当時と比べれば現在のがんに対する理解は次元が異なっていることはいうまでもない．基礎生物学の分野におけるnon-coding RNA研究の展開が，がん生物学に大きな変化をもたらしたのも，この間の新しい展開である．また免疫チェックポイントの発見は革新的な治療法の開発につながった．

日進月歩ともいうべき新しい研究手法の開発は，現在でもがん研究の分野に新しい進展をもたらしている．それと同時に細胞増殖因子の代表例であるEGFやその下流因子であるK-RASの研究でも，いまだにトップジャーナルを賑わせるインパクトの高い報告が見受けられる．すでに研究し尽くされたかのようにみえる歴史の古い分野でも，われわれの理解が十分ではないことを感じる．次の5年あるいは10年で，われわれのがんに対する理解を大きく変えるようなconceptualな展開があること，そのなかから革新的な治療・診断法が開発されることを願ってやまない．

文　献

1) Hanahan D. & Weinberg R.A., *Cell,* **100**, 57 (2000).
2) Hanahan D. & Weinberg R.A., *Cell,* **144**, 646 (2011).
3) Hanahan D. & Weinberg R.A., "Cancer: Principles & Practice of Oncology. Primers of the Molecular Biology of Cancer. 2nd edition" Wolters Kluwer (2015), p28.
4) Ye X. et al., *Nature,* **547**, E1 (2017).
5) Roswall P. et al., *Nat. Med.,* **24**, 463 (2018).
6) Muller F.L. et al., *Nature,* **488**, 337 (2012).
7) Hangauer M. J. et al., *Nature,* **551**, 247 (2017).

Part I がん創薬の基盤となるコンセプト

がんの不均一性と可塑性

Summary

さまざまな先行研究から，がんは単一な細胞集団ではなく，複数のサブクローンが含まれた不均一な集団であることがわかっている．この不均一性はがんのゲノム不安定性，がん幹細胞による階層性，異なる微小環境やそれに伴うエピゲノム変化などさまざまな要因によって生み出され，一意的に捉えることは難しい．しかし一方で，がんの不均一性が薬剤耐性と関連することが指摘されている．またがんの可塑性によるがん細胞の多様性獲得も薬剤耐性獲得の原因となることが明らかとなりつつある．可塑性獲得のメカニズムを理解することで，薬剤耐性を獲得させない新たな治療法の開発ができると期待されている．

2.1 はじめに

現在多くの抗がん薬が開発され，多種多様ながんの治療に用いられている．抗がん薬を投薬するがん薬物療法は外科的手術において除去できないような微小ながんも標的にすることができ，また患者や医療従事者の被曝リスクを伴う放射線療法と比べても適用しやすい．しかしながら抗がん薬治療の場合，副作用のリスクやがん細胞の薬剤耐性の獲得といった問題が存在する．前者は薬剤ががん細胞だけでなく正常細胞にも作用してしまうことが原因と考えられており，がん細胞を特異的標的とする薬剤を開発することでこの問題の克服が試みられている．一方で，後者については耐性細胞に対するさまざまな治療戦略の開発が進められているものの，いまだ根本的な解決策は見つかっていない．

近年，薬剤耐性の獲得とがんの不均一性の関連が示唆されており，こうしたがんの特徴を理解することで薬剤耐性の獲得を防ぎ，がんの根治につながる治療戦略を開発できるのではないかと期待されている．本章では薬剤耐性の獲得の原因となりうる，がん不均一性の実態と可塑性を獲得するメカニズムについて論じたい（図2.1）．

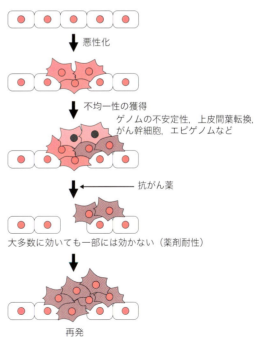

図2.1 がんの不均一性と薬剤耐性

2.2 がんの不均一性

2.2.1 がん進化と多段階発がんモデル

1976年に単一の細胞が体細胞遺伝子変異を獲得し、さらに遺伝子変異を獲得していくなかで環境に適応した変異をもったクローン（細胞）のみが自然選択により生き残り、モノクローナルながん細胞集団が生じるとする「クローン進化説」が提唱された[1]。その後、がん原遺伝子（proto-oncogene）やがん抑制遺伝子（tumor suppressor gene）が多数発見され、それらの遺伝子変異により遺伝子の発現、構造、機能が異常となって、細胞がん化することが示された。がん原遺伝子やがん抑制遺伝子の変異による発がんはクローン進化説と統合されて「多段階発がん仮説」として提唱された[2]。

よく知られている大腸がんの発がん過程を例にとると、まずがん抑制遺伝子 *APC* の変異により自律的な増殖活性が獲得され、さらにがん原遺伝子 *K-RAS* の活性型変異がより速い増殖を可能にする。それに加えて、*PIK3CA*, *SMAD4*, *TP53* といったがん抑制遺伝子の変異獲得により、基底膜を超えて浸潤する悪性度の高いがんへと進展する（図2.2）[2]。

もちろん、これらの複数の体細胞変異が順序性をもって生じる確率は低いので、すべての大腸がんが同じ経路をたどるとは考えにくく、同様の変化をもたらすほかの遺伝子の変異も原因となりうると考えられる。したがってすべてのがんにこのモデルが当てはまるとは考えられないが、多くのがんにおいてこうした直線的なクローン進化がより悪性度の高いがんを形成すると予想された。

2.2.2 腫瘍内，腫瘍間の不均一性

しかし近年、腫瘍内において直線的なクローン進化モデルでは説明できない不均一性が指摘されるようになってきた。とくに決定的であったのは次世代シーケンサー（Next Generation Sequencer, NGS）の登場による、がん組織全体の体細胞変異の網羅的な解析であろう。同一腫瘍内でも体細胞変異や遺伝子発現異常などに大きなバリエーションがあり、多くのがんは遺伝的に多様な集団であることが示された。そのため現在では、がんは共通した変異をもつものの完全に均一な集団ではなく、さらなる体細胞変異の獲得によってできた複数のサブクローンにより構成される集団として理解されている。

がんの不均一性は同一腫瘍内にとどまらない。同種の腫瘍であっても患者間によって大きく体細胞変異のプロファイルが異なることや、また同一患者内であっても原発巣と転移巣といった臓器間でプロファイルが異なることがわかってきている。実際に組織学的に同一の腫瘍内を観察すると、そこにはさまざまな組織形態像を示すがん細胞が含まれていることがわかる。免疫染色などによる病理組織学的分析においても、同一腫瘍内に異なるタンパク質発現を示すがん細胞集団が存在することが観察されている。

環境的不均一性も指摘されている。たとえば同一腫瘍内であっても正常細胞や細胞外マトリクスなどとの隣接状態や酸素濃度といった周辺環境は少しずつ異なる。環境適応により、この微妙な差異が細胞それぞれの差異となって現れ、最終的にその差異が遺伝的変異と協調して強く固定され、

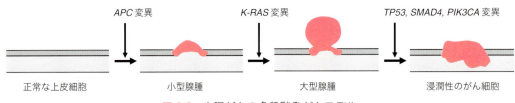

図2.2　大腸がんの多段階発がんモデル

がんの多様性が増すことも指摘されている．

2.2.3 がんの不均一性と薬剤耐性

がん原遺伝子として初めて *Src* が同定されて以降がん研究は急速に進み，1980〜1990年代には多くのがん原遺伝子やがん抑制遺伝子が特定され，これらの遺伝子の異常により特定のシグナル経路が活性化し，がん化を促進するということが示された．この知見から，異常に活性化したシグナル経路を抑制することで，がんの発生やがん細胞の増殖を抑制したり，がん細胞のアポトーシスを促進したりしてがんを根治するという新しい創薬コンセプトが想起された．このコンセプトに沿った治療薬がいわゆる分子標的治療薬である．それまでの殺細胞性の抗がん薬とは異なり，がん特有のシグナル経路を標的とし，正常細胞への傷害を抑えることができる画期的な治療戦略となった．事実，その高い奏効性から，分子標的治療薬は多くのがん種の標準薬物療法を塗り替えることとなった．しかしながら現在，分子標的治療薬でがんを根治できる例は限られている．原因として，前述の通りがんが不均一であるために一つのシグナル経路を標的とするだけではがん領域全体に対応できないこと（遺伝的不均一性），一部のがん細胞が休眠（quiescence）状態にありシグナル経路の抑制に感受性がないこと（細胞周期的不均一性），薬剤耐性を獲得した集団が現れることなどが挙げられる（環境適応による不均一性）．

こうしたがんの不均一性はがんが変化しやすいこと，すなわち可塑性に富むことに起因すると考えられている（図2.1）．そこで可塑性獲得のメカニズムを理解することでこれらの問題を回避した革新的な治療戦略の開発が可能になると期待されている．次節では，がんの可塑性を生み出す分子メカニズムについて論ずる．

2.3 がんの可塑性を生み出すメカニズム

がん細胞において，発生段階の細胞分化系譜を越えた形態変化が観察されることがある．これはがん細胞の高い可塑性を示唆している．がん細胞は正常細胞から生じるので，その可塑性を生み出すプログラムにも正常細胞との共通点が認められている．たとえば正常細胞で存在する組織幹細胞を頂点とした階層性（ヒエラルキー）は，がん細胞でもある程度保持されている．こうした内因的なメカニズムと環境適応などの外的要因により，多様性が獲得されることが示されつつある．がんの可塑性を生むさまざまなプログラムについて具体的にみていく．

2.3.1 ゲノム不安定性

がん細胞は体細胞と比較して変異率が高く，また染色体の倍数化の頻度も高いことなどから，ゲノムが不安定であるといわれている．体細胞変異の獲得率にはがん種ごとにバラエティーがあり，エキソン全体に変異が1か所（0.1/Mb未満）程度から数千か所（100/Mb程度まで）のものまである．ゲノムが不安定だと新たな変異を獲得しやすく，悪性化の主原因となる遺伝子変異に加えて，がん細胞それぞれが別の変異を独立して獲得することでサブクローンが生まれ，遺伝的不均一性を獲得していく．

このゲノム不安定性はDNA複製やDNA修復などゲノムを安定化する機構が破綻することで生じると考えられている．DNA複製はゲノムを写し取る作業であり，その過程で複製ミスや染色体の断裂，不均等分配などが起きやすい．したがってDNA複製を正確に完了することが非常に重要となる．もしDNA複製が不完全なまま細胞質分裂（cytokinesis）が起きたり，1回の細胞周期のあいだに同じ複製開始点から複数回複製

（endreduplication）が起こったりすると染色体の倍数化や断裂が生じてしまう．細胞はこれを防ぐために1回の細胞周期中にDNA複製が1回しか起こらないようなライセンス機構をもっている．またDNAポリメラーゼは一定の確率で間違った塩基を取り込み，誤対合が生じることが知られているが，この誤対合はDNAポリメラーゼの校正機構により取り除かれる．さらに生物のゲノムにはDNA複製などの生理的要因だけでなく，放射線などの環境的要因によって絶えず変異が入るが，このような環境的要因による変異はミスマッチ修復機構をはじめとするDNA修復機構によって取り除かれ，変異率が抑えられている．こうしたDNA複製やDNA修復機構は細胞周期と密接にかかわっており，これらの機構が正確に働くためには細胞周期制御が正確に行われることも重要である（図2.3）．

このようなゲノムを安定化する機構を抑制または失損することで，がん細胞はゲノムの不安定性を示すようになると考えられている．ゲノム安定化機構の阻害は関連遺伝子の機能喪失（loss-of-function）変異やエピジェネティック制御による発現異常が原因の一つと考えられている．先天的な遺伝子変異により若年で発症しやすい遺伝性腫瘍（リンチ症候群，卵巣がん症候群，ファンコニ貧血，網膜芽細胞腫など）の原因の多くが，こうしたゲノム安定化機構の抑制変異である[3]ことからも，この考えは広く支持されている．

2.3.2　上皮間葉転換と間葉上皮転換

上皮間葉転換（epithelial-mesenchymal transition，EMT）とは，外界と接する上皮細胞が高い細胞移動性をもつ間葉細胞に遷移する現象である．発生においては枝や管といった構造を形成する際の重要な機構である．成体においても傷口の修復時に働き，細胞に移動性を与える．上皮間葉転換が起こると，上皮細胞は隣接細胞との細胞接着や極性といった上皮の特徴を失い，移動性を獲得する．

上皮間葉転換およびその逆の間葉上皮転換（MET）は，分化した細胞が分化系譜を大きく逸脱し，ほかの分化系譜の細胞へと表現型を転換する現象であり，がんにおいては異なる表現型を獲得する新たな原動力になる．またがん細胞が周囲組織への浸潤性や転移能を獲得する一因であると考えられている[4]．

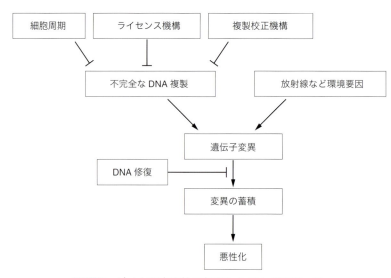

図2.3　ゲノム不安定性に起因したがんの不均一性

上皮間葉転換，間葉上皮転換は，発生過程などにおける正常細胞においてはよく制御された機構で，オン／オフがはっきりしている．一方でがん細胞の場合は転換に関連する遺伝子群の発現には多様性があり，浸潤性の程度の違いや表現型の違いを生み，がんに多様性を与える一つの要因になっている．

たとえば非小細胞肺がんの細胞を低酸素下で上皮間葉転換を誘導すると，その細胞集団は転換を起こした細胞と起こしていない細胞が混ざり合ったヘテロな形態を示す．これらの発現パターンをサブクローンにおいて比較すると，上皮間葉転換関連の転写因子や上皮マーカー遺伝子の発現がクローンごとに多様性を示し，上皮様の形態を示すクローンと間葉様の形態を示すクローンではとくに大きな差がみられる．また上皮間葉転換によってNK細胞に抵抗性をもつようになる[5]．

抗がん薬の投与によってがん細胞の上皮間葉転換が誘導され，薬剤耐性を獲得してしまうという報告もある[6]．がんの多様性，抵抗性の獲得と上皮間葉転換の関連メカニズムの解明は，新たながん治療法を生み出す可能性がある．

2.3.3 がん幹細胞

従来のクローン進化説では，がん組織は遺伝子変異細胞の子孫細胞による大きな一団であり，これらの多数の子孫細胞の一部が新たな変異を獲得することで新しい変異をもつクローンの始祖となると考えられていた．すなわち，がん組織内の細胞はすべて等価であり，どの細胞も新しいがん組織全体を支配するクローンの始祖となり得ると考えられていた．しかしながら後の研究によって，がん組織のうち少数の細胞のみが腫瘍原性，すなわち新しく腫瘍全体を形成する能力をもつことが示された[7]．つまり腫瘍全体が階層性をもった細胞集団により形成されているという説である．この階層の頂点に立ち，腫瘍原性をもつ細胞はがん幹細胞（cancer stem cell）と呼ばれている．

体内の一部の組織には，それぞれの組織を構成する細胞系譜のもととなる幹細胞（組織幹細胞）が存在し，緩やかな細胞分裂を行いながら，自己複製と細胞分化を繰り返し，組織を維持・形成している．がんの階層性は正常組織がもつ，組織幹細胞を頂点とするこのような細胞ヒエラルキーに一致するであろう（図2.4）．

これまでの研究からがん幹細胞が組織幹細胞様の特徴（自己複製能・多分化能）をもち，がん組織

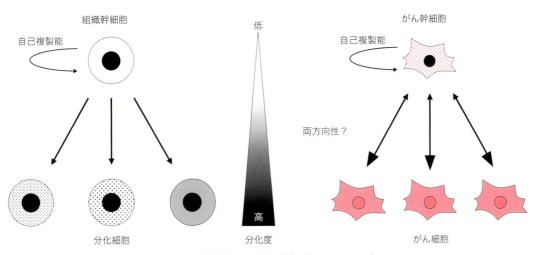

図2.4 組織幹細胞とがん幹細胞のヒエラルキー

を構成するさまざまな細胞を産生し，がん組織に多様性を与えることがわかっている．したがって，がん幹細胞を標的とすることで再発や薬剤耐性の獲得を抑制できると期待され，盛んに研究されている．現在まで，さまざまながん種においてがん幹細胞の存在が報告され，それぞれに特異的な分子マーカーも見つかっている．

がん幹細胞は組織幹細胞と同様，一方向的に分化し，分化細胞すなわち分化したがん細胞（非幹がん細胞，non-stem cancer cell）はがん幹細胞に転換しないと考えられていた．しかしながら近年の研究からこの説は否定されつつあり，がん幹細胞と非幹がん細胞の関係は両方向性である可能性が示唆されている．この転換はがん幹細胞を除去しただけでは残ったがん細胞ががん幹細胞に転換し，がんを再発させる可能性があることを示唆しており，がんの根治をさらに困難にしている．がん幹細胞，非幹がん細胞の相互転換はさまざまながんにおいて示されつつあり，相互転換を念頭に置いたがん幹細胞の概念を再考する必要があるであろう．

2.3.4 がんのエピゲノム

がん細胞とがん幹細胞における自己複製能や腫瘍形成能などの違いは，その背景にあるエピゲノム制御状態に大きく依存するといわれている．エピジェネティクスはDNAの塩基配列によらない遺伝子発現制御機構であり，多くの細胞でその制御情報は子孫細胞に伝えられる．この情報全体をエピゲノムと呼び，DNAのメチル化（メチル基，CH_3- が化学的に修飾されること）やヒストンのメチル化，アセチル化（アセチル基，CH_3CO- が化学的に修飾されること），染色体の核内構造などがそれにあたる．エピゲノムは細胞種などにより異なり，細胞種特有の遺伝子発現を制御している（図2.5）．また体細胞に特定の転写因子を一過性に導入すると多能性をもつiPS（induced pluripotent stem）細胞が作製できるように，エピゲノムは転写因子の発現によっても大きく変化する．

また，がん細胞に特定の転写因子を一過的に発現させてエピゲノム状態を変化させることで，がん幹細胞に転換させた報告もある．ヒト神経膠芽腫は最も予後が悪いとされている固形腫瘍の一つ

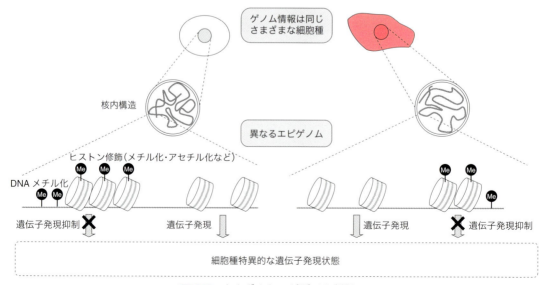

図2.5　さまざまなエピゲノム制御

で，腫瘍組織中にがん幹細胞の存在が確認されている．Bernsteinらのグループはがん幹細胞特異的に発現する転写因子群を特定し，それらの神経膠芽腫細胞への一過的強制発現を行った．その結果，OLIG2，POU3F1，SLL2，SOX2の4因子を強制発現させることでがん幹細胞様の特徴をもつ細胞の誘導に成功した．さらにヒストンアセチル化酵素の1種であるLSD1が神経膠芽腫の幹細胞の維持に関連していることを見いだし，LSD1の阻害薬によって幹細胞の増殖を顕著に抑制できることを報告した．このことからヒト神経膠芽腫においてがん幹細胞の特徴はそのエピゲノム制御状態に大きく依存することが示された[8]．

加えて細胞種ごとのエピゲノムの違いが，がん関連遺伝子変異に対する発がん感受性の違いを与えることも示唆されている．橋本らは大腸がんの原因遺伝子であるApc遺伝子に変異をもつ家族性大腸腺腫症モデルマウス（$Apc^{Min/+}$マウス）より得られた大腸腫瘍細胞に，山中因子（Oct3/4，Sox2，Klf4，c-Myc）の発現を誘導し，RTCs（Reprograming Tumor Cells）を樹立した．するとRTCsは多能性をもたず，Apc遺伝子をレスキューすることで多能性を獲得した（Apc-rescued RTCs）．この細胞からキメラマウスを作製するとさまざまな臓器形成に寄与することが確認された．Apc-rescued RTCs由来キメラマウス内において再びApc遺伝子の変異を導入すると腸管では腫瘍形成を認めたが，ほかの臓器では腫瘍形成を観察できなかった．つまり同じ遺伝子の変異であっても与える影響は細胞種ごとに異なり，細胞種のエピゲノム状態ががん関連遺伝子の変異による効果に大きな影響を及ぼすことが示唆された（図2.6）[9]．

エピゲノムの変化ががん細胞の性質に大きな影響を与えることは，細胞のエピゲノム状態が抗がん薬への感受性と深く関連していることからも示唆されている[10]．したがって，がん治療法探索においてがんのエピゲノム状態を理解することは非常に重要であるといえる．複数のがん種においてエピゲノムの恒常性にかかわる因子に変異が存在するという知見や，がん細胞と正常細胞ではDNAメチル化状態の特徴が異なる（すなわち正常細胞で低メチル化のCpGアイランドやCpG配列の多い領域は，がん細胞では高メチル化に，高メチル化のCpG配列の少ない領域は低メチル化状態になっている）という観察結果など

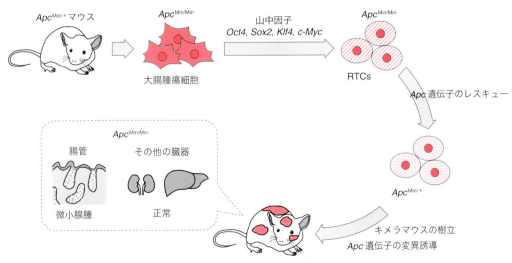

図2.6　細胞種のエピゲノムに依存したがん発生

■ 2章 がんの不均一性と可塑性 ■

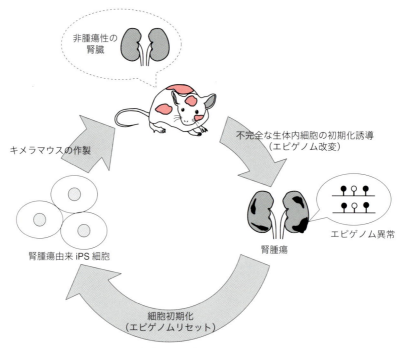

図 2.7 エピゲノム異常ががんの主因になり得る

から，エピゲノム異常と発がんの関連が示唆されている．

大西らは，マウス成体内で不完全な細胞初期化を誘導するとさまざまな臓器において腫瘍が形成されることを報告した．生じた腫瘍の一つである腎腫瘍細胞を単離して完全な初期化を誘導すると，腎腫瘍細胞由来 iPS 細胞を得ることができる．この iPS 細胞からキメラマウスを作製すると iPS 細胞は非腫瘍性の腎臓細胞に分化した．すなわちこの腫瘍発生モデルマウスにおいて，エピゲノム制御の変化が腫瘍形成の主たる原因であることが示された（図 2.7）[11]．

またがん細胞において，がん抑制遺伝子やミスマッチ修復機構関連遺伝子のプロモーター領域の DNA メチル化が変化し，遺伝子発現もそれらの変化に同調して変化していることが複数のがん種で報告されている[12,13]．以上からエピゲノム変化とがん発生は大きく関連することが予想される．

エピゲノムはゲノムと比較して変化しやすく環境応答性をもつ．実際がん細胞において，代謝や酸素濃度といった環境状態によってエピゲノムが変化し，それによってがん細胞の性質も変化することが報告されている[14,15]．エピゲノム情報は細胞分裂後も子孫細胞に受け継がれるため，環境により獲得されたエピゲノムは引き継がれ，獲得形質として固定されて，新たなクローンが生じると考えられる．したがってエピゲノムは微小環境の不均一性を背景にがん組織に多様な特徴をもつクローンを与える．たとえば白血病において，がん細胞のエピゲノム状態に多様性があると報告がされており[16]，がんにおけるエピゲノム状態を理解することはがんの不均一性を理解するうえで非常に重要であるといえる．

以上から，遺伝的・非遺伝的刺激により変化し不均一となったエピゲノム状態は，がん細胞に多様性を与え，がん組織全体の不均一性獲得の一因となり得るといえる（図 2.8）[17]．

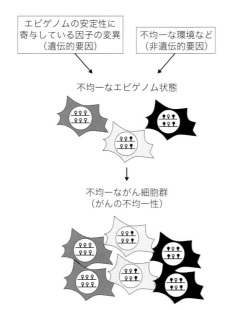

図 2.8 エピゲノム変化に起因したがんの不均一性

2.4 まとめ

これまでさまざまな抗がん薬が開発され，臨床応用されてきたが，その多くはがんの再発や薬剤耐性獲得細胞の出現によりがんを根治するには至っていない．その原因として，がんの可塑性によって引き起こされるがんの不均一性が挙げられる．可塑性はゲノムの不安定性や上皮間葉転換，間葉上皮転換，がん幹細胞，エピゲノム変化が原因となり獲得され，がん組織に多様性を与えている．がんの可塑性を生むメカニズムを理解することで，これを標的とした新しいがん治療薬の開発が進み，薬剤耐性を克服しうる革新的な治療戦略が開発されることが期待される．

この分野をもっと勉強したい人は文献18，19も参考にするとよい．

文　献

1) Nowell P. C., *Science*, **194**, 23 (1976).
2) Fearon E. R. & Vogelstein B., *Cell*, **61**, 759 (1990).
3) Romero-Laorden N. & Castro E., *Curr. Probl. Cancer*, **41**, 251 (2017).
4) Nieto M. A. et al., *Cell*, **166**, 21 (2016).
5) Terry S. et al., *Oncoimmunology*, **6**, e1271858 (2017).
6) Shah P. P. et al., *Oncotarget*, **8**, 22625 (2017).
7) Bonnet D. & Dick J. E., *Nat Med*, **3**, 730 (1997).
8) Suvà M. L. et al., *Cell*, **157**, 580 (2014).
9) Hashimoto K. et al., *Proc Natl Acad Sci USA*, **114**, 758 (2017).
10) Kumano K.et al., *Blood*, **119**, 6234 (2012).
11) Ohnishi K. et al., *Cell*, **156**, 663 (2014).
12) Esteller M, *N. Engl. J. Med.*, **358**, 1148 (2008).
13) Herman J. G. & Baylin S. B., *N. Engl. J. Med.*, **349**, 2042 (2003).
14) Killian J. K. et al., *Sci. Transl. Med.*, **6**, 268ra177 (2014).
15) Black J. C. et al., *Genes Dev.*, **29**, 1018 (2015).
16) Laudau D. A. et al., *Cancer Cell*, **30**, 92 (2016).
17) Flavahan W. A. et al., *Science*, **357**, eaal2380 (2017).
18) 新井田厚司ら，『腫瘍内不均一性とがんの進化』，ライフサイエンス領域融合レビュー，http://leading.lifesciencedb.jp/5-e003/
19) 藤田恭之＆佐谷秀行，『がんのheterogeneity-その解明と攻略への次なる一手』羊土社（2013）．

Part I　がん創薬の基盤となるコンセプト

がんの分子標的とバイオマーカー

Summary

　がん分子標的治療薬は創薬のコンセプトとして始まり，すでにがん治療の実臨床において標準的治療の一角を占めている．分子標的治療薬の創薬プロセスにおいて，標的の設定は最も重要なプロセスの一つである．基礎および臨床におけるバイオマーカー研究による腫瘍細胞の遺伝子，タンパク質などの解析を通じ標的を見つけ，化合物スクリーニングからヒット化合物を見いだし，個々の化合物の POC を達成することが求められる．バイオマーカーは創薬の標的分子になり得るが，オフターゲットの意義も検討するべきである．効果予測のバイオマーカーのうち，臨床的に特定の薬剤選択に用いられるコンパニオン診断薬が分子標的治療薬と同時に承認されている．多数の遺伝子変化を一度に解析可能ながん遺伝子パネル検査も実装され，がんのプレシジョン医薬が急速に進んでおり，それに対応する薬物開発が求められている．

3.1　分子標的治療の概念

　がんの分子標的治療薬は 2000 年代初頭に臨床の場に登場し，現在では各固形がんに対する標準的治療の重要な位置を占めている．分子標的治療という言葉を日本に導入したのは，故鶴尾隆博士である．元来，分子標的治療薬は創薬プロセスのコンセプトを示す用語であった．すなわち，まず標的を同定し，その標的に対する特異的な小分子化合物をスクリーニングし，その後抗腫瘍効果を検証するという過程を経ることが，抗悪性腫瘍薬の創薬にとり効率的であるとの考え方である．分子標的薬の開発は世界中で進められ，多くの企業，創薬研究者が分子標的薬の開発に取り組んできた．そのなかで，非小細胞肺がんに対するEGFR 特異的チロシンキナーゼ阻害薬ゲフィチニブ（gefitinib）が世界に先駆けて日本で承認された．ゲフィチニブが非小細胞肺がんに対する標準的治療として認知されるまでには，さまざまな解決すべき課題があり，それらの課題解決の過程で分子標的薬の臨床応用へのノウハウが蓄積されたものと考えられる．

　ゲフィチニブが日本で承認された理由の一つは，近畿大学医学部で実施された臨床第Ⅰ相試験において，劇的な腫瘍縮小効果を示す症例が経験されたことにある．一方で腫瘍縮小効果を示さない場合もあり，その根拠となる因子を探索する臨床的な研究が進められた．東アジア人，女性，非喫煙者が腫瘍縮小効果と関連する因子として挙げられた．これらの効果予測因子については，人種差があるのかなどが議論された．その後，*EGFR* 遺伝子変異が発見されるに至り，効果予測因子のバイオマーカーとして遺伝子変異が注目されることとなった．現在，ゲフィチニブは *EGFR* 遺伝子変異陽性の非小細胞肺がんに対して用いられている．また薬剤性の間質性肺炎が社会的にも問題となり，その頻度が日本人に多いことも議論された．固形がんにおいて初めて臨床導入されたキナーゼ

阻害薬の経験から，分子標的治療薬の特徴として経口薬，効果予測因子が存在すること，副作用が特殊であること，劇的に効果を見いだす場合がある一方で，効果を示さない場合があること，著効例においてもやがて耐性を獲得すること，臨床の開発試験ではPOC（proof-of-concept）試験（後述）が重要であることなどが明らかとなった．

ゲフィチニブの臨床応用により分子標的薬の開発が盛んになった．分子標的薬は特定の標的分子に対して特異的に作用するため，がん細胞やがん組織に特異的な分子を探索同定することが最初のステップとなる．また化合物による標的分子への作用により，がん細胞の増殖抑制や抗腫瘍効果が誘導されうるかを示すこと（target validation）も重要である．標的が設定されればそれに作用する化合物スクリーニングも効率的である．化合物が標的に特異的であれば，従来の殺細胞性の抗がん薬のような副作用も軽減されると期待された．多くの分子標的治療薬の開発が行われ，臨床試験で検討されたが，その中心はキナーゼ阻害薬であった．その理由として，キナーゼを標的とした創薬は上記の開発戦略に基づいて行われ，ドラッグデザインが比較的容易であったためであろう．同時に抗体医薬の開発も行われ，抗HER2抗体，抗EGFR抗体などの腫瘍細胞表面の分子を標的とする抗体のほか，ベバシズマブ（bevacizumab）のような抗VEGF抗体も開発された．抗VEGF抗体は腫瘍血管新生を標的とする点，受容体ではなくリガンドに作用する点が特徴的であった．抗体医薬の場合は，その抗腫瘍効果を発揮するためのmode-of-actionがおもに標的の中和による直接的ながん細胞増殖抑制によるもの，ADCC（Antibody-Dependent-Cellular-Cytotoxicity，抗体依存性細胞傷害）あるいはCDC（Complement-Dependent Cytotoxicity，補体依存性細胞傷害）という免疫作用を介する作用のどちらが抗腫瘍効果に重要かが議論された．

血管新生阻害薬としての小分子化合物も開発された．それらの多くはマルチキナーゼ阻害薬とも呼ばれ，がん細胞の分子も標的とし得る．これらのキナーゼ阻害薬はどの標的に作用して効果を発揮するかが議論された．これは次世代の阻害薬の開発にとっても重要な課題であった．標的を同じくする小分子化合物の次世代分子標的治療薬の開発にあっては，標的阻害作用がより特異的な化合物の開発に重点が置かれた．それによりpMオーダーでの阻害が達成され，効果の優位性と副作用の軽減が図られた．

また，分子標的治療薬と殺細胞性の抗がん薬，分子標的治療薬と分子標的治療薬との併用効果も検討された．臨床試験では多くの小分子化合物については抗がん薬との併用の有効性が証明されなかったが，ベバシズマブ，セツキシマブ（cetuximab）などの抗体療法は抗がん薬との併用においてその有効性が示された．これらの結果から，小分子化合物と抗体の抗がん薬との併用における効果の違いについても議論された．

分子標的治療薬は標的分子に作用することで抗腫瘍効果を発揮するが，標的分子は特定のがん種に限られたものではない．また血管新生阻害薬などの標的は腫瘍血管やがん微小環境であると考えられ，特定のがん種に限らない．したがってこれら分子標的治療薬の有効性は多くのがん種に共通して示され得るものと考えられた．しかし臨床開発において，臨床第I相試験を除いてがん種を超えての臨床試験は一般的ではなく，がん種別に承認する審査法は変わらなかった．また実際同じ分子を標的とするキナーゼ阻害薬であっても，臓器により効果が異なることが多く経験された．そのため非臨床試験において対象とするがん種を特定することは重要な開発過程である．

肺がんに対するがん分子標的治療薬の開発は，*EGFR*遺伝子変異陽性に続き，*ALK*融合遺伝子，*ROS1*，*RET*，*NTRK*融合遺伝子が発

見され，それらを標的としたチロシンキナーゼ阻害薬（tyrosine kinase inhibitor, TKI）の開発が進められてきた．これらの分子はがん原性（oncogenic）であり，がん細胞の増殖を促進する遺伝子変化を示す．このような遺伝子異常をもつ遺伝子はドライバー遺伝子と呼ばれ，分子標的治療薬の明確な標的である．しかし，同一の遺伝子の変異でも変異部位によってドライバーとしての機能の強さが異なることも明らかになっており，TKI の効果は遺伝子変異型により違いが生じることも知られている．それぞれの体細胞遺伝子変化がどの程度病的変異であるかを定量的に示すことが必要であると考えられる．

3.2 Proof-of-concept（POC）

前述のように分子標的治療薬の創薬の過程では，まず標的を選定することが最初の重要なステップである．がん，腫瘍に特異的であるか，標的が酵素活性を示す，ドラッガブルな分子であるか，その分子の存在部位（細胞表面か，核内に存在するのか）などの点が標的分子の選択の過程で考慮されるであろう．また化合物スクリーニング法が容易であるか，適切なスクリーニング法が存在するかも重要な点である．標的は腫瘍標的のみならず腫瘍血管などの微小環境を標的とすることもある．

化合物スクリーニングではまず標的に作用するヒット化合物を見つけだし，続いてヒット化合物からリード化合物へと展開する．見つけた化合物が抗腫瘍効果を発揮し，その効果が標的分子に作用することによって引き起こされていることを，ヒト培養がん細胞株などによる in vitro 実験，担がんマウスモデルなどによる in vivo 実験で確かめることが必要であり，これを POC（proof-of-concept）という．化合物の mode-of-action の POC ともいえる．このプロセスでよく議論することは，標的の働きを阻害する化合物濃度と抗腫瘍効果を発揮する濃度との関連性であり，あまりにも両者の化合物濃度の乖離が大きい場合，化合物の構造展開を行い，より最適な活性をもつ化合物を合成する．また，POC を達成する化合物の濃度が，in vivo およびヒトの薬物動態下で達成され得る濃度であるか，化合物のタンパク質結合率や代謝（酵素）といった物性も重要な要素である．

分子標的治療薬の POC とは，研究者によりその範囲や概念が多少異なる．基礎研究者は非臨床試験においての mode-of-action を証明することを指す．一方早期臨床試験に携わる研究者は，がん分子標的薬剤がヒトに投与された後，生体試料（腫瘍組織，皮膚，血液など）を採取し，標的阻害の程度を投与前，投与後で比較することで POC とする．以前は薬力学的効果の証明とも称しており，用量依存的あるいは経時的に標的阻害やそのサロゲート（代替）マーカーが推移するかをみることが一般的である．また抗腫瘍効果との関連性を示唆することにより，より POC に近づける．

より広範に，分子標的薬剤の臨床的効果が期待できる分子異常や特定の種類のがん種を選択できたことを，POC を得たと表現することもある．IT 分野などで用いられる POC と同様に実現性の間接的証拠を構築するという意味で，新たな医薬品や治療，医療材料，医療機器などにおいて有効性などを確認することを指す．化合物が患者に対して実際に治療効果を示すことを適切な指標を用いて直接的，間接的に検証することを指す場合もある．臨床腫瘍専門医や製薬企業の臨床開発担当者は臨床試験（第Ⅱ相試験の前期まで）を POC と呼ぶ．すなわち少数例での有効性をみることを指し，early POC と呼ぶこともある．

いずれにしろ，創薬研究，非臨床試験，臨床試験の過程で，いち早く POC を取得することが新薬の臨床的意義を左右するため，活発に行われている．とくに臨床試験への参加にあたっては，腫瘍組織，血液などの正常組織などを採取，解析す

ることを必須とすることがほとんどである．POC取得のアプローチが効果予測などのバイオマーカーの発見につながることも期待されるが，現在まで患者選択に用いられる妥当性が示されたバイオマーカーの発見，検証に至った例は多くない．

3.3 バイオマーカーの意義

バイオマーカーとは，"A characteristic that is objectively measured and evaluated as an indicator of normal biological processes, pathogenic processes, or pharmacologic responses to a therapeutic intervention（正常の生物学的過程，発病過程，治療介入による薬理学的反応における客観的に測定・評価可能な指標）"と定義されている[1]．

がん薬物療法領域におけるバイオマーカーの役割は大きく二つに分けられる．一つは，とくに分子標的治療薬において創薬の段階から有効性・安全性を予測できるバイオマーカーを活用し，理論的・効率的・迅速な新薬開発を行うことである．もう一つは，臨床において予後や治療効果，副作用を予測するバイオマーカーを活用し，患者ごとに治療法を選択する最適化医療を行うことである．

予後バイオマーカー（prognostic biomarker）は治療の有無にかかわらず予後に影響を及ぼす因子であり，たとえば手術後のがんの再発リスクを予測することで，化学療法や放射線療法などの周術期補助療法を開発・導入する対象を選択する際に活用される．一方効果予測バイオマーカー（predictive biomarker）は，薬剤などの治療に対する有効性や副作用を予測する因子であり，分子標的治療薬などの抗がん薬の開発や使用症例の選択に活用できる．バイオマーカーの評価に際しては，単一治療群でバイオマーカー（＋）と（－）の集団を比較して予後に差を認めても，そのマーカーが予後因子なのか効果予測因子なのか判断できない点や，効果予測／予後予測両方の特性をもつバイオマーカーも存在する点を留意しておく必要がある．

アメリカ食品医薬品局（Food and Drug Administration，FDA）は，バイオマーカーを確実性のエビデンスレベルに応じて，known valid, probable valid, exploratoryのクラスに分類した[2]．乳がんにおける抗HER2抗体トラスツズマブ（trastuzumab）使用時のHER2検査や，消化管間質腫瘍（gastrointestinal stromal tumor, GIST）におけるKITチロシンキナーゼ阻害薬イマチニブ（imatinib）使用時のKIT遺伝子検査は，測定系が確立され，測定結果の臨床的意義が医学・科学コミュニティにおいて広く合意されているknown validバイオマーカーであり，使用前の測定が必須と考えられている．一方，広く合意に達していないものがprobable valid，臨床的意義が示唆されているが再現性などは未確認のものがexploratoryに分類される．probable validおよびexploratoryマーカーがどのような条件を満たせばknown validとなるかは明確には定義されていないが，レベルの高いエビデンスの積み重ねを経て，known validバイオマーカーと認知される．

現在では，抗悪性腫瘍薬との組み合わせの承認と合わせてコンパニオン診断，コンプリメンタリー診断薬という用語が用いられるようになった．

3.4 オフターゲットの臨床的意義

がん分子標的治療は，2000年以降に各種固形がんに対して標準的治療の一角を占めるようになり，2009年に肝がんに対してもマルチキナーゼ阻害薬であるソラフェニブ（sorafenib）が承認された．ソラフェニブの標的は多岐にわたり，逆にいえば，どの標的に対する作用が抗腫瘍効果，有害事象にかかわっているのかがわかりにくい．ソ

ラフェニブは，明確な腫瘍縮小効果を認められる場合は多くなく，病勢制御率，無増悪生存期間，生存期間において有意な延長が認められたことで承認された．すなわちソラフェニブはPOCが難しいといえる．

一方肺がんなどにおけるゲノム解析が進み，*EGFR*遺伝子の活性型変異や各種融合遺伝子をドライバー遺伝子と呼び，これらが陽性の腫瘍で，それらを標的とするキナーゼ阻害薬が著明な腫瘍縮小効果を示すことが明らかとなり，これらのキナーゼ阻害薬が承認された．バイオマーカー探索は，効果予測因子を探索することで，プレシジョン医療を達成するために重要と考えられるようになっている．

肝がんにおいて，肺がんと同様なドライバー遺伝子が存在するのか，それに対する創薬が可能なのかというクリニカルクエスチョンに対する一つの回答として，肝がんの遺伝子解析の報告がある．肝がんの大規模な遺伝子解析研究の結果，肝がんには，ドライバー遺伝子すなわちドラッガブルな遺伝子はほとんどないということがわかった[3]．肝がんの腫瘍は多様であり，さらなる探索は必要であろうが，long tailと呼ばれる非ドライバー性（non-driver）の遺伝子しか見つからない可能性もある．

著効例の解析から標的分子が明確になることは，先に述べたEGFR阻害薬ゲフィチニブの例で経験済みである．肝がんにおいてもソラフェニブの著効例の探索は，ソラフェニブの効果予測因子の探索のみならず，新たな標的探索にも有用であると考えられた．実際，ソラフェニブ単独による著効例（complete response，CR）の解析から*FGF3/FGF4*遺伝子の遺伝子増幅が著効例の効果予測因子であることが見いだされている[3]．さらに*FGF4*遺伝子を過剰発現させたがん細胞では増殖速度が増加したことから，そのようながん細胞は*FGF4*遺伝子に"依存（addiction）"していることが示唆される．一方で，*FGF4*による"依存"の程度は比較的弱く，肺がんにおける*ALK*融合遺伝子がその強力なドライバー性から"横綱"遺伝子と称されるのに対し，*FGF4*遺伝子は関脇遺伝子程度であろうか．ともあれ，同遺伝子導入細胞は，ソラフェニブやFGFR阻害薬に対し高い感受性を示す．これらの結果から，*FGF3/FGF4*遺伝子増幅肝がんに対するマルチキナーゼ阻害薬というコンパニオン診断薬—キナーゼ阻害薬の道筋ができると考えられた．しかし*FGF3/FGF4*遺伝子増幅の頻度は，複数のデータベースによると約5％程度である．また先のソラフェニブ著効例の解析例では，*FGF3/FGF4*遺伝子増幅はソラフェニブ奏効例の30％に過ぎない．そこで別の著効例のサンプルコホートで新たな効果予測因子を探索し，新たに*FGF19*が見いだされた．*FGF19*は*FGFR4*のリガンドであり，pan FGFR阻害薬の標的でもある．*FGF19*過剰発現細胞株におけるFGFR阻害薬の高い抗腫瘍効果はすでに報告されている．*FGF19*遺伝子増幅頻度も，*FGF3/FGF4*と同様に約5％程度である．このような結果から推察するとFGF-FGFR経路に"依存"している肝がんが存在し，それらに対してFGFR阻害薬やマルチキナーゼ阻害薬が有効である可能性が考えられる．そのような腫瘍は同様にFGFR阻害薬に対しても高い感受性があると期待される．

一方，ソラフェニブのキナーゼマッピングデータ[4]ではFGFRのキナーゼに対する阻害活性は，ほかのキナーゼに比して，必ずしも高くはない（図3.1，表3.1）．しかしソラフェニブのようなマルチキナーゼ阻害薬が実際に直接的な腫瘍縮小効果を示すことは，オフターゲット効果が臨床的には意義があることを示唆しているかもしれない．新たに臨床の場に登場したレンバチニブ（lenvatinib）などのマルチキナーゼ阻害薬に関しても同様のことがいえるであろう．

3.5 コンパニオン診断薬

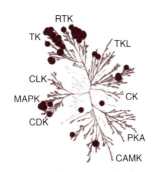

図 3.1 ソラフェニブのキナーゼ阻害プロファイル
文献 4) より引用.

表 3.1 ソラフェニブが阻害活性を示す代表的なキナーゼ

標的	キナーゼ阻害 IC$_{50}$ (nM)*	Binding Kd (nM)**
VEGFR-1	26	31
VEGFR-2	22～90	59
VEGFR-3	20	95
FLT-3	20～58	13
KIT	68	31
PDGFR-α		62
PDGFR-β	57～80	3.7
Tie-1		68
Tie-2		2100
FGFR-1	580	2800
FGFR-2		2700
FGFR-3		>10 μM
FGFR-4		>10 μM
CSF-1R	107	28
RET	47	13
B-Raf	25	540
B-Raf (V600E)	38	260
Raf-1	6	230
EGFR	>10 μM	>10 μM

* Wilhelm SM et al. Cancer Res. 2004 より引用.
** 文献 4) より引用.

3.5 コンパニオン診断薬

肺がんにおいては，*EGFR* 遺伝子変異，*ALK*，*ROS1*，*RET* 融合遺伝子などドライバー遺伝子の発見が日本の研究者を中心になされ，それらに対するキナーゼ阻害薬がすでに上市され，一部は臨床試験が進められている．ALK 阻害薬のように分子標的治療薬と診断薬が一体となって申請され，承認を受けることがあるが，この場合の診断薬をコンパニオン診断薬という．これはすなわち，特定の医薬品の有効性や安全性を一層高めるために，その使用対象患者に該当するかどうかをあらかじめ検査する目的で使用される診断薬を指す．FDA からはコンパニオン診断薬のガイダンスが発表され，日本においても医薬品医療機器総合機構 (PMDA) から 2013 年 12 月にコンパニオン診断薬および関連する医薬品に関する技術ガイダンスなどが公表されている[5]．

大腸がんにおいては抗 EGFR 抗体の適応に，*KRAS* 遺伝子変異が，最近では minor *KRAS*, *NRAS*, *BRAF* 遺伝子変異が重要であることも議論されている．これらもコンパニオン診断薬とされているが，*EGFR* 遺伝子変異などとは異なり，適応から外す negative selection マーカーの有無を検査するためのものである．

コンパニオン診断薬の範囲は 2013 年に出された，薬食審査発 0701 第 10 号「コンパニオン診断薬等及び関連する医薬品の承認申請に係る留意事項について」で表 3.2 のように定義されている．

またコンパニオン診断薬の承認申請はセットとなる医薬品の承認申請（新規品目または効能追加

表 3.2 コンパニオン診断薬等の範囲

コンパニオン診断薬等とは，特定の医薬品の有効性又は安全性の向上等の目的で使用する次のいずれかに該当するものであって，当該医薬品の使用に不可欠な体外診断用医薬品又は医療機器（単に疾病の診断等を目的とする体外診断用医薬品又は医療機器を除く．）であること．
(1) 特定の医薬品の効果がより期待される患者を特定するための体外診断用 医薬品又は医療機器
(2) 特定の医薬品による特定の副作用について，それが発現するおそれの高い患者を特定するための体外診断用医薬品又は医療機器
(3) 特定の医薬品の用法・用量の最適化又は投与中止の判断を適切に実施するために必要な体外診断用医薬品又は医療機器

「コンパニオン診断薬等及び関連する医薬品の承認申請に係る留意事項について」（薬食審査発 0701 第 10 号）より．

など）と同時期に実施することが原則となっている．コンパニオン診断薬が存在する医薬品の添付文書には，対応する診断薬などを使用する旨が記載されている．

一方，マルチ診断薬の登場や，承認後の新たな知見などにより，後づけでコンパニオン診断薬として承認申請される場合もある．その場合には「後発コンパニオン診断薬」と呼ばれるが，その明確な定義づけはされていない．

また，コンパニオン診断薬にならずとも医薬品投与の際に使用するのであれば，コンパニオン診断薬と同様に医薬品の承認と同時期に診断薬の承認がなされるべきであると考えられている．アメリカでは医薬品の投与の際に参考となる情報が提供されるが，必須の診断薬ではないものとしてコンプリメンタリー診断薬（complementary Dx）という概念が提示された．分子標的治療薬のみならず，免疫チェックポイント阻害薬を使用する際においても，その中心的標的タンパク質であるPD-L1の免疫組織学的染色が薬剤選択の診断基準として用いられている．例としてPD-L1 IHC 28-8は，抗PD-1抗体ニボルマブ（nivolumab）の体外診断薬と明記して認可されたが，ニボルマブの添付文書上，PD-L1 IHC 28-8による患者選択は必要とされていないことから，アメリカのコンプリメンタリー診断薬に相当する位置づけと考えられる．

このように多数のコンパニオン診断薬，コンプリメンタリー診断薬が承認薬と共に承認されると同時に，マルチ診断薬の承認申請が進んでいる．マルチ診断薬は複数の遺伝子変化を一度に検出し，それが治療薬の適応につながるため，がんのプレシジョン医療としてゲノム医療の推進に寄与すると考えられる．

3.6 プレシジョン医薬

多数の個々のがんの遺伝子異常を調べ，それに対応する治療法を選択するクリニカルシーケンシング（clinical sequencing）はがんプレシジョン医薬（precision medicine）の実現に向けての中心的なアプローチである．日本のゲノム医療では遺伝子パネル検査と呼ばれる．

解析の対象とする遺伝子の変化は，がん細胞に後天的に生じる体細胞の遺伝子変異であるが，遺伝子増幅（コピー数異常），メチル化などエピジェネティックな変化を解析対象とする場合もある．個々の腫瘍で認められる遺伝子変化を解析することにより，診断や予後予測に用いる場合もあるが，薬物療法を中心とした治療選択を見いだすことがクリニカルシーケンスの主たる目的である．

診断時や薬物療法の選択にあたって，次世代シーケンサー（next-generation sequencer, NGS）などを用いたマルチ遺伝子パネル検査が実施される．クリニカルシーケンシングで用いる次世代シーケンス技術は，数十から数百の遺伝子を対象に特定の領域（HOT spot）に限定して遺伝子解析を行うターゲットシーケンシングが主流である．それに対し，おもに研究目的で実施する全ゲノムや全エクソン解析では多数の遺伝子異常が見いだされ，そのアノテーションやキュレーションの解析過程が複雑である．アノテーション（annotation）とは，塩基配列データに遺伝子構造や遺伝子機能の情報，また文献情報などを注釈をつけることを指す．専門家が生物学的な知識に照らし合わせながら知識・情報を付加することをキュレーションと呼ぶ．

NGS技術で塩基配列決定することをdeep sequencing，超並列シーケンシングなどとも呼ぶ．NGSは多数のDNA断片を同時にシーケンスして塩基配列を決定する．また新規のゲノム配列決定のみならず，ゲノム配列の差異（変異）の

同定，RNAの配列決定，RNA量（発現）の決定，エピジェネティックな修飾を受けているゲノム部位の同定とその頻度の定量，タンパク質核酸複合体に含まれる核酸の配列と量の決定，ゲノムのコピー数解析（増幅・欠損）など，その用途はさまざまに広がってきている．

全ゲノムのなかでもタンパク質をコードしているエクソンをすべて解読することを全エクソン解読（エクソーム解読）と呼び，現在がんゲノム解析研究では最も汎用されている．それに対し全ゲノム解読はゲノム全体をシーケンシングすることでタンパク質非コード（non-coding）領域も含めたすべての変異，転座，逆位，染色体再構成およびコピー数変化を検出する方法である．RNAseqと呼ばれるRNA配列の解読技術は，新規転写産物の同定や既知遺伝子を含めた転写産物を定量することができ，融合遺伝子の探索にも利用できる．トランスクリプトーム解析は，マイクロアレイと同様に網羅的遺伝子発現解析が実施可能である．miRNAのような非常に短いRNAのシーケンスや，特殊な方法でより多様な非コードRNAを同定することも可能である．NGSではメチル化異常についても多数の遺伝子，領域が解析できる．NGSを用いて診断・治療に有用な既知の遺伝子変異（*EGFR*遺伝子変異や*BRAF*遺伝子変異など）に焦点を絞って解析を行うことをターゲット

シーケンシングと呼び，とくに臨床への応用が期待されているため，臨床サンプルの解析はクリニカルシーケンシングとも呼ばれる．

3.7 がんクリニカルシーケンシングの実際

非小細胞肺がんにおいては，コンパニオン診断薬を用いた分子診断により治療法を決定するため，複数の遺伝子検査あるいは免疫組織学的染色を実施する（図3.2）．一般に，診断に供することのできる腫瘍組織片は極少量である．そのため一度に多数の遺伝子変化を同定することができるがんクリニカルシーケンシングが国内でも多くの施設において試行されてきた．それらの多くが海外に検査を外注するが，自施設で実施している施設も徐々に増えてきている．またその形態はさまざまであり，臨床研究として実施している場合や自由診療として実施している場合などがある．また，最近コンパニオン診断薬としてNGSパネルが承認された．

近畿大学では倫理委員会の承認と同意を得たうえで，近畿大学医学部付属病院などを受診される患者のおもにホルマリン固定パラフィン包埋（formalin-fixed paraffin-embedded，FFPE）生検サンプルを用いたターゲットシーケンシン

図 3.2　IV期非小細胞肺がんの治療の日本肺癌学会肺癌診療ガイドライン
※ *EGFR*遺伝子変異，*ALK*遺伝子転座の検索は必須ではないが，診断が生検や細胞診などの微量の検体の場合においては，腺がんが含まれない組織でも*EGFR*遺伝子変異，*ALK*遺伝子転座などの検索を考慮する．

■ 3章　がんの分子標的とバイオマーカー ■

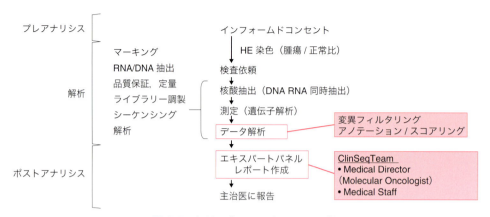

図 3.3　クリニカルシーケンスの工程

グを実施してきた（図 3.3）．具体的には各がん種の臨床サンプルのアンプリコンシーケンシング（amplicon sequencing）および FFPE サンプルから抽出した RNA を用いた融合遺伝子のスクリーニングをしている．図 3.3 のように，解析後は研究事務局に解析レポートを提出し，専門家（エキスパートパネル）によるレビューを経て，主治医に解析結果をフィードバックする．同時に，個々の腫瘍に適切と考えられる薬剤の候補を提示し，それらが未承認薬剤の場合には現在進行中の臨床試験の情報をレポート内容に組み込んでいる．

近畿大学において肺がん患者を対象として実施した肺がんの生検サンプルを用いた NGS や TOF-MS を利用したマルチパネル検査を用いた遺伝子異常解析では，FFPE サンプルを用いた測定・解析の成功率は 95 ％以上であり，*ALK*，*ROS1* などの稀な融合遺伝子の検出にも成功している[6, 7]．また，ドライバー遺伝子陽性でそれに対応する分子標的治療薬による治療を実施した群は，そうでない群に比べて，生存率の向上がみられた（図 3.4）[6]．この結果はクリニカルシーケンシングの臨床的意義を示したものといえ，同アプローチが最適化医療に貢献し得ることを示している．現在，次のステップとして各種固形がんに

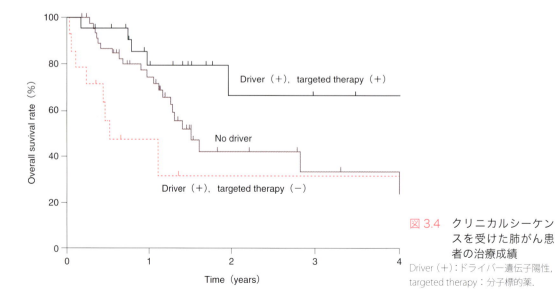

図 3.4　クリニカルシーケンスを受けた肺がん患者の治療成績

Driver（＋）：ドライバー遺伝子陽性，targeted therapy：分子標的薬．

対象を広げ，クリニカルシーケンシングを実施している．また著効例など，特異な経過を辿った症例に対して個々にクリニカルシーケンシングを実施することで，不均一性の解析[8]や分子標的治療薬の新しい標的探索を行うことができるばかりでなく，効果感受性を予測し得るバイオマーカーを得ることもできる[9]．

3.8 マルチ診断技術のリキッドバイオプシーへの応用

血中に遊離したDNAはがんの遺伝子異常を検出する手段として，非侵襲的かつモニタリング可能な方法として注目されている．とくに分子標的治療の実施中に，血漿などから得られる循環腫瘍DNA（circulating tumor DNA, ctDNA）を用いて遺伝子プロファイルをモニタリングすることにより，耐性化予測の有用性を示すことができている[6]．血中に存在する微量のctDNAを解析するには，従来の遺伝子検査法に比べて，より高感度の検出テクノロジーが必要と考えられてきた[7]．そのため超高感度なデジタルPCR法の開発により，リキッドバイオプシー（liquid biopsy）研究が進展した．PCR産物のゲル電気泳動を第一世代，リアルタイムPCRによる定量的PCRを第二世代とすると，デジタルPCRなどの第三世代のPCR法が実用化されつつある．デジタルPCRは標準曲線を必要とせず，核酸の絶対定量が可能で高感度・高精度な技術である．デジタルPCRではサンプルを数万程度の多数の反応ウェルに分割することで，ターゲット遺伝子を1コピー/ウェルでPCRを行う．たとえばQX100 Droplet Generator（BioRad社）はサンプルを20,000個のナノリットルサイズのドロップレットに分割する．ターゲット遺伝子を含むウェルはPCR増幅によって陽性ウェルとして，ターゲット遺伝子を含まないウェルは陰性ウェルとしてカウントする．デジタル信号の1/0と同じく陽性ウェル（陽性比率）をカウントするので，リファレンスもしくはスタンダードサンプルとの比較を必要とせず，直接的な絶対定量を行うことができる．なお感度は0.01〜0.0001％である．同様の方法として，Beaming, RainDance Technologies社のRainDrop Digital PCR System, Fluidigm社のDigital Array, Life Technologies社のQuantStudio 12K Flex Real-Time PCR systemがある．

最近では分子バーコード法などを用いたNGSの高感度化により，NGSを用いたマルチプレックスのアッセイ系がctDNA解析に導入され，臨床研究が急速に進んでいる．たとえばがん分子標的治療薬の治療により生じる耐性では，さまざまな耐性機序が考えられるなかで，NGSなどのマルチ診断法を用いてctDNAを対象に解析することにより耐性化の要因を多角的に把握することが可能である．これは，次世代の治療につなげる適応型治療戦略（adaptive treatment strategy）を実現する有力な方法と考えられている．

3.9 がんクリニカルシーケンスの実装に向けて

「がん診療提供体制のあり方に関する検討会の議論（2016年10月）」において，がんのゲノム医療における今後の方向性として表3.3の3点が提示された．また，がんゲノム医療推進コンソーシアムで提示された「ゲノム関連検査の種類とその活用方策（案）」では，薬事的に確立したコンパニオン診断薬など以外に，医学的に意義がある遺伝子パネル検査（承認された医薬品のない遺伝子を含むNGSパネル）については，一定の要件を満たす医療機関を指定（がんゲノム拠点）するなどして，個人の患者の遺伝子情報に基づく治療決定を行うことが明記された．このような状況において，

表3.3 がんのゲノム医療における今後の方向性

○ 現在，遺伝子関連検査の基準には，米国の臨床検査ラボの品質保証基準である CLIA (Clinical Laboratory Improvement Amendments of 1988) や，臨床検査ラボの国際規格「ISO15189」，米国病理学会（CAP：College of American Pathologists）の施設審査基準の認定等に係る国際基準があり，がんのゲノム検査を行うに当たっては，我が国における日本独自の施設審査基準を定める等，国内においても遺伝子関連検査の品質・精度が保証できる体制で検査を行うことを検討すべきである.

○ 検査結果に基づくゲノム情報を，検査を行うことが可能な医療機関からその他の医療機関，研究室等に渡す際には，検査を行うことが可能な医療機関においてゲノム情報の専門家，臨床遺伝学に関する十分な知識を有する臨床医，遺伝カウンセリングを行う者等により構成されるエキスパートパネルで内容を精査することが望ましい.

○ がんのゲノム医療を提供できる医療機関や人材が限られることから，当面はがんのゲノム医療の提供については集約化を行う方向性で検討すべきである.

「がん診療提供体制のあり方に関する検討会における議論の整理」より

先に述べたクリニカルシーケンシングの過程のうち，ポストアナリシス段階を実施するための人材の育成は喫緊の課題である．すでにNGSパネル検査の臨床現場への導入を目的として，がん関連学会あるいは日本医療研究開発機構（AMED）関連事業などにより体制整備が進められている．「平成28年度AMED研究費：がんの個別化医療の実用化に向けた解析・診断システムの構築研究」では，がんのクリニカルシーケンシングの実装にかかわる8大学と愛知県がんセンター，国立がん研究センターのチームでクリニカルシーケンシングに携わる人材育成を実施した（http://clin-seq-education.jp/ 参照）．また，「大学教育再生戦略推進費：多様な新ニーズに対応するがん専門医療人材（がんプロフェッショナル）」養成プランにおいてもゲノム医療に係わる人材育成が一つの柱となって進められている．

がん分子標的治療薬のコンパニオン診断の重要性は，広く議論されている．より実臨床での最適化医療の実現には，クリニカルシーケンシング技術の診断薬化が必要である．マルチ診断薬化に向けては，ガイドラインの発出を含めた整備が進められている．NGSなどを用いた解析技術は急速に進歩しており，現在ではFFPEサンプルから抽出した微量DNAおよびRNAの解析が可能である．現在では10 ng程度の核酸でターゲットシーケンシングすることが可能となった．限られた臨床サンプルを複数回にわたり別々に遺伝子検査を実施することは，時間的，サンプル量，費用などの面において非効率的である．現在は日本でも臨床試験や治験を中心に，臨床の場でもLung Cancer Genome Screening Project for Individualized Medicine in Japan（LC-SCRUM）を代表とするNGSを用いた腫瘍組織のゲノム解析が進んでいくと思われるが，アメリカ国立がん研究所（National Cancer Institute, NCI）の Molecular Analysis for Therapy Choice（NCI-MATCH）のような大規模マスタープロトコールの確立が望まれている．

今後の創薬のプロセスにあっては，患者数の少ない希少フラクションを標的とするユニークな標的を選択し，コンパニオン診断を念頭においたアプローチを採用することが重要であろう.

文献

1) Biomarkers Definitions Working Group, *Clin. Pharmacol. Ther*, **69**, 89 (2001).
2) Arao T. et al., *Hepatology*, **57**, 1407 (2013).
3) Villanueva A. & Llovet J.M., *Nat. Rev. Clin. Oncol.*, **11**, 73 (2014).
4) Karaman M.W. et al., *Nat. Biotechnol.*, **26**, 127 (2008).
5) 厚生労働省医薬食品局審査管理課，コンパニオン診断薬及び関連する医薬品に関する技術的ガイダンス等について，(2013).
6) Takeda M. et al., *Ann. Oncol.*, **26**, 2477 (2015).
7) Okamoto I. et al., *Oncotarget*, **5**, 2293 (2014).
8) Kogita A. et al., *Biochem. Biophys. Res. Commun.*, **458**, 52 (2015).
9) Takeda M. et al., *Ann. Oncol.*, **27**, 748 (2016).

☑ Drug Discovery for Cancer

II

がん創薬の基盤となる先端テクノロジー

4章　がんゲノミクス

5章　抗がん薬探索を加速する化合物バンク

6章　がん細胞パネルを用いた標的探索と創薬

7章　オルガノイド・患者由来ゼノグラフト

8章　がん創薬のための動物モデル

9章　情報計算科学によるインシリコ創薬

10章　ドラッグデリバリーシステム

11章　リキッドバイオプシー

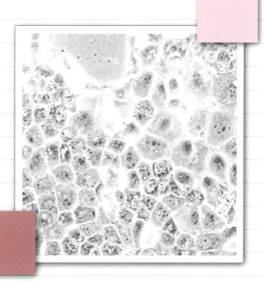

Part II　がん創薬の基盤となる先端テクノロジー

がんゲノミクス

Summary

　がんはゲノムの病気であり，治療や創薬においてそのゲノム異常の全体像を把握することは必須である．現在注目されている免疫チェックポイント阻害薬治療においても，ゲノム変異情報は欠かせない．近年の大規模ながんゲノム解読研究によってがんゲノム変異カタログが構築されており，治療法選択に向けたゲノム診断，臨床試験のデザイン，新たな治療法やバイオマーカーの開発を進めるうえで重要な知識基盤となっている．一方で，がんゲノムには腫瘍内多様性や治療に伴う耐性変異の出現などの経時的変化が起こっていることが知られており，時空間的な複雑性も考慮すべき点である．臨床検体のゲノム解析においては，DNAの品質に加えて，組織内に含まれるがん細胞含有率も事前に考慮し，さらにさまざまな情報解析ツールを適宜組み合わせて活用する必要がある．腫瘍の分子分類や新たな創薬標的の同定においては，ドライバー遺伝子の同定に加えて，それらが関与している分子経路や，さらには遺伝子発現やエピゲノムデータとの統合解析が鍵となる．また1細胞シーケンス解析など新しい技術開発にも注目したい．

4.1　はじめに

　がんはゲノム（遺伝子）異常の蓄積によって発症・進展していく「ゲノムの病気」である．したがってその病態を理解し，最適な治療を行ううえで，個々のがんで起こっているゲノム異常の全体像を把握することは必須である．とりわけ*ALK*融合遺伝子，*HER2*遺伝子増幅，*EGFR/BRAF*遺伝子変異などのゲノム異常を標的とした分子標的治療薬が有効であることがすでに実証されており，がんゲノム情報はがん創薬においても鍵となる重要な情報といえる．後述するが，現在注目されている免疫チェックポイント阻害薬治療においても，ゲノム変異情報は欠かせないものと認識されている．

　近年の大規模ながんゲノム解読研究によって，各種のがんにおけるがんゲノム変異カタログ（どういった遺伝子に，どのような異常がどういった頻度で起こっているのか）がつくられ，研究者あるいは臨床医が容易に参照できるようになった．これはがん基礎研究を大きく進めるのみならず，臨床試験のデザインから新たな治療法やバイオマーカー開発を進めるうえでも重要な知識基盤として貢献している．

　本章では，まずがんにおけるゲノム異常について概説し，具体的な解析戦略，最新のトピックについて紹介する．

4.2　がんにおけるゲノム異常

　がんで知られているゲノム異常には，点突然変異，染色体コピー数異常，融合遺伝子などがある．多くのがん抑制遺伝子では，両方のアリル（対立遺伝子）に体細胞変異が起きているか，あるいは体細胞変異とヘテロ接合性の消失（loss of heterozygosity, LOH）といった異常の組み合わ

せが起きている．がんでみられるゲノム異常は機能的に二つに分類できる．一つはドライバー遺伝子変異と呼ばれるもので，がん細胞の増殖や生存といったクローンとしての優位性獲得に寄与するものである．もう一つはパッセンジャー変異と呼ばれるもので，機能的に中立的（すなわちがん細胞の増殖にとって有利にも不利にもならない）なものである．

発がんとは細胞に複数のゲノム異常が段階的に蓄積していく過程であり，環境適応を含めて新たな優位性を獲得したクローンが選択的に増殖を繰り返す，いわばゲノム進化の歴史を表している．腫瘍内では多様なゲノム変異が同時多発的に同一細胞内あるいは異なる細胞で並列に発生していると考えられる．したがって実際の多くの腫瘍で，ゲノム異常の多様性（heterogeneity），すなわち異なるゲノム異常をもった複数のクローン（現時点での優勢クローン，劣性／中立的クローン，将来の優勢クローン）が共存していることが観察できる．

がんの発生に伴うゲノム異常の多様性に加えて，ゲノム異常変化が治療抵抗性獲得といった重要な役割を果たしていることが明らかになっている．直接がん細胞を攻撃する，あるいは血管阻害など環境を変化させる抗がん薬治療は，がん細胞からみると微小環境の新たな変化であり，そのなかで適応し生存していくためにさらなるゲノム変化が重要になる．とりわけ特定の分子異常を標的とした分子標的治療においては，標的とされた分子自体あるいはその分子経路内のほかの分子に，さらに追加的なゲノム，エピゲノム変化(耐性変異)が起こり，一部のがん細胞が治療に対して抵抗性を獲得し，再増殖していくことが知られている．そのため，ゲノム異常は創薬の点からも注目されている．

4.3 がんゲノムシーケンス解析戦略

がんにおけるゲノム変化をすべて同定することが，がんゲノム解析研究の大きな目標の一つである．近年，急速に進歩した高速シーケンス技術によって，がんゲノム解読の時間とコストは大幅に短縮されている．

4.3.1 高速シーケンス技術

現在のがんゲノム解析において主流を占める，いわゆる第二世代高速シーケンサーには，それぞれの機種によって特徴的な原理が活用されており，得意とする解析内容が多少異なる．現在おもに使われている機種（Novoseq/Hiseq/Nextseq/Miseq，Ion Proton/PGM）は，いずれも非常に短い塩基解読反応（100～150塩基長程度）を大量（数千万～200億）に同時並行で行う．Illumina社から販売されているNovoseq/Hiseq/Nextseq/Miseqはフローセル上で起こる塩基付加反応を画像処理することで配列情報を得るものであり，研究者が必要とするシーケンス量や時間に応じて機種を選択することができる．執筆時点で最上級機種であるNovoseqでは1回のランで最大6Tb（デュアルフローセルモード時，1Tbは1兆塩基対）のシーケンス情報が得られる．Ion Protonは半導体技術を応用したシーケンサーで，Illuminaシーケンサーよりもデータ産出量は少ないものの（1ラン当たり10 Gb程度），所要時間は短い．

ヒトゲノムは約30億塩基対，3 Gb程度であるが，これらのシーケンサーから得られる配列長は短いため，ヒトゲノム全体を解析するためにはゲノムサイズの30～40倍以上（90～120 Gb）のシーケンスが必要である．がん組織の場合は腫瘍内に正常細胞の混入があること，がん細胞自体のゲノム多様性があることなどから，必要なシーケンス量はさらに多くなり，50～100倍程度

(150〜300 Gb) が望ましい．最近では DNA ポリメラーゼの1分子可視化あるいはナノポア技術などさまざまな新技術が導入され，非常に長い (10 kb 以上) のシーケンス解読が可能になった第三世代シーケンサー (PacBio, Oxford nanopore など) も登場している．

4.3.2 全ゲノム・全エクソン・ターゲットシーケンス

がんゲノム解析を行う場合，まず目的と費用に応じて，どういった種類の解析を行うのが最適かを検討する必要がある（表4.1）．がん細胞にみられるすべてのゲノム異常（点突然変異，染色体コピー数異常，融合遺伝子を含む染色体構造異常）を検出するには全ゲノム解読が望ましいが，シーケンス解析費用が最も高価で，さらに情報解析について専門家との共同研究が必要である（後述）．ただし Novoseq の出現により全ゲノム解読のコストは低下しており，最近では数百〜千例規模のがん全ゲノム解読研究が続々と発表されている．今後は全ゲノム解読が主流になっていくと予想される．

タンパク質をコードしているゲノム領域（エクソン領域）のみをあらかじめ濃縮し（エクソンキャプチャー），その部分だけをシーケンス解析する全エクソン解読は，現在のがん領域で最も使用されている解析手法である．エクソン領域はゲノム全体の1〜2%なので，全ゲノム解読に比べて低コストで，機能的に重要なゲノム異常を多数の検体で解析することが可能である．

後述する臨床シーケンスのように，限られた遺伝子のみについて解析した場合には，全エクソン

表4.1 おもなゲノム解析手法

	全ゲノム解読	全エクソン解読	ターゲットシーケンス	RNA シーケンス
エクソン領域の突然変異（一塩基置換・微小欠失・挿入）	◯	◯	△（標的領域のみ）	△（発現遺伝子のみ）
プロモーターなど非コード領域の突然変異	◯	×	×	×
染色体コピー数異常（増幅・欠失など）	◯	△（精度は落ちる）	△（精度は落ちる）	×
染色体構造異常（転座・逆位など）	◯	×	×	×
融合遺伝子	△（候補は見つけられる）	×	△△（標的領域についてイントロンを含む場合は可能）	◯
病原体ゲノム	◯	△（病原体ゲノムも同時に capture していれば可能）	×	△△（発現量の多い病原体については予測可能）
変異シグネチャー	◯	△（精度は落ちる）	×	×
変異総数 (Mutation burden)	◯	◯	△（標的領域から推測）	×
マイクロサテライト不安定性	◯	◯	△（標的領域のみ）	×
新生抗原	◯（ただし発現データと合わせたほうがよい）	◯（ただし発現データと合わせたほうがよい）	△（標的領域のみ）	×
シーケンスコスト (US ドル)	＞1000	〜500	200-500	〜500

からさらに遺伝子数を絞り込むターゲットシーケンスを行う．標的とするゲノム領域が小さいため，低コストで必要な情報を得ることができる．また非常に深い（1,000〜10,000倍）シーケンス（ultra-deep sequencing）が可能となるため，正確な変異アリル頻度の同定による腫瘍内多様性・サブクローン解析や高感度な検出力を活用した血中遊離核酸解析にも用いられている．

4.3.3 解析サンプル

初期のがんゲノム研究では，おもに手術切除凍結検体を対象として，比較的良質なDNA/RNAを用いてシーケンス用ライブラリーを作製していた．しかし現在では，ホルマリン固定標本といった分解・変性を伴う検体を対象にした研究も増えてきている．分解したDNAは断片化やニックと呼ばれる微小な傷をもち，通常のキットではうまくライブラリー化できない．ライブラリー化できたDNA断片が少ないとシーケンスをしても同じDNA断片ばかりが読まれ，必要なシーケンス深度が得られない場合が多い．このような場合には，販売されている品質不良なDNAを事前に修復しライブラリー作製に用いるキットを試すのが一つの方法である．

臨床検体を用いる場合は，がん組織内に含まれるがん細胞の含有率ががん種によって，大きく異なっていることを事前に考慮しておく必要がある．たとえばがん細胞の含有率が100％であれば得られたシーケンスデータはすべてがん細胞由来となるが，がん細胞の含有率が30％だと，得られたデータの70％は混入している正常細胞由来のものとなる．つまり100 Gb（ヒトゲノムサイズの30倍）のシーケンスデータを得たとしても，実質がん細胞からのデータは30 Gbとなり，10倍のシーケンス深度しか得られていないことになる．がん細胞含有率が高い（>70％）がん種としては，腎臓がん・肝臓がんなどがあり，低いがん種（10〜20％）としては低分化胃がん，膵臓がんなどが知られている．

4.3.4 RNAシーケンス

DNAに加えてRNAについてもシーケンス解析が可能である．通常はキットを用いてpolyA（＋）RNAをcDNAに変換し，DNAと同様にシーケンスすることが多いが，RNAの分解が進んでいる場合は，ライブラリー作製がうまくできないことがよくある．ホルマリン固定標本のようにRNAの品質が悪いサンプルを対象とする場合は，前述の全エクソン解析のように全cDNAをキャプチャーしてシーケンスを行う手法も知られている（cDNAキャプチャーシーケンス）．またNanoporeシーケンサーでは直接RNAをシーケンスすることが可能になっており，このダイレクトRNAシーケンスのほうが全長cDNAのデータを得やすいという報告もある．RNAシーケンスは，各遺伝子の発現量，スプライシングの状態（スプライシングバリアントごとの発現量），融合遺伝子の検出といった解析を可能にし，とくに融合遺伝子の検出については，全エクソン解読と併用することで効率的にがん関連遺伝子の異常を同定できる（融合遺伝子の多くはイントロン領域における染色体再構成で起こっているため全エクソン解読では同定困難な場合が多い）．

4.4 がんシーケンスデータ1次解析

シーケンサーから得られたデータから，各サンプルにおける体細胞ゲノム異常を同定する解析フローを図4.1に示す（詳細な解析ツールや手順については文献1，2を参照のこと）．

具体的な作業としては，まず得られた短鎖リードについて，クオリティスコアなどの精度が基準以下のものを除外したのち，ヒトレファレンスゲノムにアライメントさせる（現在最もよく使われ

■ 4章　がんゲノミクス ■

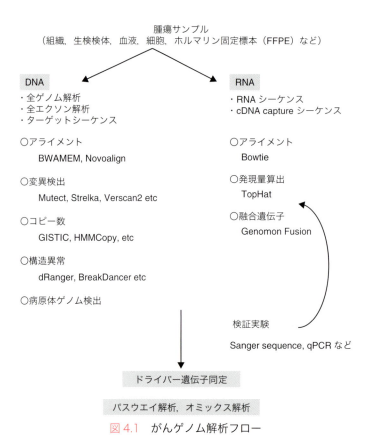

図4.1　がんゲノム解析フロー

ているツールはBWA-MEM, Novoalignなど). その後, レファレンスゲノムと異なる塩基変化 (突然変異) を抽出する. この作業を同一患者のがん組織と正常組織の両方について行い, これらを比較して正常組織にはない変化 (＝がん細胞だけで起こっている体細胞異常) をさらに抽出する. この工程の前半はほとんどの研究グループで同一のプロトコールで行っているが, 後半のレファレンスゲノムと異なる部分の抽出については, 研究グループによって特徴のあるツールを開発, 使用しているのが現状である. これは現時点で感度, 特異度ともに100％となるようなゲノム異常検出ツールは存在せず, どのツールを使っても必ず偽陰性, 偽陽性が除外できないからである. 表4.2によく用いられる変異検出ツールをまとめた. これらのツールの比較検討を行った研究もあるので参考にしてほしい[3]. 塩基置換と同様に, アライメント後のデータを使って, コピー数異常, 染色体転座などの構造異常 (ただし全ゲノム解読データ) についても, それぞれ同定するためのツールがある (表4.2). またヒトレファレンスゲノムにアライメントされなかった配列データを用いて, たとえばウイルスゲノムのような病原体ゲノムの挿入を解析することもできる.

RNAシーケンスについては, DNAと同様にヒトレファレンスゲノムにアライメントする方法とRNAデータベース (Refseq) にアライメントする方法がある. また発現量の算定や融合遺伝子同定についても複数の解析ツールが開発, 使用されている (表4.2).

次世代シーケンサーの精度が向上しており, エラー率はすでに1％以下になっていることから,

52

表 4.2 がんゲノム情報解析ツール

目的	ツール名	URL
塩基置換変異検出ツール	Mutect	http://archive.broadinstitute.org/cancer/cga/mutect
	Strelka	https://sites.google.com/site/strelkasomaticvariantcaller/home
	Verscan2	http://varscan.sourceforge.net
	Genomon 2	http://genomon.readthedocs.io/ja/latest/
	SomaticSniper	http://gmt.genome.wustl.edu/packages/somatic-sniper/
	SMuFin	http://cg.bsc.es/smufin/
	CaVEMan	http://cancerit.github.io/CaVEMan/
	EBCall	https://github.com/friend1ws/EBCall
微小欠失・挿入検出ツール	Strelka	https://sites.google.com/site/strelkasomaticvariantcaller/home
	Pindel	http://gmt.genome.wustl.edu/packages/pindel/
	Dindel	http://www.sanger.ac.uk/science/tools/dindel
	Indelocator	http://archive.broadinstitute.org/cancer/cga/indelocator
染色体構造異常検出ツール	dRanger	http://archive.broadinstitute.org/cancer/cga/dranger
	BreakDancer	http://breakdancer.sourceforge.net
	BreakPointer	http://archive.broadinstitute.org/cancer/cga/breakpointer
	DELLY	https://github.com/dellytools/delly
コピー数異常	GISTIC	http://portals.broadinstitute.org/cgi-bin/cancer/publications/pub_paper.cgi?mode=view&paper_id=216&p=t
	HMMCopy	https://bioconductor.org/packages/release/bioc/html/HMMcopy.html
	DNACopy	https://www.bioconductor.org/packages/release/bioc/html/DNAcopy.html
	Verscan2	http://varscan.sourceforge.net
RNA シーケンス	TopHAT	https://ccb.jhu.edu/software/tophat/index.shtml
	Genomon Fusion	http://genomon.hgc.jp/rna/
新生抗原予測	NetMHCPan	http://www.cbs.dtu.dk/services/NetMHCpan/
	NetCTLPan	http://www.cbs.dtu.dk/services/NetCTLpan/
	pVAC-Seq	https://github.com/griffithlab/pVACtools
	Neoantimon	https://github.com/hase62/Neoantimon

腫瘍率（後述）を考慮に入れたうえで十分なシーケンス深度（> 100 倍）があれば，既存の解析ツールで突然変異や染色体構造異常をほぼ正確に解析できると考えられる．しかし，依然としてツールごとの特性やサンプルとの相性もあり，一定の頻度で偽陽性，偽陰性が発生していると考えられ，1次解析の精度を高めることはその後の解析結果に大きな影響を与える．別な手法による検証実験（サンガーシーケンスや使用したものとは別の技術によるシーケンサーを用いる）を行うことで，自分の解析結果にどの程度偽陽性が含まれているのかを知ることは，1次解析の条件を変更する（偽陽性が多い場合は，フィルターなどの条件を厳しくしてやり直す），あるいは後述する2次解析や機能解析に移行するために重要となる．また同じデータを異なったツールで解析し，得られた結果を比較することで，それぞれのツールでしか検出できなかった異常，すなわち各ツールの偽陰性を同定し，それを検証することで，さらなる精度の評価が可能となる．

4.5 ドライバー遺伝子の同定

ドライバー遺伝子の同定（図4.2）は，そのがんの発生や進展においてどういった遺伝子異常が寄与しているのかを理解するうえで重要である．本来のドライバー遺伝子の定義は，「がんにおいて正の選択を受けている異常」であることから，背景変異よりも有意にその遺伝子における変異が多いことを統計的に検定する必要がある．

■ 4章　がんゲノミクス ■

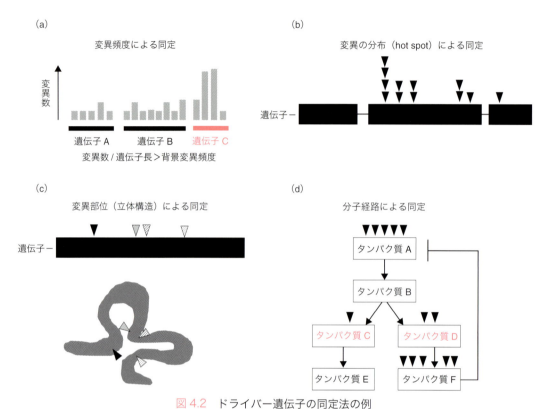

図 4.2　ドライバー遺伝子の同定法の例
(a) 背景変異頻度に比べて統計的に有意な変異の蓄積を認める遺伝子を同定する方法．(b) 特定のドメインやアミノ酸に変異が集中している遺伝子を同定する方法．(c) 1次配列では変異の集中はみられないが，立体構造上にマップすると特定の部分に変異が集中している遺伝子を同定する方法．(d) 同定したドライバー遺伝子産物 (Protein A, F) が関連する分子経路内に属する変異遺伝子 (Protein C, D) を同定する方法．

1次解析で得られた結果から対象とした症例コホートにおけるドライバー遺伝子を同定するためには，コホート内での各遺伝子における変異頻度を計算し，背景変異率から期待される変異数と比較して有意に多いかどうかを検定する．背景変異の頻度に影響を与える因子は多岐にわたることが知られている．がん種ごとの違い（ミスマッチ異常がんのように変異が入りやすいがんの場合など），遺伝子の長さ（遺伝子長が長ければ，その分ランダムな変異が入りやすい）や発現量（一般的に発現している遺伝子における変異は，転写共役修復機構によって修復されやすい），エピゲノムの状態（一般的にヘテロクロマチン領域は変異が入りやすい）などの要素があり，これらを考慮した背景変異モデルを作成し，それに対する統計値を算出する．Broad 研究所のグループが開発した MutSig2CV はこうした背景変異モデルを考慮したドライバー遺伝子検出アルゴリズムであるが[4]，複数のツールを用いて総合的に評価したほうがより正確にドライバー遺伝子を検出できる[5]．このとき多重検定の評価のために p 値に加えて False discovery rate を考慮した q 値で評価することが一般的であり，$q < 0.1$ が目安となる．またミスマッチ変異陽性症例のように DNA 修復異常がある場合はサンプル間で極端に背景変異頻度に差が生じることが知られている．たとえば大腸がんのようにミスマッチ陽性サンプルが混在している場合は，陽性症例と陰性症例を分けて個々にドライバー遺伝子を評価するのが望ましい．

全ゲノム解析を用いて非遺伝子領域におけるド

54

ライバー遺伝子変異を同定する場合も同様に統計的な評価を行う．プロモーターやエンハンサーといった領域に限定してドライバー遺伝子変異を求める場合は，遺伝子領域と同様にそれらの領域における背景変異を推測し，統計的な検定を行う．ゲノム全体を適当な長さの単位(500 kb 〜 1 Mb) に分割し，各単位における変異頻度を評価する手法もあり，藤本らはこの方法で肝臓がんの全ゲノムデータからドライバー遺伝子変異を求めた[6]．藤本らは，局所的な背景変異頻度は大きく変わらないというモデルによって，各分割単位の前後の単位における変異頻度の平均をその局所領域における背景変異頻度とし，統計的な評価を行った．

こうした解析によって高頻度から中頻度のドライバー遺伝子をかなりの確度で検出することが可能となるが，実際に適用すると有意なドライバー遺伝子がまったくないサンプルが一定数みられる．その原因には，変異以外のドライバー遺伝子異常（融合遺伝子やコピー数異常，転写領域の異常など）がある場合と，頻度が低いために評価したサンプル数では統計的な有意水準に達せずにドライバー遺伝子として認識されていない場合などが考えられる．対象とするコホート内で頻度が低いドライバー遺伝子を検出するために，さらに変異の種類によって統計モデルを修正することも行われている．たとえばがん遺伝子では，活性化型変異が特定のアミノ酸に集中することが知られており（*KRAS*，*CTNNB1* など），変異の分布も考慮して統計値を評価したり，がん抑制遺伝子にはナンセンス変異やフレームシフト変異が通常より多いと考えて，統計値を評価したりする．あるいは既存の分子経路に関連している遺伝子変異をまとめて評価することもある(後述)．このように頻度が低いドライバー遺伝子を検出するために，さまざまな工夫が行われている[7]．

サンプル内の腫瘍細胞含有量(腫瘍率)は，ドライバー遺伝子の検出に影響を与える因子の一つである．腫瘍率が100 %の場合，ヘテロ変異のアリル頻度は50 %となり，染色体欠失のようなLOHが起こるとアリル頻度は100 %になる．ヘテロ変異＋コピー数増幅があるとアリル頻度は50 〜 100 %となり，腫瘍細胞の一部(サブクローン)にみられるヘテロ変異のアリル頻度は50 %以下となる．こうしたモデルに実際のサンプルのアリル頻度を照らし合わせることで，サンプル内における腫瘍率を算定することが可能となる．しかし実際には，腫瘍細胞では染色体ごとに異なったコピー数変化が起こっており，また場合によっては染色体全体の数が倍に増える（whole genome duplication)現象も知られており，正確な腫瘍率を算定するには，いくつかのモデルを想定し最適なものを探すという操作が必要である．Broad研究所のグループが開発したAbsoluteというアルゴリズムは，こうした腫瘍率を算定するツールしてよく用いられている[8]．

サンプル数が十分ではない場合やターゲットシーケンスの場合，十分な標本数や変異数が得られないため，前述したような統計的な評価でドライバー遺伝子を同定することが難しいことがある．そうした場合は，これまでの大規模な解析から同定されたドライバー遺伝子における異常をそのまま当該症例のドライバー遺伝子変異とする場合もある．すでにアメリカで行われたThe Cancer Genome Atlas（がんゲノムアトラス，TCGA)や国際がんゲノムコンソーシアム（ICGC）から大規模ながんゲノム解析の結果が公表されており，それらを含めた文献を集計したデータベース（COSMIC）などを参照することで，既知のドライバー遺伝子における変異を評価することが可能である．

■ 4章　がんゲノミクス ■

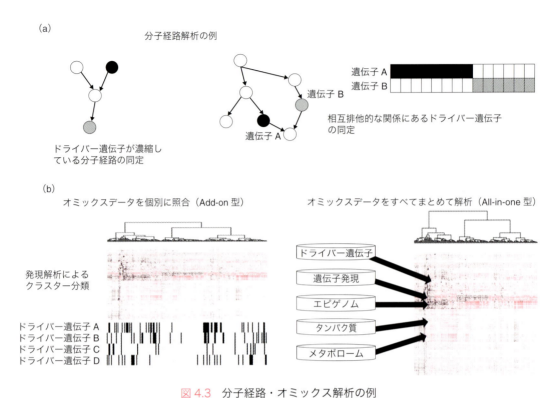

図 4.3　分子経路・オミックス解析の例
(a) ドライバー遺伝子が濃縮している分子経路の同定．相互排他的な関係にあるドライバー遺伝子のデータから新たな分子経路を推定することができる．(b) 発現解析などによって作成した分子分類にドライバー遺伝子の変異分布を重ね合わせ得る手法（add-on 型）やすべてのオミックスデータを投入し，総合的に分子分類を行う方法（All-in-one 型）がある．

4.6　パスウエイ解析，統合オミックス解析

　得られたドライバー遺伝子がどのような生物学的な意義をもっているのか，あるいはどういった治療標的が考えられるのかを検討するために，遺伝子自体の機能に加えて，その遺伝子が関与している分子経路（パスウエイ）やドライバー遺伝子全体の関連性，さらには遺伝子発現やエピゲノムデータとの統合などについて解析する必要がある（図 4.3）．

　パスウエイ解析にはいくつかの方法が知られているが[9]，まずは得られたドライバー遺伝子群が特定の分子経路に集中している（ある分子経路の異常が有意に濃縮している）かどうかを検討するのが最初の手がかりとして有用である．DAVID，GSEA，CAMERA といったツールが開発されており，既存のパスウエイデータベース（KEGG，Reactome など）を使って解析できる．TCGA の論文でよく示されているが，こうして得られた分子経路に，一部手作業で同定したドライバー遺伝子の異常を記入していくことで，ドライバー遺伝子をいくつかの分子経路に整理し，それらの異常頻度を評価することができる．さらにドライバー遺伝子リストをもとに新たにそれらの相互関連ネットワークを構築するといった解析も可能である．なかでも相互排他的な関係（mutually exclusiveness）を同定することは新たな分子経路の存在を同定するうえで重要であり，すでに MEMO というツールが開発されている．ネットワーク内でとくに鍵となる関連性を同定するツールとして，熱伝導をモデルとして解析を行う

HotNet というツールもよく使われる．

　一般的に一つのコホートで同定できるドライバー遺伝子の数はそれほど多くないため，ドライバー遺伝子データだけでサンプルを分類することは難しい．したがって特徴的な分子サブグループを同定するために，よりデータ量の多い遺伝子発現やメチル化といったオミックスデータと合わせることが多い．この場合，遺伝子発現やメチル化といったデータを用いた階層的クラスタリングによる分類にドライバー遺伝子情報を当てはめて，各サブクラスにおいて特徴的なドライバー遺伝子，あるいはその組み合わせについて検討する（add-on 型）．あるいはゲノム，エピゲノム，発現データ，タンパク質データをすべて投入し，ユニークな分子サブクラスを同定するという方向性（all-in-one 型）もあり，後者には TCGA で用いられている i-Cluster などのツールが知られている．

4.7　腫瘍内多様性を組み込んだがんゲノム解析

　前述のように，腫瘍内にはすべての腫瘍細胞に共通して起こっている変異（clonal mutation）と一部の集団だけで起こっている変異（subclonal mutation）が混在し，多様性がある．おおむねアリル頻度が高い変異のほうが，低いものに比べてそのがん細胞集団のなかでは早く獲得されたものと考えられる．したがって，各サンプルにおいて腫瘍率で補正後の変異アリルを検討することで，早期に起こったドライバー遺伝子と後期に起こったものを区別することができる．さらにまったく同じアリル頻度を示す変異は同じ細胞集団で共有されているというモデルを置くと，変異アリル頻度の分布を指標にして，そのサンプル内における亜集団(サブクローン)構成を推測することが可能で，Pyclone, CLONET などいくつかの解析ツールが報告されている．

　こうした多様性の状態あるいはその生成過程を解明するために，同一症例の複数領域からサンプルを得て，ゲノム解析を行う研究が最近盛んに行われている．各領域で同定されたゲノム異常は，その分布に応じて，すべての領域で共通してみられる異常（founding mutation などと呼ばれる），すべてではないがいくつかの領域で共通してみられる異常（shared mutation などと呼ばれる），一つの領域でしかみられない異常（private mutation などと呼ばれる）に分類できる．多くの場合，founding mutation は発がん過程の早期に蓄積するため，その変異アリル頻度は高い．それに対して一部の領域でのみみられる変異は，変異アリル頻度が高い場合と低い場合がある．このような変異の分布と変異アリル頻度から，その腫瘍ができあがってきた過程を時空間的に捉え，進化系統樹のように記述することが可能であり，PhyC などといった解析ツールがある．

4.8　がん免疫療法における総変異数や新生抗原の評価

　がんゲノムに発生する突然変異（アミノ酸置換あるいはフレームシフト変異）によって生成されるがん特異的なタンパク質は，宿主免疫によって「他者」として認識される新生抗原（Neo-antigen）になりうる．最近がん領域で注目されている免疫チェックポイント阻害薬（CTLA-4, PD-1, PD-L1 などに対する抗体医薬）の臨床試験の結果から，DNA 修復系異常を認める大腸がんや肺がん，メラノーマ（悪性黒色腫）といったがんで，変異数が多い症例ほど奏効したという報告があり，アメリカ食品医薬品局（Food and Drug Administration, FDA）は 2017 年に，ミスマッチ修復異常のある固形がんへの抗 PD-L1 抗体についての適応を承認した．これは，臓器ではなく分子異常をもとに治療選択を行うという大きな流

れをつくった．つまり突然変異総数あるいは新生抗原数は効果予測バイオマーカーとしての有用性が高いといえる．

もちろん免疫細胞に認識されるためには，タンパク質として発現し，さらに腫瘍組織適合抗原（major histocompatibility complex，MHC）タンパク質と結合して変異部分がエピトープとして提示されるなどの条件があり，すべての変異が新生抗原として働くわけではないと考えられる．こうした条件を加味して変異データから新生抗原として機能する可能性のあるものを予測する手法が複数報告されている（表4.2）．重要な点は，こうした新生抗原は必ずしもドライバー遺伝子変異である必要はなく，これまでの解析ではあまり注目されていなかったパッセンジャー変異でも抗原性が高ければ重要な意味をもつということである．

これはがんゲノム異常を多面的に解析していく必要があることを示す好例である．

4.9 臨床シーケンス

すでにいくつかのゲノム異常を標的とした分子標的治療薬が承認されている．また一部の免疫チェックポイント阻害薬ではDNAミスマッチ異常がバイオマーカーとなることから，臨床検査の延長として腫瘍組織におけるゲノム異常を臨床現場で調べる臨床シーケンス（clinical sequencing）が国内でも開始されている（図4.4）．

臨床シーケンスでは，治療標的あるいは診断価値のある遺伝子（actionable gene）にのみ絞ってシーケンス解析することが多く（数十から400個程度），これは遺伝子パネルシーケンスと呼ばれる．表4.3に現在使用されている国内外のおもな遺伝子パネルと対象遺伝子数を示す．全エクソン解析と同様に対象とする遺伝子のエクソン領域をサンプルDNAから濃縮し（キャプチャーあるいはマルチプレックスPCRを用いる），シーケンス解析を行う．得られた結果から承認薬剤使用あるいは臨床試験への導出の有無について検討を行うが，最近ではデータベース検索（IBM Watson）や人工知能，機械学習といった新しい技術を導入して，より早く高精度にゲノム異常の解釈を行う試みが進んでいる．ただし，①治療選択や臨床試験導出といった診療にかかわる検査であるため，検査室グレードの解析結果が求められる（アメリ

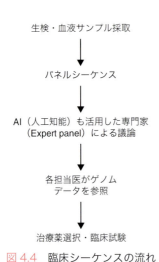

図4.4　臨床シーケンスの流れ

表4.3　おもながん遺伝子パネル

パネル（検査名）	対象となる遺伝子数	解析可能なサンプル
Oncomine Dx target test	23	組織由来 DNA/RNA
Guardant360	73	血中遊離核酸（cell free DNA）
NCC oncopanel	114	組織由来 DNA
Oncoprime	215	組織由来 DNA
FoundationOne CDx	324	組織由来 DNA
MSK-IMPACT	468	組織由来 DNA

カのCLIAやISOといった基準を満たすなど)，②治療の点からできるだけ早く結果を出し，臨床家に報告する必要があるなどの通常の研究とは大きく異なる点がある．また，血液中に遊離しているがん細胞由来の核酸（circulating tumor DNA, ctDNA）の検出を目的とした，リキッドバイオプシーシーケンスも含まれる（11章参照）．

4.10 シングルセル解析

低コストで大量のシーケンスが可能になったことで，組織ではなく細胞1個1個を解析する1細胞シーケンス解析が可能となり，がん領域においても報告が増えている．

細胞1個を単離する技術として，微小流路による単離（Fluidigm C-1など）あるいは油滴（droplet）による単離（Chromium 10X Genomicsなど）が現在よく用いられている．こうした機器では細胞単離からシングルセルシーケンスライブラリー作製までが可能であり，細胞ごとに異なったタグ（目印）のついたライブラリーをまとめてシーケンスすることで，最大数千個の細胞についての発現データを得ることができる．すでに腫瘍組織に応用し，腫瘍細胞の多様性や微小環境の多様性に関する研究成果が発表されている．

創薬に関連した技術として，シーケンス技術を細胞カウントとして用いる手法も報告されている．細胞1個1個に異なったタグをつけて抗がん薬などの処理を行い，処理前後のサンプルからDNAを抽出し，タグの部分だけをシーケンスすることで，処理によって細胞数が変化したクローンを高精度に評価することができる．各細胞に異なった変異を導入することで，ドライバー遺伝子の変異ごとの薬剤感受性や耐性能，変異の組み合わせによる効果を網羅的かつ簡便に解析することが可能である[10]．

文　献

1) 柴田龍弘, 次世代シークエンサー　目的別アドバンスメソッド, 秀潤社(2012).
2) Nakagawa H. & Fujita M., *Cancer Sci.*, **109**, 513 (2018).
3) Alioto T.S. et al., *Nat. Commun.*, **6**, 10001 (2015).
4) Lawrence M.S. et al., *Nature*, **505**, 495 (2014).
5) Bailey M.H. et al., *Cell*, **173**, 371 (2018).
6) Fujimoto A. et al., *Nat. Genet.*, **48**, 500 (2016).
7) Porta-Pardo E. et al., *Nat. Methods.*, **14**, 782 (2017).
8) Carter S.L. et al., *Nat. Biotechnol.*, **30**, 413 (2012).
9) Creixell P. et al., *Nat. Methods.*, **12**, 615 (2015).
10) Kohsaka S. et al., *Sci. Transl. Med.*, **9**, 416 (2017).

Part II　がん創薬の基盤となる先端テクノロジー

抗がん薬探索を加速する化合物バンク

Summary

アメリカでは1950年代から，国立がん研究所（NCI）が新規抗がん薬探索を行っており，これまでにアメリカ国内で承認されているパクリタキセル（paclitaxel），ロミデプシン（romidepsin），エリブリン（eribulin）など，約40種類の抗がん薬開発に貢献してきた．2009年からはNCI Experimental Therapeutics（NExT）Programが始まり，現在では，国立先端橋渡し研究センター（NCATS）およびBroad研究所などが中心となって，大規模スクリーニングが行われている．

日本では2006年以来，東京大学の「生物機能制御化合物ライブラリー機構」（現在の創薬機構）が中心となってアカデミア研究者に化合物ライブラリーを提供するとともに，スクリーニング拠点としてアカデミア創薬を支援している．またがん研究会がん化学療法センターが抗がん薬スクリーニングを40年以上にわたって実施しており，文部科学省のがん特定領域研究（1998～2009年）および新学術領域研究「化学療法基盤支援活動」（2009～2017年）で，抗がん薬探索を行ってきた．現在では，がん化学療法センターが収集してきた化合物と理研の天然化合物バンク（NPDepo）の化合物ライブラリーを研究者に配布している．

5.1　はじめに

1953年にDNAの二重らせん構造が明らかになって以来，分子生物学が興隆し，その後，情報科学を取り込んでゲノム科学が急速に発展した．微生物からヒトに至るまでさまざまな生物種のゲノムが解読されており，2003年にヒトゲノムの完全配列が公開された[1]．得られたゲノム情報から遺伝子発現の相互作用ネットワークを理解することで，生命現象の解明，がんをはじめとする疾患治療に有用な知見が得られると期待されている．4章で詳述されているように，このゲノム解読にはシーケンス技術の高度化・高速化が不可欠であったが，単なる塩基配列から意味ある遺伝子情報を得るために，さらにこれを解釈するための生物情報学が重要な役割を果たした．これは逆に，ゲノム情報を活用するための計算科学として生物情報学が発展したともいえる．

2000年代に入ると，ポストゲノム研究としてのプロテオミクス研究，システムバイオロジー研究などと並んで，「化合物を出発点として生命現象の解明に挑む」ケミカルバイオロジー研究が注目されるようになった[2]．ケミカルバイオロジー研究では，大規模かつ構造の多様性に富んだ化合物ライブラリーを整備するとともに，それらの生物活性を広範なスクリーニング系により評価したアッセイデータを蓄積することが重要である．

5.2 海外の状況

5.2.1 アメリカの状況
(a)研究機関

アメリカの国立衛生研究所（National Institute of Health, NIH）は，創薬研究を加速するため，2004年に5本の柱からなるロードマップを掲げた．そのうちの一つがケミカルバイオロジー研究「Molecular Libraries and Imaging」で，大規模な化合物ライブラリースクリーニングセンターネットワーク（Molecular Libraries Screening Center Network, MLSCN）が組織された．そして化合物バンク（Molecular Libraries Small Molecule Repository, SMR）が整備されるとともに，国立ケミカルゲノミクスセンター（National Chemical Genomics Center, NCGC）を中核とするスクリーニングセンターネットワークが設置された．アメリカではアカデミア－製薬企業間での人材交流が活発であり，スクリーニングセンターに多くの企業研究者が移籍して，アカデミア発の創薬が行われてきている．NCGCを立ち上げたChristopher AustinとJames Ingleseもメルク社からの移籍組である．

表5.2　PubChemに収録されているデータ一覧

記述項
1. 2D Structure
2. 3D Status
3. Names and Identifiers
4. Chemical and Physical Properties
5. Related Records
6. Chemical Vendors
7. Literature
8. Patents
9. Biological Test Results
10. Classification
11. Information Sources

このMLSCNは，2008年からは生産フェーズ（2008～2013年）に入り，ケミストリー部門を強化したスクリーニングセンターネットワーク（Molecular Libraries Probe Production Centers Network, MLPCN）に再編された．MLPCNはBroad研究所，Johns Hopkins大学などの九つのスクリーニング拠点でスタートしたが，現在ではケミカルバイオロジーコンソーシアムを形成し，20以上のセンターが参画している（表5.1）．それぞれのスクリーニングセンターは数種から数百種のスクリーニング系を開発，担当し，SMRから提供される数十万化合物の全部

表5.1　アメリカのケミカルバイオロジーコンソーシアム

Dedicated Centers	Specialized Centers	その他
・NCATSケミカルゲノミクスセンター	・ベリリウム研究社	・エボテック化合物管理
・カリフォルニア州立大学サンフランシスコ	・スタンフォード	
・サンフォードバーナムプレビ医学研究所	・Pharmacon	
・ニューメキシコ大学	・スクリプス研究所	
・ピッツバーグ大学	・ヴァラ科学社	
・アルバーニ分子研究社	・アリゾナ州立大学	
・バンダービルト大学	・SAMDI Tech	
	・シカゴ大学	
	・パデュー大学	
	・サザン研究所	
	・Xtal生物構造社	
	・反応生物学社	
	・ノースカロナイナ大学	
	・エモリー大学	
	・トレイパイン分子研究所	

または一部のスクリーニングを行い，その結果をアッセイ系の詳細とともに，化合物データベース PubChem（http://pubchem.ncbi.nlm.nih.gov/，後述）で公開している．

スクリーニングセンターネットワークの中核機関であったNCGCは，2010年に希少疾患（Rare Disease）や顧みられない病気（Neglected Disease）の治療薬開発を目指すNIHの希少疾患および顧みられない疾病の治療（Therapeutics for Rare and Neglected Diseases, TRND）プログラムと合体し，橋渡し治療センター（Center for Translational Therapeutics, NCTT）に改組された．2011年に国立先端橋渡し研究センター（National Center for Advancing Translational Sciences, NCATS）と改名して，活動範囲を広げている．

(b) 化合物ライブラリー

NCATSの化合物ライブラリーの内訳は，新たな制御化合物の発見を目指したdrug-likeな化合物から成るNExT Diversity Libraries（84,000超），製薬企業でかつてスクリーニングに使用された化合物のコレクションであるSytravon（44,000），天然物にヒントを得て新規に合成した立体的な基本骨格をもつGenesis（100,000超），標的分子やパスウェイの解明を意図した承認薬，治験薬，ツール化合物から成るNCATS Pharmacologically Active Chemical Toolbox/NPACT（11,000超）などである．このほかにスクリーニング系の検証，ポジティブコントロール取得のためのAssorted collections（1,000超）や各国の承認薬を集めた薬剤再利用（drug repurposing）のためのNCATS Pharmaceutical Collection/NPC（2,400）がある．これらの新規ライブラリーの構築を受けて，2017年2月にSMRライブラリーの運用は終了した．

(c) 化合物データベース

PubChemは化学分子データベースの一つで，NIHの国立生物工学情報センター（National Center for Biotechnology Information, NCBI）によって維持管理されている．2018年2月現在，PubChemCompoundには約94,000,000の化合物情報が登録されており，そのうちの約2,500,000化合物にはバイオアッセイデータが含まれている（https://pubchemdocs.ncbi.nlm.nih.gov/）．PubChemには小分子化合物だけではなく，siRNAsやmiRNAsなどの核酸，糖，脂質，ペプチドなどのデータも収録されている．

PubChemでは，目的の化合物を化合物名や分子式，化学構造などから化合物を検索することができる．検索結果は化合物名と別名（synonym），分子量（MW），分子式（MF）の一覧として表示されるが，バイオアッセイが行われている場合にはさらに，評価したアッセイ系の総数と活性の認められたアッセイ系の数が表示される．

たとえば理化学研究所の長田らが見いだしたReveromycin A[3]をPubChemで検索すると，表5.2に示す11項目の化合物情報が得られる．化合物の構造式や物性のほか，論文で公表されているバイオアッセイの結果がBioActivity Resultsに収録されている．PubChemではさらに，化合物とアッセイ系をそれぞれ，化学構造と生物活性の類似性でクラスタリングすることにより，構造－活性相関を表示させることもできるし，バイオアッセイのデータはCSV形式でダウンロードできるのでExcelを利用して解析・編集することも可能である．

ChemBankは国立がん研究所（National Cancer Institute, NCI）のデータベースとして発足したが，その後Broad研究所に移管され，化合物情報や1,750のハイスループットスクリーニング，87のハイコンテンツスクリーニ

ング，305 の小分子マイクロアレイスクリーニングの結果を閲覧，検索することができる（http://chembank.broad.harvard.edu/）．BindingDB（http://www.bindingdb.org/）では，アイソフォームを含め 500 を超えるタンパク質に対してそれぞれ結合する化合物を検索することができ，化合物構造のほかに解離定数や結合エネルギーなどの物理化学定数が調べられている．これらは世界各国の 425 研究機関からの情報を集約したものであり（http://www.bindingdb.org/bind/ByInstitution.jsp），日本からは東京大学，京都大学をはじめとする大学や，製薬企業などのデータが収載されている．

5.2.2 ヨーロッパの状況

イギリス LifeArc（旧 MRC Technology）は，Medical Research Council（MRC）の成果を商業移転するために 1980 年代に設立され，1990 年代にはヒト化モノクローナル抗体の作製，トラスツズマブ（trastuzumab）の開発などに成功している．2005 年に創薬グループを設置し，2009 年からは治療開発センター（Centre for Therapeutics Discovery, CTD）として，本格的に小分子創薬研究を始めた．現在 CTD は 120,000 超の化合物ライブラリーを所有し，アッセイ系構築からスクリーニング，メディシナルケミストリー，初期 ADMET（absorption：吸収，distribution：分布，metabolism：代謝，excretion：排泄，toxicity：毒性）までをも手掛け，バイオテク企業や製薬企業に導出（ライセンスアウト）している．化合物ライブラリーの構成は承認薬，既知薬理活性化合物，フラグメント化合物，天然物，キナーゼ関連化合物，イオンチャネル関連化合物，タンパク質－タンパク質相互作用化合物である．最近では AstraZeneca と契約し，同社の保有する 200,000 化合物をスクリーニング用途で利用できるようになっている．小分子創薬のほか，抗体医薬開発に強みがあり，免疫チェックポイント阻害薬（PD-1 阻害薬）であるペムブロリズマブ（pembrolizumab）の開発に成功した．

2000 年代初頭のヨーロッパでは，大規模な公的化合物ライブラリーやスクリーニング施設の整備に対する関心が薄く，アメリカの後塵を拝していた．しかし 2010 年から創薬のためのインフラ整備（European Strategy Forum on Research Infrastructures, ESFRI）が行われ，EU-OpenScreen（ベルリンの分子薬理学ライプニッツ研究所を本部とする）が設立され，準備期間（Preparatory Phase）がスタートした．EU-OpenScreen では 140,000 の化合物の収集，ハイ・スループット・スクリーニングセンターおよびスクリーニングヒット後の最適化研究施設の設置，公的なデータベースの構築を進めている．この化合物ライブラリーの特徴は，市販化合物のほかにアカデミア研究者が合成した化合物の収集に注力していること，個々の化合物に物性，抗菌活性，細胞毒性などのデータを付与（バイオプロファイリング）し，データベース化しようとしていることである．

ヨーロッパ最大の官民パートナーシップである Innovative Medicines Initiative（IMI）は 2013 年から創薬コンソーシアム（European Lead Factory, ELF）を開始した（5 年間，総予算約 2 億ユーロ）．このプロジェクトのメインは参加製薬企業 7 社から提供された 300,000 化合物（EFPIA collection）と新規に合成する 200,000 化合物（Public collection）で構成される化合物ライブラリー（Joint European Compound Library, JECL）の活用である．このライブラリーは製薬企業とアカデミア双方で利用することができ，アカデミアのためのスクリーニング施設も設置された．NIH の MLP とは異なり，アッセイ結果は原則非公開で，知財取得に向けた体制が取られている．Public collection

はこれまでに160,000化合物が合成され，その特徴は立体的な基本骨格をもつ点である．

また，2018年からは12か国（チェコ，デンマーク，フィンランド，ドイツ，ギリシア，ハンガリー，オランダ，ノルウェー，ポーランド，スペイン，スウェーデン，ルーマニア）の研究機関とヨーロッパ分子生物学研究所（European Molecular Biology Laboratories, EMBL）が連合して，ヨーロッパ研究基盤コンソーシアム（European Research Infrastructure Consortium, ERIC）が，本格的にスクリーニングを開始している．

5.2.3 韓国の状況

韓国においては2000年から，公的化合物ライブラリーの整備とそれを創薬につなげようという動きが始まった．その中心をなすのは韓国化学研究所（Korea Research Institute of Chemical Technology, KRICT）に設置された韓国化合物バンク（Korea Chemical Bank, KCB）である．2004年にはナショナル・バンクに位置づけられ，2008年には韓国内の研究機関で国費を使ったプロジェクトで合成された化合物すべてをKCBで収集することが決まった．2016年の時点で100以上の国内機関から430,000超の化合物を収集し，これまでに民間，アカデミアを問わず600以上のスクリーニングプロジェクトに化合物を提供している．ライブラリー化合物の90％以上はコンビナトリアル合成品を含む国内合成品である．スクリーニング用途に応じて，代表化合物のライブラリー，承認薬を含む臨床開発品，天然物，キナーゼ関連化合物，フラグメント化合物，Gタンパク質共役受容体（G protein-coupled receptor, GPCR）関連化合物，タンパク質－タンパク質相互作用化合物などのセットを提供している．

5.3 日本の状況

5.3.1 東京大学創薬機構

2006年に東京大学に「生物機能制御化合物ライブラリー機構」が設立され，大学関連の研究者に化合物ライブラリーを提供するとともに，大規模スクリーニング拠点としてアカデミアの創薬研究が始まった．

2011年には，化合物ライブラリーを基盤とする研究活動を学内外の広い分野の研究グループと協働するため，組織名を「創薬オープンイノベーションセンター」と改称し，ヒット化合物探索（スクリーニング）からリード化合物創製への総合的支援を開始した．

さらに2015年には組織名が「創薬機構」に改称され，製薬企業からの寄託化合物サンプルなどを取り込み，化合物ライブラリーがさらに充実した．またヒット化合物からのリード化合物探索合成を担当する「構造展開ユニット」が新設され，2017年からはAMED「創薬等ライフサイエンス研究支援基盤事業」の一環として始まった創薬およびライフサイエンス研究を支援する「創薬等先端技術支援基盤プラットフォーム（BINDS）」の一翼を担っている．BINDSは，放射光施設（SPring-8およびPhoton Factory），クライオ電子顕微鏡，次世代シーケンサーなどの大型施設や装置を整備・維持し，研究者の共同利用を促進することを目的としているが，化合物ライブラリー，構造解析，タンパク質生産，ケミカルシーズ・リード探索，構造展開，ゲノミクス解析，疾患モデル動物作出，薬物動態・安全性評価，インシリコスクリーニングなどの技術をもつ研究者による創薬支援である．

5.3.2 分子プロファイリング支援活動

新学術領域研究「先端モデル動物支援プラットフォーム」（代表者・2018年度まで今井浩三，2019年度より井上純一郎）の「分子プロファイリ

ング支援活動（班長・清宮啓之）」では，優れたバイオプローブの創出および生理機能制御分子の探索を目的として，化合物がもつ生理活性の解明・検証支援や，生命現象に影響を与える化合物・遺伝子経路の同定支援を無償で行っている．この支援サービスは1973年に設置された「制がん剤スクリーニング委員会」を源流とし，さらに1971年に開始されたがん研究会とNCIの抗がん薬スクリーニング共同事業にまで遡る．「制がん剤スクリーニング委員会」は「化学療法基盤情報支援班」ついで「化学療法基盤支援活動」へと発展し，現在の分子プロファイリング支援活動に至る．2000年頃は分子標的治療薬の評価や探索を目的として，多様ながん細胞株に対する増殖阻害活性や，プロテインキナーゼ，プロテアソームといった分子標的に対する阻害活性の評価が無償で行われてきた．支援サービスは，評価法や組織名称を変えながら，今日まで40年以上にわたって維持されてきた．現在の分子プロファイリング支援活動は，39種のがん細胞株（がん細胞パネルJFCR39）を用いた細胞ベースの薬効および作用解析評価，トランスクリプトームおよびプロテオーム変動に及ぼす薬剤の効果による化合物評価，細胞のフェノタイプに与える薬剤の効果で作用機作を推定するプロファイリングなどの一連の in vitro 活性評価を行っている．

がん細胞パネルスクリーニングでは，被験化合物のがん細胞株に対する増殖阻害活性を50％阻害濃度（GI_{50}）で表わしてフィンガープリント（FP）化し，これを作用既知の抗がん薬のFPと比較することによって，作用標的を推定することが可能である．さらには，これまでの抗がん薬とは異なる作用機構をもつ化合物を発掘することもできる（詳細については6章を参照されたい）．

この支援活動ではアカデミア研究者が寄託した化合物を研究者に配布しているが，siRNA，shRNAの配布も限定的に行っている．

5.3.3 理化学研究所・天然化合物バンク NPDepo

理化学研究所・化合物バンク開発研究グループは，2006年に天然化合物バンクNPDepoを設立し，化合物の収集と配布を開始した[4, 5]．NPDepoでは，微生物の二次代謝化合物をはじめとする天然化合物を中心に化合物ライブラリーを構築し，それらの構造と生物活性の情報を集約した天然化合物データベースNPEdiaを作製するとともに，45,000種を超える収蔵化合物の生理活性評価を進めている．またタンパク質と結合するリガンド化合物，すなわちタンパク質の機能を制御しうる小分子化合物を探索する目的で，化合物アレイというウルトラハイスループットスクリーニング系を構築している（図5.1）[6]．現在作製している第二世代の化合物アレイでは，スライドガラス上に3,000種を超える化合物が二組固定されており，タンパク質との結合を蛍光標識により検出することができる（図5.1）．この化合物アレイを用いたスクリーニング法は，短時間で多

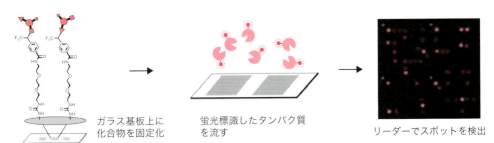

図 5.1　化合物アレイスクリーニング

■ 5章　抗がん薬探索を加速する化合物バンク ■

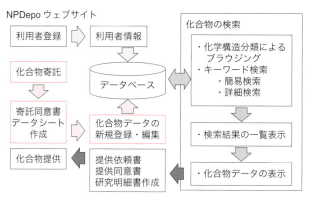

図 5.2　化合物バンク NPDepo の利用

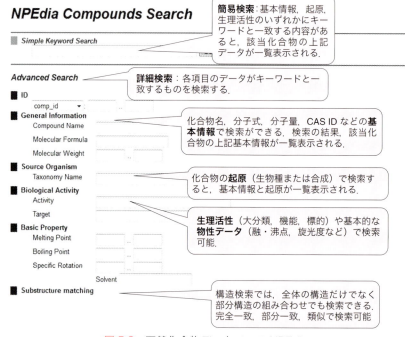

図 5.3　天然化合物データベース NPEdia

数の化合物とタンパク質との相互作用を検出できるだけでなく，廃液もほとんど出ないので，環境に負荷のかからないハイスループットスクリーニングといえる．NPDepo 化合物を利用して得られた生理活性データは，NPEdia に順次収録され，これを部分構造，活性種別で検索することによって化合物を選択できるように機能の充実が図られている．また，NPEdia では化合物をアッセイ系ごとに 5 段階評価した結果が閲覧でき，複数のアッセイ系間での活性比較が可能なシステムが構築されている(図 5.2，5.3)．

5.4　おわりに

アメリカでの数十万種類の化合物を整備して大規模なスクリーニングを行うケミカルゲノミクス

の流行を受け，アジア，ヨーロッパでも，次つぎと大規模スクリーニングセンター（およびネットワーク）が設置された．しかし大規模スクリーニングにかかる費用が高額であること，さらにはヒット率が当初の期待ほど高くないことなどが問題になっている．なかでも大規模スクリーニングに供している化合物ライブラリーの品質，とくに生物活性の低さが問題となっている．本章の執筆担当者が2018年1月にアメリカの大規模スクリーニングセンターを訪れた際，当地のスクリーニング担当者から「10万規模の化合物をスクリーニングする大規模スクリーニングは効率が悪いので，アメリカではあまり行っていない」と聞かされた．

化合物の種類を増やせば従来の化合物とは異なる活性物質を見いだせるとの期待から，これまではスクリーニングに供する化合物数が増やされてきた．しかし，これまでの国内外の成果を振り返り，化合物探索は今後どのような方向に進むべきか検討する必要がある．大規模スクリーニングを実施した研究機関がそこから生まれた膨大なデータを公開し，誰でも結果を利用できるようにすれば，重複や無駄をなくすこともできるはずである．

文　献

1) International Human Genome Sequencing Consortium, *Nature*, **431**, 931 (2004).
2) 長田裕之, バイオニクス, **2006**, 126 (2006).
3) Osada H., *J. Antibiot*., **69**, 723 (2016).
4) 斎藤臣雄 & 長田裕之, 化学と生物　**45**, 139 (2007).
5) 長田裕之ら, 臨床遺伝子学, **62**, 2214 (2007).
6) Kondoh Y. et al., *Methods Mol. Bio*., **1263**, 29 (2015).

Part II がん創薬の基盤となる先端テクノロジー

がん細胞パネルを用いた標的探索と創薬

Summary

1950年代に初めてHeLa細胞の樹立が報告されて以来，がん細胞株は分子生物学の進展とともに，試験管内でのがん研究推進にきわめて重要な役割を果たしてきた．アメリカ国立がん研究所(NCI)およびがん研究会では，数十種類のがん細胞株を用いてがん細胞パネルを構築し，これらは抗がん薬スクリーニングに供されてきた．実際，がん細胞パネル法により，種々の抗がん薬の開発に成功している．また，多次元オミックスデータベース（CellMiner）や，CMT1000やCCLEといった数百種類以上のがん細胞株への展開，次世代シーケンサー（NGS）やRNA干渉ライブラリー，CRISPR/Cas9など最新の機能ゲノミクス的手法の導入により，さらに有益なデータベースが構築・公開されており，がん細胞株を用いた治療標的探索や創薬研究は，新たな展開を迎えている．

6.1 はじめに

がん治療において，抗がん薬によるがんの薬物療法は外科治療，放射線療法と並んで重要な役割を占めている．20世紀に開発された抗がん薬の多くは，細胞増殖に伴うDNA合成や細胞分裂に必須な紡錘体形成を標的とする化学療法薬であり，血液腫瘍や一部の固形がんを除き，満足な治療成績は残せなかった．しかし最近になってがんで活性化している遺伝子産物を特異的に攻撃する分子標的治療薬が続々と開発され，以前までの化学療法薬では効果が得られなかったがん種に対しても薬効が期待できるようになった．その背景として20世紀後半から発展した分子生物学を基盤とした，分子レベルによる発がんメカニズムの理解と，ヒトゲノムプロジェクトの完了および次世代シーケンサー（Next Generation Sequencer, NGS）によるさまざまながん臨床サンプルにおけるゲノム異常に関するビッグデータの蓄積が挙げられる．このような背景のもと，Hanahanと Weinbergが，Cell誌に治療ターゲットとすべきがんの特徴をまとめた総説を2000年に発表し[1]，11年後の2011年にはそのアップデート版を発表したのは記憶に新しい[2]．このように有望ながんの治療ターゲットが次つぎと同定され，それらに対する分子標的治療薬の開発が盛んに行われてきた．

一方，アメリカの国立がん研究所（National Cancer Institute, NCI）では，固形がんで奏効する新規抗がん薬を見いだす目的で，種々の臓器由来の一連のがん細胞株（NCI60がん細胞パネル）を用いたスクリーニング系が考案され，1990年前後から30年近くにわたり運用されている[3,4]．実際にこのスクリーニング系を利用して，プロテオソーム阻害薬ボルテゾミブや新規チューブリン重合阻害薬エリブリンの創出に成功している．日本でもがん研究会において独自のJFCR39がん細胞パネルが構築され，抗がん薬スクリーニングに供されてきた[5,6]．このような手法は事前に絞り込んだがんの治療標的としてふさわしい分子に

対する阻害薬をスクリーニングする手法とは異なり，セル（細胞）ベースの増殖アッセイでありながら，単にがん細胞の増殖抑制を起こす機能不明の化合物を見いだすのでなく，化合物の抗がん特異性からその抗がん作用機序ないし標的分子を予測し，同時にその標的分子としての有用性を評価することができる大変ユニークな手法である．本章では，NCIおよびがん研究会において長く実施されてきたがん細胞パネル法による抗がん薬スクリーニングを紹介するとともに，NCIで進めているゲノムデータ，遺伝子発現データ，タンパク質発現データなどの多次元オミックスデータを組み合わせたデータベース（CellMiner）や，さらに多くのがん細胞株のパネルを用いたオミックスデータベース，ゲノムワイドなRNA干渉ライブラリーやCRISPR/Cas9システムを利用した機能ゲノミクスデータベース（DepMap, Project DRIVE）を用いたがんの治療標的と治療薬探索の最新の動向についても紹介する．

6.2 がん細胞パネル法の誕生

NCIでは，1950年代よりマウス白血病モデルによるスクリーニング系を用いた抗がん薬スクリーニングが大規模に行われてきた．しかし旧来の化学療法薬は白血病などの血液がんには一定の効果が認められていたものの，その多くは固形がんに奏効することはなかった．一方がん研究の発展に多大な貢献をなした培養がん細胞株の歴史は，1951年のヒト子宮がん由来のHeLa細胞の樹立にまでさかのぼる．その後，種々の固形がん由来の細胞株が樹立され，研究に供されてきた．そこでNCIのBoydらは，固形がんに奏効する抗がん薬をスクリーニングするためのアッセイ系として，さまざまな臓器由来の培養がん細胞株を利用したスクリーニング系の開発に着手した．具体的には肺がん，大腸がん，中枢神経系腫瘍，腎がん，メラノーマ（悪性黒色腫），卵巣がん，乳がん，前立腺がん由来の固形がん細胞株に白血病細胞株6系を加えた60種類のがん細胞株から成るNCI60がん細胞パネルを構築した[3,4]．このように同一臓器由来のがん細胞株を収集，臓器別にパネル化した当初の狙いは，臓器特異的に奏効する抗がん薬のスクリーニング（Disease-oriented screening）に用いることであった．実際は抗がん薬の臓器特異性は体内での薬物動態や代謝の影響が大きく，*in vitro*での抗がん活性は薬物動態や代謝を反映することはないのでもくろみ通りにはいかなかったが，基盤データとして既存の代表的な抗がん薬についてNCI60細胞に対する抗がん活性スペクトル（フィンガープリント，FP）を測定すると，作用メカニズムが共通な抗がん薬どうしのFPは互いに類似することが明らかとなった．すなわち既存の抗がん薬のFPを取りためてレファレンス（対照化合物）としてデータベース化しておくことで，作用メカニズムが未知の抗がん物質のFPと突き合わせて既知のどの抗がん薬の作用メカニズムに類似するかを推定することができる．そこで彼らは，この特性を利用した未知化合物の作用メカニズム予測システムを"COMPARE"解析と命名した．つまり，がん細胞パネル法はセルベースのアッセイでありながら，COMPARE解析により過去に取りためた多様な作用機序の抗がん物質と類似した化合物を選別したり，既存薬とはまったく異なる作用メカニズムに基づくユニークな抗がん薬リード化合物を同定したりすることができる強力なスクリーニング系であるといえる．

6.3 NCIにおけるがん細胞パネル法の実際

NCIでは，1989年よりCOMPARE解析を利用したNCI60パネルスクリーニングを開始

し，これまでにアメリカ内外のアカデミアを中心に40万を超える合成・天然化合物を受けつけている．2007年までにプレスクリーニングを通過した15万の化合物についてNCI60に含まれる各細胞株に対する50％増殖抑制濃度（GI_{50}）のFPデータを取得しており[4]，現在はさらに増えていると思われる．

アッセイには96ウェルマイクロタイタープレートを用いたスルホローダミンB（sulforhodamine B, SRB）アッセイを採用している．SRBアッセイとは，細胞をトリクロロ酢酸で固定し，その細胞中のタンパク質をSRBで染色後，トリス緩衝液に溶出して吸光度（A_{515}）を測定し，総タンパク質量を算出することで細胞量の増減を定量する方法である．MTTアッセイなどの酵素活性を測定する方法とは異なり，細胞を固定してタンパク質を変性させたあとにアッセイすることから，大量のサンプルから再現性よく安定したデータを取得できる．NCIではまずOne-Dose Screen（通常は10 μM）と呼ばれるプレスクリーニングを行い，それをパスしたものについてFive-Dose Screenと呼ばれる本試験を行い，50％増殖抑制濃度（GI_{50}）を決定する（以前は3細胞株でプレスクリーニングを実施していたが，2007年以降は60細胞株すべてを用いている）．具体的には，各細胞株が対数増殖期になるように事前に調整した細胞数（5,000〜40,000細胞）をマイクロタイタープレートに播種し，翌日に被験薬剤を加え，薬剤存在下または薬剤非存在下で48時間培養を継続し，サンプルを回収，トリクロロ酢酸で固定後，SRBによるタンパク質染色を行う．薬剤添加時（Tz, Time zero）には別のプレートに播種した細胞（Tzプレート）を固定しておき，後日サンプルプレートとともにSRBアッセイを行う．薬剤添加48時間後に回収したサンプルプレートの各検体の吸光度は，Tzプレートの吸光度との差分を計算することにより，薬剤を接触させた48時間に純増した細胞量を計算することができる（図6.1a）．被験薬剤による細胞増殖阻害能は，薬剤未処理で48時間培養したコントロールサンプルに対する薬剤存在下で培養したサンプルの増殖率〔Percentage growth, PG（％）〕で評価する．薬剤添加時の吸光度がTzの吸光度を下回った場合（すなわち細胞死による純減），PGは分母をTzの吸光度とする．さらにFive-Dose Screenでは，各薬剤濃度におけるPGを計算して用量反応曲線（片対数グラフ）を作成し，これが50％をまたぐ対数濃度を各細胞株について計算する．この濃度がGI_{50}である．こうして算出された各細胞株に対する一連のGI_{50}（対数値）を被験化合物のNCI60に対する抗がんスペクトル（FP）とする．COMPARE解析により，被験化合物とこれまでに取りためた作用メカニズムが既知の抗がん物質の作用メカニズムの類似性の評価，および新規性の評価が行われる．なおGI_{50}以外に，用量反応曲線が0％をまたぐ濃度をTGI（完全増殖抑制濃度），－50％をまたぐ濃度をLC_{50}（50％致死濃度）として計算する（図6.1b）．通常，COMPARE解析はGI_{50}値を用いて行われる．

6.4 NCI60スクリーニングによる創薬の成功例

NCI60スクリーニングにより見いだされた新規抗がん物質ハリコンドリンB（NCI登録薬剤コード；NSC 609395）は，名古屋大の上村らが1985年にクロイソカイメンより単離した天然化合物である．この化合物は，NCI60パネルスクリーニングによってチューブリン重合阻害薬であるマイタンシンとの類似性が見いだされ，実際にチューブリン重合を阻害する新規構造の抗がん物質であることが示された[7]．その後，ハーバード大学の岸らが見いだした人工合成法を利

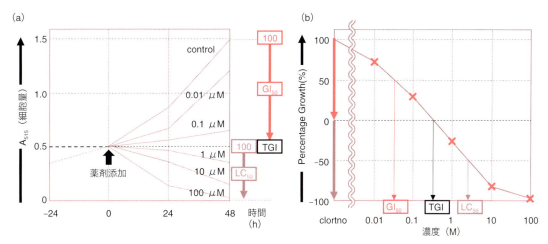

図 6.1 SRB アッセイによる抗がん物質の抗がん活性の測定
(a) 薬剤添加時 (Tz) と，各濃度の薬剤に曝露させてから 48 時間後の細胞 (タンパク質) 量を SRB アッセイで測定する．
(b) 薬剤曝露後の細胞量が Tz より大きい場合は薬剤を曝露しなかったサンプルでの純増分を 100% としてその増殖率をプロットする．薬剤曝露後の細胞量が Tz より小さい場合は，細胞は純減しており，Tz での細胞量を 100% としてその生存率をプロットする．グラフのように，GI_{50}, TGI, LC_{50} を計算する．

用して，ハリコンドリン B の構造を簡素化した誘導体 E7389 (NSC 707389，一般名；エリブリンメシル酸塩) がエーザイ株式会社によって開発され，アメリカ食品医薬品局 (Food and Drug Administration, FDA) より 2010 年に転移性乳がん，2016 年に脂肪肉腫の治療薬として承認された．

ProScript 社 (現・Takeda Oncology/Millennium Pharmaceutical 社) の Adams らが開発した一連のボロン酸ジペプチドは，ほかの既存の抗がん薬とはまったく異なるユニークな FP を示す．これらはプロテオソーム阻害活性をもち，互いに類似した FP を示すこと，20S プロテオソーム阻害活性が高い化合物ほど増殖抑制濃度が低いことから，プロテオソーム阻害薬が新しいクラスの抗がん薬になることが示された[8]．このうち PS-341 (NSC 681239/ ボルミテゾブ) は 2004 年に多発性骨髄腫治療薬として，2015 年にはマントル細胞リンパ腫治療薬として FDA に承認された．

これら以外にもヒストン脱アセチル化酵素 (histone deacetylase, HDAC) 阻害薬 FR901228/FK228 (NSC 630176/ ロミデプシン)，サイクリン依存性キナーゼ阻害薬フラボピリドール (NSC 649890)，インデノイソキノリン骨格の新規 DNA トポイソメラーゼ阻害薬[9] などが，この NCI60 パネルスクリーニングによって有望な抗がん薬候補化合物として同定されている[3]．

6.5 がん研究会における JFCR39 パネルの構築とその運用

がん研究会では，1970 年代より NCI と連携して P388 および L1210 マウス白血病細胞を用いた動物モデルによる抗がん薬スクリーニングが行われてきた．1989 年よりアメリカで NCI60 によるスクリーニングが始まると，がん研究会の矢守らは NCI の協力のもと，独自のがん細胞パネル JFCR39 を構築した．JFCR39 は，NCI から譲渡された固形がん由来の細胞株 26 系に，日本人に多い胃がん細胞株など 13 株を追加した 39 細胞株から構成されるがん細胞パネルである[4,6]．1995 年に文部省 (当時) がん特定領域研究

の支援活動としてJFCR39パネルスクリーニングを開始し，アカデミア研究者を対象に新規抗がん物質の作用メカニズム予測，新規性評価を行ってきた．その後がん支援活動を経て，2018年現在は，文部科学省新学術領域研究の先端モデル動物支援プラットフォーム・分子プロファイリング支援活動の一部として運用されている（http://model.umin.jp/about/profiling.html）．実験方法はNCIのFive-Dose Screenに準じており，COMPARE解析にはJFCR39について独自に蓄積されたレファレンス化合物データベースを利用している．JFCR39パネルスクリーニングの初期の成果としては，新規DNAトポイソメラーゼ阻害薬MS-247[5]，新規テロメラーゼ阻害薬FJ-5002[10]を同定し，システムの有用性を実証している．

JFCR39パネルスクリーニングの代表的な成果としては，新規ホスファチジルイノシトール3-キナーゼ（PI3K）阻害薬ZSTK474の創薬研究が挙げられる．全薬工業の矢口らが開発した一連のs-トリアジン類縁体は，in vitroおよびin vivoで高い抗腫瘍効果を発揮するものの，その分子メカニズムは不明であった．JFCR39パネルスクリーニングにより，一連の類縁体は既存の抗がん薬とは異なるユニークなFPを示すこと，それがPI3K阻害薬として試薬レベルで利用されていたLY294002やウォルトマンニンのFPと類似していることが示され，実際にPI3K阻害活性をもつことが生化学的に証明された[11]．なかでもin vivo抗がん活性の認められたZSTK474は，アメリカ（2010年～）と日本（2011年～）で進行固形がん患者を対象にした臨床試験が行われた．アメリカでの治験の結果，複数の肉腫患者に長期の病勢安定が得られたことから，本章執筆担当である旦らは非臨床でさまざまな肉腫サブタイプへの効果を検討する目的で，肉腫細胞パネルを構築した．その結果，ZSTK474は肉腫細胞株全般に良好な増殖抑制効果を示し，とりわけユーイング肉腫や滑膜肉腫など特定なサブタイプにアポトーシスを誘導することにより強い抗がん効果を示すことが明らかとなった[12]．このことから，本剤は肉腫治療薬として今後の開発が期待されている．

プラジエノライドは，エーザイの水井らが見いだした抗がん物質で，JFCR39パネルスクリーニングにより，既存の抗がん薬とは違うユニークな作用メカニズムをもつ抗がん物質であると評価された[13]．その後の研究で，この標的分子はスプライシング調節因子SF3bであることが明らかになった[14]．この合成誘導体であるE7107は，現在アメリカで臨床試験が行われている[15]．

AMF-26は日本新薬が細胞間接着分子ICAM-1を抑制する物質として見いだした化合物で[16]，直接の分子メカニズムは不明であった．JFCR39パネルスクリーニングにより，ゴルジ体機能にかかわる低分子量Gタンパク質の一つであるArf-1とそのGTP-GDP交換反応因子（GEF）とのタンパク質間相互作用（protein-protein interaction，PPI）を阻害するブルフェルジンAと類似した機能をもつと推測された．実際にAMF-26はブルフェルジンAと同様にゴルジ体を散在化させることが示された[17]．この化合物は元来，天然物由来の半合成化合物であったが，東京理科大学により人工合成法が開発された[18]．ゴルジ体は，細胞表面に発現，または細胞外に分泌されるタンパク質の翻訳後修飾や輸送に重要な役割をもっていることから，旦らは細胞表面に発現する受容体チロシンキナーゼが遺伝子変異や増幅により活性化しているがんに対して，その細胞表面への輸送を阻害することで抗がん効果を示すと仮説を立てた．そしてMETやFGFR2などの受容体チロシンキナーゼ（receptor tyrosine kinase，RTK）を過剰発現する胃がん細胞株に対し，それらRTKの細胞表面

局在を抑制し，抗がん効果を示すことを明らかにした[19]．また上皮成長因子受容体（epidermal growth factor receptor，EGFR）遺伝子に活性化変異（エクソン 19 のインフレーム欠失変異，またはエクソン 21 の L858R 点変異）をもつ非小細胞肺がん，とりわけ第一世代・第二世代の EGFR チロシンキナーゼ阻害薬（EGFR-TKI）ゲフィチニブ（gefitinib）やアファチニブ（afatinib）に耐性を獲得し EGFR 遺伝子のゲートキーパー部位に第二の変異（T790M）が加わったがんや，第三世代の EGFR-TKI であるオシメルチニブ（osimertinib）の耐性を獲得し EGFR 遺伝子に第三の変異（C797S）が加わったがんにも有効であることが動物レベルで明らかになっており，TKI 耐性がんへの治療オプションとしての開発が期待される[20]．

JFCR39 パネルスクリーニングは，分子標的治療薬の標的特異性やオフターゲットの評価にも有用である．これまでに LY294002 や ZSTK474 をはじめ種々の PI3K 阻害薬，AKT 阻害薬，mTOR 阻害薬の JFCR39 に対する FP が解析されている．一連の PI3K 阻害薬は類似した FP を示し，また mTOR 阻害薬はアロステリック阻害薬ラパマイシン（rapamycin），ATP 競合阻害薬 NVP-BEZ235 ともに PI3K 阻害薬と類似した FP を示した．一方 AKT 阻害薬については，MK-2206 などのアロステリック阻害薬や ATP 競合阻害薬が PI3K 阻害薬や mTOR 阻害薬と類似した FP を示す一方，ホスファチジルイノシトール（PI）アナログであるペリフォシン（perifosine）はかなり異なった FP を示した．このことからペリフォシンの主作用は AKT 阻害ではなく，PI3K/AKT/mTOR 経路とは異なる標的である可能性が示された[21]．また，MET チロシンキナーゼ阻害薬として開発され，現在臨床試験中であるチバンチニブ（tivantinib）の FP を JFCR39 パネルスクリーニングにより測定し

たところ，ほかの MET 阻害薬とは類似性が低く，MET 遺伝子増幅が認められる細胞株への有効性も認められなかった．代わりにチューブリン重合阻害薬である E7010 やビンクリスチン（vincristine）と類似した FP を示したことから，実際にチューブリンの重合を阻害することが明らかにされ，本薬の抗がん効果の真の標的はチューブリン重合阻害であることが明らかにされた[22]．

6.6　薬剤感受性データとポストゲノムデータとの融合

これまで述べてきたように，NCI60 や JFCR39 では被験化合物の FP を測定し，COMPARE 解析によるレファレンス化合物の FP との類似性から，抗がんメカニズムの予測やそのユニークさを評価することが可能となった．このような解析ができるのは，がん細胞パネルに含まれる各細胞株の分子背景に起因していると考えられる．そこで Weinstein らは，NCI60 のそれぞれの細胞株について遺伝子発現や変異，タンパク質発現といった分子背景情報を測定してデータベース化し，これを薬剤感受性データベースと統合した[23]．その後，分子背景情報は次つぎと拡張され，マイクロアレイ技術および NGS を用いたトランスクリプトーム，ゲノム，miRNA，エクソンアレイや，STR（Short tandem repeat）分析など，さまざまな解析が報告されている．これにより，NCI60 をモデルに薬剤の作用メカニズムを分子レベルで予測したり，薬剤の有効性を予測するバイオマーカーを探索したりすることが可能となった[24]．たとえば Golub らは，マイクロアレイによるトランスクリプトームデータを利用して重みづけ多数決法を用いた薬剤感受性予測システムを構築することに成功している．

JFCR39 パネルでも，ゲノム，トランスクリプトーム，タンパク質発現などの各種分子背景情

■ 6章　がん細胞パネルを用いた標的探索と創薬 ■

報を取得してデータベース化を進めている．且らは，PI3K-AKT パスウェイや RAS-MAPK パスウェイなどの細胞内のさまざまなシグナル伝達分子の活性化ステータス（遺伝子変異や遺伝子産物のリン酸化レベル）をJFCR39各細胞株について調べてデータベース化し，これらとパスウェイ阻害薬の感受性との関連を検討した．遺伝子変異と薬剤感受性との関連では，*KRAS* または *BRAF* の機能獲得型変異をもつがん細胞は MEK 阻害薬 AZD6244 が有意に効きやすく，逆に PI3K 阻害

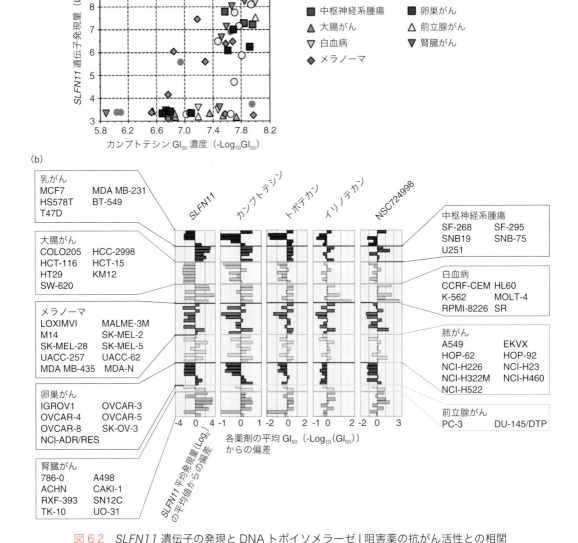

図 6.2 *SLFN11* 遺伝子の発現と DNA トポイソメラーゼ I 阻害薬の抗がん活性との相関

(a) カンプトテシンの抗がん活性を X 軸，*SLFN11* の発現量を Y 軸に，NCI60 細胞株を散布図上にプロットした．カンプトテシンが効きやすい細胞ほど *SLFN11* の発現量が高いことがわかる．(b) *SLFN11* の発現量，および DNA トポイソメラーゼ I 阻害薬 4 剤の NCI60 細胞株に対する FP を Mean Graph で表す．トポ I 阻害薬どうしの FP は互いによく類似しており，*SLFN11* の発現量ともよくフィットする．*SLFN11* 遺伝子はバーが右に触れる細胞株ほど発現量が高く，薬剤はバーが右に触れる細胞株ほど GI_{50} 値が低い（＝感受性が高い）．文献 25) をもとに作成．

薬やmTOR阻害薬は概して効きにくいという有意な関連性が認められた．またリン酸化レベルとの関連では，リン酸化MEKが高発現している細胞ではMEK阻害薬が効きやすく，リン酸化AKTが高発現しているとPI3K阻害薬が効きやすいことが確認された．以上のことから，これらのシグナル伝達分子の活性化ステータスが当該シグナル経路の阻害薬の効果予測マーカーとして利用できる可能性が示された[21]．

こうしたがんの遺伝子変異と薬剤の効果の関連性を応用して薬剤の抗がん活性を規定する新たな遺伝子の同定に成功した具体例として，NCIのPommierらがDNAトポイソメラーゼI阻害薬カンプトテシンとその誘導体の感受性と相関の高い発現パターンをもつ遺伝子，すなわち薬剤感受性が高いほど発現が高い遺伝子として，*SLFN11*を同定したことが挙げられる（図6.2）[25, 26]．その後の解析により，SLFN11を発現している細胞はDNA損傷時に，ATRの活性化を介して起きるS期チェックポイントとは独立して，SLFN11が複製フォークに結合してクロマチン構造を変化させ，複製を永続的に停止させることによりDNAトポイソメラーゼI阻害薬に著効を示すことが明らかにされた[27]．

6.7 "CellMiner" の開発

NCIは前述のNCI60細胞パネルに関する数万種類の薬剤感受性データと膨大なゲノムデータ間の簡便な比較解析を可能とするウェブツール"CellMiner"を開発し，無償で公開している．このような膨大なデータを解析するには，ふつうバイオインフォマティクスの専門家が必要だが，"CellMiner"では，ウェブ上で提供されるユーザーインターフェースのQueryにキーワードを入力するだけで膨大なデータベースを対象とした関連分析が可能となる．これは，2009年にShankavaramらによって最初に報告された[28]．その後データベースの更新がたびたび行われている．本書執筆時の利用可能な"CellMiner"データベースのバージョンは2.1（2017年12月リリース）で，NCI-60細胞株それぞれに対する187種のFDA承認薬を含む21,738種の化合物の抗がん活性，アミノ酸変異を伴う遺伝子変異12,944種，タンパク質の機能に影響する遺伝子変異9,307種，DNAメチル化データをもつ遺伝子14,696種[29]，DNAコピーナンバーデータをもつ遺伝子23,222種，マイクロアレイによる発現データをもつ遺伝子25,683種，発現データをもつmiRNA360種，逆相タンパク質アレイ（RPPA）によるタンパク質発現データをもつ遺伝子94種のデータが利用可能である．"CellMiner"ポータルサイト（https://discover.nci.nih.gov/cellminer/home.do）のHome画面には表6.1のタブメニューが用意されている．

2012年および2015年に，Reinholdらは新たに公開したNCI-60 Analysis Toolの使い方を詳しく紹介している[30, 31]．本章では2018年7月現在公開されているHome画面を示す．"NCI-60 Analysis Tools"のタブをクリックしてQuery画面（図6.3）を開いたら，ステップ1で解析の種類を選ぶ．ステップ2では，ステップ1で選択した解析のタイプに合わせて，興味のある具体的な薬剤または遺伝子について，指定の方法（直接入力かリストアップロード）により識別コード（薬剤；NSC番号，遺伝子；HUGO名）を入力する．ここには最大50個の識別コードを入力できる．最後にステップ3で電子メールアドレスを入力し，"Get data"をクリックすると，結果が電子メールで送られてくる．

解析例として，DNAトポイソメラーゼI阻害薬の一つであるトポテカン（topotecan, NSC#609699）と類似した発現パターンを示す遺伝子を検索した結果（上位10位まで）を示す．ス

■ 6章　がん細胞パネルを用いた標的探索と創薬 ■

表 6.1　CellMiner タブメニュー一覧

NCI-60 Analysis Tools	薬剤感受性データとゲノムデータの典型的な解析を自動で行う（後述）．
Query Genomic Data	正規化された各種ゲノムデータベース（遺伝子変異，発現，miRNA など）を用いて，一つずつまたはリスト化した遺伝子などを検索し，データを出力する．
Query Drug Data	正規化された薬剤データベースを用いて，一つずつあるいはリスト化した薬剤を検索し，データを出力する．
Download Data Sets	CellMiner に収載されているデータセットについて，正規化済み，または正規化前の生データをダウンロードできる．
Cell Line Metadata	NCI60 パネル細胞株に関するメタデータ（付随情報）を参照可能．細胞株の由来臓器や患者の臨床情報（治療歴，組織型），供給元，STR データなど．
Data Set Metadata	それぞれのデータセットのメタデータを参照可能．

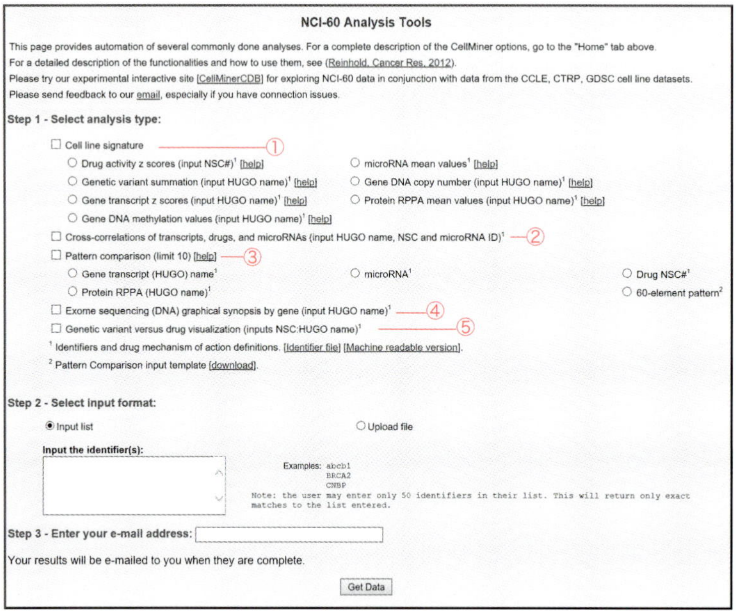

①細胞株についての各種データ（正規化済み）を用いた単純解析をしたい場合はチェックを入れ，調べたいデータタイプを選ぶ．薬剤抗がん活性 Z スコア（Drug activity z scores），遺伝子の変異／発現／メチル化やコピーナンバー，microRNA 発現，RPPA によるタンパク質発現が利用可能である．

②ステップ 2 で入力する識別コード（薬剤または遺伝子）間の総当たりの相関係数を計算する．

③ステップ 2 で入力する識別コードの薬剤または遺伝子について，薬剤の抗がん活性，遺伝子の変異，発現，メチル化，microRNA の発現との相関係数を計算し，有意な相関を示すものを抽出する．

④遺伝子ごとエクソーム配列解析の視覚的な概要を表示する．

⑤遺伝子変異と薬剤の抗がん活性の関連を視覚化する．

図 6.3　CellMiner の NCI-60 Analysis Tools 検索ページ
(https://discover.nci.nih.gov/cellminer/analysis.do)

テップ 1 で "Pattern comparison" にチェックを入れ，"Drug NSC#" のラジオボタンを選択し，ステップ 2 の識別コードにトポテカンの NSC コード（609699）を入力した．電子メールに送られた結果のリストによると，*SLFN11* の相関が飛びぬけて高いことがわかる（表 6.2）．なお，*SLFN11* 遺伝子の発現パターンに類似した抗がん活性パターンを示す薬剤の検索（Pattern comparison）を行う場合は，ステップ 1 で

"Pattern comparison" にチェックを入れたあと，"Gene transcript（HUGO name）" のラジオボタンを選択し，ステップ 2 で "SLFN11" と入力する．相関の高い抗がん活性パターンを示した薬剤リストを示されるが，トポテカンは上位 18 位にランクされており，それより上位の薬剤も大半は DNA トポイソメラーゼ I 阻害薬（T1）のカンプトテシン誘導体であることがわかる（表 6.3）．このように，NCI-60 Analysis Tools は薬剤の抗

76

表 6.2 Topotecan (NSC#609699) の Pattern comparison 解析で上位に現れた遺伝子リスト（抜粋）

		Gene transcript levels (microarrays)		
Correlations	P-value	Gene symbol	Annotations	Location
0.78	0	SLFN11	—	17q12
0.51	0.000028	STRADA	regulation of fatty acid oxidation;	17q23.3
0.49	0.000085	ARHGEF6	regulation of Rho protein signal transduction;	Xq26.3
0.48	0.0001	EP400	regulation of transcription, DNA-dependent;	12q24.33
0.47	0.000155	TMEM31	—	Xq22.2
0.46	0.000201	PGBD3P1	—	12q13.12
0.45	0.000265	SLC4A8	bicarbonate transport;	12q13.13
0.45	0.000268	LOC100506844	—	—
0.45	0.000318	ZNF225	regulation of transcription, DNA-dependent	19q13.2
0.44	0.000463	PHF12	negative regulation of transcription, DNA-dependent	17q11.2

表 6.3 *SLFN11* の遺伝子発現との Pattern comparison 解析で上位に現れた薬剤リスト（抜粋）

		Drug activities	
Correlations	NSC number	Name	Mechanism
0.834	639174	Camptothecin Derivative	T1
0.798	135758	Piperazinedione	A7
0.839	603074	9-nitro-10-methoxy-20(s)-c	—
0.794	681644	Camptothecin Derivative	T1
0.793	34462	Uracil mustard	A7｜AlkAg
0.793	166199	—	
0.791	681646	Camptothecin Derivative	T1
0.791	681633	Camptothecin Derivative	T1
0.79	681640	Camptothecin Derivative	T1
0.79	9706	Triethylenemelamine	A7｜AlkAg
0.799	681636	Camptothecin Derivative	T1
0.787	603071	Aminocam ptothecin	T1
0.786	606497	Camptothecin Derivative	T1
0.785	344007	Piperazine	A7
0.781	681643	Camptothecin Derivative	T1
0.789	35915	erythritol aziridine	—
0.779	619232	9-glycinamido-20(rs)-camp	
0.776	609699	Topotecan	T1

がん活性を規定ないし予測しうる候補遺伝子を簡単にリストアップすることができる，きわめて強力な創薬研究支援ツールである．

6.8 多種類の細胞株パネルと薬剤感受性・オミックス統合データベースの構築

がん細胞パネル NCI60 や JFCR39 は，薬剤の抗がん活性データとゲノムデータを多数蓄積して統合データベース化し，相互に比較すること

ができる抗がん薬の創薬研究に利用価値が高い研究プラットフォームである．しかし，NCI60やJFCR39は各臓器由来のがん種で数個ずつの細胞株から構成されているためバリエーションが限られている．たとえば*EGFR*遺伝子の活性化の原因となるL858R変異やエクソン19の欠失，*ALK*融合遺伝子陽性などのゲノム異常があるがん細胞株は含まれないので，これらのゲノム異常をもつがんに特異的に奏効する分子標的治療薬の効果は評価できない．そこでマサチューセッツ総合病院分子標的治療センター（Center for Molecular Therapeutics）のSettlemanらは，1〜10％程度の頻度で認められるゲノム異常をもつ細胞株を複数含むことを期待して1000種以上のがん細胞株を集めてパネル化（CMT1000）して種々のゲノム情報を取得し，種々の分子標的治療薬に対する感受性を測定して統合データベース化し，両者の関連を解析した[24, 32]．その結果，たとえばエルロチニブへ高感受性を示すのは非小細胞肺がん由来の131細胞株のうち7株で，そのうち6株は*EGFR*遺伝子の活性化変異が認められ，残り1株は*HER2*遺伝子の増幅が認められた．これは臨床検体で見いだされたEGFR阻害薬の効果とよく相関していた．一方，ALK阻害薬の感受性は*ALK*融合遺伝子陽性の非小細胞肺がん，神経芽細胞種，リンパ腫などで著効が認められた．このように特定のゲノム異常で定義されるがんのサブセットは，それらの由来臓器にかかわらず，ゲノム異常によってコードされる活性化キナーゼの阻害薬に著効を示す．したがって，これらの阻害薬の治療対象が臓器を超えてがんのジェノタイプで層別化できるようになり，FDAの承認も臓器別ではなく変異別に進められるよう，さまざまな臨床試験が進んでいる（そういった抗がん薬の第1号として，免疫チェックポイント阻害薬ペムブロリズマブが高頻度マイクロサテライト不安定性またはミスマッチ修復機構の欠損の固形がんを対象として2017年にFDA承認を受けており，国内でも2018年3月に承認申請を行っている）．

多数のがん細胞株について，化合物の抗がん活性と各種ゲノムデータを蓄積して抗がん創薬研究の基盤データベースとしようとする取り組みは，CMT1000のほかにも，ブロード研究所およびノバルティス・バイオメディカル研究所の合同研究チームが，Cancer Cell Line Encyclopedia（CCLE）を立ち上げ，種々のオミックスデータを収集して解析を進めている[33]．

6.9 DepMapとProject DRIVE ―機能ゲノミクスデータの統合

前項までに述べたように，化合物の抗がん活性と各種ゲノムデータとの関連を分析することにより抗がん活性を規定する，もしくは抗がん活性を予測する遺伝子を探索することができるようになった．しかしある遺伝子（既知のがん遺伝子であるか否かにかかわらず）が増幅していたり，アミノ酸変異を伴う遺伝子変異があったりしても，その遺伝子異常がその遺伝子産物の機能活性化やがん化のドライバーとなるかは個別に調べる必要がある．実際，がんで検出される遺伝子変異の大半は，生殖細胞由来でがん化に一切機能的関与がない遺伝子多型や体細胞変異ではあるものの，がん化に機能的に関与していない変異，いわゆるパッセンジャー変異である．そこで，がんにおける機能的なドライバー遺伝子を明らかにする目的で，RNA干渉法（RNAi）を用いたゲノムワイドのshRNA（short hairpin RNA）ライブラリーを用いたがん細胞株の増殖・生存に直接関与する遺伝子を同定する試みがいくつかの研究機関でなされている．とくに注目すべきはブロード研究所のグループによるがん依存性マップ（Cancer Dependency Map,

6.9 DepMapとProject DRIVE ― 機能ゲノミクスデータの統合

DepMap)[34]，およびノバルティスの研究グループによる"Project DRIVE"[35]である．ブロード研究所のRNAiデータは"Project Achilles"として取得されたもので，501種のがん細胞株についてのRNAiスクリーニングの結果が収載されている．具体的にはがん細胞株それぞれについて，ゲノムワイドの遺伝子に対するshRNA発現レンチウイルスライブラリーを感染させ，一定期間培養した細胞集団からゲノムDNAを抽出し，それぞれのshRNA発現ベクターのコピー数をNGS解析のリード数から定量する．特定のshRNAの発現によりそのがん細胞株の増殖・生存が阻害される場合，培養期間中に当該shRNAを発現するレンチウイルスが感染した細胞は増殖しないか細胞死により除去されるため，当該shRNAのリード数は大幅に減少することが予想される．そこで全体の細胞集団に含まれるshRNAのなかから，培養後に大幅に減少した〔全体の平均値から標準偏差の6倍(6σ)以上〕shRNAの標的遺伝子を，被験がん細胞株の増殖・生存が依存している遺伝子として抽出する．また"DEMETER"と呼ばれるRNAiの標的遺伝子に対する特異的な効果(オンターゲット効果)と，標的遺伝子以外に対する効果(オフターゲット効果)を見分けるアルゴリズムを利用して，真にがん細胞が依存する遺伝子の探索に役立てている．これらのデータを，別途収集したがん細胞株の遺伝子発現，遺伝子変異，コピー数異常などの遺伝子背景データと統合データベース化することにより，遺伝子の依存性と背景データとの関連を総当たりで解析することが可能となっている．この統合データベースを用いた解析例として，ユビキチンB（Ubiquitin B, UBB）遺伝子の高メチル化の細胞はUBBの発現が抑制されており，そのような細胞ではユビキチンC（Ubiquitin C, UBC）遺伝子に対する依存性が高いという関連が示されている．ブロード研究所が運営する"DepMap"のポータルサイト（https://depmap.org/portal/）では，Data Explorerツールを用いることによりUBC遺伝子への依存性とUBB遺伝子の発現量とのあいだの関連性を散布図で確認することができる（図6.4）．また，単にクエリーボックスに遺伝子名を入力することにより，その遺伝子に依存しているがん細胞株や由来臓器を検索・表示させたり，遺伝子背景データとの相互比較をさせたりすることが可能である．ここではKRAS遺伝子の解析例を図6.5に示す．

一方Novartisの"DRIVE"データでは，398種のがん細胞株について，7837種の遺伝子に対するshRNAライブラリー（各遺伝子に対して平均20 shRNA）に対するshRNAスクリーニングの結果が収載されている．このデータもまた，独自のポータルサイト（https://oncologynibr.shinyapps.io/drive/）から利用可能で，"DepMap"同様，shRNAスクリーニングの結果だけでなく，遺伝子発現や変異などとともに相互比較できるようになっている．

なお，"DepMap"で利用可能なデータベースには，"DepMap"のオリジナルデータだけでなく，Novartisの"DRIVE"データや乳がん細胞株に特化したshRNAスクリーニングのデータも統合されており[36]，それらを使った相互の比較解析をすることができる．またshRNAスクリーニングに加え，ゲノムワイドなCRISPR/Cas9による遺伝子編集技術を用いたがんの遺伝子依存性データや薬剤感受性データも収載されている．CRISPR/Cas9はAvanaライブラリーを使った436細胞株に関する解析[37]と，"Project Achilles"によるGeCKOライブラリーを使った33細胞株の解析[38]が利用可能である．薬剤感受性データは，ウェルカムサンガー研究所が取得した700超のがん細胞株に対する薬剤感受性データを相互に利用している[39]．さらにゲノム背景データとして，これまでに収集されたCCLEに

79

■ 6章　がん細胞パネルを用いた標的探索と創薬 ■

図6.4　DepMapのData Explorerを利用したがん細胞株の遺伝子依存性とオミックスデータと相関分析
①ToolsからData Explorerを選ぶとクエリーボックスが現れる．②X軸にGene >UBC>RNAi (Broad)を選択する．③Showのassociationを選択すると，②で選んだRNAiスクリーニングによる*UBC*遺伝子依存性と相関が高い上位100位までの遺伝子情報（コピーナンバー，発現量，変異，RNAiスクリーニングによる遺伝子依存性など）が④の表に表示される．トップは*UBB*の発現（Expression Public 19Q2）で，その行をクリックすると自動的に⑤のY軸に*UBB*の発現レベルが選択され，⑥の散布図上に細胞株がプロットされる．⑦の破線で囲まれる細胞集団はすべて*UBB*の発現がきわめて低く，いずれも*UBC*遺伝子への依存性が高いことがわかる．（https://depmap.org/portal/interactive/）

含まれる遺伝子発現，コピーナンバー，融合遺伝子・転座，メチル化，RPPAタンパク質データなどのゲノムデータ[31]も利用可能であり，RNAiまたはCRISPR/Cas9を用いたがんの機能ゲノミクスデータを相互に縦横無尽に比較することにより，がんの分子標的やそれを標的とした薬剤の同定，感受性予測因子の探索などにきわめて有用な解析プラットフォームを提供している．

6.10　おわりに

NCIおよびがん研究会で行われている細胞パネルスクリーニングと，ブロード研究所を中心に進んでいる1,000種類以上の大規模な細胞株パネルを使ったがんの遺伝背景と薬剤感受性，および最新の機能ゲノミクス技術を用いたがん依存性マップについて概説した．前者は比較的コンパクトな細胞パネルを用いて薬剤の抗がん効果や作用メカニズムを評価することが可能で，ハイスループットな薬剤スクリーニングに適したプラットフォームであり，実際の抗がん薬スクリーニング系として役立てられてきた．一方後者は，多数のがん細胞株があるため薬剤スクリーニングには不適であるが，特定の分子標的薬が奏効する比較的低頻度なゲノム異常を含むがんのバイオマーカー探索に適したプラットフォームといえる．またshRNAおよびCRISPR/Cas9技術を用いたがんの機能ゲノミクスデータが加わり，NGS解析

■ 6.10 おわりに ■

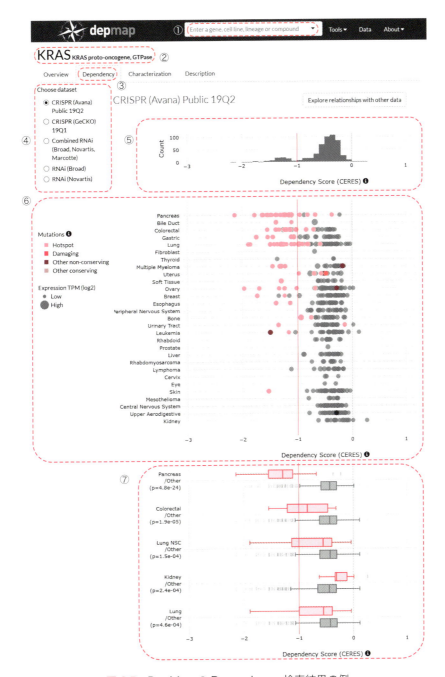

図 6.5　DepMap の Dependency 検索結果の例
① DepMap のクエリに依存性を調べたい遺伝子名(HUGO name)を記入し，当該遺伝子を選択すると，最初にオーバービューが表示される．ここでは KRAS 遺伝子を入力した結果を示す（②）．③の Dependency タブをクリックすると，④で表示される複数の CRISPR と RNAi のデータセットが選択できる．たとえば CRISPR（Avana）のデータセットを選択すると，各細胞株のスコアのヒストグラムが⑤に表示される．Dependency Score が小さいほどその細胞株が KRAS 遺伝子への依存性が高いことを示す．⑥では各がん細胞株の Dependency Score が由来臓器ごとにプロットされる．膵臓がんや大腸がんで，ピンクで示されるホットスポット変異をもつ細胞株が多く，それらは KRAS 遺伝子への依存性が高いことがわかる．⑦では臓器ごとの KRAS 遺伝子依存性の違いを示す．膵臓がんと大腸がんが，とくに KRAS 遺伝子への依存性が高いことがわかる．(https://depmap.org/portal/)

81

で見いだした遺伝子異常が真にがん細胞の増殖・生存に関与しているのか，その遺伝子産物が創薬標的として有望であるかといった，膨大なゲノムデータを使った解析が，バイオインフォマティクスの専門家でなくともウェブ上で公開されている解析ツールで手軽に実行することができるようになった．最終的なPOC（Proof of concept）の取得にはバリデーション実験が必要となるが，このような公的データベース・解析ツールは，新たながんの創薬標的の探索研究を行おうとする研究者にとって有用なものであり，研究の飛躍的な進展が期待される．

文　献

1) Hanahan D. & Weinberg R. A., *Cell,* **100**, 57 (2000).
2) Hanahan D. & Weinberg R.A., *Cell,* **144**, 646 (2011).
3) Chabner B. A., *J. Natl. Cancer Inst.,* **108**, djv388 (2016).
4) Shoemaker R. H., *Nat Rev Cancer,* **6**, 813 (2006).
5) Yamori T. *et al., Cancer Res.,* **59**, 4042 (1999).
6) 矢守隆夫, 蛋白質　核酸　酵素, **52**, 1690 (2007).
7) Bai R. L., *et al. J. Biol. Chem.,* **266**, 15882 (1991).
8) Adams J. *et al., Cancer Res.,* **59**, 2615 (1999).
9) Beck D. E. *et al., J. Med. Chem.,* **58**, 3997 (2015).
10) Naasani I. et al., *Cancer Res.,* **59**, 4004 (1999).
11) Yaguchi S. *et al., J. Natl. Cancer Inst.,* **98**, 545, (2006).
12) Namatame N. et al., *Oncotarget,* **9**, 35141 (2018).
13) Mizui Y. et al., *J. Antibiot. (Tokyo),* **57**, 188 (2004).
14) Kotake Y. *et al., Nat Chem Biol.,* **3**, 570 (2007).
15) Hong D. S. *et al., Invest. New Drugs,* **32**, 436 (2014).
16) Watari K. *et al., Int. J. Cancer,* **131**, 310 (2012).
17) Ohashi Y. *et al., J. Biol. Chem.,* **287**, 3885 (2012).
18) Shiina I. *et al., J. Med. Chem.,* **56**, 150 (2013).
19) Ohashi Y. *et al., Cancer Res.,* **76**, 3895 (2016).
20) Ohashi Y. *et al., Oncotarget,* **9**, 1641 (2018).
21) Dan S. *et al., Cancer Res.,* **70**, 4982 (2010).
22) Katayama R. *et al., Cancer Res.,* **73**, 3087 (2013).
23) Weinstein J. N. *et al., Science,* **275**, 343 (1997).
24) Sharma S. V. et al., *Nat. Rev. Cancer,* **10**, 241 (2010).
25) Zoppoli G. *et al., Proc. Natl. Acad. Sci. U.S.A.,* **109**, 15030 (2012).
26) Sousa F. G. *et al., DNA Repair (Amst),* **28**, 107 (2015).
27) Murai J. *et al., Mol. Cell,* **69**, 371 (2018).
28) Shankavaram U. T. *et al., BMC Genomics,* **10**, 277 (2009).
29) Reinhold W. C. *et al., Cancer Res.,* **77**, 601 (2017).
30) Reinhold W. C. *et al., Cancer Res.,* **72**, 3499 (2012).
31) Reinhold W. C. *et al., Clin. Cancer Res.,* **21**, 3841 (2015).
32) McDermott U. *et al., Proc. Natl. Acad. Sci. U.S.A.,* **104**, 19936 (2007).
33) Barretina J. *et al., Nature,* **483**, 603 (2012).
34) Tsherniak A. *et al., Cell,* **170**, 564 (2017).
35) McDonald E. R. 3rd *et al., Cell,* **170**, 577 (2017).
36) Marcotte R. *et al., Cell,* **164**, 293 (2016).
37) Meyers R. M. *et al., Nat. Genet.,* **49**, 1779 (2017).
38) Aguirre A. J. *et al., Cancer Discov.,* **6**, 914 (2016).
39) Yang W. *et al., Nucleic Acids Res.,* **41**, D955 (2013).

Part II　がん創薬の基盤となる先端テクノロジー

chapter 7 オルガノイド・患者由来ゼノグラフト

> **Summary**
>
> 　ヒトのがん手術検体などから，培養皿上での2次元培養が可能ながん細胞株が多数樹立されてきた．がん細胞株は長期間の培養が可能で取り扱いも容易なため，有用な研究資源として，がんの分野にとどまらず生物学の多くの分野で利用されてきた．しかし近年，がんの創薬をめざす研究においては，がん細胞株の長期培養に伴うさまざまな問題点が指摘されるようになってきた．そこで，ヒト由来のがん細胞を従来の2次元培養以外の方法で維持するために，がん組織の免疫不全マウスへの移植によるゼノグラフト，さらにスフェロイドやオルガノイドなどによる3次元培養など，ほかの複数の手法が広く利用されるようになってきている．こうした手法は創薬研究における有用性から今後主流になっていくと期待されている．

7.1　はじめに

　通常，創薬のプロセスは，細胞株やマウスモデルを用いて行われた非臨床研究の結果から有望と考えられる治療標的分子や候補化合物に対してさらに研究を重ね，最終的にヒトを対象とした臨床試験へ進んでいく．ところが臨床段階まで来てから脱落するケースが非常に多く，新薬開発を進めるうえで大きな問題となっている．一方，アメリカの大手製薬会社が一流誌に掲載したがん関係の「画期的な成果」とされる研究について追試を行ったところ，まったく同一の手法で行っても結果が再現できた論文がわずか10〜20%だったことが発表され，大きなニュースとなった[1]．もちろん医学研究における再現性の低さは複合的な要因によるものではあるが，これは科学コミュニティーが真剣に向き合うべき重要な課題である．こうした臨床試験の失敗や低い再現性問題の原因の一つとして細胞株の利用が大きく影響していると考えられる．本章ではまずがん細胞株の問題点を整理し，次にそうした問題を克服するために急速に普及している患者由来細胞を利用するゼノグラフト（xenograft）や各種3次元培養法の特長とその創薬研究への応用について概説する．

7.2　がん細胞株に関連する問題点

7.2.1　低い細胞株樹立成功率

　ほとんどの研究者はがん細胞株の単なるエンドユーザーであることが多いため，その樹立について意識する機会は少ないだろう．しかし，そもそも細胞株の樹立成功率が低いために，研究者が限られた種類の細胞株の利用に頼らざるを得ず，細胞株の問題が大きくなっているともいえ，最初にこの問題について触れておきたい．細胞株はもともと患者由来のがん細胞である．これまで種々の多数の臨床検体から初代培養が試みられており，そこから樹立されている細胞株も多い（図7.1）．ただし，がんの種類にもよるが，その成功率はせいぜい20〜30%で，がんのなかでもごく一部

■ 7章　オルガノイド・患者由来ゼノグラフト ■

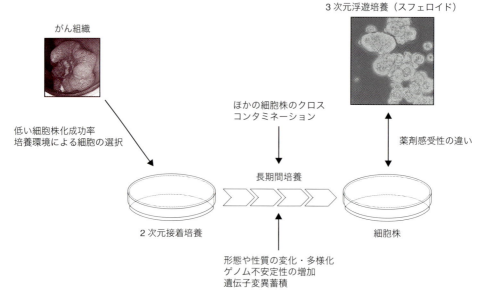

図 7.1　細胞株に関連する諸問題
細胞株は最初に樹立される過程にはさまざまな高いハードルがある．また樹立後に長期間の培養を経て異なる形質の集団に変化することも多い．そのためゼノグラフトでは一般的に未分化な傾向を示し，PDXと比較してもどこまでもとのがん組織の性質を保持できているかは不明である．

の症例の，一部のクローンのみが細胞株として樹立されているにとどまっている．

ここで「樹立」とは，一般的に培養環境下で無限の増殖能を獲得することである．通常の培養では種々の増殖因子を大量に含む胎仔牛血清(Fetal Bovine Serum, FBS) を添加するが，こうした過剰な増殖シグナルは正常細胞の一過性の増殖を促進するが，じきに細胞老化のプログラムが発動して $p16^{Ink4a}$ が誘導され，不可逆的な増殖停止に至る．がん細胞においても細胞老化の経路が機能的に残存している場合は同様に増殖が停止される．一方細胞株として樹立される細胞は，$p16^{Ink4a}$ をコードしている *CDKN2A* 遺伝子を欠損することにより細胞老化のプログラムが起動しない場合が多い．そのため臨床検体でみられるよりも高頻度に *CDKN2A* 遺伝子が欠失することになり，必ずしも原発巣で主要な変異でなくても培養環境に適した変異をもつ細胞が選択的に株化されている可能性に留意しておくことが必要である．

7.2.2　細胞株の同一性に対する疑念

同じクリーンベンチで細胞の操作を行うと，知らないうちに増殖能力の高い別の細胞が混入して最終的に完全に置き換わってしまうことがある（クロスコンタミネーション）．とくにアメリカで樹立された世界初のがん細胞株であるHeLa細胞はその高い増殖力のためクロスコンタミネーションを起こしやすく，その後樹立された細胞株の染色体やDNAを精査したところ，多くのものがHeLa細胞そのものだったことが明らかになり，大きな問題となった（HeLa細胞は冷戦時代の東欧の研究室においてもクロスコンタミネーションが確認されたことから，ベルリンの壁を越えて増えていけるほど増殖力が高いという「伝説」になっている）．本章執筆担当者である筆宝も以前，共同研究先で初代培養細胞から樹立されたばかりの胃がん細胞株に対して一塩基多型（Single Nucleotide Polymorphism, SNP）検出用のSNPアレイによりゲノムコピー数変化を解析し

ている際に，女性患者由来の検体にY染色体を検出したり，正常部とがん部のペアが別人と判定されたりすることが頻発し，その都度驚愕した経験がある．いずれもがん細胞株の樹立が非常に困難であるために，たまたま同時期に同じ研究室で培養されていた増殖能力の高い細胞がクロスコンタミネーションしていたと考えられる．

そもそも違う細胞に置き換わっているのだから結果に再現性がないのは当然であり，細胞株の同一性に関してはとくに慎重な確認が必要であるといえる．近年ではPCRなどの簡便な手法が確立され[2]，大手の細胞バンクは正しい細胞であることを認証したうえで配布するようになっている．また多くの学術雑誌が有名細胞株の同一性に関して厳密性を求めるようになってきており，本件に関しては以前と比較して状況は大きく改善していると考えられる．

7.2.3 継代に伴う細胞株の性質の変遷および多様化

DNAの検査により同一の細胞株と判定されても，実際は長期間培養を経る過程でその性質が当初の性質とは大きく変化していることがしばしばある．そのため同じ名前の細胞株であったとしても，維持された研究室ごとに形態や生物学的性質など，多様性が生じている可能性がある．つまり，同じ細胞株由来ではあるが，実験結果が研究室によって異なるということが十分起こりうる．また同じ研究室内でも，継代によってゲノムおよびエピゲノム上の変化が蓄積していき，初代培養時と比較して大きく性質が異なっている可能性があることにも注意が必要である．加えて，汎用されて

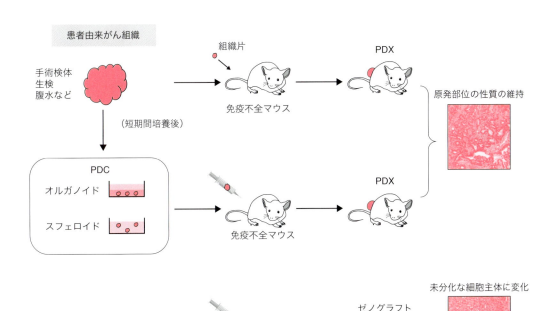

図7.2 PDXと細胞株ゼノグラフトの比較
患者由来がん組織から直接免疫不全マウスに組織片を移植して作製するPDXがもとの腫瘍の性質を保持しているのに対し，がん細胞株を移植したゼノグラフトは未分化がんの傾向を示すことが多く，もはや腺がん由来でも腺管形成を示さない．最近はPDCを移植することでPDXを作製するケースも増えてきた．

いる細胞株は長期間の選択を受けている場合が多く，たとえばヒト大腸腺がん由来の細胞株であったとしても，免疫不全マウスに移植してゼノグラフトにすると，もはやその腺管形成能は失われ，未分化または肉腫様の組織像を呈することが多い（図7.2）．この場合，その細胞株を大腸がんのモデルとして利用することがどこまで正当化されるのかは不明である．したがって細胞株では，原発巣のがんが示していたはずの性質がかなり変質している可能性を常に念頭に置く必要がある．

7.2.4 個人差と背景変異に基づく細胞株ゲノムの多様性

がん遺伝子 *KRAS* の変異型と野生型の2種類の細胞株があり，薬剤応答性などで両者に差がみられた場合，その原因を単純に *KRAS* 変異の有無に帰することが可能だろうか．これは最近でも論文などでよくみかける状況だが，そもそもその他のゲノム情報に関する情報がないことが多いので，実際はほぼ不可能と考えたほうがよい．また仮にゲノム情報があったとしても，両者で差があるのが *KRAS* のみという状況は現実的にはきわめて考えにくい．これは，ヒトのがんが長い年月をかけて種々の変異が蓄積していることが多いうえ，長期間の培養によりさらに多様性が増大している可能性が高いからである．さらに由来患者ごとの遺伝子多型も少なくない．したがって，しばしば行われてきたこうした雑な議論は，今後は姿を消すことは間違いないと考えられる．もちろん特定の遺伝子異常に焦点を合わせた研究を行いたいときには，別途当該細胞株に対してゲノム編集によるノックアウトや RNAi によるノックダウンを用いることで解析が可能だが，あくまで背景の変異や多型の存在下でのフェノタイプを観測していることに注意が必要である．

7.2.5 接着培養条件下と生体内での細胞株の薬剤感受性乖離

2次元接着培養時の細胞株に有効な薬剤を実際の患者に投与してもほとんど効果が得られないということは，臨床試験ではしばしば起きる．すなわち2次元接着培養には薬剤感受性を高めに見積るリスクがあるということになる．これに対して細胞の置かれている状態を変えることで，より生体内に近い状況でのアッセイが試みられている．一つは免疫不全マウス皮下あるいは同所への移植によりゼノグラフトを作製することである．間質や炎症細胞，血管などの上皮細胞以外の成分が共存することで，生体内の環境を模倣しているとされる．もう一つは浮遊培養によるスフェロイド形成である．低接着プレートに無血清または低血清の培地で細胞株を培養することで，より幹細胞に近い性質の細胞が選択的に増殖できるとされる．幹細胞の性質の一つに抗がん薬に対する抵抗性があるが，そのメカニズムの一つとして抗がん薬を細胞外に汲み出すP糖タンパク質のような分子の発現の上昇が挙げられる[3]．いずれの場合も2次元接着培養と比較して薬剤感受性が低くなる傾向にあり，生体内での感受性をより正確に反映していると考えられている．

ただし，一般的に未分化がんに近いとされるがん細胞株で得られた結果を，もとの臓器の性質をより強く残している実際のがんに外挿することが，どの程度正当化されるかは不明である．そのため，たとえば大腸がん細胞株のゼノグラフトあるいはスフェロイド（spheroid）である薬剤が有効であったとしても，臨床試験では高分化型大腸がんでの効果が低くなることは大いにあり得る．

7.3 患者由来組織ゼノグラフト(PDX)

7.3.1 PDX とは

前述のように，患者由来のがん組織から細胞株

を樹立することは成功率が低いうえ，長期培養後の細胞株のゼノグラフトを用いたアッセイの信頼性も限定的である．そこでヌードマウスなどの免疫不全動物の皮下や同所に患者の腫瘍組織片を直接埋め込んで腫瘍形成を行う，患者由来組織ゼノグラフト（Patient-derived xenografts，PDX）による薬剤感受性アッセイが近年増加している[4]．これはT細胞による細胞性免疫が欠損している免疫不動物では，本来なら異物であるヒト由来のがん組織に対して拒絶反応を起こさないことを利用したものである．培養を経ないため in vitro の人工的な環境における選択バイアスが排除可能であり，また患者由来の間質細胞も含めて再構成されることから，より生体内に近い環境でがん細胞が維持可能である．

腫瘍の生着率を高めるために，B細胞による液性免疫やNK細胞なども欠損しているSCIDマウスやNOGマウスなど，より程度の強い免疫不全動物を用いることで生着率を高める工夫もなされている．しかし現状では，PDXとしてのがん組織の生着率は20〜30％程度と低く，技術的な課題となっている．こうした重症免疫不全マウスを使用すると感染症のリスクが上がるため，より高い清潔度管理が求められる．またPDX担がん動物個体は複数のブリーダーから供給されているが，高額かつ継代や培養に制限があるため，全体にコストが高くつくのが欠点といえる．なお，従来はおもにマウスが使用されてきたが，近年ではゲノム編集技術を用いてより大型動物であるラットでも免疫不全動物が作製されており[5]，商業レベルで供給が開始すれば利用の増加が見込まれる．

7.3.2 PDXの利点

PDXの作製には特殊な技術などは不要で，手術などで得られたがん組織片を丸ごと皮下に埋め込んで腫瘍形成を待つだけなので，比較的簡便な手法といえる．1か月程度で腫瘍が成長することもあれば，半年後になってはじめて急速に成長することもある．得られた皮下腫瘍から再び組織片を別のマウスに植え継ぐことで，PDXとして長期間維持可能な場合もある．長期間培養された細胞株とは異なり，原発巣の腫瘍とほぼ同様の組織像が通常維持される（図7.2）．

肺がんや大腸がんなどの頻度が高いがんとは異なり，希少がんは細胞株の入手が困難なため，PDXの活用がとくに期待されている．実際，国立がん研究センターではほかの欧米のPDXプロジェクトとの差別化を図る意味で，あえて希少がんに的を絞ってPDXを系統的に作製するプロジェクトが進められている．また最近では，創薬以外にも個別化医療の観点から，患者への治療に先立ってPDXで種々の薬剤の効果をあらかじめ調べることで，患者ごとに最適な治療法を選択する際の一助にする方向へ研究が進んでいる．

7.3.3 ヒト化免疫不全マウスを用いたPDX

最近，外科手術，放射線治療，抗がん薬に続く第四の治療法として免疫チェックポイント阻害薬が大きな注目を集めている．がん細胞そのものを標的にするのではなく，あくまで免疫系の細胞とがん細胞の相互作用が作用点となっている点が従来の抗がん薬と大きく異なる．従来のPDXモデルでは免疫不全のマウスに残存している程度の免疫系の存在下での腫瘍形成のため，免疫チェックポイント阻害薬の効果をみることは原理的に不可能だった．また当然のことながら，ヒトにがん細胞を接種することは倫理的に許されない．しかし，最近複数のブリーダーから供給されるようになってきた重度の免疫不全マウスにヒトの造血系を移植して免疫系を再構成されたヒト化免疫不全マウスは，非常に高額ではあるものの，これを利用することで免疫チェックポイント阻害薬の候補物質の評価や作用機序の解明，通常の抗がん薬と併用

■ 7章　オルガノイド・患者由来ゼノグラフ ■

した際の反応など，幅広い項目について詳細な解析が可能になると期待される[6]．

また免疫チェックポイント阻害薬は高額な薬剤にもかかわらず，効果の期待される患者を絞り込むバイオマーカーが開発されていないことから，実際に投与しないと有効性がわからないことが問題となっている．こうしたアプローチで効果の期待できる患者を絞り込むことが一般的になれば，医療経済学的にも大きなメリットが出てくると期待される．

7.4 スフェロイド培養

7.4.1 スフェロイドとは

スフェロイドと後述するオルガノイド（organoid）はいずれも3次元培養の一種であり，近年患者検体への応用が急速に進んでいる（図7.3）．スフェロイドはスフェア（sphere）とも呼ばれるが，いずれも球体という意味で，文字通り球状で充実性の細胞凝集塊である．スフェロイドは通常，特殊なコーティングにより細胞接着能を低下させたプレートを用いて，幹細胞用培養液中に浮遊状態で細胞を培養することにより形成させる．通常血清不含有培地が用いられるが，これは血清存在下では分化が促進されるために幹細胞性が低下してスフェロイドが形成されにくくなるためである．神経など一部の正常幹細胞に関しては1細胞からのスフェロイド培養が可能であり，それを利用して1細胞から自己複製と分化誘導の両方を繰り返してスフェロイドを形成する能力をもつ幹細胞の存在を証明できる．一方，腸管などは幹細胞が存在していても1細胞からではスフェロイドを形成しない．スフェロイドが形成される場合にはその大きさや個数を指標として幹細胞性の

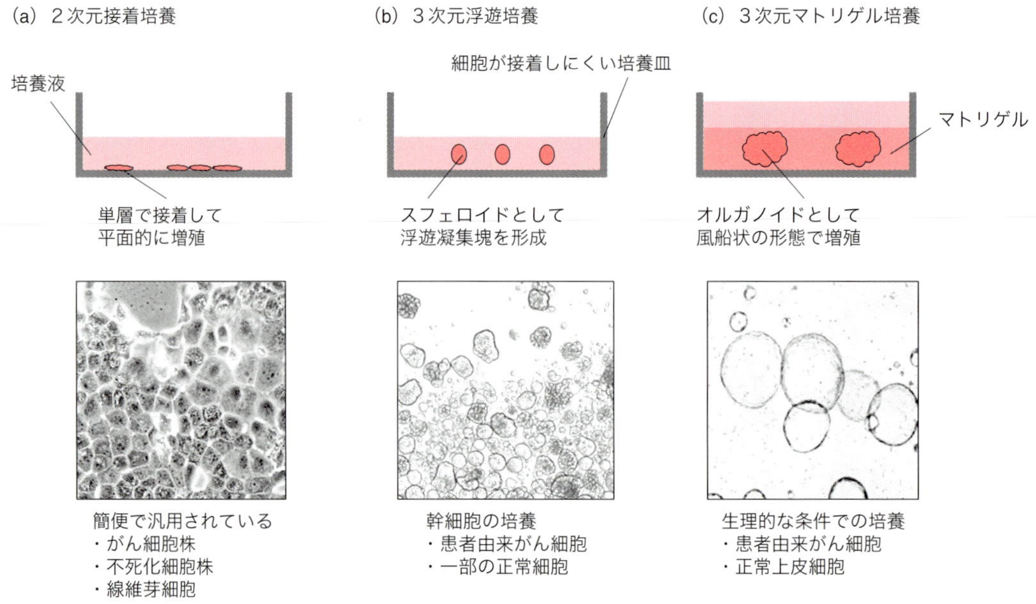

(a) 2次元接着培養　　　(b) 3次元浮遊培養　　　(c) 3次元マトリゲル培養

培養液／細胞が接着しにくい培養皿／マトリゲル

単層で接着して平面的に増殖　　スフェロイドとして浮遊凝集塊を形成　　オルガノイドとして風船状の形態で増殖

簡便で汎用されている
・がん細胞株
・不死化細胞株
・線維芽細胞

幹細胞の培養
・患者由来がん細胞
・一部の正常細胞

生理的な条件での培養
・患者由来がん細胞
・正常上皮細胞

図 7.3　2次元培養と3次元培養の比較
がん細胞株に対しては通常の2次元平面培養（左）が汎用されているが，最近ではよりヒト検体に近い状態での評価が重要視されるようになってきている．しかしがんの初代培養細胞は接着培養が困難な場合も多く，代わりに3次元培養が多用されるようになってきている．浮遊培養ではスフェロイド（中央），接着培養ではマトリゲルに埋め込まれたオルガノイド（右）としてがん細胞が維持される．

評価が行われるが，とくにがん細胞の場合にはこれらが造腫瘍性の強さにも関連するとされている．

7.4.2 患者由来がん細胞（Patient-derived Cells, PDC）のスフェロイド培養

がんのスフェロイド培養の際，必ずしも1細胞からスタートしてスフェロイドを形成させる必要はなく，神経幹細胞の場合ほど厳密な培養条件は求められないようである．分散により得られた数百個/ウェル程度の細胞集団が凝集または増殖することにより形成した細胞塊もスフェロイドと呼ばれている．従来，腹水や胸水などのサンプル中に浮遊している充実性の細胞凝集塊をそのままスフェロイドとして培養することが多かったが，腹水由来卵巣がんでも成功率は20％程度であり[7]，手術検体の場合は全般的に成功率が低く問題となっていた．

そこでCancer Tissue-Originated Spheroid法（CTOS法）と呼ばれる手法が開発され，現在は大腸がんではほぼ100％のスフェロイド形成率を達成している[8]．上皮由来のがんのスフェロイド形成が困難であった理由として，物理的あるいは酵素的に臨床検体中のがん細胞を1細胞レベルまで分散させてしまうと正常細胞と同様に細胞死が誘導されやすいことがあった．すなわち長期間培養後の細胞株とは異なり，もともとの上皮細胞の性質を残していると考えられた．そこでCTOS法では，あえて1細胞にせずに100 μm程度の細胞塊から初代培養を開始することで，その後の自発的なスフェロイド形成の効率を飛躍的に高めることに成功した．当然のことながら，初代培養細胞がスフェアを形成しても細胞が死なないというだけで，必ずしもそのまま成長を続けて継代し続けることが可能とは限らない．それでも初代培養の細胞として細胞毒性の強い抗がん薬に対する薬剤感受性の評価には十分利用可能である．ある程度大きくなった場合は，その段階で再び剪断したり，マイルドに酵素処理したりすることで小さいスフェロイドとして継代するか，ゼノグラフトとして細胞数を増やしてから再びスフェロイドとして浮遊培養を行って維持することが多い．

7.5 オルガノイド培養

7.5.1 オルガノイドとは

原義を日本語で表現すると臓器様の構造体という意味である．もともとは，幹細胞がマトリゲルという基質中で自己複製と分化を維持することで，正常な臓器のホメオスタシスを in vitro で維持している状態を指している．最初にマウス小腸細胞を用いた上皮細胞のみの培養が可能であることが報告され[9]，以後爆発的にさまざまな分野へと普及している．基本的な考え方としては，幹細胞周辺の環境を再構成することで上皮細胞のみでの長期培養を可能にするというものである．具体的には，幹細胞周囲に豊富な細胞外基質であるラミニンを主成分とするマトリゲル中に細胞を埋め込み，Wnt 経路の亢進と BMP 経路の抑制という幹細胞周囲のシグナル経路の特徴を再現するように培地中に因子を添加する．これにより半永久的な正常上皮細胞の増殖が可能になる．マトリゲルの非存在下では正常腸管上皮は培養皿に接着も増殖もせずに，短期間で死滅してしまう．またマトリゲル上に腸管上皮細胞を播種すると，分化した細胞は接着できずに死滅する一方で，未分化な細胞はマトリゲルへの親和性がきわめて高いことが観察される．そのため，表面マーカーによるソーティングなどを行わなくても，幹細胞を含む分画を簡便に濃縮することが可能である．

オルガノイド培養は基本的には血清を含まない培地で行われるが，最近では添加する因子がきわめて高額なことを嫌って，当該遺伝子を組み込んだ細胞の培養を血清存在下で行い，上清に分泌させたうえでコンディションドメディウムとして培

■ 7章　オルガノイド・患者由来ゼノグラフト ■

養に用いる場合も増えてきている．現在では小腸だけでなくさまざまな臓器への応用が報告され，マウスであればほぼすべての臓器で培養が可能である．ヒトの正常細胞に対しても適用例が増えているが，マウスに比べると成功率は低いようである．不死化などの人工的な操作を経ずに，正常細胞の長期培養が生理的な状態で行えることがこの手法の最大の利点である．

7.5.2 患者由来がん細胞（PDC）のオルガノイド培養

がんは正常臓器とは異なるため，オルガノイドという言葉をそのまま当てはめてよいかという議論もあるが，がんの臨床検体のマトリゲル培養は慣習的にがんオルガノイドと呼ばれることが多い．マウス検体とは異なり，ヒト検体の場合にはがんであっても全例で培養が可能なわけではなく，症例ごとに培地の組成を含めた培養条件の最適化が必要である（図7.4）．ちなみに，自験例ではスフェロイド培養の成功率が低い婦人科腫瘍に関してはオルガノイド培養のほうが高い成功率を得ている印象があり，今後オルガノイド培養が主流になる可能性が高いと予想している．

正常臓器由来でもがん由来でも，オルガノイドは内腔をもつ嚢胞様の構造体を呈する場合が多く，その際の極性は外側が基底膜側，内側が管腔側に

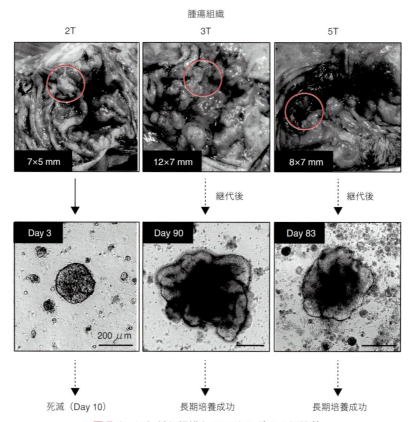

図7.4　ヒトがん組織からのオルガノイド培養

オルガノイド培養の実際例．切除後の大腸がん組織から赤色の丸で囲んだ部位を採取し，培養を行った．当初生細胞が存在していても，活発に増殖しないまま死滅する場合（2T）もあるが，大腸がんの場合は9割以上の症例で継代や長期培養が可能であった（3T，5T）．

オルガノイドは複雑な管状構造を呈し，中央部の黒くみえる部分は正常な腸管と同様に，脱落して死滅した細胞が集積している状態に対応する．

なっている．たとえば腸由来の細胞であれば，幹細胞は外側に突出したかたちに位置しており，内腔には分化した細胞が順次脱落して蓄積していく．一方スフェロイドの場合には，内腔は存在せず，細胞極性も内側が基底膜側，外側が管腔側と逆転している．興味深いことに，一部のがんオルガノイドのなかにはスフェロイドと同様に充実性のものや篩状の構造を呈するものが存在する．どのような遺伝子異常がこうした構造の違いを生むのか，あるいは細胞極性と薬剤感受性がどのように関連するかなど，依然として不明な点は多く，今後の検討課題といえよう．

またスフェロイド同様に，手術検体だけでなく生検や腹水などの多様なサンプルからのオルガノイド培養が試みられている．筆宝のグループではこれまで廃棄されていた感染胆汁や粘稠度の高い膵液からも，検体の処理方法を工夫することでオルガノイド培養が可能であることを見いだし，手術不能な進行がん患者からの非侵襲的なサンプリングとしての有用性の検討を進めている．また，培養ができた症例に関しては，薬剤の感受性をオルガノイドの状態で評価することがかなり一般的に行われるようになってきている[10]．短期間の培養で得られたオルガノイドを免疫不全マウスに移植し，ゼノグラフトとして薬剤の効果を評価することも可能である（図7.5）．薬剤抵抗性の傾向が強い膵がんなどでは間質の多さがその原因とも考えられている．膵がんオルガノイドと間質細胞との共培養を行い，*in vitro* の環境で生体内の状況を再現したうえで評価したところ，オルガノイド単独よりも薬剤耐性が強まったという報告もあり，注目されている．

7.6 Liquid-air interface 共培養

Liquid-air interface 共培養は3次元培養の一

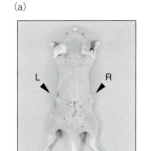
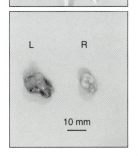
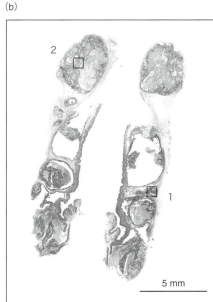
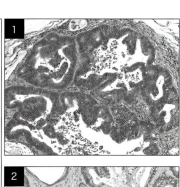
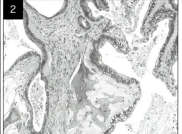

図 7.5　がんオルガノイドを用いたゼノグラフト作製
(a) 切除後の大腸がん組織から数週間マトリゲル培養を行い増殖させたオルガノイドをヌードマウスの左右の皮下に移植して腫瘍を作製した（上段）．充実性で多房性の固形腫瘍が得られた（下段）．(b) 左側の腫瘍を固定後，薄切してヘマトキシリン・エオジン（H&E）染色を行ったところ，内部に嚢胞成分が含まれることが明らかとなった．1と2を右に拡大して示しているが，部位により異型度が異なる多彩な組織像を示していることがわかる．

種で，上皮と間質を含む組織片を用いたある種の臓器培養である[11]．カルチャーインサート内でコラーゲンゲル内に組織片を埋め込み，上側は空気，下側は血清入りの培地で接するようにする．ゲル内の組織片は増殖因子および酸素の密度勾配から上下方向を正しく認識し，極性を維持したまま上皮と間質から成る組織を再構築し，また細胞の分化も維持される．生理的な条件での機能解析には有用だが，継代も煩雑なためハイスループットな薬剤感受性アッセイには不向きである．

7.7 マウス細胞由来がん細胞

7.7.1 マウスモデル由来

遺伝子改変マウスや化学発がんにより発症した腫瘍の細胞株化やオルガノイド培養も可能である．ただし細胞株に関連する問題点は前述の通りで，ヒト細胞株と事情は同じである．オルガノイドとして培養する場合でも，もとの腫瘍形成に長期間要している場合には，導入された変異以外の遺伝子の異常が必要な場合もあることに注意する．したがって，わざわざマウスのがん細胞株を創薬研究に利用するメリットはあまり大きくない．

7.7.2 発がん再構成モデル由来オルガノイド

最後に，筆宝のグループが現在開発を進めている新規発がんモデルを紹介したい（図7.6）．従来正常細胞からの発がん過程は個体レベルでしか再現できないと考えられていたが，オルガノイド培養の登場により腸管細胞の生理的なホメオスタシ

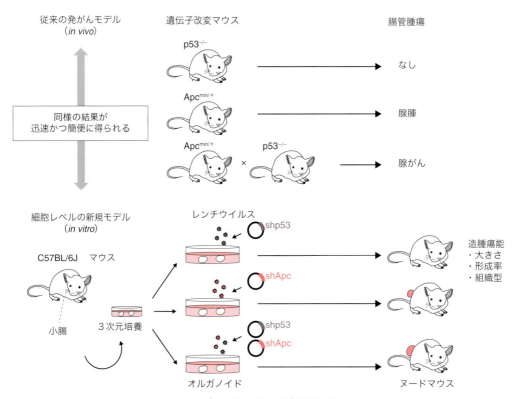

図7.6　オルガノイドを用いた新規発がんモデル
マウスオルガノイドへの遺伝子導入による新規発がんモデルの概略を示す模式図．従来の遺伝子改変マウスモデル（上段）と比較してオルガノイドの発がんモデル（下段）は簡便かつ短期間に腫瘍誘導が可能でありながら，マウスモデルと同様の結果が得られる．発がん性に関してはマウスモデルでは発症率，大きさ，数を指標にしているが，オルガノイドでは発症率，大きさ，組織像を指標として評価する．

スが in vitro で再現可能となったことから，がん化の過程も同様に in vitro で再現可能なのではないかと考え，実際に証明した．がん抑制遺伝子 APC は大腸がんのおよそ80％以上の症例で変異により不活性化しており，多段階発がんの最初の変化と考えられている．また，その不活性化によりマウス腸管に多数のポリープが生じることがわかっている．そこでレンチウイルスを用いて Apc に対する shRNA を腸管オルガノイドに導入してノックダウンし，ヌードマウスの皮下に移植したところ，短期間で腫瘍形成がみられた[12]．ほかの代表的ながん関連遺伝子異常も追加で導入したところ，がん化の進展はみられたが，Apc が正常の細胞に同様のことを行ってもまったく変化がみられなかった．これらの結果は基本的に過去の遺伝子改変マウスモデルで得られた結果と同様であることから，従来のモデルを補完または代替する新規モデルと考えられ，現在腸管以外の細胞への展開を進めている．

本実験系に関しては，基本的に C57BL/6J マウス系統で3～5週齢程度の若いマウスの細胞を用いており背景のゲノムおよびエピゲノムが均一でほとんど異常がないこと，発がんまでの期間が短いため導入した遺伝子異常が直接反映されていることなどがおもな特長である．このようにして作製された，いわばカスタム細胞株は，まったく同じ細胞に異なる遺伝子を導入するため，相互の比較が容易である．また同じ遺伝子異常をもつがん細胞を多数作製して非臨床試験や治療標的の探索に利用することも簡単に行える．実際，筆宝の研究室でも以前，細胞株以外の評価系の可能性を模索していた製薬企業と本モデルを用いて共同研究を行っていた．

本手法はヒトの腸管細胞を用いても同様の結果が得られているが，ヒトの場合は仮に正常細胞であっても長期間にわたり多数の遺伝子異常を蓄積している可能性が高く，得られた腫瘍細胞には導入した以上の遺伝子異常が潜んでいる可能性が高いことに注意が必要である．さらにヒトではゲノムの個人差が大きいこともあり，得られた腫瘍細胞は評価系としての利用価値はあるものの，治療標的の探索という観点では慎重な解釈が必要となるかもしれない．

7.8 おわりに

創薬研究における標的分子の探索や評価系として，従来はがん細胞株の二次元培養やゼノグラフトが主流だったが，患者の検体を直接使用する PDX や3次元培養（スフェロイド，オルガノイド）の利用がアカデミアおよび製薬業界の両方で急速に拡大している．また遺伝子異常をオルガノイドで再構成することで作製されるカスタムがん細胞も，創薬研究における有用性が期待されている．本章が創薬研究の目的に応じて適切な実験系を選択する一助になれば幸いである．

文　献

1) Begley C.G. & Ellis L.M., *Nature.*, **483**, 531 (2012).
2) Yu M. et al., *Nature.*, **520**, 307 (2015).
3) Thiebaut F. et al., *Proc. Natl. Acad. Sci. U.S.A.*, **84**, 7735 (1987).
4) Williams J.A., *J. Clin. Med.*, **7**, E41 (2018).
5) Mashimo T. et al., *Cell Reports*, **2**, 685 (2012).
6) Jespersen H. et al., *Nat. Commun.*, **8**, 707 (2017).
7) Ishiguro T. et al., *Cancer Research*, **76**, 150 (2016).
8) Kondo J. et al., *Proc. Natl. Acad. Sci. U.S.A.*, **108**, 6235 (2011).
9) Sato T. et al., *Nature.* **459**, 262 (2009).
10) Pauli C. et al., *Cancer Discovery*, **7**, 462 (2017).
11) Ootani A. et al., *Nat. Med.*, **15**, 701 (2009).
12) Onuma K. et al., *Proc. Natl. Acad. Sci. U.S.A.*, **110**, 11127 (2013).

Part II　がん創薬の基盤となる先端テクノロジー

がん創薬のための動物モデル

> **Summary**
>
> 分子生物学と発生工学の進展により，特定の遺伝子の欠損あるいは変異を導入したマウスモデルが開発されるようになり，株化がん細胞を移植した担がんモデルに替わって，がん研究の中心的役割を果たしてきた．とくに初期の発がん過程を再現したモデルを使った微小環境の解明は，COX-2 を標的とした大腸がんや胃がんの化学予防研究に用いられた．一方でオルガノイド培養技術やゲノム編集技術の確立により，ヒトの正常幹細胞から人工的にがん細胞を作製することが可能となり，これを移植した大腸がん悪性化モデルが開発されるようになった．またがん組織における免疫研究の重要性が再認識され，マウスの細胞あるいは個体でヒトと同様の分子機構により悪性化がん細胞を作製し，マウスに移植するモデルも開発され，これらを用いた基礎研究によるがんの本態解明と新規薬物の評価による革新的な治療方法の開発が期待される．

8.1　はじめに

がんは「遺伝子の病気」と呼ばれるように，遺伝子変異の蓄積が発生や悪性化進展の直接的な原因と考えられ，「多段階発がん説」としての概念が確立している．近年のがんゲノム解析により，がんの発生や悪性化に関与するドライバー遺伝子が明らかにされ，いよいよがんの実態が理解される段階に入ってきた．一方で「がんは治癒しない外傷」とも呼ばれ，腫瘍組織における炎症反応などの生体応答の重要性が明らかにされている．がんの治療薬や予防薬の開発には，実際のヒトの体内に発生したがん細胞で，どのような遺伝子変異が導入され，どのような生体応答が誘導されているのかを理解し，それを再現したモデルを用いることが重要である．近年の発がん機構の理解と動物モデルの進化により，がん創薬研究に理想的な，ヒトの発がんおよび悪性化機構を再現したモデルが開発されつつある．本章では，大腸がんおよび胃がんモデルの開発研究に着目し，創薬研究を支えたマウスモデル研究や，最新のモデルの開発の状況などを解説する．

8.2　発がん初期過程を再現するマウスモデル

8.2.1　大腸がん自然発生モデルと予防薬研究

約 150 年前にドイツの病理学者 Rudolf Virchow はがん組織に白血球浸潤が伴うことを観察し，がんが炎症組織から発生する可能性を提唱した．その後の分子生物学の進展でがんは「遺伝子の病気」として考えられるようになり，発がんへの炎症反応の関与についての研究は停滞した．しかし，1991 年に Michael Thun らが疫学研究のなかで日常的にアスピリンを服用する集団で，大腸がんによる死亡率が非服用者に対して 40% も低下することを報告した[1]．アスピリンはシクロオキシゲナーゼ (cyclooxygenase, COX) の酵

素活性阻害薬であり，下流で生合成されるプロスタグランジン E_2（prostaglandin E_2, PGE_2）による炎症誘導反応を阻害する．この報告により，大腸がん発生に COX-2/PGE_2 経路により誘導される炎症性微小環境形成が関与すると考えられた．

この疫学研究に基づいて，世界中で非ステロイド抗炎症薬（non-steroidal anti-inflammatory drugs, NSAIDs）による発がん予防実験が動物モデルで実施されるようになった[2]．当時はまだ大腸がん発生ドライバー遺伝子変異が特定されておらず，化学発がん物質で誘発される腫瘍性病変の有無で NSAIDs の抗腫瘍効果が評価されていた．しかし 1991 年に APC 遺伝子が大腸がん発生の原因遺伝子として単離され，同時期に胚性幹細胞（embryonic stem cell, ES 細胞）を用いたジーンターゲティング法が開発されたことで，本章執筆担当者の大島らのグループも含め，世界中で APC を含むがん抑制遺伝子の変異導入マウ

スが開発された．$Apc^{\Delta716}$ マウスはヒトの良性腫瘍発生の原因となる APC 遺伝子変異を再現したマウスモデルで，実際にヒトの腸ポリープに類似した良性腫瘍を腸管に発生する[3]．$Apc^{\Delta716}$ マウスを用いた COX-2 選択的阻害薬投与実験および COX-2 をコードする Ptgs2 遺伝子欠損実験により，腫瘍細胞で APC 変異により Wnt シグナルが亢進しても，周囲の細胞における COX-2/PGE_2 経路による炎症性微小環境形成がなければ腫瘍は形成されないことを，遺伝学的に証明した（図 8.1）[4]．この研究成果は世界各国の製薬企業における大腸がん化学予防薬開発の論理的根拠となった．

一方で Apc 遺伝子変異マウスを用いた抗がん薬の薬効評価も多数行われたが，ほとんどの場合，期待される効果は得られなかった．良性腫瘍細胞は正常幹細胞に類似しており，微小環境に大きく依存しながら生存・増殖する点で悪性腫瘍細胞と

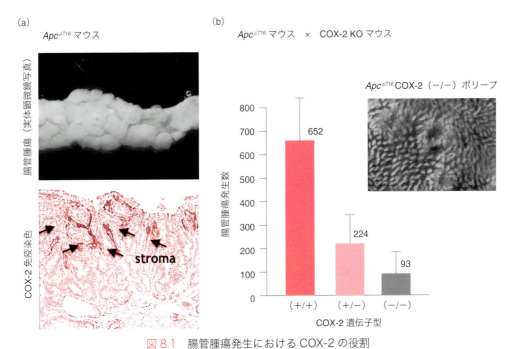

図 8.1 腸管腫瘍発生における COX-2 の役割
（a）$Apc^{\Delta716}$ マウスに発生するポリープ写真（上）および COX-2 免疫染色像（下）．COX-2 発現は間質（stroma）で誘導される．
（b）$Apc^{\Delta716}$ マウスにおける COX-2 遺伝子欠損によるポリープ数の減少（棒グラフは平均±標準偏差），および実体顕微鏡写真（強拡大）．

■ 8章　がん創薬のための動物モデル ■

は性質が大きく異なり，悪性腫瘍の治療効果を良性腫瘍モデルで検証することは適当ではなかったと考えられる．悪性腫瘍の創薬研究には悪性化進展を再現したマウスモデルの利用が重要である．

8.2.2 炎症をともなう胃がん発生マウスモデルと治療薬研究

胃がん発生にはヘリコバクター・ピロリ菌感染が密接にかかわっている．ピロリ菌感染に起因して発症する萎縮性胃炎組織では，腸上皮化生などの上皮細胞の分化異常が誘導され，それが胃がんの前がん病変と考えられている．すなわち，胃がんの発生はほかの臓器のがんよりも炎症反応への依存性が高く，胃がんの基礎および治療薬研究に

は感染に対する生体応答を再現したモデルの開発が重要である．

ピロリ菌が感染した胃粘膜組織でも COX-2 発現が誘導されており，PGE_2 産生レベルが上昇していることから，COX-2 と PGE 変換酵素の mPGES-1 を同時に胃粘膜で発現するマウス（K19-C2mE）を作製した（図 8.2）．その結果，COX-2/PGE_2 経路の活性化により粘液細胞化生を伴う慢性胃炎が発症し，ヘリコバクター感染とよく似た組織像がみられた[5]．一方で，ヒト胃がんのゲノム解析ではその多様性のために大腸がんのようなドライバー遺伝子変異の理解には至らなかったが，発現データを使ったパスウェイ解析により，幹細胞の生存に重要な Wnt シグナルと

(a) Wnt シグナル活性化　前がん病変発生
　　（K19-Wnt1 マウス）

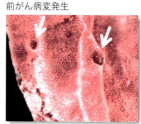
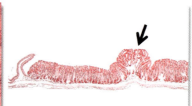

(b) COX-2 経路活性化　慢性胃炎発生
　　（K19-C2mE マウス）

(c) Wnt & COX-2　腺管型胃がん発生
　　双方の経路活性化
　　（Gan マウス）

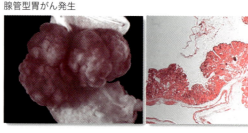

図 8.2　Wnt 活性化と炎症反応の相互作用による胃がん発生
(a) K19-Wnt1 マウスに発生する前がん病変写真（左：実体顕微鏡写真，右：H&E 染色）．(b) K19-C2mE マウス胃粘膜に発生する慢性炎症病変(H&E 染色)．(c) Gan マウスに発生する胃がん(左：肉眼病変写真，右：H&E 染色)．

COX-2 や NF-κB による炎症経路の双方が有意に活性化していることが明らかになった[6]．

そこで Wnt1 の発現により胃粘膜上皮で Wnt シグナルを活性化させたマウス(K19-Wnt1)を作製したが，小さな前がん病変が形成されただけで腫瘍形成はみられなかった．しかし K19-C2mE と K19-Wnt1 を交配して，炎症反応と Wnt シグナルの双方を同時に活性化したマウスモデル(Gan マウス)を作製すると，炎症を伴う腺管型の胃腫瘍が発生した(図 8.2)[7]．Gan マウスは炎症性微小環境の形成と Wnt 活性化の双方に依存した胃がんを発生するので，ピロリ菌感染を伴うヒトの胃がんの特徴を再現したモデルと位置づけられる．Gan マウスを用いた共同研究により，これまでにバリアント型 CD44 の発現による活性酸素（reactive oxygen species, ROS）シグナルの抑制機構や，Toll 様受容体（Toll-like receptor, TLR）の TLR2 を介した自然免疫反応誘導などが胃がん発生に関与することが明らかになった[8,9]．この基礎研究成果をもとにそれぞれの標的に対する薬物を用いた臨床研究が進められている．

8.3 新しいモデル開発に向けた革新的技術開発

8.3.1 トランスポゾンによるドライバー遺伝子検証と変異順の考察

大腸がんのゲノム解析により，大腸がんで高頻度に変異する遺伝子が明らかになり，*APC* のほか，*KRAS*，*TP53*，*SMAD4* などが悪性化進展に関与することが示された[10]．これらの分子の細胞内での機能は培養細胞実験から明らかにされてきたが，その変異の蓄積が実際に発がんを促進するのかは個体レベルでの検証実験が必要である．トランスポゾンとは細胞内のゲノム上を転移する塩基配列で，動く遺伝子とも呼ばれる．魚類に由来するトランスポゾンである Sleeping Beauty (SB) は，進化過程で機能が失われていたが，変異を導入していくことで活性を取り戻した経緯から命名された．SB トランスポザーゼという転移酵素により，1 細胞あたり約 300 個のトランスポゾン配列がゲノム上を転移することでランダムに遺伝子が破壊される．

たとえば *Apc* 変異マウスに SB トランスポゾンシステムを導入すると腸管腫瘍細胞ではランダムな遺伝子変異が導入されるが，悪性化が認められた場合，それを誘導した変異を検証することができる．さまざまなドライバー遺伝子変異マウスモデルに SB システムを導入すると，ヒトゲノム解析で高頻度に変異が見つかる遺伝子に変異が蓄積していることがわかり，それらの変異が積極的に悪性化誘導に関与することが検証された[11]．また低頻度に繰り返し変異が検出される遺伝子はあらたなドライバーである可能性が考えられる．さらに興味深いことには，*Apc*，*Kras*，*Smad4*，*p53* の遺伝子変異マウスに SB システムを導入すると，多段階発がんでの変異蓄積が予想される順番と同じ順番で，マウスは悪性化の腫瘍症状を呈した．これは上流のドライバー遺伝子から変異が導入される順番の重要性を示していると考えられ，生物学的意義の解明が待たれる．

8.3.2 オルガノイドとゲノム編集技術による発がん過程再現

マウスやヒトの腸管上皮幹細胞を，オルガノイドとしてマトリゲル中で培養する技術が開発された．また，同時期に CRISPR/Cas9 システムによるゲノム編集技術が確立し，それをオルガノイド培養に応用することで，ヒトの正常幹細胞に大腸がんドライバー遺伝子変異を蓄積させることが可能となり，直接的な発がん検証実験が行われた．すなわち，正常ヒト大腸幹細胞をオルガノイド培養し，*APC*，*TP53*，*SMAD4* 各遺伝子をゲ

ノム編集により欠損させ，さらに*KRAS*または*PIK3CA*の活性化変異を導入した細胞がつくられた[12]．*APC*, *KRAS*, *SMAD4*の変異はそれぞれ，Wntシグナル活性化，上皮成長因子受容体（epidermal growth factor receptor, EGFR）シグナル活性化，トランスフォーミング増殖因子-β（transforming growth factor-β, TGF-β）シグナル抑制を誘導するので，オルガノイド培養の培地からWntリガンド，EGFRリガンドおよびTGF-β抑制分子を除いていくことで，各遺伝子変異を蓄積した細胞が選択できる．このようにして構築した細胞を免疫不全マウスの皮下や腎臓皮膜下に移植すると腫瘍を形成することから，4〜5種類のドライバー遺伝子変異の蓄積により正常上皮細胞ががん化することが初めて実験的に証明された．

この研究で興味深いのは，ゲノム編集でドライバー遺伝子変異を4〜5種類導入したがん細胞を脾臓に移植しても肝転移巣はほとんど形成されなかったことである．一方で*APC*遺伝子変異が原因となって形成されるポリープを構成する腫瘍細胞に，*APC*以外の変異をゲノム編集で導入すると，こちらは転移能を示した．どちらも導入された遺伝子変異の組み合わせは同じと考えられるが，後者は長い時間をかけて生体内で形成された良性腫瘍であり，遺伝子変異以外のエピジェネティックなゲノム修飾を受けていると考えられる．実際にメチル化パターンに違いが認められていることから，がん細胞が転移能を獲得するためには遺伝子変異だけでは不十分と考えられる．これはヒトがんの転移再発再現モデル動物を開発するうえでも重要な知見である．

8.4 大腸がん悪性化進展マウスモデルの開発研究

8.4.1 大腸がんオルガノイド移植による悪性化再現モデル

(a) ヒト大腸がんオルガノイド移植モデル

オルガノイドとゲノム編集を駆使した大腸がんモデル開発が進められており，最近になって次つぎに新しいマウスモデルが報告されている．ここで作製された多くのモデルで，大腸がんで変異頻度の高い遺伝子である*APC*, *KRAS*, *SMAD4*（あるいは*TGFBR2*），*TP53*に変異が導入されており，本章ではそれぞれA, K, S（またはT），P（= p53のp）と表記する（多くの論文でこの記載方法が使われている）．*SMAD4*と*TGFBR2*の変異はともにTGF-β経路を遮断するので，変異の結果は類似すると考えられる．またとくに断りのない限り，*APC*, *SMAD4*, *TP53*は欠損型，*KRAS*は第12番コドンのミスセンス変異が導入されている．

ヒトの正常大腸上皮幹細胞にゲノム編集にて変異を導入したAKPSオルガノイド細胞を作製し免疫不全マウスの盲腸の粘膜下組織に移植すると，ヒト大腸がんと類似した間質増生を伴う異形成の強いがんが形成され，肝臓および肺に自然転移した[13]．一方でAKP, AKS, KPSなどの3重変異では十分な悪性化形質が認められなかった．したがってAKPSの4種類のドライバー遺伝子変異は，正常細胞ががん化して転移能獲得に至る組み合わせと考えられる．さらにこの技術の応用により，ヒト大腸がんから樹立したオルガノイド移植による大腸がんモデル作製が可能となった．すでにヨーロッパや日本で，大腸がん由来オルガノイドバイオバンクの作製が進められており，実際の大腸がんに近い大腸がんマウスモデルの開発が進んでいる[14,15]．このようなモデルは新規抗がん薬の評価に重要であるのはもちろんさらにゲノム

編集を実施することで，発がん機構の解明をめざした研究ツールとしても重要である．

(b) マウス大腸がんオルガノイド移植モデル

ヒトの細胞におけるがん化機構の研究にはヒト細胞を用いた実験が重要であり，そのためにヒトオルガノイドや患者由来組織ゼノグラフト（Patient-derived xenograft，PDX）が用いられている．一方でがん組織には免疫細胞が浸潤し，宿主側の免疫反応はがんの悪性化進展の促進や抑制に大きく影響する．そのため免疫正常マウスで作製したがんモデルの開発研究も同時に求められる．マウス腸管細胞に由来するAKP変異導入細胞を，デキストラン硫酸ナトリウム（dextran sodium sulfate, DSS）の投与により潰瘍性大腸炎を誘発したマウス結腸に移植したモデルでは，大腸粘膜に腫瘍が形成される[16]．AKP細胞の移植後6週で浸潤がんが発生し，20週で遠隔臓器への転移が確認され，個体内でadenoma-carcinoma-metastasisの過程を再現したモデルとして重要である．転移までに数か月の時間がかかるのは，AKP変異だけでは転移能獲得には不十分であり，新たな遺伝子変異やエピジェネティック修飾，あるいは微小環境の形成誘導などが必要で，それに時間を要するためと考えられている．大腸がんオルガノイドの同所移植として，盲腸粘膜下，DSS投与マウス粘膜以外に，内視鏡でみながらオルガノイドを直接大腸粘膜下組織に注入する実験系も報告された[17]．モデルによって転移効率も異なっており，移植方法は実験目的に応じた選択が重要と思われる．

8.4.2 複合ドライバー遺伝子変異による大腸がん自然発生マウスモデル

(a) Apc Tgfbr2 複合変異マウス

大島らは腸管に良性腫瘍を自然発生する $Apc^{\Delta716}$ マウスを中心に複合変異マウスを作製し，各遺伝子変異の組み合わせが誘導する悪性化形質の解析を行った．TGF-βは大腸がんのがん抑制経路であり，*TGFBR2*や*SMAD4*の変異はヒト大腸がんで高頻度に認められる．そこで，$Apc^{\Delta716}$ マウスの腸上皮細胞でTGF-βII型受容体（TGF-βRII）をコードする*Tgfbr2*遺伝子を同時に欠損させた $Apc^{\Delta716}Tgfbr2^{\Delta IEC}$ マウス（AT）を作製すると，$Apc^{\Delta716}$ マウスでは粘膜に限局した良性腫瘍のみが発生するのに対して，粘膜下浸潤を伴う大腸がんが発生した[18]．重要なことに，浸潤を伴う腸管腫瘍組織ではマクロファージ浸潤による炎症性微小環境が形成され，COX-2やサイトカイン発現が誘導される．さらに浸潤したマクロファージはタンパク分解酵素のMT1-MMPを発現しており，それに依存してMMP2の活性化が認められた．MMP2は上皮細胞の基底膜成分であるラミニンやIV型コラーゲンの分解によりがん細胞の浸潤を誘導することが知られている（図8.3a）．一方でTGF-β経路を遮断した上皮細胞では，細胞分化が抑制されるために未分化な細胞が増殖を続けることが，オルガノイド培養により明らかとなった．すなわち*APC*遺伝子変異により発生した腸管腫瘍組織では，前述のようにCOX-2発現誘導による炎症性微小環境が形成されて，MMP2活性化により腫瘍細胞が浸潤しやすい環境が形成される．そこで腫瘍細胞においてTGF-β経路が遮断されると，未分化な細胞が増殖するために浸潤がんが形成される（図8.3b）．したがって，TGF-βシグナル遮断と炎症性微小環境形成の相互作用が浸潤がんの発生に重要と考えられる．

(b) Apc Trp53 複合変異マウス

がん細胞で認められる*TP53*遺伝子（マウスでは*Trp53*と表記される）変異の74%はアミノ酸置換を伴うミスセンス変異である．変異はDNA結合領域に集中しており，R175H，R248Q，R273Hなどの変異のホットスポットが知られている．p53遺伝子欠損マウスはリンパ腫や肉腫

■ 8章　がん創薬のための動物モデル ■

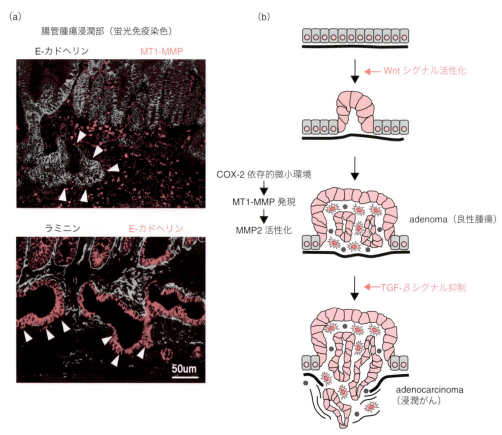

図 8.3　炎症反応と TGF-β 遮断の相互作用による浸潤がん発生
(a) $Apc^{\Delta 716}\ Tgfbr2^{\Delta IEC}$ マウスに発生する浸潤がん発生領域の MT1-MMP 発現間質細胞（上段，蛍光免疫染色像），および浸潤部位のがん細胞基底膜におけるラミニンの欠損（下段，蛍光免疫染色像）．矢頭は浸潤がん細胞を示す．(b) 炎症と TGF-β 遮断の相互作用による浸潤がん発生機構の模式図．文献 18) より改変．

などの間葉系組織の腫瘍を自然発生するのに対し，変異 p53 を発現するマウスモデルでは肺や腸管などの上皮組織に腺がんを発生する[19]．この結果は変異 p53 遺伝子産物が新たに発がんを促進する機能を獲得したことを示しており，gain-of-function (GOF) と呼ばれる．

大腸がん悪性化における p53 変異の役割を明らかにするため $Apc^{\Delta 716}\ Trp53^{R270H}$ マウス (AP) を作製した結果，予想通りに変異 p53 R270H 発現は腸管腫瘍細胞の粘膜下浸潤を誘導した（図 8.4 a, b）[20]．最近の研究により，変異型 p53 はクロマチンリモデリングに影響を及ぼし，プロモーターをオープン状態にすることで転写因子の結合を促進し，数百の遺伝子発現を誘導することが示された．実際に AP (R270H) マウス腫瘍オルガノイドでは AP（欠損）に比べて 400 前後の遺伝子発現が誘導されており，主成分解析結果も顕著な違いをみせた（図 8.4 c）．コンピュータによるパスウェイ解析の結果，Wnt/β-カテニンシグナル経路，および NF-κB に依存した炎症反応や自然免疫の経路が顕著に活性化していた（図 8.4 d）．すなわち変異 p53 R270H による転写因子の活性化機構は，すでに腫瘍細胞内で Apc 変異により安定化した β-カテニンや炎症シグナルなどで誘導された NF-κB の標的遺伝子の発現をさらに亢進させていると考えられる．その結果と

■ 8.4 大腸がん悪性化進展マウスモデルの開発研究 ■

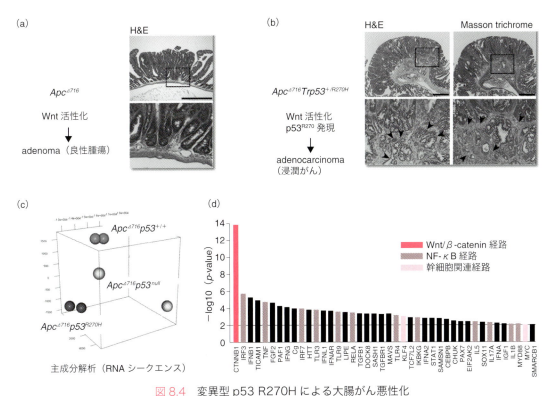

図 8.4 変異型 p53 R270H による大腸がん悪性化
(a) $Apc^{\Delta 716}$ マウスの良性腫瘍（H&E 染色），および (b) $Apc^{\Delta 716} Trp53^{R270H}$ 複合マウスの粘膜下浸潤した腺がん病変（H&E 染色）．(c) p53 野生型(+/+)，p53 欠損(null)，および p53 変異(R270H)の腸管腫瘍オルガノイドを用いた遺伝子発現解析結果（3 次元主成分解析）．(d) $Apc^{\Delta 716} Trp53^{R270H}$ 腫瘍細胞で活性化するパスウェイの解析．Wnt/β-カテニン（赤）および NF-κB 関連経路（茶）が有意に活性化している．文献 20) より改変．

して AP（R270H）腫瘍オルガノイドは複雑な腺管構造を形成して浸潤能力を獲得し，サイトカイン発現誘導により周囲の微小環境を活性化する．一方 AP（欠損）細胞はそのような能力を獲得していない．以上の知見は p53 の GOF 変異はがん組織における炎症誘導に関与していることを示しており，微小環境形成機構としても重要である．

(c) 多重ドライバー遺伝子変異マウス

上述の AP や AT マウスの腸管腫瘍は，粘膜下浸潤するために腺がん（adenocarcinoma）と病理診断されるが，それ以上の悪性化形質は認められず自然転移しない．そこで，前述の AKPS に加えて大腸がんで高頻度に変異が検出される *Fbxw7*（F）遺伝子変異も導入して，より複雑な組み合わせによる変異マウスを交配により作製した．ここでは *Smad4* の替わりに *Tgfbr2* 変異を導入し，p53 変異は欠損ではなく R270H 変異型を用いた．5 種類の遺伝子変異マウス交配により，A，AK，AT，AP，AKF，AKP，AKT，APT，AKTF，AKTP，AKTPF などの可能な組み合わせを作製し，それぞれに発生する腸管腫瘍について病理学的解析を実施し，悪性化形質の獲得状況を解析した（図 8.5）[21]．

まず *Kras* G12D 変異の入った AK を含む遺伝子型マウスでは，*Kras* 変異のないマウスに比べて発生腫瘍数が顕著に増加した．$Apc^{\Delta 716}$ における腫瘍発生原因は体細胞レベルでの野生型 *Apc* 遺伝子の欠損であり，この現象は *Kras* 変異に関係なく確率論的に生じると考えられる．したがって *Kras* 変異は，*Apc* 欠損により Wnt が活性化

■ 8章 がん創薬のための動物モデル ■

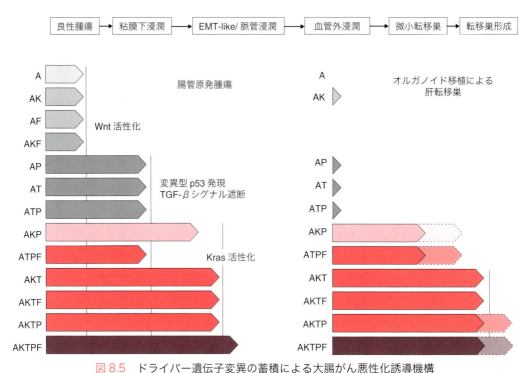

図 8.5 ドライバー遺伝子変異の蓄積による大腸がん悪性化誘導機構
各マウスおよびオルガノイドの遺伝子変異の組み合わせを A, K, F, P, T のアルファベットの組み合わせで示す．左側はマウスに発生した原発巣の悪性化進展，右側はオルガノイドを脾臓移植した際の肝転移形成状況をそれぞれ示す．右側：AK，AP，AT，ATP オルガノイドは移植しても転移巣を形成しない．文献 21)より改変．

した上皮細胞の生存を亢進したことによって腫瘍数を増加させたと推測された．しかし AK 変異は粘膜下浸潤を誘導せず，病理組織学的には良性腫瘍と診断される．

前述のように粘膜下浸潤は，TGF-β シグナルの遮断や p53 変異が導入された AT または AP を含む遺伝子型マウスで認められる．さらに Kras 変異が加わった AKT や AKP を遺伝子変異に含むマウスでは，粘膜下組織で腫瘍腺管構造が崩壊して塊状（クラスター）構造を呈し，上皮間葉転換（Epithelial mesenchymal transition, EMT）様変化などの悪性化形質を示した（図 8.6 a）．またこれらマウス腫瘍ではリンパ管浸潤も認められた．以上の結果から，Kras の活性化は粘膜下浸潤した腫瘍細胞の悪性化形質の獲得を誘導することが明らかとなった．AKF マウスでは粘膜下浸潤が認められないが，粘膜内の腫瘍で

ありながら EMT 様構造がみられるなど，Kras と Fbxw7 の組み合わせは浸潤とは異なる悪性化形質誘導に作用すると考えられる．

重要なことに，4 重変異，5 重変異マウスでも自然転移は認められず，遺伝子変異の蓄積だけでは転移誘導には足りないと考えられた（図 8.5）．これはオルガノイド移植モデルと一致しない知見だが，自然発生と移植モデルの違いに起因すると考えられる．そこで，作製した複合マウスモデルの腸管腫瘍からオルガノイド培養を行い，マウス脾臓に移植して門脈経由で肝転移するか解析した．この実験で肝転移巣を形成したのは AKT，AKP，AKF のいずれかを含むオルガノイド細胞であった．とくに AKT を含むオルガノイドの転移効率は高く，形成された転移巣の病理像も線維芽細胞を中心とした間質反応（腫瘍の周囲で線維芽細胞が増殖し，炎症性細胞の集積などにより複雑な組

(a) 粘膜下浸潤（E-カドヘリン免疫染色）

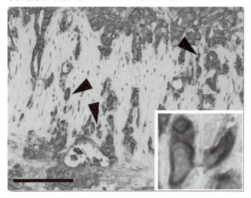

(b) 肝転移巣（H&E染色）

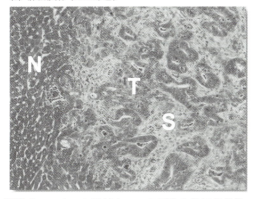

図 8.6　マウス大腸がんモデル悪性化進展組織像.
(a) AKTP マウス腸管腫瘍の粘膜下浸潤領域（E-カドヘリン免疫染色）. 矢頭は, 腺管構造を失った腫瘍細胞塊を示す. (b) AKTP 腫瘍オルガノイド脾臓移植により形成した肝転移巣（H&E 染色）. N, 正常肝臓組織；T, 転移巣腫瘍細胞；S, 転移巣間質細胞. 間質の豊富な組織像が観察される. 文献 21) より改変.

織構造が形成されること）が強く, ヒト大腸がんの転移巣と類似していた（図 8.6 b）. 以上の結果により, AKTP オルガノイドの免疫正常マウスへの移植による大腸がん転移システムは, 現在得られているなかでは最もヒトの大腸がん肝転移を再現できた系と考えられる. マウスオルガノイドとヒト臨床検体との遺伝子発現比較解析が現在進められており, これらのモデル研究の情報から転移がんの成長を阻害するための標的分子探索へと発展することが期待される.

8.5　おわりに

　分子標的治療薬の開発には, その分子に依存したヒトのがんを再現するモデルを用いた研究が重要である. またヒトの実際のがん組織を用いた研究が世界的に推進され, PDX はがん研究になくてはならない存在である. 一方でドライバー遺伝子変異だけをゲノム編集などで導入し, がん化させたオルガノイドの移植モデル系は, 発がん過程や悪性化過程の分子機構解明に必須であり, 分子標的薬の評価にも重要である. 2017 年には, 世界の主要な研究グループから相次いでオルガノイドを駆使した大腸がん悪性化モデルが発表され, 新たなモデル開発ががん研究の発展に大きく期待されていることが伺える. 大島らが作製した AKTP オルガノイドの移植システムは, 新たなレポーター遺伝子や発現制御機構の導入などの工夫により, ヒト大腸がん転移をさらに詳細まで再現したシステムとなり, 将来的な臨床研究への応用が期待されている.

　この先がん研究領域のマウスモデルはどのように進化するのであろうか. ヒトのがんとマウスモデルのがんには, 依然として指摘される大きな違いとして不均一性や多様性がある. ヒトのがんは何年もかけて進化を経ており, 遺伝的にも多様な集団となっている. 近年の研究によりこの多様性が悪性化に関与することが示唆されている. がんの遺伝的不均一性を保ちながら, 特定の遺伝的進化過程を再現したマウスモデルが, 次世代のマウスモデル開発ステップになると思われる. またこのようなヒトのがんに近いモデルの開発は, 画期的な治療法の開発につながるだろう.

文　献

1) Thun M.J. et al., *N. Engl. J. Med.,* **325**, 1593 (1991).
2) Oshima M. & Taketo M.M., *Curr. Pham. Des.,* **8**, 1021 (2002).
3) Oshima M. et al., *Proc. Natl. Acad. Sci. U.S.A,*

92, 4482 (1995).
4) Oshima M. et al., *Cell*, **87**, 803 (1996).
5) Oshima H. et al., *EMBO J.*, **23**, 1669 (2004).
6) Echize K. et al., *Cacner Sci.*, **107**, 391 (2016).
7) Oshima H. et al., *Gastroenterology*, **131**, 1086 (2006).
8) Ishimoto T. et al., *Cancer Cell*, **19**, 387 (2011).
9) Tye H. et al., *Cancer Cell*, **22**, 466 (2012).
10) The Cancer Genome Atlas Network, *Nature*, **487**, 330 (2012).
11) Takeda H. et al., *Nat. Genet.*, **47**, 142 (2015).
12) Matano M. et al., *Nat. Med.*, **21**, 256 (2015).
13) Fumagalli A. et al., *Proc. Natl. Acad. Sci. U.S.A.*, **114**, E2357 (2017).
14) van de Wetering M. et al., *Cell*, **161**, 933 (2015).
15) Fujii M. et al., *Cell Stem Cell*, **18**, 827 (2016).
16) O'Rourke K.P. et al., *Nat. Biotechnol.*, **35**, 577 (2017).
17) Roper J. et al., *Nat. Biotechnol.*, **35**, 1211 (2017).
18) Oshima H. et al., *Cancer Res.*, **75**, 766 (2015).
19) Olive K.P. et al., *Cell*, **119**, 847 (2004).
20) Nakayama M. et al., *Oncogene*, **36**, 5885 (2017).
21) Sakai E. et al., *Cancer Res.*, **78**, 1334 (2018).

Part II がん創薬の基盤となる先端テクノロジー

chapter 9 情報計算科学によるインシリコ創薬

Summary

近年，創薬関連データベースのビッグデータ化，計算機の大型化・高速化，分子設計のための計算理論の高度化により，創薬研究の現場におけるインシリコ（in silico）創薬の実用性が高まりつつある．2010年代までは一部のインシリコ設計に適した標的の初期のスクリーニングでの貢献にとどまっていたが，より多くの種類の難度の高い標的へ適用できるようになり，創薬後期のリード最適化段階まで有用な設計を提案できるようになった．本章では情報科学〔人工知能（artificial intelligence，AI）を含むインフォマティクス〕および計算科学（分子動力学や量子化学に基づく生体分子シミュレーション）を活用したインシリコ創薬の近年の状況について概観した後，難易度のカテゴリーに分けて，実際のインシリコ創薬事例について紹介する．最後に，最近実用的になってきたAIの創薬応用への取り組みと今後の展望についても解説する．

9.1 はじめに

小分子創薬において，ヒットからリード化合物を見いだす過程とリード化合物を開発候補品に導く過程は成功確率が低く，欧米の大手製薬企業ではこの段階をアカデミアやベンチャー企業に任せてリスクを減らす動きが加速している．一方で，これらの過程を情報科学（インフォマティクス）および計算科学（シミュレーションなど）によって効率化する試みも積極的に行われている．これらのアプローチは「コンピュータのなかで」を意味する「インシリコ（in silico）」を接頭語として，インシリコ創薬，インシリコスクリーニングなどと呼ばれ，程度の違いはあるが，近年の小分子創薬ではほぼすべての標的において利用されるようになってきている．

インシリコによる創薬支援の利用価値が上がってきた背景には，創薬関連情報の充実（ビッグデータ化）と計算機の性能の向上があり，その二つの背景を基盤として，ドッキング，分子動力学計算，量子化学計算，機械学習（人工知能）などの設計手法が発達してきた．創薬関連情報の充実では，2018年時点で14万個以上のタンパク質立体構造情報（PDB），9,500万個以上の公知化合物情報（PubChem），3億4,000万個以上のインシリコスクリーニング用データベース（理化学研究所においてインシリコスクリーニング用に前処理された化合物データベース），210万個以上の活性値付き化合物情報が公共データベース（ChEMBLデータベース）などとして利用可能となっている（図9.1）．また計算機の性能に関しては，京，TSUBAMEなどの汎用スーパーコンピュータの性能が一定のペースで向上し続けていることに加え，Anton[1]，MDGRAPE[2]などの分子動力学計算専用機は，はるかに小さな筐体でありながら京を越える性能をもっていることが挙げられる．

■ 9章 情報計算科学によるインシリコ創薬 ■

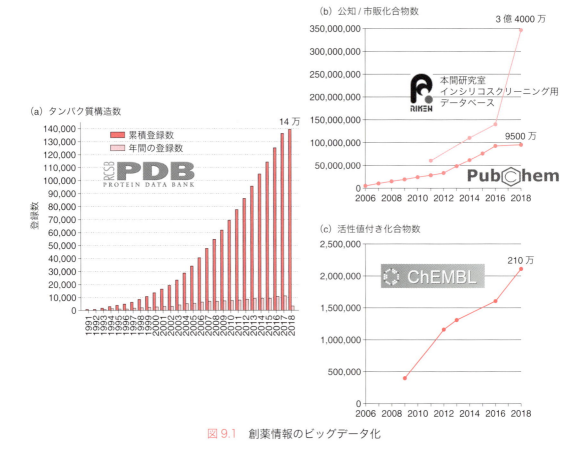

図 9.1 創薬情報のビッグデータ化

インシリコスクリーニングの利用の興隆は学術雑誌でも確認することができる．Proschak らの調査によると，ヒット化合物を発見する手段としてハイスループットスクリーニング（high throughput screening, HTS）を取り扱った論文は 1990 年から増え始め，2000 年くらいにプラトーに達している[3]．またインシリコスクリーニングは 2000 年から論文数が増え始め，現在では HTS とほぼ同数の論文が出版されており，まだまだ増える形勢である．2016 年時点で Nature および関連学術誌に毎月のように virtual screening（インシリコスクリーニングと同義）を活用した創薬事例が報告されている．

9.2 インフォマティクスとシミュレーションを融合したインシリコ創薬技術

インシリコ創薬を行うためには，現実世界の生体内，細胞内，あるいは試験管内で医薬品に対して起こる現象をなんらかの理論を用いてモデル化（モデリング）する必要がある．利用する理論の種類で分けると，インフォマティクス的な手法とシミュレーション的な手法に大別することができる．前者はおもに医薬品(リガンド)側の構造活性相関情報を用いているため Ligand-Based Drug Discovery（LBDD）とも呼ばれ，類似性指標や統計理論に基づいた機械学習によってモデル化する．機械学習は人工知能の要素技術でもあり，最近では新世代の機械学習手法として深層学

習（Deep Learning）もよく使われるようになっている．一方後者は，タンパク質の構造情報を用いて計算機上でタンパク質と医薬品の相互作用を古典分子力場，量子力学，分子動力学などの理論に基づいてシミュレーションする手法であり，タンパク質の構造に基づくことからStructure-Based Drug Discovery（SBDD）とも呼ばれる．

インフォマティクスとシミュレーションは相互補完的な関係にある．インフォマティクス的な設計では計算時間が短く，また利用するモデリング研究者の熟練度にあまり依存しないため，ヒット率などの精度が安定しているという利点がある．しかし利用した既知の阻害薬と同じ結合部位，結合モードの化合物しかヒットしないという欠点もある（ただし，工夫次第で多少異なる骨格までは探索することが可能である）．一方シミュレーションを利用すると，物理法則に則った精密な結合自由エネルギーの予測を試みることが可能であり，タンパク質のすべての可能な結合部位を対象に創薬を展開できる利点がある．このためインフォマティクスの欠点を完全に補う潜在性を秘めている．しかし計算レベルにもよるが，計算時間が非常に長いという欠点と，計算の設定が不適切な場合には完全な失敗に終わるリスクがある．ボタンを押せばコンピュータが自動的に妥当な解答を与えるわけではなく，熟練した研究者が先行の類似した事例の計算設定を参考にしたり，既知の実験結果を考慮したりして，妥当な出力となるように検討することが重要である．計算手順と条件が充分に広範囲で検証されていれば，すでに実績のある条件で適用することも可能になるが，創薬の現場では多様な計算対象・局面に対応する必要があり，すでに実績のある手順と条件だけではよい結果が得られないことも多い．

日本では理化学研究所の本間研究室において，インフォマティクス的な手法（LAILAPS[4]，MUSES[5]）とシミュレーション的な手法（PALLAS[6]，FMO-PBSA[7]）を組み合わせた，実用性の高いインシリコ手法の開発が進められている（図9.2）．LAILAPSは，分子の3次元形状プロファイルを記述子とした機械学習予測を含むさまざまな手法のリガンド探索手法を同時に実施することで，多様な阻害薬をなるべく漏れなく検出する方法である．情報が少ない場合にとくに威力を発揮し，ドッキングなどのシミュレーションを行う前の情報収集に活用できるほか，タンパク質の構造が未知の状態でもリガンドを発見することができる．実際にアディポネクチン受容体のリガンドを類縁の膜タンパク質や上流のタンパク質のリガンド情報に基づいて探索して，世界初の活性化薬の発見に結びつけることができた[8]．

シミュレーション的な手法のPALLASシステムは，タンパク質とリガンド間のドッキング条件を最適化するシステムである．数百万個以上の化合物を対象とした高速なドッキングでは1個1個の化合物に対して時間をかけた結合自由エネルギー計算ができないため，スクリーニング結果の精度はドッキングに使うタンパク質構造やドッキングアルゴリズムなどによって大きな影響を受ける．PALLASは結晶構造や分子動力学シミュレーションによって得られたタンパク質構造アンサンブルに対して，標的および類縁タンパク質の既知リガンドを利用して検証ドッキングを行い，タンパク質構造，ドッキングアルゴリズムおよびその設定を含めた条件最適化を半自動的に行うシステムである．通常，数種類から10種類程度のドッキング条件を選定したうえで，本番の高速ドッキングを実施する．

最適な条件によって妥当なドッキング結果（ほぼ正しい向きでタンパク質とリガンドが結合したモデル構造）が得られるが，従来のドッキングスコアでは充分な精度で活性判別を行うことは難しい（50％阻害濃度であるIC_{50}値の予測値と実測値の相関は，R^2で0.2～0.4程度）．この問題を

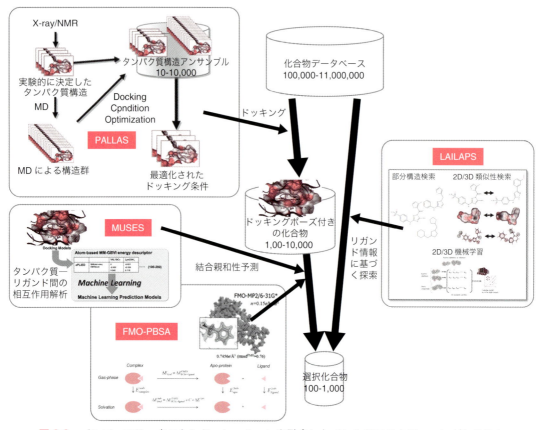

図 9.2 インフォマティクスとシミュレーションを融合したインシリコスクリーニングシステム

解決すべく，本間らは構造インフォマティクスに基づく活性判別方法（MUSES）と量子力学計算に基づく活性予測方法を開発した．MUSES はタンパク質とリガンドのドッキングモデルの各種の相互作用を数値化し，実際に活性のあるリガンドと活性のないリガンドの相互作用パターンの差を機械学習させ，活性判別する人工知能的な技術である．検証の結果，既知阻害薬の数個以上の結晶構造や妥当なドッキングモデルがあれば，市販のドッキングスコアを越える判別が可能であることがわかっている．また FMO 創薬コンソーシアム（代表：星薬科大学・福澤薫）[9]と連携して，フラグメント分子軌道法（FMO 法）を用いた自由エネルギー予測について FMO 法に溶媒効果を組み込んだスコア（FMO-PBSA）を開発している[7]．これを既存の方法としてよく使われる MM（molecular mechanics，分子力学法）-PBSA 法と比較したところ，Pim1 セリン・スレオニンキナーゼ阻害薬の，1 原子の違いによって活性が数百倍異なる，いわゆる Activity Cliff と呼ばれる化合物群の例において，MM-PBSA 法では $R^2 = 0.26$ と予測精度が非常に悪かったのに対して，FMO 法と MM-PBSA 法を組み合わせたスコアを用い，さらに結晶構造を QM（quantum mechanics，量子力学法）-MM 法によって最適化すると $R^2 = 0.85$ となり，精度が大きく改善した（図 9.3）．

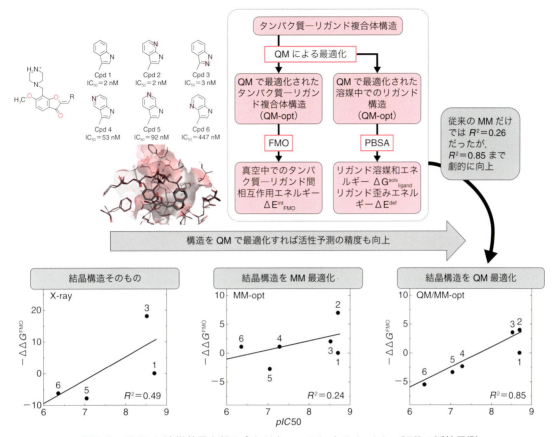

図9.3　FMOと溶媒効果を組み合わせたスコアによるActivity Cliffの活性予測

9.3　創薬への応用例

前述のインシリコ創薬手法は，理化学研究所の創薬・医療技術基盤プログラム，AMEDの創薬ブースターおよびその他の創薬支援事業において，30種類を超える創薬標的に適用されている．創薬標的に対してヒットが得られる確率（創薬の難易度）は，当該標的の形状や性質に大きく依存する．ChEMBLデータベースに収載されている1,487種類の標的の合計60万個の阻害薬のIC_{50}値を解析し，各標的の最高到達活性をみると，過半数の標的分子において，創薬を展開可能な100 nMを切る阻害薬が発見できている．一方，最高到達活性がIC_{50}値で1 μMから1 mMの範囲の創薬展開困難なものも数百種類以上ある．一般に小分子が1 μM以下でタンパク質の機能を阻害するためには，400 Å³以上の大きさのポケットをもち，さらにポケットの形状は深く，深い位置に鍵となる水素結合ないしはイオン結合部位が存在することが重要である．本間らはさまざまな難度の標的分子を取り扱っているが，それらの代表例を以下に紹介する．

タンパク質キナーゼは，活性中心に大きく深いポケットをもち，深い部分のヒンジ領域に鍵となる水素結合をもつために比較的小分子阻害薬の発見が容易な標的分子である．体内動態・毒性，キナーゼ選択性，特許性の問題をクリアするために，初期の段階でなるべく多様な阻害薬を発見することが，その後の創薬展開において重要である．白血病の治療標的であるPim1, HCK, 希少疾患で

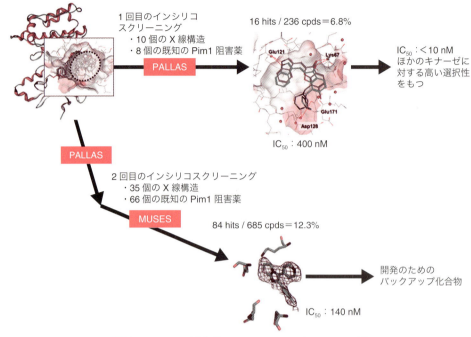

図 9.4 Pim1 阻害薬のインシリコスクリーニング

ある進行性骨化性線維異形成症（fibrodysplasia ossificans progressiva，FOP）の治療標的であるALK2はいずれもキナーゼであるが，探索の初期からLAILAPS, PALLAS, MUSESを組み合わせたインシリコスクリーニングが実施され，5〜10％の比較的高いヒット率で10 μM以下の多様な阻害薬が発見された．とくにPim1阻害薬の例では，初回のインシリコスクリーニングでは，10個の結晶構造と8個の既知阻害薬の情報しかない状態でPALLASによりドッキング条件が検討された（図9.4）[10]．その結果選ばれた最適条件によるインシリコスクリーニングのヒット率は，6.8％と良好であった．この初回ヒットの情報に基づき，東京大学の長野らの合成展開により，高活性で高選択的な阻害薬が創製されている．その後，増加したアッセイ・結晶構造情報（35個の結晶構造および66個の既知阻害薬）を利用した2回目のインシリコスクリーニングではヒット率が12.3％まで向上し，貴重なバックアップ化合物（毒性などの原因で開発が失敗した場合に備える別骨格の化合物）の取得につながった．

図9.5には，急性骨髄性白血病（acute myelogenous leukemia，AML）の治療標的であるHCKに対する阻害薬の設計例を示した[11, 12]．この実施例では，初回のインシリコスクリーニングによりIC_{50}値が7.7 nMと非常に高活性の化合物が得られた．理研の横山，白水らの構造解析基盤によってこの阻害薬とHCKの複合体結晶構造が解かれ，阻害薬の近傍に位置する348番目のアスパラギン酸残基（Asp348）とイオン結合を形成する置換基を導入する設計を行ったところ，IC_{50}値が0.43 nMという，医薬品としても充分な活性を示す化合物（RK-0020449）が創製された．RK-0020449は，患者由来のAML細胞に対しても強い薬効を示し，アメリカでの臨床試験が準備中である．

難度の高い標的としては，(1) ポケットが非常に小さいもの，(2) ポケットが非常に浅く自

■ 9.4 インシリコ創薬から AI 創薬へ ■

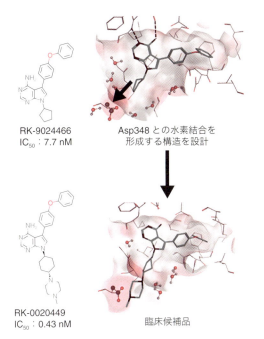

図 9.5　HCK 阻害薬の最適化設計

由度の大きいものが挙げられる．前者の代表的な例として，抗トリパノソーマ薬の標的分子となるジヒドロオロト酸脱水素（dihydroorotate dehydrogenase, DHOD）[13,14]がある．これは阻害薬の結合部位であるオロト酸ポケットが 200 Å³ と非常に小さい．PDB bind データベース（複合体結晶構造があり，IC$_{50}$ 値などの情報も併せもつ化合物のデータベース）で，結合ポケットの体積が 300 Å³ 以下の体積では IC$_{50}$ 値が 1 μM 以下の高活性化合物を得ることが難しいことが判明した．そのため当初はトリパノソーマ DHOD に対する小分子創薬は困難であると予想されたが，シミュレーションによる設計，有機合成，結晶解析のチームがタッグを組むことで，特定のループ構造を広げる化合物を設計することに成功した．400 Å³ 以上に広げられたポケットに対して，計算機上で合成が容易な仮想化合物ライブラリーが構築され，PALLAS および MUSES を用いたドッキングによる選択が実施された．その結果，わずか 20 化合物程度の合成により，IC$_{50}$ 値が 100 μM 程度の出発化合物から，同 0.15 μM 程度の高活性 DHOD 阻害薬が創製された（図 9.6）．

高難度標的のもう一つの例としては，タンパク質どうしが広い面で接触してシグナルを伝達する，タンパク質間相互作用を形成する因子が挙げられる．DOCK2 と呼ばれる Rac 活性化タンパク質[15]は Rac とのタンパク質間相互作用により，リンパ球の運動や活性化のシグナルを伝達する．この事例では DOCK2 分子内におけるリガンド結合部位の推定から着手し，候補部位へのドッキングによるインシリコスクリーニングを経て，IC$_{50}$ 値が 10 μM 程度の阻害薬をいくつか発見することができた．これらの高難度標的分子の場合には，一回のインシリコスクリーニングによって期待する活性の阻害薬を発見できないことも多いので，少しずつ情報を得ながら新しい情報を利用した設計を繰り返すことが重要であり，粘り強く研究を進めることができる強固な共同研究体制を構築できるかどうかが鍵となる．また新規情報をすぐにインシリコスクリーニングの精度向上につなげられる各種のシステムの活用も欠かせない．

9.4　インシリコ創薬から AI 創薬へ

最後に，個々の予測ステップの精度を上げ，これまで述べたような高難度標的分子に対する創薬の確率を上げる次世代の技術について触れたい．

一つは量子力学計算の利用である．分子を取り扱う手法として分子動力学計算と量子力学計算は相互補完的であり，車の両輪のような関係にある．前者は分子の動的な挙動を解析でき，後者は分子の静的な相互作用を計算する手法として最も精度の高い方法である．分子動力学計算の分野は研究者の数も多く，藤谷らの MP-CAFFE による自由エネルギー計算や，D.E. Shaw らによる専用機 Anton によるミリ秒に迫る長時間シミュレー

9章 情報計算科学によるインシリコ創薬

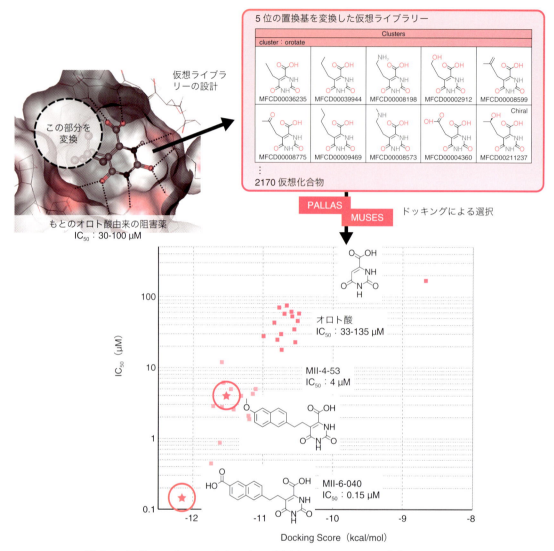

図9.6 仮想ライブラリーとドッキングを活用したDHOD阻害薬の最適化設計

ションの創薬応用が進んでいる．しかし，それらの分子動力学計算では計算時間の関係で分子間相互作用計算に古典力場を用いており，π相互作用などの軌道計算が必要な相互作用は正確に考慮されていないため，予測が悪くなるケースもある．日本では北浦らによりタンパク質のような巨大な系の第一原理量子力学計算を可能にするFMO法が開発されている．本間は現在，福澤・田中らと連携してFMO創薬コンソーシアムにおいて

FMO法を実用的な創薬に応用できる手法を開発している[9]．例として結晶構造のFMO法による量子化学的な分解能への精密化，図9.3で説明したFMO-PBSAによる高精度活性予測[7]，PDBのタンパク質構造に対して網羅的にFMO計算を実施し，計算値を世界に公開するFMOデータベースの構築などを進めている．とくにFMOデータベースにはすでに数千件以上のFMO計算結果が格納されており，このデータに基づき，後

■ 9.4 インシリコ創薬からAI創薬へ ■

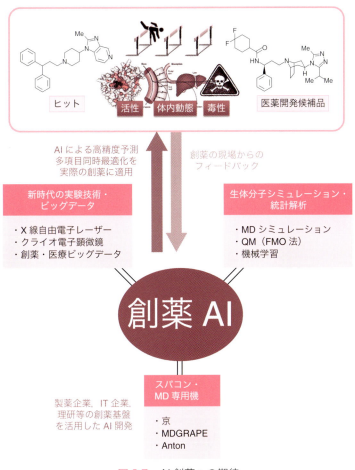

図 9.7 AI 創薬への期待

述の AI コンソーシアム LINC と連携した，量子化学計算結果を考慮した新規分子力場 AI の開発も進められている．

もう一つの方向性は拡大する創薬関連情報のデータを活用した AI 創薬である（図 9.7）．これまでのインシリコ創薬手法は，標的分子の結合親和性など，一度に 1 項目の予測しか行えないことが多かった．しかし，本来医薬品は体内動態，安全性，製剤など多数の項目で一定レベル以上のプロファイルを獲得することが必須であり，その同時最適化の困難さが医薬品開発の成功率が低い原因となっている．そのような観点からみると，従来のインシリコ創薬手法は創薬の一部分には貢献しているが，必ずしも総合的に貢献度が高いとは

いえない．AI 創薬は多数の項目の同時最適化を効率的に進める方向性をガイドできる潜在性を秘めており，真の意味でインシリコ手法が創薬に力強く貢献するための第一歩となる．しかしそのためには，実験条件など形式の揃った良質かつ大量の創薬関連データを確保することと，従来の個々の高精度予測を組み合わせる必要があり，産官学の協力はもちろん，多くの創薬関連分野の総力戦になると考えられる．日本においては京大の奥野が代表となり，2016 年からライフインテリジェンスコンソーシアム（LINC）が設立され[16]，さまざまな創薬用 AI の開発が進行している．LINC には医薬基盤・健康・栄養研究所の水口と本間も参画しており，製薬企業と IT 企業が 90 社以上，

113

総参加者500名以上の体制で世界最先端の創薬用AIの開発が進められている．ここで特筆すべきは，創薬の上流である標的探索から下流の臨床試験・上市後の解析まで，創薬のすべての過程がAI化の対象となっており，30個のプロジェクトが運営されている点である．小分子医薬品の設計に関しても独自の深層学習向け記述子の開発，シミュレーション結果の解析AI，分子力場AI，新規構造提案AIなどの開発が進んでいる．良質なデータベースの整備やAI開発のための専門性を備えた人材の確保といった課題も多いが，日本がAI創薬先進国となるべく，これらの研究開発事業のさらなる推進が望まれている．

文　献

1) Shaw D.E. et al., "A Special-Purpose Machine for Molecular Dynamics Simulation." Communications of the ACM (2007).
2) Ohmura I. et al., *Philos. Trans. A Math. Phys. Eng Sci.*, **372**, 20130387 (2014).
3) Tanrikulu Y. et al., *Drug Discovery Today*, **18**, 358 (2013).
4) Sato T. et al., *J. Chem. Inf. Model*, **52**, 1015 (2012).
5) Sato T. et al., *J. Chem. Inf. Model*, **50**, 170 (2010).
6) Sato T. et al., *Bioorg. Med. Chem.*, **20**, 3756 (2012).
7) Watanabe C. et al., *J. Chem. Inf. Model*, **57**, 2996 (2017).
8) Okada-Iwabu M. et al., *Nature*, **503**, 493 (2013).
9) http://eniac.scitec.kobe-u.ac.jp/fmodd/
10) Nakano H. et al., *J. Med. Chem.*, **55**, 5151 (2012).
11) Saito Y. et al., *Sci. Trans. Med.,* **5**, 181ra52 (2013).
12) Yuki H. et al., *Bioorg. Med. Chem.*, **25**, 4259 (2017).
13) Inaoka D.K. et al., *PLoS ONE*, **11**, e0167078 (2016).
14) Inaoka D.K. et al., *Bioorg. Med. Chem.*, **25**, 1465 (2017).
15) Nishikimi A. et al., *Chem. Biol.*, **19**, 488 (2012).
16) https://rc.riken.jp/life-intelligence-consortium/

Part II　がん創薬の基盤となる先端テクノロジー

chapter 10 ドラッグデリバリーシステム

Summary

これまでの創薬は小分子化合物の設計を中心に行われてきたが，従来の創薬アプローチのみでは薬剤が開発され尽くされた感があり，創薬はますます困難をきわめるようになっている．また，より効果の高い薬剤の開発が進められている一方で，副作用への懸念も高まっている．このような背景においてソリューションをもたらすのがドラッグデリバリーシステム（DDS）であり，高分子などの運搬体を用いることによって患部特異的に作用する理想的な薬剤を開発することが可能になる．さらに近年注目されている核酸医薬やタンパク質などのバイオ医薬品を実現するためにも DDS は必要不可欠である．本章では DDS の基本から具体的技術，さらには臨床応用に向けた課題と将来展望までを概説する．

10.1　DDS の必要性

飲む，注射する，点滴する，貼るなど，さまざまなルートで生体内に投与された薬剤は，血管というパイプラインによって輸送され，体内に分布する．仮に新しく開発された薬剤がシャーレ上の細胞に対して高い薬効を示したとしても，生体内での安定性や標的に対する選択性および集積性に乏しければ十分な薬効を発揮することはできない．また抗がん薬などの場合，薬剤の正常組織への非特異的な分布によって重篤な副作用が惹起されることも稀ではない．したがって薬剤の血流中での安定性を高め，正常組織に分布することなく患部の標的に対して選択的に薬剤を送達することができれば，薬物治療の有効性と安全性を飛躍的に高めることができるものと考えられる．すなわち薬物を標的に対して選択的かつ効率的に送達するためのドラッグデリバリーシステム (drug delivery system, DDS) の開発は，医薬品開発分野においてきわめて重要であるといえる．

がん治療分野においても何らかの DDS 技術が利用されている．たとえば抗体に薬剤を結合した抗体薬物複合体（antibody-drug conjugates, ADC）は，抗 HER2 抗体チューブリン重合阻害剤複合体であるトラスツズマブなどが承認され，また多くの製剤が目下臨床試験中である．今後 DDS を利用したがん創薬の主流になっていくものと考えられる．またリポソームや高分子ミセルなどのナノテクノロジーを利用した DDS も大きな注目を集めている．とくに画期的な医薬品シーズとして期待されている核酸医薬や生理活性タンパク質などのバイオ医薬品の実用化には，DDS 技術が必要不可欠である．

10.2　DDS の目的と得られる効果

DDS は薬剤などの生理活性物質の血中における安定化，皮膚や細胞膜などの生体バリアの透過促進，疾患部位や病変細胞の標的化，徐放化をおもな目的として設計される（図 10.1）．このよう

115

■ 10章　ドラッグデリバリーシステム ■

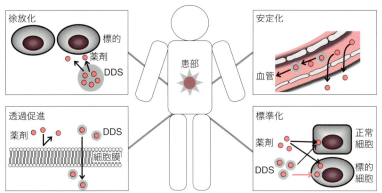

図 10.1　DDS の目的

な設計により (1) 薬理作用の分離，(2) 効果の増強／発現，(3) 副作用の軽減，(4) 使用性の改善，(5) 経済性などのさまざまな効果が得られる．(1) は薬物の特定の作用だけを抽出または抑制できること，(2) は再現性よく的確な治療効果が得られることを意味しており，これにより薬物の投与量の低減や適用拡大が可能となる．(3) は薬物の安全投与域（毒性を示すことなく治療が得られる薬物投与量）の拡大によって副作用が軽減されることを示す．また (4) により数日の点滴が必要な薬物を数時間で投与することができるようになれば，服薬コンプライアンス（患者が規定通りに服薬すること）の改善が期待され，患者および医療従事者の負担軽減につながる．(3), (4) は患者の QOL（quality of life，生活／生命の質）の向上にも貢献するものである．(5) は単に使用する薬物量を低減できるだけでなく，プロドラッグ（それ自体は薬理活性をもたないが，服薬後に生体内で代謝されることで薬理活性をもつようになる薬剤）化や製剤化によって新たな知財を創出することができ，医薬品のライフサイクルの延長や差別化にも貢献しうることを意味している．

10.3　徐放型 DDS のがん治療分野への応用

生分解性ポリマーなどのマトリックスから薬物を徐放化する製剤は，がん治療分野において古くから利用されている．代表的なものとしてマサチューセッツ工科大学の Langer らにより開発され，1996 年にアメリカ食品医薬品局（Food and Drug Administration，FDA）に認可されたギリアデル（商品名）がある．これはアルキル化剤のカルムスチンを内包した生分解性ポリマーから成るディスクで，悪性神経膠腫の腫瘍切除後の脳内留置用製剤として用いられる．リュープリン（商品名）は生分解性ポリマーとして広く用いられているポリ乳酸／グリコール酸共重合体〔poly(lactic-co-glycolic acid)，PLGA，図 10.2 a〕から成る 10 μm 程度の微粒子に LH-RH アゴニストであるリュープロレリンを内包した製剤で，1 回の投与で 6 か月にわたりリュープロレリンを徐放するため，前立腺がんや閉経前乳がんの治療薬として実用化されている．親水的なグリコール酸と疎水的な乳酸のモノマー比を変化させることで，数週間から数か月の範囲で分解速度を制御することができ（図 10.2 b），ペプチドなどの徐放製剤においてきわめて有用である[1)]．

マイクロニードルパッチ（図 10.3）は長さ 1 mm 以下の微小針がアレイ状に配置されたデバイスで，皮膚に穿刺しても真皮の神経終末まで到達しないので無痛である．微小針に生分解性材料を使用すれば経皮的に薬剤を徐放させることができる．またワクチン抗原を塗布すれば真皮層のラ

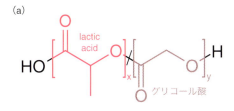

図 10.2 PLGA
(a) 化学構造，(b) in vivo 環境における異なる組成の PLGA マイクロ粒子の分解．文献 1)をもとに作成．

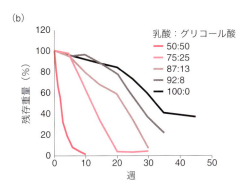

図 10.3 マイクロニードルパッチ

ンゲルハンス細胞や真皮樹状細胞などの抗原提示細胞に効率的に抗原を取り込ませることができるため，経皮ワクチン（貼るだけワクチン）としての応用が期待されている．

10.4 ターゲティング型 DDS

10.4.1 高分子物質の体内動態と EPR 効果によるがん組織への集積

低分子物質が体内に投与された場合，全身に分布する分布相（α 相）と，分布した組織と血中で平衡状態を保ちながら肝臓や腎臓などから排泄される消失相（β 相）の二相性を示す．α 相を時間 0 に外挿することによって得られる値（C_0）で投与量を除することにより分布容積（V_d）が算出されるが，この値は血液量よりも大きくなる．これは当該物質の投与後，速やかに組織移行が起こるためである（図 10.4）．これに対して高分子物質（ここでは分子量 1 万以上の物質と定義）はまず血液中に分布するため，V_d 値は血液量に等しくなる．このとき拡散（diffusion）よりも血液の流れ（convection）に乗って体内に分布するため，組織から血中への移行がきわめて遅くなる．このため高分子物質は分布した組織に長くとどまる傾向を示し，β 相がみられない場合も多い．このように，高分子物質は低分子物質とは大きく異なる体内動態を示し，その血流に乗って分布し，特定の組織にとどまりやすい特性は，DDS によるター

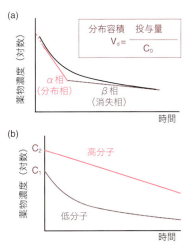

図 10.4 体内に投与された物質の血中濃度変化
(a) 低分子物質の血中濃度変化，(b) 低分子物質と高分子物質の血中濃度（C_1/C_2）変化の違い．

■ 10章　ドラッグデリバリーシステム ■

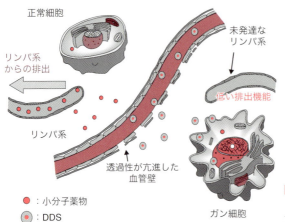

図 10.5　EPR 効果による DDS の固形がんへの選択的集積
文献 2)をもとに作成.

ゲティングに適していると考えられる.

　がん組織では血管壁の透過性が亢進し，リンパ系の構築が未発達なため，高分子物質が集積してとどまりやすい（図 10.5）．これは前田，松村らによって見いだされ，Enhanced Permeability and Retention（EPR）効果として DDS による固形がんターゲティングの基本原理となっている[2]．電子顕微鏡による観察結果から，血管壁の透過性亢進のメカニズムに関しては比較的大きな間隙（細胞間間隙，細胞内間隙），カベオレ，液胞が連結した細胞内構造（vesicular vacuolar organelles，VVO），フェネストラ，ファゴサイトーシスなどの関与が報告されており，そのポアサイズはがんの種類や部位によって異なっている[3]．がん細胞の増殖のためには血流からの栄養分の供給が不可欠であることから，血管壁の透過性亢進は固形がんに共通にみられる性質である．がん薬物療法のなかで重要な地位を占めている抗体医薬も，EPR 効果によって血流中からがん組織へと移行し，その後標的がん細胞に結合することで薬理作用を発現する.

10.4.2　抗体薬物複合体（ADC）

　これまでに多くの抗体医薬が抗がん薬として上市されているが，抗体を薬物キャリアとして応用する ADC は，とりわけ次世代の医薬品として大きな注目を集めている[4]．すでにトラスツズマブをはじめ，さまざまな品目が承認され，さらに 40 品目以上の ADC が臨床試験中である．ADC は抗体，リンカー，（小分子）薬物の三つの要素から構成されており（図 10.6），標的細胞の抗原に結合した後，エンドサイトーシスによって細胞内に取り込まれ，リソソーム内でリンカーが切断されることによって薬物が放出され，薬効を発揮する．ADC の効能および品質管理の観点から ADC における薬物／抗体比は 3〜4 となっており，少量で細胞死を誘導できる微小管阻害薬のエムタンシンやモノメチルオーリスタチン E（MMAE）が薬物として用いられている．またこれらの毒性の強い薬物を副作用なく用いるためには，リンカーの特異的切断が重要であり，リソ

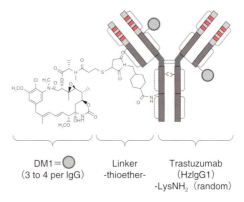

図 10.6　抗体薬物複合体（ADC）

■ 10.4 ターゲティング型DDS ■

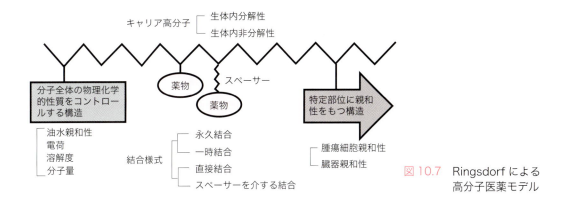

図 10.7 Ringsdorf による高分子医薬モデル

ソーム内酵素によって切断されるペプチドとペプチド切断後に速やかに脱離するパラベンジルカルバメート（PABC）などがリンカー設計に利用されている．なお ADC において最も重要な要素は抗体なので，これまでにないがん抗原に対する抗体の開発が望まれている．

10.4.3 高分子－薬剤コンジュゲート

ADC においては抗体に付与できる機能や薬物量に制限があるが，高分子やナノ粒子を薬物キャリアとすることでこの課題を克服することができる．1970 年代半ばにドイツの高分子科学者 Ringsdorf によって提唱された高分子医薬モデルは，ターゲティング型 DDS の設計においてキャリア材料としてふさわしい要件をわかりやすく示している（図 10.7）[5]．このモデルに示されているように，分子全体の分子量や物理化学的性質（油水親和性，電荷，溶解度）によって体内動態（血中滞留性，組織分布，排泄経路）を制御し，特定の部位に親和性をもつ分子（抗体，ペプチド，アプタマーなどのリガンド分子）の導入によって標的細胞選択的に取り込ませることができ，環境特異的に切断されるリンカーを介して薬物を結合することによって患部選択的に作用する理想的な薬剤を開発することが可能になる．このモデルを忠実に具現化した高分子－薬剤コンジュゲートとして，Duncan と Kopecek が開発した poly(N-(2-hydroxypropyl)methacrylate)（PHPMA）共重合体－薬剤コンジュゲートがよく知られている（図 10.8）[6]．このシステムではリソソーム内のシステインプロテアーゼの一つであるカテプシン B によって選択的に切断されるペプチドスペーサーを介して，抗がん薬（アドリアマイシンなど）と PHPMA が結合しており，エンドサイトーシスによって細胞内に取り込まれ，その後リソソーム内で活性型薬剤が放出される．興味深いことに PHPMA－薬剤コンジュゲートは，ABC トランスポーターの P 糖タンパク質を発現する抗がん薬多剤耐性細胞に対しても，感受性細胞と同等の制がん活性を示すことが報告されており，ギリシャ神話のトロイの木馬のように DDS によって薬剤の細胞内局在を制御することによっ

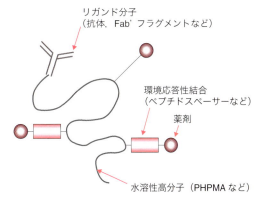

図 10.8 水溶性高分子－薬剤コンジュゲートの模式図

て薬剤耐性が克服できる可能性を示唆している[3]．PHPMAはリガンド分子の導入などの機能化が比較的容易であり，抗体やFab'フラグメントを搭載した薬剤コンジュゲートが報告されている[6]．

10.4.4 ナノ粒子型DDS

ナノ粒子型DDSは，上記の高分子医薬モデルをさらに発展させ，薬剤の封入と体内動態の制御の二つの機能を内核(コア)と殻(シェル)のそれぞれに分離することによって薬物封入効率を高め，体内動態のより精密な制御を可能にしている．代表的なナノ粒子型DDSとしては，リポソームと高分子ミセルがある．

(a) リポソーム

リポソームは細胞膜を構成するリン脂質の二分子膜から成る約100 nmの中空カプセルで，水溶性および疎水性薬物を内水相と脂質二分子膜中に内包させることができる（図10.9）．リポソームの利点として機能修飾が比較的容易であることがある．たとえば生体適合性に優れたポリエチレングリコール（PEG）を結合した脂質をリポソームと混合することにより，表面がPEGによって覆われたPEG修飾リポソームを調製することができる．PEG修飾リポソームは，ステルスリポソームと呼ばれ，数日間血中に滞留する（半減期はおよそ48時間）[7]．ステルスリポソームはEPR効果による固形がんへの集積効果によって優れた治療効果を示すことが実証されており，アドリアマイシンを内包したステルスリポソーム製剤（ドキシル®）がカポジ肉腫や卵巣がんの治療薬として承認を受けている．リポソームは最も広く研究され，実用化も進んでいるDDS担体であるといえる．また機能化が容易であることから，リガンド分子を搭載した標的化リポソーム（抗体やFab'フラグメントを結合したリポソームはイムノリポソームと呼ばれる）の研究も古くから行われている．標的化リポソームはEPR効果によっ

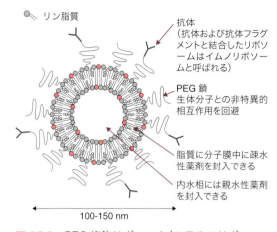

図10.9　PEG修飾リポソーム(ステルスリポソーム)の模式図

て固形がんに集積し，標的分子と結合することによりPEG修飾リポソームよりも長期にわたってがん組織に滞留できることが報告されている[7]．

(b) 高分子ミセル

高分子ミセルは，親水性高分子と疎水性高分子が連結されたブロック共重合体が水中で自律的に会合して形成される粒径数十nmのナノ微粒子であり，疎水性内核が親水性高分子の外殻で覆われたコアーシェル構造をもつ（図10.10）[8]．この高分子ミセルの疎水性内核には，難溶性の薬剤を効率的に内包させることができる．またシェルを構成する水溶性高分子にはPEGが利用され，薬剤を内包した内核がPEGの高密度ブラシで覆われた構造をもつため，高分子ミセルは薬剤搭載量に関係なく高い水溶性を示し，ミセルと血漿タンパク質の非特異的な相互作用が効果的に抑制される．この結果，高分子ミセルは血中を長期滞留し（半減期は最大で24時間程度まで実現可能），EPR効果によって固形がんに効果的に集積する．これまでに高分子ミセルは固形がんに対して優れた治療効果を示し，現在までにパクリタキセル，シスプラチン，SN-38，エピルビシンなどの抗がん薬を内包した高分子ミセル製剤の臨床治験が国内外で実施されている[8]．高分子ミセル

■ 10.4 ターゲティング型DDS

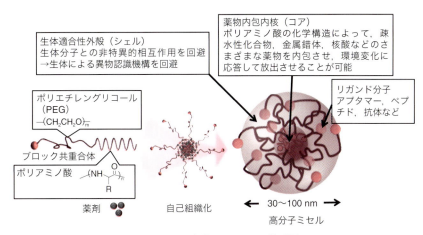

図 10.10　高分子ミセルの模式図

の利点として，内核を構成する高分子鎖と薬剤の親和性の制御や低 pH 環境で開裂する化学結合を介した薬物の内核構成鎖への結合によってさまざまな薬剤を高効率に内包させ，その放出挙動を制御できる点が挙げられる．高分子ミセルはブロック共重合体の組成などによって 20～100 nm の範囲で精密な粒径制御ができ，また薬物放出に伴ってさらに小会合体へと解離させる設計も可能であることから，優れたがん組織浸透性を示す[9]．このような組織浸透性は，間質量が多い膵臓がんなどのターゲティングにおいてとくに重要であると考えられる．高分子ミセルの場合においても標的化リポソームと同様に，抗体やペプチドをシェル構成鎖である PEG の末端に導入することで特定の細胞の標的化が可能となる．悪性脳腫瘍においては，血液−脳腫瘍関門（blood-brain tumor barrier, BBTB）によって抗がん薬の集積が著しく低下しているが，腫瘍血管の内皮細胞に過剰発現するインテグリンに結合するペプチドを高分子ミセルの表面に導入することにより，BBTB を越えてがん組織に薬物を送達できることが報告されている[10]．

10.4.5　イメージングのための DDS

DDS では，EPR 効果によって目的の物質を固形がんに集積させることができるため，固形がんのイメージングに展開することもできる．例として，磁気共鳴画像診断（magnetic resonance imaging, MRI）の造影剤を高分子ミセルに搭載して，がん組織における信号強度を増強し，微小転移巣の検出を可能にすることなどがある[11]．この造影剤を搭載した DDS は，がん分子標的治療におけるコンパニオン診断への応用も期待される．

腫瘍血管の透過性の亢進と未発達なリンパ系の構築に基づく EPR 効果については，ステルスリポソームが患者体内のがん組織（肺がん，乳がん，舌がん）に集積することが，単一光子放射断層撮影（single photon emission computed tomography, SPECT）イメージングによって確認されている[12]．すなわち固形がんにおける EPR 効果は，疾患モデル動物のみならず，がん患者でも観察される共通の性質と考えられる．一方，体内に自然に形成された腫瘍（spontaneously developed cancer）と実験腫瘍ではナノ粒子型 DDS の集積性が異なり，とくに前者では症例ごとに大きな差があることも示唆されている．例として愛玩動物のイヌに形成された腫瘍への ^{64}Cu 標識リポソームの集積に関する陽電子放出断層撮影−コンピュータ断層撮影（positron emission tomography-computed tomography, PET/

CT)の研究では，がん腫(carcinoma)では 6／7，肉腫(sarcoma)では 1／4 に EPR 効果が確認されたが，個体間のバラツキが顕著であった[13]．したがって，患者の体内に形成された腫瘍は実験腫瘍とは異なり，ナノ粒子型 DDS のがん集積性や腫瘍内分布が患者ごとに異なることが予想される．また，患者の過去の治療履歴や治療過程もナノ粒子型 DDS のがん集積性や腫瘍内分布に影響を及ぼす可能性がある．たとえば，放射線治療が線維化を惹起し，ナノ粒子型 DDS のがん集積性を低下させるものと考えられるし，通常抗がん薬治療では薬剤が数週間にわたって反復投与されるので，その抗がん薬の作用によりがんの微小環境が変化し，ナノ粒子型 DDS の腫瘍内分布が変化していくものと考えられる．このような個々の患者におけるナノ粒子型 DDS の集積性を，イメージングによって事前に診断し，治療の適応となる患者を選別することは，DDS による確実性の高い治療を実現するために有効である．患者の母集団を絞り込むことは第Ⅲ相の無作為化試験において統計的有意差を出すためにも重要であろう．アメリカではすでに，ステルスリポソーム製剤での治療の適応となる患者をイメージングによって選別するための臨床試験が始まっている[14]．

10.4.6 核酸医薬のデリバリー

核酸医薬では細胞外から細胞内に至るまでのあらゆる分子標的に対し，核酸の配列から任意に薬剤を設計することができる．したがって応用範囲がきわめて広く，抗体医薬に続く次世代の画期的ながん治療薬として期待されている．しかしながら，核酸医薬の実用化のためには DDS の開発が必要不可欠である．

アンチセンスオリゴヌクレオチド（ASO），siRNA およびマイクロ RNA（miRNA）は，その標的が細胞質内に存在するために，細胞膜を通過させる必要がある．この点において，S 化オリゴなどの化学修飾型 ASO は高濃度で細胞膜を通過することができるが，2 本鎖の siRNA や miRNA は細胞質内への移行性に乏しく，局所投与においてもカチオン性リポプレックスなどのデリバリーシステムが必要である．そのため siRNA や miRNA の臨床試験には，その投与経路にかかわらず，何らかの DDS が利用されている（表 10.1）[15]．全身投与型 DDS としては，肝臓への高効率の核酸分子の送達を可能にする脂質ナノ粒子が肝がんの治療に応用されている．肝がん以外の固形がんに対しては PEG 修飾型リポソームやポリマー粒子が利用されており，これらのナノ粒子型 DDS は EPR 効果によって固形がんに集積させることができる．ナノ粒子型キャリアのがん集積性を高めるためにトランスフェリンなどのリガンド分子も利用されている（CALAA-01）．しかしながら現在までに実施されてきたがん治療薬としての核酸医薬の臨床試験は，必ずしも成功しているとはいえない．これは DDS の性能が十分ではないことに起因するものと考えられる．核酸分子のがん組織への特異的かつ高効率な送達とがん細胞内への高効率な導入を同時に達成することができる DDS の開発が望まれている．

10.5 トランスレーショナルリサーチ(TR)における課題

DDS は，活性本体である薬剤を徐放させる，もしくは特定の環境・刺激に応答して放出させることによって薬効を発揮する．放出が速いと DDS としての効果が得られず，遅すぎると薬効が十分に得られない．したがって DDS の安定性や薬物放出速度を最適化する必要がある．一般的に医薬品の薬理活性評価にはマウスなどの小動物が用いられ，DDS の最適化においても同様に小動物が使用される．十分な薬効が認められれば非臨床試験，臨床試験へと開発が進められ

10.5 トランスレーショナルリサーチ(TR)における課題

表10.1 がん治療における siRNA の臨床開発状況

薬剤名	標的分子	対象がん	DDS	臨床フェーズ
pbi-shRNA-STMN1 LP	stathmin1	進行性および/または転移がん	カチオン性リポプレックス（腫瘍内投与）	phase 1
ALN-VSP02	KSP, VEGF	肝臓障害を伴う進行性がん	SNALP	phase 1 完了
Atu027	プロテインキナーゼ N3 (PKN3)	局所進行性または転移性膵臓腺がん	脂質ナノ粒子（LNP）	phase 1/2
TKM-080301	PLK1	進行性肝細胞がん	LNP	phase 1/2
DCR-MYC	MYC	肝細胞がん	LNP	phase 1b/2
siRNA-EphA2-DOPC	EphA2	進行がん	電荷的中性リポソーム	phase 1
CALAA-01	RRM2	固形がん	トランスフェリン結合シクロデキストリンナノ粒子	phase 1
—	furin	進行性がん	siRNA 処置および GM-CSF 遺伝子導入した自家細胞がんワクチンの皮内投与	phase 2 phase 3
APN401	E3 ユビキチンリガーゼ Cbl-b	メラノーマ 膵臓がん 腎臓がん	siRNA 処置した末梢血単核球細胞の皮内投与	phase 1
siG12D LODER	KRAS	進行性膵臓がん	生分解性ポリマーインプラント	phase 2

文献15)をもとに作成

るが，DDS 医薬品の場合には小動物からヒトへの外挿が小分子化合物の場合よりも容易ではないということを念頭に置く必要がある[16]．例として，DDS の血中半減期はマウスと比較してウサギでは 2 倍，ヒトでは 4 倍になることが知られている（DDS の体外への排泄がクリアランス臓器を通過するごとに一定の割合で起こることを考えれば，一回の血液循環に時間を要する大きな個体で血中半減期が大きくなるのは理にかなっている）．したがって，マウスにおいて十分な血中滞留性を示し，標的組織に到達した 24 時間後に薬剤を放出する DDS を開発しても，ヒトでは 24 時間の安定性では不十分であり，DDS のほとんどが血中に存在している状況で薬剤を放出することになってしまう．すなわち徐放型などの DDS では，マウスで最適化したシステムはヒトでは安定性が不十分で期待どおりの効果が得られないと予想される．このような観点から，DDS の設計においてはヒトのタイムスケールで十分な安定性

を示しつつ，マウスにおいても薬効を示すようなシステム（すなわちマウスモデルでは多少安定しすぎていても，ヒトでの利用を前提に最適化されたシステム）を開発することが重要である．またマウスとヒトの種間差の問題を解決する有効なアプローチとして，環境や刺激に応答するリンカーの利用がある．たとえばがん組織内の低 pH 環境に応答するリンカー（シッフ塩基，アセタール結合など）がある．がん細胞では解糖系による ATP 産生が支配的となる Warburg 効果が一般的に認められ，その結果として産生される乳酸により腫瘍内の pH が低下している[17]．これはマウスとヒトで共通にみられる現象で，FDG（fluoro-2-deoxyglucose）-PET としても広くがん診断に応用されている．したがってこれらを利用すれば，マウスとヒトのいずれにおいても標的組織で選択的に薬剤を放出させることが可能になる．前述のように，抗がん剤を内包した高分子ミセルは，現在 5 種類の製剤が臨床試験中であるが，そのう

表 10.2　臨床試験中の高分子ミセル型 DDS

コードネーム	抗がん薬	封入様式	リンカー	臨床試験
NC-6004	シスプラチン	化学結合	白金(II)の配位子交換反応 (低 pH 応答性)	第III相
NC-4016	ダハプラチン (オキザリプラチン活性体)	化学結合	白金(II)の配位子交換反応 (低 pH 応答性)	第I相
NC-6300	エピルビシン	化学結合	シッフ塩基 (低 pH 応答性)	第I相
NK105	パクリタキセル	物理封入	—	第III相
NK012	SN-38	化学結合	エステル結合 (加水分解)	第II相

ち4種類は薬剤がポリマーに化学結合されたタイプとなっている(表10.2).

10.6　将来展望

　DDSは単なる製剤技術にとどまらず,薬物の副作用を低減させ,効能を最大限に高めることができる基盤的技術である.医薬品開発に高分子材料を用いようとする概念そのものには長い歴史があるものの,小分子薬剤が主流であった時代においては,その必要性は限定的であった.しかし小分子のみに依拠した旧来型の創薬がさまざまな限界点に直面している現在においては,DDSの必要性は高まるばかりである.近い将来,画期的な医薬品を開発するための有効な手段の一つとして,DDSが真に役立つ時代が到来すると期待される.とくにこれから重要となる核酸医薬やバイオ医薬品の実用化のためにはDDS技術は必要不可欠である.また,DDSはプラットフォーム技術であり,キャリア材料にリガンド分子やイメージング分子などのさまざまな機能性素子を集積化することで,「ナノマシン」ともいうべきスマート機能を具備した医療デバイスを構築することも原理的には可能である.ナノマシンを構築するための要素技術および関連技術も日進月歩で進化を遂げており,近い将来,DDSひいてはナノマシン技術ががんの診断および治療に革新をもたらすことに期待したい.

文　献

1) Shive M.S. & Anderson J.M., *Adv. Drug Deliv. Rev.*, **28**, 5 (1997).
2) Matsumura Y. & Maeda H., *Cancer Res.*, **46**, 6387 (1986).
3) Hobbs S.K., et al., *Proc. Natl. Acad. Sci. U.S.A.*, **95**, 4607 (1998).
4) Mullard A., *Nat. Rev. Drug Discov.*, **12** 329 (2013).
5) Ringsdorf H., *J. Polymer Sci. Sympo.*, **51**, 135 (1975).
6) Kopecek J. et al., *Eur. J. Pharm. Biopharm.*, **50**, 61 (2000).
7) Maruyama K. et al., *Adv. Drug. Deliv. Rev.*, **40**, 89 (1999).
8) Nishiyama N. et al., *Cancer Sci.*, **107**, 867 (2016).
9) Cabral H. et al., *Nature Nanotech.*, **6**, 815 (2011).
10) Miura Y. et al., *ACS Nano*, **7**, 8583 (2013).
11) Mi P. et al., *Nature Nanotech.*, **11**, 724 (2016).
12) Harrington K.J. et al., *Clin. Cancer Res.*, **7**, 243 (2001).
13) Hansen A.E. et al., *ACS Nano*, **9**, 6985 (2015).
14) Lee H. et al., *Clin. Cancer Res.*, **23**, 4190 (2017).
15) Ozcan G et al., *Adv. Drug Deliv. Rev.*, **87**, 108 (2015).
16) Stapleton S. et al., *PLOS One*, **8**, e81157 (2013).
17) Liberti1 M.V. et al., *Trends Biochem. Sci.*, **41**, 212 (2016).

Part II がん創薬の基盤となる先端テクノロジー

chapter 11 リキッドバイオプシー

Summary

従来のがん検診は，画像診断や生体組織検査（バイオプシー）を通じて疾患の有無やその位置を調べるのに対し，近年，血中を循環するがん細胞や腫瘍組織由来の核酸を検出することで診断を試みる，リキッドバイオプシーの技術開発が加速している．とくに細胞から分泌される「エクソソームなどの小胞顆粒，さらには包含される核酸やタンパク質」のうち，がん細胞に特徴的なもののみを検出する，迅速かつ超高感度の診断技術の開発が試みられている．本章ではリキッドバイオプシーの開発について概説するとともに，エクソソームを対象とした体液診断技術の最新の開発動向を紹介する．

11.1 リキッドバイオプシーの確立に向けて

診断から治療に至る従来の過程においては，(1) 疑いがある病変の位置や大きさを超音波（エコー）やX線（CT）を用いて調べる画像診断と，(2) 体表から針を刺すなどして疾患部位の一部を採取して病理組織学的に調べる生検（バイオプシー）により診断が確定され，治療方針が決定される．これらに加えて近年では，遺伝子の変異やその機能的意義を調べ，各症例に応じて治療を最適化するプレシジョン医療（precision medicine）の取り組みが進んでいる．

一方，血中を循環する腫瘍由来の細胞や核酸を検出することでがんの早期診断を試みる，リキッドバイオプシーの技術開発も，近年盛んに行われている．血液だけでなく，唾液や尿などの体液を対象とした検討が進められている．循環する腫瘍細胞やそのような細胞に由来する DNA や RNA（circulating tumor DNA/RNA, ctDNA/RNA），さらには腫瘍細胞から特異的に分泌される小胞顆粒（エクソソーム）やそこに内包される核酸やタン

表11.1 リキッドバイオプシーの開発に向けて

	バイオプシー	CTC	ctDNA/RNA	エクソソーム
侵襲性の有無	侵襲性	非侵襲性		
症例ごとの適正	疾患部	疾患部位に依存しない		
組織学的評価	○	×		
コピーナンバーの変化や遺伝子変異などを評価できる	○	○	○	△
機能解析	×	○	×	○
迅速診断	△	○		
分泌型 RNA の解析	×	×	○	

パク質も対象となっている（表11.1）．

11.2 リキッドバイオプシーを担う細胞，分子，小胞

11.2.1 循環腫瘍細胞（CTC）

循環腫瘍細胞（circulating tumor cell, CTC）の存在は 1869 年にオーストラリアの Ashworth 医師によって最初に報告された[1]．1990 年後半に入ると CTC の臨床的な意義が見いだされ始め，CellSearch システムなどの診断機器の開発

125

も行われた．CellSearchシステムはアメリカ食品医薬品局（Food and Drug Administration, FDA）に唯一認可された医療機器であり，上皮系マーカーであるEpCAM（上皮細胞接着分子，epithelial cell adhesion molecule）およびサイトケラチンと白血球のマーカーであるCD45に対する抗体を用い，血中を循環しているがん細胞を単離するものである．CTCはがん患者の血液から単細胞または細胞クラスターから単離することができる．乳がん，大腸がんおよび前立腺がんにおいて，単位血液当たりのCTC数が多い場合，有意に予後不良であるとされている[2-4]．

乳がん細胞を用いた解析によると，CTCは検出される細胞の数に加えて，それぞれが単一の細胞として分離しているか，あるいは複数の細胞が凝集している状態で検出されるかで，肺などへの転移の有無に有意な差異がある[5]．免疫不全マウスに転移性のヒト乳がん細胞を移植した解析から，シングルの状態と細胞塊の状態では増殖性に違いはほとんどみられないかわりに，細胞塊の状態のほうが転移部においてアポトーシス耐性を示し，生着性が高いことが示されている．また患者由来のCTCを単一細胞と細胞塊の状態に分けて次世代シーケンサーによる発現解析を行うと，CTCが細胞塊を形成している場合に細胞膜の裏打ちタンパク質であるプラコグロビン遺伝子の発現が有意に亢進し，転移を促進することが明らかになった．これらの結果はCTCの検出において，細胞数だけでなく細胞塊を形成しているかどうかも重要な評価項目になることを示唆している（図11.1）．

CTCをめぐる課題として，現在の標準的測定法では循環中のがん細胞が示す形質変化に対応することが難しいことが挙げられる．乳がんでは，循環中のがん細胞が化学療法に応じて上皮系から間葉系に自身の性質を変化させることが知られている．またCTCが間葉系の性質を示した場合，予後不良とも相関することも明らかになっている[6]．一方HER2（ヒト上皮細胞増殖因子受容体2, human EGF recpter2）陽性乳がんでは，循環中のがん細胞においてHER2の発現に変動がみられること，さらにはHER2の発現に応じて増殖能や薬剤感受性が異なることが明らかになっている[7]．これらはCTCを上皮系マーカーのみで検出するのは不十分であることを示唆しており，CTCの継時的な発現プロファイルを検討することや薬剤応答によって形質が変化する機序を理解することが必要である．

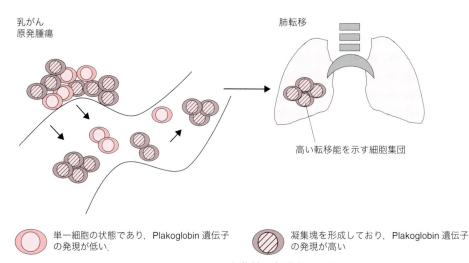

図11.1 CTCの凝集性と転移能の関連

11.2.2 循環腫瘍 DNA（ctDNA）

循環腫瘍 DNA（circulating tumor DNA, ctDNA）の存在は比較的古くから認知されており，1948 年に Mandel と Metais らによって初めて報告された[8]．その後，1977 年に Leno らによって健常人と比較してがん患者において ctDNA が有意に多く検出されることが明らかにされた[9]．さらに ctDNA 上からは変異や遺伝子欠損が検出され，エピジェネティックな変化も生じていることがわかってきた．ctDNA の収量自体は，血漿よりも血清から抽出したほうが多い．しかしながら ctDNA 上の変異やエピジェネティックな変化をより高精度に検出するには，血清より血漿のほうが適しているといわれている[10]．その理由は血清の場合は白血球などの免疫細胞などの混入があり，腫瘍由来の ctDNA の純度が低下する傾向にあるためである．

乳がんでは TP53 遺伝子や，細胞内のシグナル伝達にかかわるホスホイノシトール 3-キナーゼ（phosphoinositide 3-kinase, PI3K）経路の活性化因子である PIK3CA 遺伝子の変異が有意に検出されるため，これら二つの遺伝子に関する ctDNA の解析が転移性乳がんを対象として試みられている．症例数が少ないものの，乳がんの再発・転移に関しては，既存の腫瘍マーカーである CA15-3 や CTC よりも ctDNA を用いたほうがより高い精度で診断できる可能性が報告されている[11,12]．また，ホルモン受容体陽性の乳がんに対してサイクリン依存性キナーゼ 4 および 6（cyclin-dependent kinase 4/6, CDK4/6）阻害薬が有効であり，国内でもパルボシクリブ（palbociclib）が承認されているが，CDK4/6 阻害薬の奏効性と血漿中に検出される変異型の PIK3CA に関する ctDNA のコピー数の変化に相関が認められている[13]．

非小細胞肺がん，大腸がん，乳がん，前立腺がんを対象とした進行性がん（約 2 万症例）の血漿を用いた解析から，腫瘍組織で検出される変異が ctDNA からも検出されることが示された[14-18]．実際に，各症例において検出される KRAS や TP53 などのドライバー遺伝子の変異が，ctDNA においても同様に検出されている．これらの結果は，ctDNA を解析することで抗がん薬や分子標的治療薬の奏効性を評価できることを示唆している．

11.2.3 細胞遊離 RNA（cfRNA）およびエクソソーム

血中に分泌される RNA（cell-free RNA, cfRNA）を検出する試みは，1996 年に Stevens らによってメラノーマ（悪性黒色腫）の症例を対象として行われた．当初は血中を循環する RNA を直接検出するのではなく，循環中のメラノーマ細胞を検出する目的で，同細胞が強く発現しているメラニン産生関連酵素，チロシナーゼの RNA を検出することが試みられた．その後多くの研究から，非コード RNA（non-coding RNA, ncRNA）であるマイクロ RNA（miRNA）や長鎖非コード RNA（long non-coding RNA, lncRNA），さらには，tRNA 由来である tRF（transfer RNA-related fragments）が，エクソソームなどの小胞顆粒により細胞外へと分泌されることが明らかにされた（図 11.2）[19-21]．エクソソーム（exosome）とは，さまざまな細胞から分泌される直径約 50 〜 150 nm の小胞顆粒である．エクソソームを介して分泌される RNA のなかでもとくに miRNA は，がんをはじめとした種々の疾患の発症や亢進に寄与する（表 11.2）[21-27]．

がんに関しては，エクソソームを介して分泌される miRNA が浸潤・転移を促進することが Zhou らによって報告されている[29]．転移能が低い乳がん細胞と比較して，転移能が高い乳がん細胞では細胞内およびエクソソーム内において miR-105 の有意な増加が検出される．miR-105

■ 11章　リキッドバイオプシー ■

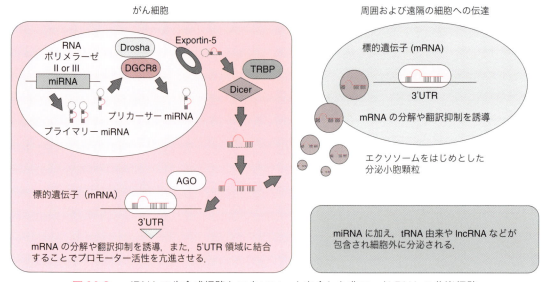

図11.2　miRNAの生合成経路とエクソソームを介した非コードRNAの分泌経路

表11.2　がんの悪性化における分泌型miRNAの役割

がん種	miRNA	形質の変化	機序	標的分子	文献
乳がん	miR-122	転移促進	線維芽細胞やグリア細胞においてピルビン酸キナーゼアイソザイムM2(PKM2)を標的としてグルコース代謝を抑制する．がん細胞の増殖に有利な環境が形成され前転移ニッチェの形成が促進される．	PKM2	27)
	miR-105		タイトジャンクションの形成を阻害し，脳などへの転移を促進する．	ZO-1	29)
	miR-181c		アクチンの脱重合を促進し，脳などへの転移を促進.	PDPK1	30)
肝がん	miR-1247-3p	微小環境の形成	周囲の線維芽細胞においてB4GALT3を抑制することがん関連線維芽細胞へと形質を変化させ，IL-6や8など炎症性サイトカインの分泌を誘導する．	B4GALT3	25)
脂肪肉腫	miR-25-3p, miR-92a-3p	転移促進	マクロファージ内に取り込まれ，IL-6などの炎症性サイトカインの分泌を誘導し，浸潤・転移を促進する．	-	26)
卵巣がん	miR-21	薬剤耐性	がん関連脂肪細胞（CAA）および線維芽細胞（CAF）から分泌されるmiR-21が卵巣がん細胞に取り込まれ抗がん剤耐性を誘導する．	APAF1	28)

PKM2：Pyruvate kinase M2, ZO-1：Zonula occludens-1, PDPK1：3-Phosphoinositide Dependent Protein Kinase1, B4GALT3：Beta-1, 4-Galactosyltransferase 3, APAF1：Apoptotic Peptidase Activating Factor 1

がエクソソームを介して血管内皮細胞に取り込まれると，タイトジャンクションの形成が阻害されるが，これはmiR-105がタイトジャンクションの形成に重要な役割を担う分子であるZonula Occludens 1（ZO-1）を直接の標的とし，その発現を抑制するためである．

　エクソソームおよびmiRNAは乳がんの脳転移を促進することも富永らにより報告されている[30]．脳転移性乳がん細胞からエクソソームを介してmiR-181cが分泌されること，さらにはその直接の標的分子として3-phosphoinositide dependent protein kinase-1（PDPK1）が明らかになっている．miR-181cによりPDPK1の発現が抑制されることで，アクチンの脱重合が促進されるが，その結果，脳内皮細胞間のタイトジャンクションが阻害される．この機序により，乳がん細胞は血液脳関門を破壊し脳へ転移する．これらの報告は，エクソソームを介して分泌される

128

miRNAががんの悪性化や転移性の有無といった形質を評価・診断するのに有用であるのみならず，がんの悪性形質そのものを機能的に制御することを示しており，新たな治療標的分子になりうることを示唆している．次項からは，エクソソームまたは体液中に分泌される小胞顆粒を対象としたがんの迅速診断技術に関して概説する．

11.3 miRNAを対象としたがんの迅速診断技術の開発

大腸がんにおいては，ステージ初期において血中エクソソーム由来の7種のmiRNA（let-7a, miR-1229, miR-1246, miR-150, miR-21, miR-223, and miR-23a）が健常人と比較して有意に高く検出される[31]．乳がんにおいても，血清由来のmiRNA（miR-1246, miR-1307-3p, miR-4634, miR-6861-5pおよびmiR-6875-5p）を評価することで，ステージ初期の症例でも診断できる可能性が報告されている（表11.3）[32]．

血中に加え，尿中で検出されるmiRNAを解析対象としたがんの迅速診断技術の開発も進められている．尿中miRNAを効率よく検出する機器の開発が試みられ，酸化亜鉛ワイヤ（ナノワイヤー）を用いることで従来の1/10量の検体で1,000種類以上のmiRNAを検出できる機器が開発され[33]，これにより複数のがん種において，がん患者特異的に分泌量が亢進しているmiRNAを同定することに成功している．

11.4 エクソソームを用いた抗がん薬感受性の評価

エクソソームにより分泌されるRNAやタンパク質を解析することで，抗がん薬に対する感受性を評価する試みがなされている[34,35]．Shaoらは，脳腫瘍症例およびがん細胞株を用いて抗がん薬であるテモゾロミド（temozolomide）に対する耐性に伴い，エクソソーム内のRNAに変動がみられるかを検討した．その結果，テモゾロミドの耐性因子として機能することが知られているO^6-メチルグアニンDNAメチル転移酵素（O6-methylguanine DNA methyltransferase, MGMT）およびアルキルプリン-DNA-N-グリコシダーゼ（alkylpurine-DNA-N-glycosylase, APNG）のmRNAコピー数が，薬剤耐性化に伴って有意に増加することが明らかにされた[34]．またこの解析プラットフォームとして，抗体によるエクソソーム表面マーカーの検出およびPCRによるエクソソーム内mRNAの定量を同一の基盤上で行える，独自の小型チップが作製された（表11.3）．

Wangらは転移性乳がんにおいて，アンスラサイクリンおよびタキサン系抗がん薬に耐性化した症例では，エクソソームを介して分泌されるTRPC5のタンパク質量が有意に亢進してくることを報告している[35]．TRPC5は，乳がん細胞株においてアンスラサイクリン系薬剤に対する耐性を誘導するものである[36]．131症例の乳がん症例を用いたさらなる解析により，転移性乳がんにおいては抗がん薬耐性に伴い，エクソソームを介してTRPC5の分泌量が有意に増加し，これが予後不良とも相関することが明らかになった．

HER2陽性の乳がんには，抗HER2抗体医薬であるトラスツズマブ（trastuzumab）が使用されている．トラスツズマブ耐性，さらには転移が確認されたHER2陽性症例を対象に血清由来のmiRNAを解析した結果，miR-940, miR-451a, miR-16-5pおよびmiR-17-3pの分泌量を評価すると，その奏効性を予測するのに非常に有用であることが報告されている[37]．興味深いことに，これらのmiRNAのうちmiR-940はがん細胞からおもに分泌されているのに対し，ほかのmiRNAは免疫系の細胞から分泌されている．これらの知

表11.3 分泌型 miRNA およびタンパク質を対象とした診断技術の開発

	がん種	対象物質	文献
早期診断	大腸がん	血清中エクソソームに含まれる miRNA (let-7a, miR-1229, miR-1246, miR-150, miR-21, miR-223, and miR-23a) が健常人に比べ有意に上昇.	31)
	乳がん	血清由来の miRNA (miR-1246, miR-1307-3p, miR-4634, miR-6861-5p および miR-6875-5p) を評価することでステージ初期からの乳がんを診断.	32)
	肺がん, 膵がん, 肝がん, 膀胱がん, 前立腺がん	酸化亜鉛ワイヤ (ナノワイヤー) を用いることで従来の 1/10 量で尿由来の miRNA を 1000 種類以上検出する技術を開発.	33)
薬剤に対する感受性予測	グリオーマ	エクソソーム中に内包される mRNA (MGMT と APNG) のコピー数が耐性化に伴い有意に増加.	34)
	乳がん	アンスラサイクリンおよびタキサン系薬剤に対する耐性化に伴いエクソソームを介して分泌される TRPC5 タンパク質量が亢進.	35)
再発予測	肝がん	生体肝移植後の再発症例において血清由来のエクソソーム中で有意に miR-718 の検出量が低下.	39)

MGMT:O6-methylguanine DNA methyltransferase, APNG:alkylpurine-DNA-N-glycosylase

見は,エクソソームを介して血中に分泌されるタンパク質や RNA を解析することが,抗がん薬の奏効性を予測するのに有用で,症例に応じた適切な薬剤の選択を可能にすることを示唆している.また検出される miRNA やタンパク質がどのような細胞に由来しているかを明らかにすることも,疾患部位のステージやその性状の理解に重要であり,今後の課題の一つであると考えられる.

11.5 がん再発の予測

特定の miRNA を検出することで,がん再発を予測することも可能であると考えられる.例として,メラノーマの再発に伴い,血清中に分泌される miR-15b の検出値が増加することがある[38].再発がみられなかった症例では,血清由来の miR-15b の検出量に有意な経時変化がみられなかったのに対し,再発症例では,ステージ初期の段階から miR-15b の検出量が増加した.これは,がんの再発をステージ初期から予測するのに加え,治療効果を評価するうえでも,血中 miR-15b レベルの測定が有用であることを示唆している.

肝がんでは,その治療選択肢の一つとして肝移植がある.肝移植は,遠隔転移がみられない症例に対しては有効で,根治的な治療方法と位置づけられているが,画像診断などでは検出することが難しい微小転移や遠隔転移があった場合は,それらの多くの症例で再発がみられることが問題であった.この点を改善するために,再発を早期に検出・診断する技術[39]や,患者自身の免疫細胞を肝移植の際に点滴投与するアプローチが試みられている[40].前者では,生体肝移植後の再発に伴って血清由来のエクソソーム中で有意に検出量が低下する miRNA として miR-718 が同定されている.また後者では,患者由来の NK 細胞を使用することで再発の抑制が試みられている(表11.3).

11.6 おわりに

CTC や ctDNA から始まり,近年ではエクソソームなどを介して分泌される ncRNA までがリキッドバイオプシーの対象として解析され,より迅速かつ高感度な診断技術の開発が試みられている.今後,これらの解析結果が実際の前向き研究(prospective study)で評価され,その精度が検証されるであろう.また次の課題として,(1)変動がみられた cfDNA や ncRNA がどのような細胞に由来しているのか,(2)検出される cfDNA

やncRNAの量は腫瘍組織の大きさと相関するのか，さらには，(3)それらの核酸が機能をもつのかどうかを検討する必要がある．今後はこれらの点が改善され，従来の病理診断では難しかった治療薬剤の最適化と副作用の予測，さらには再発・転移をリアルタイムで診断できる技術の開発が期待される．

文　献

1) T.R. Ashworth, *Aust. Med. J.*, **14**, 146 (1869).
2) Cohen S.J. et al., *J. Clin. Oncol.*, **26**, 3213 (2008).
3) Cristofanilli M. et al., *N. Engl. J. Med.*, **351**, 781 (2004).
4) de Bono J.S. et al., *Clin. Cancer Res.*, **14**, 6302 (2008).
5) Aceto N. et al., *Cell*, **158**, 1110 (2014).
6) Yu M. et al., *Science*, **339**, 580 (2013).
7) Jordan N.V. et al., *Nature*, **537**, 102 (2016).
8) Mandel P. & Metais P., *C. R. Seances Soc. Biol. Fil.*, **142**, 241 (1948).
9) Leon S.A. et al., *Cancer Res.*, **37**, 646 (1977).
10) El Messaoudi S. et al., *Clin. Chim. Acta*, **424**, 222 (2013).
11) Wang W. et al., *Clin. Chim. Acta*, **470**, 51 (2017).
12) Coombes R.C. et al., *Clin. Cancer Res.*, **1158**, 1078 (2019).
13) O'Leary B. et al., *Nat. Commun.*, **9**, 896 (2018).
14) Zill O.A. et al., *Clin. Cancer Res.*, **24**, 3528 (2018).
15) Phallen J. et al., *Sci. Transl. Med.*, **9**. 2415 (2017).
16) Agarwal N. et al., *Cancer*, **124**, 2115 (2018).
17) Wyatt A.W. et al., *J. Natl. Cancer Inst.*, **109**. 118 (2017).
18) Cohen J.D. et al., *Proc. Natl. Acad. Sci. U.S.A.*, **114**, 10202 (2017).
19) Shurtleff M.J. et al., *Proc. Natl. Acad. Sci. U.S.A.*, **114**, E8987 (2017).
20) Valadi H. et al., *Nat. Cell Biol.*, **9**, 654 (2007).
21) Qu L. et al., *Cancer Cell*, **29**, 653 (2016).
22) Fujita Y. et al., *J. Extracell. Vesicles*, **4**, 28388 (2015).
23) de Couto G. et al., *Circulation*, **136**, 200 (2017).
24) Ying W. et al., *Cell*, **171**, 372 (2017).
25) Fang T. et al., *Nat. Commun.*, **9**, 191 (2018).
26) Casadei L. et al., *Cancer Res.*, **77**, 3846 (2017).
27) Fong M.Y. et al., *Nat. Cell Biol.*, **17**, 183 (2015).
28) Au Y.C.L. et al., *Nat. Commun.*, **7**, 11150 (2016).
29) Zhou W. et al., *Cancer Cell*, **25**, 501 (2014).
30) Tominaga N. et al., *Nat. Commun.*, **6**, 6716 (2015).
31) Ogata-Kawata H. et al., *PLoS One*, **9**, e92921 (2014).
32) Shimomura A. et al., *Cancer Sci.*, **107**, 326 (2016).
33) Yasui T. et al., *Sci. Adv.*, **3**, e1701133 (2017).
34) Shao H. et al., *Nat. Commun.*, **6**, 6999 (2015).
35) Wang T. et al., *Cancer Sci.*, **108**, 448 (2017).
36) Ma X. et al., *Proc. Natl. Acad. Sci. U.S.A.*, **109**, 16282 (2012).
37) Li H. et al., *Nat. Commun.*, **9**, 1614 (2018).
38) Fleming N.H. et al., *Cancer*, **121**, 51 (2015).
39) Sugimachi K. et al., *Br. J. Cancer*, **112**, 532 (2015).
40) Yano T. et al., *PLoS One*, **12**, e0186997 (2017).

☑ **Drug Discovery for Cancer**

III

がん治療薬の分類と特徴

12 章　小分子化合物

13 章　抗体医薬

14 章　がん免疫療法薬

15 章　核酸医薬

Part III　がん治療薬の分類と特徴

chapter 12

小分子化合物

Summary

がんの薬物療法では，がん細胞を死滅または細胞増殖を抑制する目的で細胞傷害性抗がん薬，がん分子標的治療薬，内分泌療法薬などが用いられる．また抗がん薬による副作用を予防軽減する目的で支持療法薬が，がんによる苦痛や疼痛などの症状を緩和する目的で緩和治療薬も使用される．なかでも細胞傷害性抗がん薬とがん分子標的治療薬の小分子化合物は，がんの根治，延命・症状緩和を目指したがん薬物療法で中心的な役割を果たしている抗腫瘍薬である．古典的に殺細胞効果を指標に探索して開発されてきた細胞傷害性抗がん薬と，がんのバイオサイエンスの進展に伴い解明された，がん細胞のドライバー遺伝子変異などのがん細胞の悪性化にかかわる分子を薬理標的として開発されてきたがん分子標的薬には，それぞれに特徴がある（表12.1）．本章ではさまざまな小分子抗がん薬について，その作用機序を含めて概説する．

12.1 細胞傷害性抗がん薬

従来から広く使われている細胞傷害性抗がん薬は，増殖が盛んながん細胞を全般的なターゲットにしており，たとえばDNA合成や代謝に傷害（damage）を与えることで，細胞増殖阻害や細胞死を誘導して殺細胞効果を発揮する．そのため，細胞増殖率の高い腫瘍組織は細胞傷害性抗がん薬に高感受性を示すものの，細胞増殖率の低い腫瘍組織では感受性が低くなることが多く，それぞれの抗がん薬に対する適用がん種の決定は，臨床試験の成績などが大きな判断根拠となる．また代謝拮抗薬やトポイソメラーゼ阻害薬，微小管阻害薬などは作用点が細胞周期依存的であり，作用する時間が長いほうが効果を期待できる（時間依存性がある）．一方アルキル化薬などは増殖休止期を含め細胞周期非依存的にDNAなどに直接傷害を与えるため，曝露量が多いほうが効果を期待できる（用量依存性がある）（図12.1 a）．

このように細胞傷害性抗がん薬は細胞増殖過程

表12.1　細胞傷害性抗がん薬とがん分子標的治療薬の特徴比較

分類	細胞傷害性抗がん薬	がん分子標的治療薬
創薬プロセス	薬効スクリーニングから作用機序解明	標的分子の制御から薬効確認
薬理ターゲット	核酸，微小管，タンパク質など	がん悪性形質に特徴的な分子
作用メカニズム	一般的な細胞増殖機構を阻害（DNA合成や細胞分裂を阻害）	標的分子の機能を阻害（がん細胞の増殖シグナルなどを阻害）
選択性	低い（増殖率の高いがんに効果的）	高い（標的分子の存在が重要）
効果予測	難（臨床試験による）	可能（バイオマーカーによる）
おもな副作用発現	細胞増殖の盛んな正常組織	標的分子が発現する正常組織
副作用代表例	骨髄抑制，消化管障害，脱毛　など	皮膚障害，心筋障害，創傷治癒遅延　など

■ 12.1 細胞傷害性抗がん薬 ■

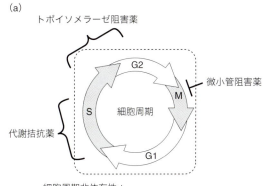

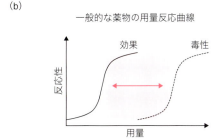

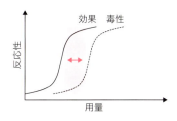

図 12.1 細胞傷害性抗がん薬の作用
(a) 代謝拮抗薬は DNA 合成経路に作用するため G1/S 期の細胞の感受性が高い．トポイソメラーゼは細胞周期の S/G2 期に機能するので，その阻害薬は S/G2 期に効果的である．細胞分裂期では微小管の重合脱重合が必須のため，微小管阻害薬は M 期に高い選択性を示す．白金製剤やアルキル化薬，抗腫瘍性抗生物質の細胞周期選択性は低い．(b) 抗がん薬の用量反応．一般に細胞傷害性抗がん薬は腫瘍選択性が乏しく，治療域が狭い．

を経て効果を発揮することが多いが，DNA 合成機構や細胞分裂機構自体は正常細胞にも共通して存在するため，がん細胞選択性は低くなる．そのため薬物の治療効果と毒性の用量反応曲線が近接して，いわゆる治療域 (therapeutic range) が狭くなり，抗腫瘍効果を得るために正常組織での強い副作用が避け難い（図 12.1 b）．細胞傷害性抗がん薬にしばしばみられる副作用は，造血器官である骨髄に対する副作用の好中球減少症や，細胞増殖が盛んな消化管粘膜や毛根細胞を含む皮膚などにおける下痢，口内炎，脱毛などである．そのため細胞傷害性抗がん薬を複数組み合わせる治療レジメンでは，患者個々の薬物動態を考慮しつつ副作用などの有害事象をコントロールする支持療法が必要である．

12.1.1 代謝拮抗薬
(a) 基本構造

代謝拮抗薬は DNA 合成に必要な材料に化学構造が類似しており，細胞内の代謝酵素を拮抗的に阻害してヌクレオシドの合成や DNA 合成を阻害する．おもに細胞周期の S 期進行を抑制するが，その標的経路から，葉酸拮抗薬，ピリミジン拮抗薬，プリン拮抗薬に大別できる（表 12.2）．葉酸拮抗薬は核酸合成経路で働く補酵素の葉酸に構造が類似しており，核酸合成系を阻害する．ピリミジン拮抗薬にはウラシルに類似した構造のフッ化ピリミジン系とチミジンに類似した構造のチミジン系ならびにシチジンに類似したシチジン系があり，ピリミジン代謝経路を阻害して DNA 合成を阻害する．プリン拮抗薬はグアニンやアデニンの誘導体で，プリン合成経路を阻害して DNA 合成を抑制する．

(b) 作用機序

細胞内で葉酸は，ジヒドロ葉酸還元酵素 (dihydrofolate reductase, DHFR) によりテトラヒドロ葉酸となり，チミジル酸合成酵素 (thymidylate synthase, TS) を活性化する補酵素として機能する．メトトレキサート (methotrexate) は DHFR に結合して葉酸活性化反応を阻害する（図 12.2）．メトトレキサートが DHFR を阻害すると TS の活性化が抑制さ

135

12章 小分子化合物

表12.2 代謝拮抗薬一覧

代謝拮抗薬分類		薬物(一般名)	おもな阻害経路，標的酵素	おもな副作用
葉酸拮抗薬		メトトレキサート	DHFR	悪心・嘔吐，倦怠感，消化器障害，発疹，骨髄抑制，感染症，間質性肺炎，肝臓障害
		ペメトレキセド	DHFR, TS, GARFT	悪心・嘔吐，倦怠感，消化器障害，骨髄抑制，感染症，間質性肺炎，肝臓障害
ピリミジン拮抗薬	フッ化ピリミジン系	フルオロウラシル	TS	消化器障害，下痢，悪心・嘔吐，倦怠感，骨髄抑制
		テガフール	TS	消化器障害，下痢，悪心・嘔吐，倦怠感，骨髄抑制，肝臓障害，腎障害，色素沈着
		カペシタビン	TS	手足症候群，悪心，骨髄抑制，消化器障害，下痢，心障害，肝臓障害，腎障害
	チミジン系	トリフルリジン	TS, DNA・RNAに取り込まれて伸長阻害	悪心・嘔吐，疲労，消化器障害，骨髄抑制，感染症
	シチジン系	シタラビン	DNA・RNAに取り込まれて伸長阻害	骨髄抑制，感染症，消化器障害，間質性肺炎，肝臓障害，腎障害
		ゲムシタビン	DNA・RNAに取り込まれて伸長阻害	骨髄抑制，感染症，消化器障害，間質性肺炎，心毒性，肝臓障害，腎障害，呼吸器障害
		アザシチジン	DNAに取り込まれてメチル化阻害	骨髄抑制，感染症，便秘，倦怠感，発熱，肝臓障害
プリン拮抗薬		メルカプトプリン	IMPデヒドロゲナーゼ アデニロコハク酸シンターゼ	悪心・嘔吐，発疹，骨髄抑制，肝臓障害，腎障害
		フルダラビン	DNA・RNAに取り込まれて伸長阻害	悪心・嘔吐，疲労，呼吸器障害，頭痛，便秘，骨髄抑制，肝臓障害，腎障害
		ペントスタチン	アデノシンデアミナーゼ	発熱，嘔吐，倦怠感，骨髄抑制，肝臓障害，腎障害

DHFR；ジヒドロ葉酸還元酵素，TS；チミジル酸合成酵素，GARFT；グリシンアミドリボヌクレオチドホルミルトランスフェラーゼ

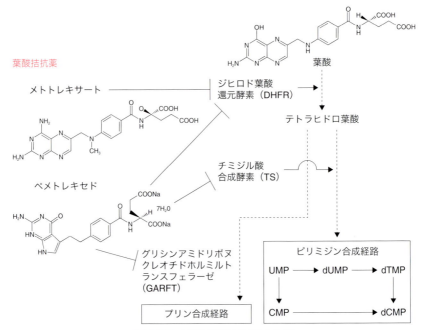

図12.2 葉酸代謝拮抗薬の作用
メトトレキサートやペメトレキセドは葉酸の構造類似体である．これらは細胞内では葉酸に競合して代謝酵素を阻害し，ピリミジン合成やプリン合成経路に必要な基質の産生を抑制してDNA合成を阻害する．

れ，その結果細胞内デオキシチミジン一リン酸（dTMP）の合成が阻害されて，DNA合成が抑制される．また*DHFR*遺伝子の増幅・発現亢進はメトトレキサートに対する耐性に寄与することが知られている．ペメトレキセド（pemetrexed）は主標的としてのTSに加え，DHFRやプリン合成経路に働くグリシンアミドリボヌクレオチドホルミルトランスフェラーゼ（GARFT）などの複数の葉酸代謝関連酵素を阻害する．細胞内のメトトレキサートやペメトレキセドはポリグルタミン酸化を受けると細胞内貯留性が長くなり，殺細胞効果が持続する．

フッ化ピリミジン系薬の中心的薬剤のフルオロウラシル（fluorouracil，5-FU）は，ウラシルにフッ素を導入した類似構造体で，DNA合成阻害とRNA機能障害を起こす（図12.3）．細胞内で5-FUにデオキシリボースが付加した後，リン酸化を受けて5-フルオロデオキシウリジン一リン酸（FdUMP）となり，これがTSの活性を阻害してDNA合成を抑制する．また5-FUにリボースが付加されリン酸化を受けてフルオロウリジン三リン酸となると，RNAに取り込まれてRNAの機能障害を誘導する．カペシタビン（capecitabine）は5-FUのプロドラッグだが，肝臓のカルボキシルエステラーゼとシチジンデアミナーゼの代謝を受けて5'-デオキシ-5-フルオロウリジン（ドキシフルリジン/5'-DFUR）に代謝され，その後，がん細胞で比較的活性の高いチミジンホスホリラーゼで5-FUに変換される．同様に5-FUのプロドラッグであるテガフール（tegafur）は，肝臓でおもにCYP2A6に代謝されて5-FUに変換され，通常はテガフール・ウラシル（UFT）あるいはテガフール・ギメラシル・オテラシル（S-1）のような配合剤で使われる．ウラシル，ギメラシルは5-FUの不活化酵素であるジヒドロピリミジン脱水素酵素（dihydropyrimidine dehydrogenase，DPD）を阻害して5-FUの有効血中濃度を長時間維持させ，またオテラシルは消化管でオロテートホスホリボシル転移酵素（orotate phosphoribosyl transferase，OPRT）を阻害して5-FUの消化管での活性化を抑制し，消化管傷害を軽減させる．

トリフルリジン（trifluridine）はチミジン誘導体で，TSを阻害するとともに，DNAに取り込まれてDNA合成を阻害する．生体内では代謝不活化されやすいので，実際には代謝酵素チミジンホスホリラーゼの阻害剤であるチピラシルとの合剤で投与される．シチジン系のシタラビン（cytarabine）はシトシンにアラビノースが結合したシチジン類似体である．細胞内でリン酸化されてシタラビン三リン酸となり，競合阻害薬としてDNAポリメラーゼαを阻害してDNA合成を抑制する．エノシタビン（enocitabine）はシタラビンのプロドラッグとして作用する．ゲムシタビン（gemcitabine）は糖鎖の2'位の水素がフッ素に置換されたデオキシシチジン類似体であり，細胞内でリン酸化を受けてゲムシタビン三リン酸となり，競合的にDNAに取り込まれるとDNA伸長を阻害してDNA合成阻害効果を示す．またゲムシタビン二リン酸はリボヌクレオチドレダクターゼを阻害し，細胞内デオキシシチジン三リン酸を低下させる．アザシチジン（azacitidine）はシトシンの5位の炭素が窒素に置換されており，DNAに取り込まれるとDNAのシチジンのメチル化が阻害され細胞増殖が抑制される．

メルカプトプリン（mercaptopurine）は細胞内でヒポキサンチン-グアニンホスホリボシルトランスフェラーゼ（HGPRT）によりチオイノシン一リン酸（TIMP）に変換され，これが内在性のイノシン酸と拮抗してプリン生合成経路を介在するIMPデヒドロゲナーゼやアデニロコハク酸シンターゼを阻害する．その結果プリンヌクレオチドの合成が抑制され，DNA合成が阻害されて増殖抑制効果が発揮される．フルダラ

■ 12章　小分子化合物 ■

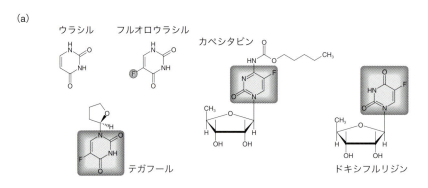

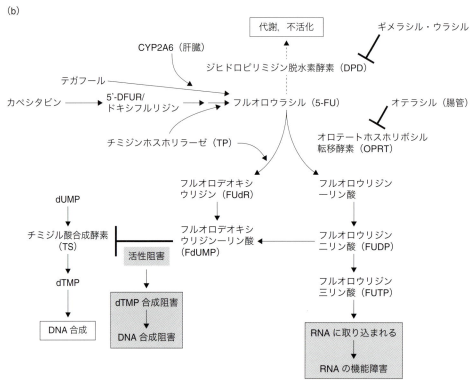

図 12.3　フルオロウラシル系薬の構造と作用
フルオロウラシル系薬の構造(上段)．細胞内に取り込まれた後，5-フルオロデオキシウリジン-リン酸(FdUMP)となり，DNA 合成や RNA 合成を抑制する．

ビン（fludarabine）はプリン環にフッ素が導入されたプリン類似体のリン酸化体（2F-ara-AMP）で，血漿中で脱リン酸化された 2F-ara-A が細胞内に取り込まれると，デオキシシチジンキナーゼ（dCKase）によってリン酸化されて活性化体（2F-ara-ATP）となり，DNA 合成や RNA 合成を阻害する．ペントスタチン（pentostatin）はアデノシンデアミナーゼを阻害するが，結果として生成されたアデノシン誘導体が抗腫瘍性を発揮すると考えられている．

12.1.2　白金製剤
(a) 基本構造

　水溶性の 2 価の無機白金錯体を含む化合物で，

錯体中心の白金原子に対して脱離基と担体配位子がそれぞれシスに配位している（表12.3）．抗腫瘍性活性の発現には細胞内でこの脱離基が外れて，DNAの塩基に架橋反応を起こすことが重要である．さまざまな固形がんの薬物療法において重要な位置を占めている．

(b) 作用機序

白金錯体の主たる標的は核酸である．白金がDNAと共有結合後に架橋を形成して細胞毒性を示す（図12.4）．最も古い白金製剤であるシスプラチン（cisplatin）は，細胞内で塩素が脱離して水分子と置き換わり陽イオン化する．この活性化錯体がおもに同一DNA鎖内での隣接する塩基間，とくにグアニンの7位の窒素基に共有結合して同一DNA鎖上に架橋（intrastrand cross-link）を形成し，用量依存的に細胞毒性を発揮する．第二世代の白金製剤であるカルボプラチン（carboplatin）は，脱離基がシスプラチンと比較して安定なため，副作用が軽減される．第三世代のオキサリプラチン（oxaliplatin）は，担体配位子がシスプラチンやカルボプラチンと異なり，これらの薬剤が効かない大腸がんなどにも適応可能である．またオキサリプラチンはフッ化ピリミジン系薬剤との相乗効果を示し，フルオロウラシル，

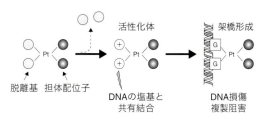

図12.4　白金製剤の作用機序
脱離基が外れた活性化体白金製剤とDNAのグアニンなどに共有結合が生じて，DNA損傷が生じる．

レボホリナートとの3剤併用FOLFOX療法などが切除不能な大腸がんの標準レジメンとして開発されている．

白金製剤に対する耐性機構としては，細胞内への取り込みの低下や排出の亢進による細胞内薬物濃度の低下，グルタチオン抱合の亢進やメタロチオネインとの結合による白金錯体の代謝不活化などが挙げられる．さらに白金-DNA付加体を取り除くヌクレオチド除去修復機構やDNAミスマッチ修復機構の機能の変動も白金製剤の感受性に影響する．オキサリプラチンはシスプラチンとは担体配位子が異なるため，DNAミスマッチ修復機構の作用に対する感受性も異なると考えられ，シスプラチン耐性がん細胞にも効果を示すことがある．

表12.3　白金製剤一覧

薬物（一般名）	特徴	構造	適応レジメンなど	おもな副作用
シスプラチン	・最も古い白金製剤 ・塩素が外れてDNAに架橋を形成 ・投与前後に十分な輸液 ・生理食塩液またはブドウ糖-食塩液で希釈		多くの固形がんで単剤または2剤併用	悪心・嘔吐（リスク大），腎障害，末梢神経障害，聴覚障害（アミノグリコシド系抗菌薬との併用でリスク大），骨髄抑制
カルボプラチン	・脱離基が比較的安定なため，シスプラチンに比べ，腎障害，神経障害の副作用が軽減 ・投与時の大量補液は不要		卵巣がん，精巣腫瘍，子宮頸がん，肺がん，悪性リンパ腫，乳がん	骨髄抑制，過敏反応，悪心・嘔吐，腎障害，末梢神経障害
オキサリプラチン	・大腸がんでも使う ・ほかの白金製剤と交差耐性を示さない ・フッ化ピリミジン系と相乗効果 ・ブドウ糖液で希釈		大腸がんや膵がん，胃がんなどの治療に対する多剤併用（FOLFOX療法など）で標準的に使われる	末梢神経障害（リスク大），骨髄抑制，過敏反応，悪心・嘔吐，腎障害

12.1.3 アルキル化薬
(a) 基本構造

アルキル化薬は構造中に活性なアルキル基をもち，これをおもにDNAに転移させてDNAをアルキル化する化合物である（表12.4）．化学構造の原型は第一次世界大戦中に毒ガスとして開発されたアルキル基を2個もつナイトロジェンマスタード類である（図12.5 a）．これをもとにスルホン酸アルキル類，ニトロソウレア類やトリアゼン類などの薬剤が開発されてきた．アルキル化薬は造血器腫瘍や脳腫瘍などのさまざまながんの薬物療法に使われている．

(b) 作用機序

アルキル化薬はおもに細胞内のDNAの塩基部分にアルキル基を付加してDNAを障害する．がん細胞はアルキル化されたDNAを修復できないため，増殖が阻害される．ナイトロジェンマスタード系薬のシクロホスファミド（cyclophosphamide）などはクロロエチル基をもち，肝臓での薬物代謝酵素により活性化された後，おもにグアニンのN-7位をアルキル化する．ブスルファン（busulfan）などのスルホン酸アルキル類はアルカンの両方をスルホン酸に置換した構造で，現在では造血幹細胞移植の前処置に使われることが多い．ニムスチン（nimustine）などのニトロソウレア類は尿素にニトロソ基が結合した構造で，脂溶性の血液脳関門を通過できるため，脳腫瘍などに使われる．同じニトロソウレア類のストレプトゾシン（streptozocin）は膵・消化管神経内分泌腫瘍に使われるが，腎毒性があるので尿検査などで血中クレアチニン増加に注意する．トリアゼン類のダカルバジン（dacarbazine）やテモゾロミド（Temozolomide）は生体内で活性化され，グアニンのO-6位をメチル化する．テモゾロミドは脂溶性で血液脳関門を通過でき，腸管吸収もよいため，悪性神経膠腫（グリオーマ）に対して使われる（図12.5 b）．一方アルキル化したDNAに対する修復系酵素はアルキル化薬に対する感受性に影響する．たとえばO^6-メチルグアニンアルキルトランスフェラーゼやヌクレオチド除去修復系の発現亢進などは，アルキル化薬に対する耐性に関与することが知られている．

12.1.4 抗腫瘍抗生物質
(a) 基本構造

放線菌などの微生物由来の抗生物質のなかには，殺細胞効果を示し抗がん薬として有用なものがある．その作用機序は多様で，DNA合成阻害，RNA合成阻害，DNA鎖切断，DNAトポイソメラーゼIIの阻害などが知られている（表12.5，図12.6）．

表12.4 代表的アルキル化薬一覧

分類	薬物（一般名）	特徴	適応レジメンなど	おもな副作用
ナイトロジェンマスタード類	シクロホスファミド イホスファミド メルファラン ベンダムスチン	・マスタードガス由来 ・最も古くから使われた ・おもにグアニンのN-7位をアルキル化する	白血病やリンパ腫から固形がんまでさまざまで，多剤併用で使われる	骨髄抑制，悪心・嘔吐，脱毛，出血性膀胱炎，消化器障害
スルホン酸アルキル類	ブスルファン	・アルカンの両端をスルホン酸に置換	慢性骨髄性白血病や造血幹細胞移植の前処置	骨髄抑制，悪心・嘔吐，消化器障害，肝臓障害，間質性肺炎
ニトロソウレア類	ニムスチン カルムスチン ストレプトゾシン	・尿素にニトロソ基が結合した構造 ・血液脳関門を通過	脳腫瘍や消化器がんなど	骨髄抑制，悪心・嘔吐，消化器障害，間質性肺炎
トリアゼン類	ダカルバジン	・グアニンのO-6位をメチル化	ホジキンリンパ腫，悪性黒色腫	悪心・嘔吐，骨髄抑制，消化器障害，肝臓障害，感染症
	テモゾロミド	・テモゾロミドは血液脳関門を通過	脳腫瘍	

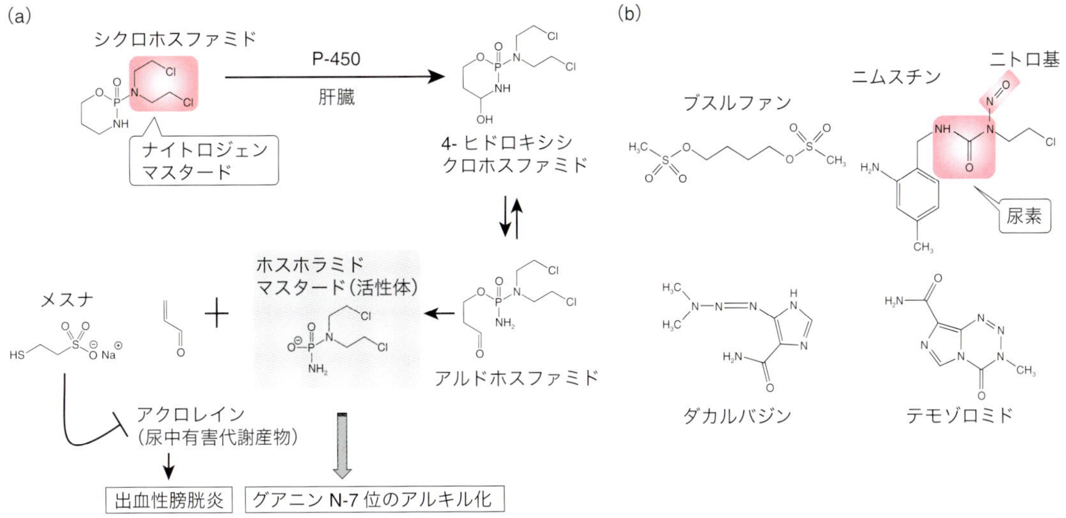

図 12.5 アルキル化薬の構造と作用
(a) シクロホスファミドは代謝されて活性体になり，DNAのグアニン塩基をアルキル化する．シクロホスファミドの代謝副産物であるアクロレインが膀胱中に蓄積すると，代表的副作用である出血性膀胱炎が生じる．チオール基をもつメスナは補助薬として用いられ，アクロレインを中和することでシクロホスファミドの副作用を予防する．(b) 代表的なアルキル化薬の構造．

(b) 作用機序

アントラサイクリン系薬はキノン構造の4員環に糖が結合した構造をもつ．ドキソルビシン（doxorubicin）は古くから使われる抗がん薬で，2本鎖DNAの塩基のあいだにインターカレートしてDNA合成やRNA合成を抑制し，またDNAトポイソメラーゼⅡを阻害する．さらに構造中のキノンに由来するフリーラジカルが発生しDNA傷害を引き起こして殺細胞効果を示す．アントラサイクリン系抗腫瘍抗生物質は，薬物排出ポンプであるP-糖タンパク質の基質になることが多い．

ブレオマイシン（bleomycin）は日本で見いだされた糖ペプチド性抗生物質で，2価鉄イオンとキレートして錯体を形成する．これがDNAと結合すると活性酸素を産生し，2本鎖DNAを切断す

表 12.5 代表的な抗腫瘍性抗生物質の一覧

分類	薬物（一般名）	特徴	適応レジメンなど	おもな副作用
アントラサイクリン系	ドキソルビシン エピルビシン ダウノルビシン イダルビシン アムルビシン	キノンをもつ4員環に糖が結合した構造の抗生物質 DNA鎖の間にインターカレート DNA・RNA合成阻害 トポイソメラーゼ活性阻害	白血病や固形がんなど種々のがんで使用	心毒性，骨髄抑制，悪心・嘔吐，食欲不振，脱毛，消化器障害（心筋障害があるため，総投与量に制限）
	ブレオマイシン ペプロマイシン	鉄イオンとキレート錯体を形成 フリーラジカル形成 2本鎖DNA切断	皮膚がんや頭頸部がん，胚細胞腫瘍，悪性リンパ腫など多剤併用で使われる	間質性肺炎，皮膚障害，発熱，脱毛
	アクチノマイシンD	DNAにインターカレート DNA・RNA合成阻害	ウイルムス腫瘍，ユーイング肉腫，横紋筋肉腫など小児の固形がん	悪心・嘔吐，食欲不振，骨髄抑制，皮膚障害，肝臓障害
	マイトマイシンC	DNAのアルキル化 DNAに架橋形成 DNA複製阻害	白血病や種々の固形がん	悪心・嘔吐，消化器障害，骨髄抑制，倦怠感，溶血性尿毒症症候群

12章 小分子化合物

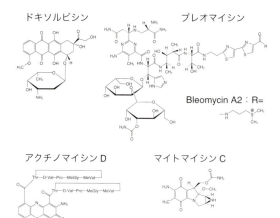

図 12.6　代表的な抗腫瘍性抗生物質の構造

る．ブレオマイシンはブレオマイシン不活化酵素で代謝されるため，この不活性化酵素の少ない扁平上皮がんや皮膚がんなどで使われる．

　アクチノマイシン D (actinomycin D) は小児の固形がんに使われる．2本鎖 DNA にインターカレートして DNA 依存性 RNA ポリメラーゼを阻害し，RNA 合成を阻害する．また DNA トポイソメラーゼ II も阻害する．

　マイトマイシン C (mitomycin C) はアルキル化作用をもつ抗生物質で，肝臓や腎臓の細胞内の NAD(P)H：キノンオキシドレダクターゼで還元されて活性化される．この活性体が DNA と共有結合し，また架橋を形成して DNA 合成を阻害する．したがって DNA 修復系の亢進や NAD(P)H：キノンオキシドレダクターゼなどの活性低下がマイトマイシン C に対する抵抗性に関与する．

12.1.5　トポイソメラーゼ阻害薬
(a) 基本構造

　細胞のゲノムはクロマチンが折りたたまれた高次構造を形成している．DNA 鎖を切断・再結合する活性をもつ DNA トポイソメラーゼは，このようなクロマチン DNA の高次構造におけるトポロジーを変換させることにより DNA 鎖のねじれを調節し，DNA 複製や転写などを促進させる．DNA の 2本鎖のうちの 1本を切断する DNA トポイソメラーゼ I と 2本鎖の両方を切断する DNA トポイソメラーゼ II があるが，DNA トポイソメラーゼ阻害薬は，これらを阻害することで細胞周期の進行を阻害，DNA を切断し殺細胞効果を発揮する．抗腫瘍抗生物質のなかには DNA とのインターカレートを介してトポイソメラーゼ II 活性を阻害するものがある (表 12.6)．

(b) 作用機序

　中国の喜樹から抽出されたアルカロイドであるカンプトテシン (camptothecin) を原型にして，イリノテカン (irinotecan) やノギテカン (nogitecan) などの DNA トポイソメラーゼ I の阻害薬が合成された．これらは DNA トポイソメラーゼ I を阻害して 1本鎖 DNA ダメージを誘導，DNA 複製を抑制するため，細胞周期が S 期の細胞に対する殺細胞効果が高い (図 12.7)．またイリノテカンはプロドラッグであり，生体内のカルボキシルエステラーゼにより活性代謝産物 SN-38 に変換される．

　エトポシド (etoposide) は植物であるミヤオソ

表 12.6　トポイソメラーゼ阻害薬一覧

薬物（一般名）	特徴	適応レジメンなど	おもな副作用
トポイソメラーゼ I 阻害薬　イリノテカン　ノギテカン	イリノテカンの活性代謝物 SN-38 がトポイソメラーゼ I を阻害　細胞周期 S 期で感受性が高く，DNA 複製阻害	多剤併用などで大腸がん (FOLFIRI 療法), 肺がん, 卵巣がんなど	高頻度の下痢（早発性と遅発性），消化管障害，骨髄抑制，悪心・嘔吐，食欲不振，間質性肺炎
トポイソメラーゼ II 阻害薬　エトポシド	トポイソメラーゼ II を阻害するので，G2/M 期が感受性が高い	肺小細胞がん，悪性リンパ腫や睾丸腫瘍や胚細胞腫，多剤併用で小児がんなど	骨髄抑制，消化器障害，悪心・嘔吐

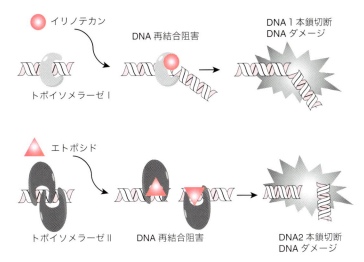

図 12.7　トポイソメラーゼ阻害薬の作用
トポイソメラーゼは，DNA の切断－再結合を行い，DNA のトポロジーやねじれを解消して DNA 複製や組換え修復に機能する．トポイソメラーゼ阻害薬で DNA 鎖の再結合が阻害されると DNA ダメージが蓄積して細胞死が誘導される．

ウから抽出されたポドフィロトキシンを原材料として半合成された誘導体である．DNA トポイソメラーゼⅡ-DNA の切断複合体に結合して安定化させ，DNA の再結合を阻害する（図 12.7）．この結果，DNA の 2 本鎖切断が生じて細胞周期停止，細胞死が起こるため，エトポシドによる殺細胞効果は細胞周期が S 期や G2 期の細胞で高い．

イリノテカン，SN-38，ノギテカン，エトポシドは薬物排出トランスポーターである P-糖タンパク質，ABCG2/BCRP，MRP1，MRP2 などの基質になるので，これらのトランスポーターの発現が薬剤耐性にかかわっている．

12.1.6　微小管阻害薬

(a) 基本構造

微小管は α-チューブリンと β-チューブリンのヘテロ二量体を基本単位とする重合体から成り，チューブリンの重合と脱重合による微小管のダイナミクスは，細胞分裂時の紡錘体形成や細胞内小器官の配置，細胞内物質輸送，細胞運動などに重要な機能をもつ．微小管の機能阻害薬は細胞分裂阻害作用を示し，細胞のアポトーシスを誘導して抗腫瘍効果を発揮する．微小管のダイナミクスを阻害する抗悪性腫瘍薬としては，植物由来のビンカアルカロイド系薬とタキサン系薬，近年開発されたハリコンドリン系薬のエリブリン（eribulin）がある（表 12.7）．

(b) 作用機序

ニチニチソウから抽出される植物アルカロイドから半合成されるビンクリスチン（vincristine）などのビンカアルカロイド系薬は，チューブリンの重合を阻害し，その結果チューブリン脱重合が優位になって微小管が崩壊する（図 12.8）．そのため紡錘体が形成されずに，細胞分裂期で増殖が停止し，やがて細胞死を起こす．イチイ属の植物の抽出物から開発されたパクリタキセル（paclitaxel）などのタキサン系薬は，微小管の脱重合を阻害して微小管の過度の安定化を誘導する．これにより異常な微小管が安定化されて，正常な紡錘体が形成されずに細胞分裂期が停止する．エリブリンは海洋生物クロイソカイメンから抽出されたハリコンドリン B をもとに開発された微小管阻害薬で，微小管重合と伸長を阻害することで紡錘体形成を阻害し，細胞分裂期停止を誘導する．

12章 小分子化合物

表12.7 微小管阻害薬一覧

薬物（一般名）	特徴	適応レジメンなど	おもな副作用
ビンクリスチン ビンブラスチン ビンデシン ビノレルビン	微小管の外側および伸長端に結合してチューブリンの重合を阻害	白血病や悪性リンパ腫，小児腫瘍など様さまざまながん種	高頻度の末梢神経傷害，骨髄抑制，脱毛，悪心・嘔吐，血管外漏出時の皮膚傷害
パクリタキセル ドセタキセル カバジタキセル	微小管の内側に結合してチューブリンの脱重合を阻害	婦人科がん，非小細胞肺がん，頭頸部がん，前立腺がんなど	骨髄抑制，悪心・嘔吐，脱毛，末梢神経障害，さらにドセタキセルでは浮腫，カバジタキセルでは下痢
エリブリン	微小管の伸長端に結合してチューブリンの重合を阻害	乳がん，悪性軟部腫瘍	骨髄抑制，悪心・嘔吐，脱毛，発熱，末梢神経障害

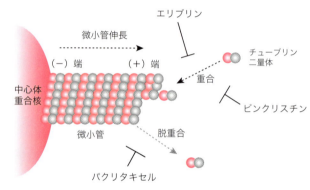

図12.8 微小管阻害薬の作用部位
微小管の伸長はチューブリンヘテロ2量体の重合-脱重合のバランスによる．ビンクリスチンやエリブリンは重合を，パクリタキセルは脱重合をそれぞれ阻害する．

これらの微小管阻害薬の殺細胞効果は細胞分裂期特異的であるが，ビンカアルカロイドは微小管の外側に，またタキサン系薬は微小管の内側に結合するのに対し，エリブリンは微小管の重合が進行する伸長端にのみ結合し，微小管の脱重合は阻害しない．また微小管阻害薬は神経細胞での軸索輸送にも作用するため，手足のしびれなどの末梢神経障害が副作用として起こる．これら微小管阻害薬は，薬物を細胞外に排出するP-糖タンパク質のよい基質であり，P-糖タンパク質の発現が薬剤耐性に関係することが知られている．

アルカロイド化合物にはカリブ海産のホヤの一種 *Ecteinascidia turbinate* から単離された，3個のテトラヒドロイソキノリン環をもつトラベクテジン（trabectedin）もあるが，これはDNA修復能に作用して抗腫瘍効果を発揮し，悪性軟部腫瘍に適用される．

12.1.7 内分泌療法薬
(a) 基本構造

がん細胞のなかにはホルモン依存性の増殖を示すものがある．なかでも男性ホルモンのアンドロゲンに依存して増殖する前立腺がんや女性ホルモンのエストロゲンに依存して増殖する乳がんに対しては，ホルモンの作用を抑制する内分泌療法（ホルモン療法）が適用される．ホルモン作用を抑制する方法として，アンドロゲンやエストロゲンの産生を抑える方法と，アンドロゲン受容体やエストロゲン受容体の作用を阻害する方法がある（表12.8）．

表12.8 ホルモン療法薬一覧

分類			薬物（一般名）	作用機序	適応 乳がん 閉経前	適応 乳がん 閉経後	おもな副作用
ホルモン受容体陽性前立腺がん	ホルモン産生抑制	LH-RHアナログ	アゴニスト	ゴセレリン リュープロレリン	LH-RHを減少させて性ホルモン分泌低下			前立腺がん随伴症 更年期様症状
			アンタゴニスト	デガレリクス	LH-RHに拮抗して性ホルモン分泌低下			ほてり，体重増加，発熱，高血圧
		CYP17阻害薬	ステロイド性	アビラテロン	CYP17阻害によりアンドロゲン産生低下			肝臓障害，心障害，高血圧，高脂血症，浮腫，低K血症
	受容体機能抑制	抗アンドロゲン薬	非ステロイド性	フルタミド ビカルタミド	アンドロゲン受容体に拮抗してアンドロゲン作用を阻害			肝臓障害，女性化乳房，勃起不全，性欲低下
			ステロイド性	クロルマジノン				
			非ステロイド性	エンザルタミド	アンドロゲン受容体過剰発現でもアンドロゲン拮抗作用			痙攣発作，高血圧，便秘，疲労，食欲減退
ホルモン受容体陽性乳がん	ホルモン産生抑制	LH-RHアナログ	アゴニスト	ゴセレリン リュープロレリン	LH-RHを減少させて性ホルモン分泌低下	○		前立腺がん随伴症 更年期様症状
		アロマターゼ阻害薬	非ステロイド性	アナストロゾール レトロゾール	アロマターゼ阻害により，アンドロゲンからのエストロゲンの産生低下		○	ほてり，肝臓障害，骨粗鬆症，関節痛
			ステロイド性	エキセメスタン			○	
	受容体機能抑制	抗エストロゲン薬	SERM	タモキシフェン	エストロゲン受容体に拮抗してエストロゲン作用を阻害	○	○	ほてり，血栓症，肝臓障害，子宮体がん
				トレミフェン			○	
			SERD	フルベストラント		●	○	血栓症，肝臓障害，ほてり

●：LH-RHアゴニストおよびパルボシクリブと併用

(b) 作用機序

アンドロゲン受容体陽性の前立腺がんに対するホルモン療法には，黄体形成ホルモン放出ホルモン（luteinizing hormone-releasing hormone, LH-RH）／性腺刺激ホルモン放出ホルモン（gonadotropin-releasing hormone, GnRH）のアナログ，CYP17阻害薬，抗アンドロゲン薬が使われる（図12.9）．アンドロゲンの分泌は視床下部でつくられるLH-RH（GnRH）で制御される．そのためLH-RH（GnRH）アゴニストやLH-RH（GnRH）アンタゴニストは，LH-RH受容体の機能を阻害して精巣からのアンドロゲンの分泌を抑制し，前立腺がんの増殖を阻害する．CYP17阻害薬は精巣や副腎皮質などでのテストステロンやアンドロステンジオンの合成を抑制し，前立腺がん細胞の増殖を抑制する．抗アンドロゲン薬は前立腺がん細胞のアンドロゲン受容体に拮抗的に作用して，アンドロゲン作用を阻害する．非ステロイド系のエンザルタミド（enzalutamide）はアンドロゲンとアンドロゲン受容体の結合を競合的に阻害してアンドロゲン作用を阻害するが，受容体に対してアゴニスト活性は示さないため，去勢抵抗性前立腺がんに適応がある．

エストロゲン受容体やプロゲステロン受容体が陽性の乳がんに対するホルモン療法には，LH-RHアゴニスト，アロマターゼ阻害薬，抗エストロゲン薬が使われる（図12.9）．閉経前にはLH-RHにより卵巣からのエストロゲン分泌が制御されているため，LH-RHアゴニストやタモキ

■ 12章　小分子化合物 ■

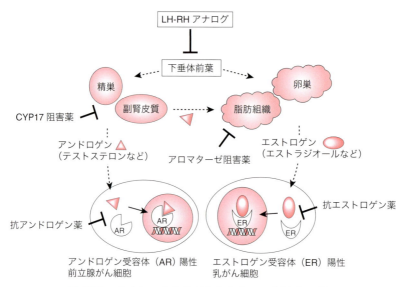

図 12.9　ホルモン依存性がんとホルモン療法薬の作用
前立腺がんや乳がんには，性ホルモン受容体（androgen receptor/AR や estrogen receptor/ER）を発現し，性ホルモン依存的に細胞増殖をするものが多い．ホルモン療法薬は性ホルモンの産生や作用を抑制するように働き，がん細胞の増殖を抑制する．

シフェン（tamoxifen）などの抗エストロゲン薬が使われる．閉経後は脂肪組織や乳がん組織内にあるアロマターゼによりアンドロゲンからエストロゲンが産生されるため，アロマターゼ阻害薬や抗エストロゲン薬が使われる．アロマターゼ阻害薬にはアロマターゼの活性部位のヘムリングに結合して阻害する非ステロイド系と，基質であるアンドロゲンと類似骨格をもつステロイド系がある．抗エストロゲン薬はエストロゲン受容体に拮抗的に作用してエストロゲン作用を阻害するが，タモキシフェンやトレミフェン（toremifene）はエストロゲン様作用ももつので，Selective Estrogen Receptor Modulator（SERM）と呼ばれる．またフルベストラント（fulvestrant）はエストロゲン受容体を抑制するので，Selective Estrogen Receptor Downregulator（SERD）と呼ばれる（表 12.8）．

12.2　がん分子標的治療薬

がん分子標的治療薬は，がん細胞の悪性化メカニズムに直接関与する分子を標的に開発された薬剤であり，それぞれの腫瘍別に選択性が期待される．実臨床において使われる抗体医薬はおもに標的受容体の細胞外ドメインに結合して受容体の活性化メカニズムを抑制するのに対し，小分子化合物は標的分子の酵素活性自体を阻害するものが多く，ATP 結合に競合するキナーゼ阻害薬が数多く開発されている（表 12.9）．適用する際には，その標的分子の発現や遺伝子変異の有無をバイオマーカーとして確認することが多いが，これらのがん分子標的治療薬は正常組織に発現している標的分子も認識するため，それぞれの標的分子の生理機能に関連した副作用が生じる．

12.2.1　キナーゼ阻害薬
(a) 基本構造

キナーゼはリン酸基を基質分子に転移させる酵

表 12.9 キナーゼ阻害作用をもつがん分子標的薬一覧

	標的分子	キナーゼ阻害薬	適応のがん腫	おもな副作用
ドライバー遺伝子変異キナーゼ	BCR-ABL融合遺伝子産物	イマチニブ ダサチニブ ニロチニブ ボスチニブ ポナチニブ	慢性骨髄性白血病	骨髄抑制，発疹，嘔吐，出血，下痢，頭痛，高血圧，肝臓障害など
	ALK融合遺伝子産物	クリゾチニブ アレクチニブ セリチニブ	ALK融合遺伝子陽性の非小細胞肺がん	視覚障害，悪心・嘔吐，下痢，便秘，浮腫，発疹など
	ROS1融合遺伝子産物	クリゾチニブ	ROS1融合遺伝子陽性の非小細胞肺がん	視覚障害，悪心・嘔吐，下痢，便秘，浮腫，発疹など
	RET融合遺伝子産物 遺伝子変異型RET	レンバチニブ	甲状腺がん	高血圧，下痢，食欲不振など
		バンデタニブ		皮膚障害，下痢，高血圧など
	遺伝子変異型EGFR	ゲフィチニブ エルロチニブ アファチニブ オシメルチニブ	EGFR遺伝子変異陽性の非小細胞肺がん	発疹・ざ瘡，爪囲炎，ざ道肝臓障害，下痢，間質性肺炎など
	遺伝子変異型BRAF	ベムラフェニブ ダブラフェニブ	BRAF遺伝子変異陽性のメラノーマ	関節痛，発疹，筋骨格痛，脱毛など
	遺伝子変異型KIT または 遺伝子変異型PDGFR	イマチニブ	GIST	骨髄抑制，発疹，嘔吐，出血，下痢，頭痛，高血圧，肝臓障害など
		スニチニブ	イマチニブ抵抗性GIST	骨髄抑制，皮膚障害，手足症候群，下痢，疲労など
		レゴラフェニブ	GIST	手足症候群，下痢，疲労，高血圧など
シグナル活性化キナーゼ	HER2	ラパチニブ	HER2過剰発現乳がん	下痢，悪心，手掌・足底発赤知覚不全症候群
	MEK	トラメチニブ	BRAF遺伝子変異陽性の悪性黒色腫（ダブラフェニブと併用）	発疹，下痢など
	CDK4/6	パルボシクリブ	乳がん（内分泌療法と併用）	骨髄抑制，悪心，下痢，脱毛など
	BTK	イブルチニブ	慢性リンパ性白血病	骨髄抑制，下痢，発疹，口内炎など
	血管新生関連分子 (VEGFR, PDGFR, KIT, RETなどのマルチキナーゼ)	スニチニブ (PDGFR, VEGFR, KIT, CSF-1R, FLT3, RET)	腎がん，膵神経内分泌腫瘍	骨髄抑制，皮膚障害，手足症候群，下痢，疲労など
		ソラフェニブ (REF, VEGFR, PDGFR, KIT, FLT3)	腎がん，肝がん，甲状腺がん	手足症候群，脱毛，下痢など
		パゾパニブ (VEGFR, PDGFR, KIT)	軟部肉腫，腎細胞がん	下痢，疲労，悪心，肝機能傷害
		アキシチニブ (VEGFR)	腎細胞がん	下痢，高血圧，疲労，悪心，手足症候群など
		レゴラフェニブ (VEGFR, TIE2, PDGFR, FGFR, KIT, RET, RAF-1, BRAF)	結腸・直腸がん 肝細胞がん	手足症候群，下痢，疲労，高血圧など
	mTOR	テムシロリムス	腎細胞がん	発疹，貧血，口内炎，無力症，高コレステロール血症など
		エベロリムス	腎細胞がん，乳がん	

素で，さまざまなシグナル伝達経路に機能している．ドライバー遺伝子変異をもつキナーゼ，発現上昇がみられるキナーゼ，がん組織での血管新生にかかわるキナーゼ，異常活性化しているシグナル伝達経路に働くキナーゼなどを標的としたキナーゼ阻害薬が多数開発されている（表12.9）．

ドライバー遺伝子変異をもつチロシンキナーゼを標的とする阻害薬（tyrosine kinase inhibitor, TKI）では，BCR-ABL1融合遺伝子の産物（BCR-ABL）に対するBCR-ABL阻害薬，上皮成長因子受容体（epidermal growth factor receptor, EGFR）に対するEGFR阻害薬，EML4-ALK融合遺伝子産物に対するALK阻害薬などがある．TKIにはATP競合的に作用するものが多い．また増殖因子受容体からの下流シグナル部分の異常活性化，とくにRAS-RAF-MEK-ERK経路とPI3K-AKT-mTOR経路に機能する分子の遺伝子変異による活性化は，種々のがん細胞の悪性化に関係している．前者におけるセリン・スレオニンキナーゼBRAFの遺伝子変異によるシグナル伝達経路の異常活性化に対してはRAF阻害薬やMEK阻害薬が，後者でのホスファチジルイノシトール-3キナーゼ（PI3K）のサブユニットの遺伝子変異やPI3K抑制に働くホスファターゼPTENの欠損などによるシグナル伝達経路の異常活性化に対しては下流のmTORの阻害薬が，それぞれ開発されている．

またがん細胞で発現上昇がみられるキナーゼを標的とするものとしてHER2に対するHER2阻害薬が，さらにがん周辺の血管新生にかかわるキナーゼを標的とするものとして血管内皮増殖因子受容体（vascular endothelial growth factor receptor, VEGFR）に対するVEGFR阻害薬，あるいは多数のチロシンキナーゼを阻害する活性を示すマルチキナーゼ阻害薬がある．細胞周期の進行にもさまざまなセリン・スレオニンキナーゼが関与するが，細胞周期依存的キナーゼCDK4/6の阻害薬が開発されている．

(b) 作用機序

慢性骨髄性白血病のドライバー遺伝子変異としては，フィラデルフィア染色体陽性例における9番染色体と22番染色体の転座部位から生じるがん特異的なBCR-ABL1融合遺伝子の発現がある．このBCR-ABLのチロシンキナーゼ活性が異常活性化すると，がん細胞が増殖する．BCR-ABL阻害薬は，BCR-ABL融合遺伝子産物の酵素活性を阻害するTKI，第一世代のイマチニブ（imatinib）のほか，ニロチニブ（nilotinib），ダサチニブ（dasatinib），ボスチニブ（bosutinib）などが開発されており，ABLとATPの結合を阻害して白血病細胞の増殖を阻害する．BCR-ABLのゲートキーパー変異であるT315I変異が生じるとイマチニブ，ニロチニブ，ダサチニブに耐性を示すことになるが，このT315I変異にも有効なポナチニブ（ponatinib）も開発されている．

肺がんにおけるドライバー遺伝子変異としては，EGFRのエキソン19の欠失やL858R変異などの遺伝子変異がある．その阻害薬である第一世代のゲフィチニブ（gefitinib），エルロチニブ（erlotinib），第二世代のアファチニブ（afatinib），第三世代のオシメルチニブ（osimertinib）は，これらのEGFR変異をもった非小細胞肺がんの治療にとくに有効である（図12.10）．エルロチニブは膵がんの治療薬にも使われる．これらはEGFRの細胞内領域にあるATP結合部位に結合して酵素活性を阻害し，下流へのシグナル伝達を抑制する．オシメルチニブはEGFRの797番目のシステイン残基に共有結合して不可逆的に阻害効果を発揮するため，ゲフィチニブやエルロチニブに耐性を示すゲートキーパー変異のT790M変異にも有効性を示す．肺がんにおける染色体転座によるドライバー遺伝子変異としてはALK融合遺伝子も知られている．正常なALKチロシンキナーゼは通常は細胞膜に発現するリガンド不明の

受容体型チロシンキナーゼであるが，種々の染色体転座から肺がんでは EML4 などと，悪性リンパ腫では NPM1 などと融合遺伝子産物を生じることがある．こうして細胞内に発現した EML4-ALK や NPM1-ALK 融合タンパク質などが異常活性化すると発がんにかかわる．クリゾチニブ（crizotinib），アレクチニブ（alectinib）はこうした ALK 融合タンパク質によるチロシンキナーゼ活性化を阻害して異常なシグナル伝達を抑制し，がん細胞の増殖を阻害する．クリゾチニブはほかの受容体型チロシンキナーゼ ROS1 も阻害するので，*ROS1* 融合遺伝子陽性非小細胞肺がんにも有効である．

メラノーマ（悪性黒色腫）で特徴的なドライバー遺伝子変異に，RAS 下流の BRAF キナーゼの 600 番目のバリン残基（V600）上でのアミノ酸置換がある．V600 変異により BRAF キナーゼは単量体で恒常的に活性化され，下流経路の MEK-ERK を過剰に活性化してがん細胞の増殖や転移を促進する．BRAF 阻害薬であるベムラフェニブ（vemurafenib）やダブラフェニブ（dabrafenib）は活性化型の V600 変異 BRAF の単量体を効果的に阻害して下流の ERK シグナルを抑制することから，*BRAF* 遺伝子変異を伴うメラノーマに適応されている（図 12.10）．ベムラフェニブやダブラフェニブのシグナル阻害効果は，V600 変異の BRAF が発現する細胞に選択性が高く，正常細胞や活性化 RAS を発現する細胞では弱くなる．MEK 阻害薬のトラメチニブ（trametinib）は下流の ERK1/2 の活性化を阻害して細胞増殖を抑制するため，ダブラフェニブと併用で *BRAF* 遺伝子変異をもつメラノーマに適応されている．

消化管間質腫瘍（gastrointestinal stromal tumor, GIST）では，*c-kit* 遺伝子または血小板由来増殖因子受容体 α（platelet-derived

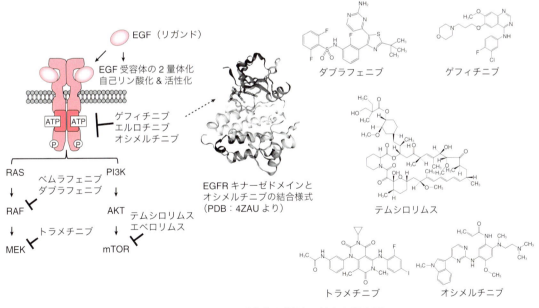

図 12.10　EGF 受容体と増殖シグナル阻害薬

通常 EGF 受容体（EGFR）は EGF などのリガンド依存的にリン酸化されて活性化し，下流のシグナル伝達経路を活性化する．オシメルチニブなどの EGFR 阻害薬は，ATP に競合して EGFR のチロシンキナーゼ酵素活性部位に結合して酵素活性を阻害する．RAF 阻害薬のダブラフェニブと MEK 阻害薬であるトラメチニブは EGFR 下流の MEK-ERK 経路を阻害する．テムシロリムスなどラパマイシン誘導体は，別の経路である PI3K-AKT-mTOR 経路を阻害する．

growth factor receptor-α/*PDGFRA*）遺伝子の機能獲得性突然変異が高頻度に認められる．このため，受容体型チロシンキナーゼ KIT や PDGFR を阻害するイマチニブ，スニチニブ（sunitinib），レゴラフェニブ（regorafenib）が使われる．

甲状腺がんでは，BRAF（V600E）変異や RAS の変異，VEGF の発現亢進が認められ，また受容体型チロシンキナーゼ RET の遺伝子変異や融合遺伝子変異がみられる．このため RET 阻害活性をもつマルチキナーゼ阻害薬のレンバチニブ（lenvatinib）やバンデタニブ（vandetanib）が，甲状腺がんに適応される．

乳がんの一部には受容体型チロシンキナーゼ HER2 の過剰発現するものがあり，標準的には抗 HER2 抗体医薬が使われるが，HER2 の細胞内キナーゼドメイン部位で ATP と競合して酵素活性を阻害するラパチニブ（lapatinib）も HER2 陽性乳がんに使われる．一方ホルモン受容体陽性 HER2 陰性の乳がんなどではサイクリン D の発現が高いことがある．サイクリン D は細胞周期依存的キナーゼ CDK4/6 と複合体を形成し，がん抑制遺伝子産物の網膜芽細胞腫タンパク質（RB）のリン酸化に関与し，RB を不活性化して細胞周期の G1/S 期移行を促進する．パルボシクリブ（palbociclib）は CDK4/6 とサイクリン D から成る複合体の活性を阻害することで細胞周期の進行や腫瘍増殖を抑制するため，内分泌療法との併用でホルモン受容体陽性 HER2 陰性の乳がんに使われる．

B 細胞性腫瘍の発症や増殖および進展に，細胞膜上の B 細胞受容体（B cell receptor, BCR）からのシグナル伝達経路が関与していることがある．BCR からの活性化下流シグナルに機能するブルトン型チロシンキナーゼ（BTK）に対する阻害薬イブルチニブ（ibrutinib）が開発されているが，これは BTK の ATP 結合部位付近の 481 番目のシステイン残基と共有結合して不可逆的な阻害作用を発揮し，BCR からのシグナル伝達を抑制して慢性リンパ性白血病（chronic lymphocytic leukemia, CLL）の増殖を阻害する．

腎臓がんではがん抑制遺伝子の一つである von Hippel-Lindau 遺伝子（*VHL* 遺伝子）の変異が知られている．この *VHL* 遺伝子変異により腫瘍血管新生にかかわる PDGF や VEGF の発現が亢進することから，VEGFR 阻害効果のあるソラフェニブ（sorafenib），スニチニブ，パゾパニブ（pazopanib），アキシチニブ（axitinib）などが腎細胞がんに適応される（表 12.9）．さらに VEGFR などの下流にある PI3K-AKT-mTOR 経路の活性化も腎細胞がんで多く認められる．セリン・スレオニンキナーゼの mTOR 自体は，もともと放線菌が産生する免疫抑制化合物ラパマイシンのターゲット分子の哺乳類ホモログ（mammalian target of rapamycin）であるが，ラパマイシンの誘導体のテムシロリムス（temsirolimus）やエベロリムス（everolimus）が腎細胞がんに適応される．

12.3　その他の分子標的治療薬と作用機序

12.3.1　エピゲノム標的薬

ゲノム DNA のプロモーター活性化による遺伝子発現は，プロモーター DNA 上の塩基配列情報以外にも，クロマチンにおける DNA のメチル化やヒストンのリジン残基のアセチル化，メチル化などの修飾によってエピジェネティックに制御される．がん細胞では遺伝子変異などのジェネティックな異常以外にも，エピジェネティック状態の異常が正常細胞と異なることが知られており，いくつかの阻害薬が開発されている．具体的には DNA メチル化酵素の阻害薬としてアザシチジン，ヒストン脱アセチル化酵素（histone deacetylase, HDAC）阻害薬としてボ

リノスタット（vorinostat）やパノビノスタット（panobinostat）である．

アザシチジンは，シチジン同様に，細胞内でリン酸化されてアザシチジン三リン酸（Aza-CTP）やアザデオキシチジン三リン酸（Aza-dCTP）となってRNAやDNAに取り込まれる．Aza-CTPがRNAに取り込まれるとタンパク質合成が阻害され，Aza-dCTPがDNAに取り込まれるとDNAメチルトランスフェラーゼと不可逆的な複合体を形成してDNA鎖のメチル化が阻害される．骨髄異形成症候群（myelodysplastic syndromes, MDS）ではDNAの高メチル化と病態が関連しているため，アザシチジンはMDSに適用される．

ヒストンアセチル化を制御するHDACにはHDAC1からHDAC11までのアイソフォームがあり，細胞内の局在および機能に基づき，三つのクラス（クラスI，II，およびIV）に大別される．クラスIとIIのHDACの過剰な発現や活性異常は血液悪性腫瘍などの発症に関与していると考えられており，HDAC阻害薬によりヒストンなどのアセチル化が蓄積することで，がん抑制遺伝子などの発現が変化して抗腫瘍効果が発揮されると考えられている．ボリノスタットはクラスI（HDAC1, 2, 3）とII（HDAC6）のHDACの触媒ポケットに直接結合して活性を阻害し，皮膚T細胞性リンパ腫に使われる．パノビノスタットはHDACのアイソフォームを幅広く阻害して抗腫瘍効果を発揮し，HDACの活性化が関連する多発性骨髄腫でボルテゾミブ（bortezomib）およびデキサメタゾン（dexamethasone）との併用において使われる．

12.3.2 ポリ（ADP-リボシル）化酵素阻害薬

ポリ（ADP-リボシル）化酵素〔poly(ADP-ribose) polymerase, PARP〕によるタンパク質のポリ（ADP-リボシル）化は，ADPリボース残基を付加重合させる翻訳後修飾の一つで，とくにPARP活性をもつPARP1/2がDNA修復や転写制御，ゲノム安定性などにかかわる．PARP1/2は塩基除去修復系に働き1本鎖DNA修復を促進するが，*BRCA1/2* の遺伝子異常などで相同組換え経路に機能欠損が生じたがん細胞では，PARP1/2の阻害により1本鎖DNA修復が阻害されるとBRCA系による相同組換えによる修復ができない．その結果BRCAに機能欠損型（BRCAness）の遺伝子変異のある乳がん，卵巣がんなどのDNA損傷応答（DNA damage response, DDR）の機能が低下したがん細胞に効果的に作用し，細胞死を誘導することが知られている．日本では白金系抗悪性腫瘍剤感受性の再発卵巣がんにおける維持療法でオラパリブ（olaparib）が承認されている．

12.3.3 分化誘導剤

急性前骨髄球性白血病では，15番染色体と17番染色体が転座することで生じるPML-RARαキメラ遺伝子産物によって前骨髄球の分化が阻害され，がん化した前骨髄球が増殖する．レチノイン酸受容体（RAR）の機能が抑制されて分化停止状態にある急性骨髄性白血病細胞に対し，トレチノイン（tretinoin/all-trans retinoic acid/ATRA）や合成レチノイドのタミバロテン（tamibarotene）は，RARに作用して機能を正常化し，分化誘導を促進して増殖阻害効果を発揮する．寛解導入療法ではトレチノインとアントラサイクリン系薬剤とシタラビンの併用療法が基本である．合成レチノイドのタミバロテンはトレチノインに反応しなくなった急性前骨髄球性白血病症例に対しても効果がある．ベキサロテン（bexarotene）はRARよりもレチノイドX受容体（RXR）に高い親和性を示し，皮膚T細胞性リンパ腫での転写を活性化することで，アポトーシスを誘導して増殖抑制効果を発揮する．

12.3.4 プロテアソーム阻害薬

プロテアソームは細胞内にあるタンパク質分解複合体で，ユビキチン付加システムで標識された細胞内の不要なタンパク質を適切に分解するシステムであり，細胞増殖や免疫応答などさまざまな作用に関与する．骨髄腫などの分泌タンパク質の多い腫瘍細胞の恒常性維持は，このプロテアソーム系に依存度が高いとされ，プロテアソーム阻害薬が効果的である．

ボルテゾミブやイキサゾミブ（ixazomib）はジペプチドボロン酸系の阻害薬で，プロテアソームのキモトリプシン様活性をもつ $\beta 5$ サブユニットの活性中心に結合し，特異的かつ可逆的に阻害する．またカルフィルゾミブ（carfilzomib）はエポキシケトン骨格をもち，不可逆的かつ選択的なプロテアソーム阻害薬である．多発性骨髄腫細胞では分泌タンパク質の産生が高く，プロテアソーム系の阻害により小胞体ストレスが過剰に誘導され，アポトーシスなどが誘発される．また生存に働く骨髄腫細胞と骨髄ストローマ細胞との接着やインターロイキン-6（interleukin-6，IL-6）の分泌も阻害して抗腫瘍効果を示す．プロテアソーム阻害薬はレナリドミド（lenalidomide）およびデキサメタゾンとの併用で多発性骨髄腫に使われる．

12.3.5 免疫調節薬

サリドマイド（thalidomide），レナリドミド，ポマリドミド（pomalidomide）は，IMiDs（Immunomodulatory Drugs）と称される免疫調節薬である．血管新生抑制，Tリンパ球刺激，サイトカイン誘導など多彩な作用があり，再発，難治性骨髄腫に使われる．これらの薬はユビキチンリガーゼ複合体のセレブロンに結合し，さまざまな遺伝子発現を制御して抗腫瘍効果を発揮すると考えられている．レナリドミドはサリドマイドの誘導体で，T細胞の刺激でIL-2およびインターフェロン-γ（interferon-γ，IFN-γ）の誘導作用などが強化されており，ポマリドミドはレナリドミドよりもさらに免疫調節活性が増強されている．サリドマイド系の薬剤はもともと薬害として新生児奇形を誘発する化合物なので，サリドマイド，レナリドミド，ポマリドミドは，サリドマイド製剤安全管理手順 TERMS（thalidomide education and risk management system）で運用され，新たな薬害防止に務めている．

12.4 薬物排出トランスポーターと抗がん薬耐性機構

がん薬物治療には，当初は治療効果が認められていても次第に効かなくなってくる薬剤耐性の問題がある．その原因として，もともと腫瘍細胞中に存在している耐性のがん細胞が選択されて顕在化してくること，治療中になんからの理由でがん細胞が耐性形質を獲得したりすることが考えられる．細胞傷害性の小分子抗がん薬に対する薬剤耐性のメカニズムには，(1) 薬の代謝不活化の亢進，(2) DNA修復系の亢進，(3) 薬物標的分子の質的量的変動，(4) 薬物排出ポンプによる薬の細胞外への排出を原因とする細胞内薬物濃度の低下などがある．これらに加え，分子標的薬への耐性メカニズムとしては，標的分子の遺伝子変異による耐性や，標的シグナル経路の代替経路の活性化がしばしば認められる．

薬剤耐性のなかでも，複数の薬物に交差耐性を示す多剤耐性形質は，薬物治療を難渋させる重要な問題である．ATP依存的に薬物を排出する薬物排出トランスポーターが関与することがあり，P-糖タンパク質（P-gp/ABCB1），MRP1（multidrug resistance-related protein 1/ABCC1），BCRP（breast cancer resistance protein/ABCG2）などが知られている．P-糖タンパク質はATP binding cassette（ABC）スーパーファミリーに属する分子で，分子量約180キロ

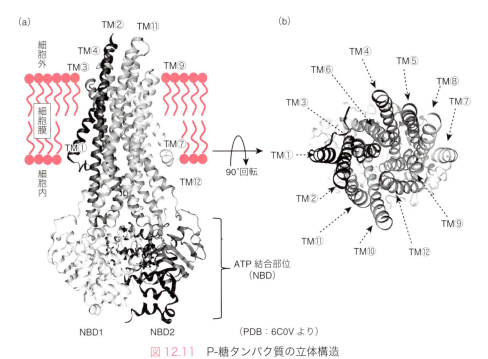

図 12.11　P-糖タンパク質の立体構造
(a) P-糖タンパク質の横からみた立体構造 (PDB:6C0V). 12 か所の膜貫通 (transmembrane, TM ①〜⑫) 部分と 2 個の ATP 結合部位 (nucleotide-binding domain, NBD1, 2) をもつ. (b) (a) を回転させた P-糖タンパク質の細胞膜貫通部位の断面図. P-糖タンパク質は, ATP 加水分解のエネルギーを利用した立体構造変換により, さまざまな基質薬剤を膜貫通ドメインから細胞外に排出すると考えられている.

ダルトン, 12 回膜貫通 (TM1〜12) ドメインをもつ膜タンパク質で (図 12.11), その膜貫通ドメインはアントラサイクリン, ビンカアルカロイド, タキサン, カンプトテシンなど複数の抗がん薬を輸送基質として認識して細胞外に排出し, その結果, これらの薬剤の細胞内濃度が低下して多剤耐性形質が獲得される. また薬物排出トランスポーターはがん分子標的薬の耐性にも関与することがあり, たとえば BCR-ABL に対する TKI であるイマチニブ, ニロチニブ, ダサチニブ, ポナチニブ, ボスチニブなどが P-糖タンパク質および BCRP と相互作用することが示され, 実際に薬物排出トランスポーターの輸送基質になりうることが明らかにされている. また EGFR に対する TKI であるゲフィチニブ, エルロチニブなども P-糖タンパク質および BCRP と相互作用することがわかっている. 今後の個別化最適化医療においても TKI と薬物排出トランスポーターの関係は薬効薬理作用を予測するうえで重要な要素と思われる.

12.5　まとめと今後の展望

がんの薬物療法は, 従来の細胞傷害性の抗がん薬から特定の分子標的を狙ったがん分子標的治療薬へと進化してきた. 現在, がん患者のゲノム情報を解析するがんゲノム医療が実装化されてきており, がん分子標的薬の高度化とがんゲノム医療の相乗効果により, これまでとまったく様子が異なる未来型個別化がん薬物治療の実現が期待される.

文　献

1) http://www.info.pmda.go.jp/psearch/html/menu_tenpu_base.html
2) 日本臨床腫瘍学会編,『新臨床腫瘍学 (改訂第 4 版)』, 南江堂 (2015)

Part III　がん治療薬の分類と特徴

抗体医薬

Summary

　日本，アメリカ，ヨーロッパの3極のいずれかの地域で認可された抗体医薬品は，非修飾抗体，抗体薬物複合体（ADC）およびラジオアイソトープ標識抗体を含めると，2017年末の段階で約70品目に達し，すでに医薬品市場の成長を牽引する存在となっている．このうちがんに対する抗体医薬品は約半数近くを占めている（図13.1）．抗体医薬品の生物学的性状は基本的にイムノグロブリンG（IgG）分子であり，ヒトIgGはアミノ酸配列において80％以上が保存されている．したがって結合部位（エピトープ）が異なる抗体どうしであっても，分子レベルでの特性は非常に似ており，ほかのタンパク質製剤と比較すると均一で，それゆえ基本的に各抗体の安定性，血中半減期，安全性などは典型的な抗体分子と大差ないと予想される．一般的に抗体医薬品は，小分子医薬品に比べて創薬の成功確率が高いと考えられており，多くの製薬企業が抗体医薬に参入している．しかしながらヒトIgGには四つのアイソタイプ（IgG1，IgG2，IgG3，IgG4）があり，これらは構造的に異なるため，エフェクター細胞（NK細胞やマクロファージなど）の細胞表面に発現しているFc（Fragment, crystallizable）受容体との特異性も異なる．さらにそれぞれのアイソタイプで，定常領域の配列の人種間差や可変領域におけるフレームワーク配列の多様性があり，疾患領域，標的分子，作用機序の違い，製造性（Manufacturability），さらには開発可能性（Developability）も考慮して抗体医薬品のデザインを行う必要がある．

図13.1　承認された抗がん抗体医薬

赤は標識抗体（ADCを含む），薄赤は糖鎖改変抗体，灰はBi-specific抗体，茶色はCART．Rituximab, Trasutuzumab, Gemtuzumab ozogamicinの3剤はImatinibの登場（2001年）以前に創薬された"がん分子標的治療薬"の草分け的存在である．

13.1 はじめに

世界初の抗体医薬品は，1986年にアメリカ食品医薬品局（Food and Drug Administration, FDA）が承認した，腎移植後の急性拒絶反応を適用症としたマウス抗CD3モノクローナル抗体（OKT3）であるが，その免疫原性の問題から，抗体医薬が広く普及することはなく，抗体医薬が大きな広がりをみせるにはマウス－ヒトキメラ抗体，ヒト化抗体，ヒト抗体などの免疫原性を減弱させるための抗体の改変技術の登場を待つ必要があった．現在認可されている抗体医薬品はヒト化抗体とヒト抗体が約80%を占め，完全ヒト抗体のフォーマットが主流になりつつある．これは，ファージディスプレイ法，ヒト抗体産生トランスジェニックマウス，キリンビール（現・協和発酵キリン）/Medarex（現・ブリストル・マイヤーズスクイブ）により開発されたKMマウス（ヒト染色体断片移入トランスクロモソミックマウス）などの技術の進歩の結果である．

本章では抗体医薬品の一般的な構造的特徴から，最近のがん治療用の抗体医薬品の開発が加速化している抗体薬物複合体（antibody drug conjugate, ADC）や免疫チェックポイント阻害抗体の開発動向について述べたい．

13.2 抗体の構造的特徴

抗体は重鎖（H鎖）と軽鎖（L鎖）と呼ばれる2種類のポリペプチド鎖がそれぞれ2本ずつジスルフィド結合によって結合し，Y字型の4本鎖を形成したものを基本構造としている（図13.2）．重鎖と軽鎖はそれぞれ可変領域と定常領域から成り，重鎖においてはVH-CH1-CH2-CH3，軽鎖においてはVL-CLというドメイン構造をもつ．可変領域（VH, VL）の先端部には，とくにアミノ酸配列の多様性の高い相補性決定領域（complementarity-determining region, CDR）が3か所ずつ存在し，抗原上の結合部位（エピトープ），特異性，親和性を決めている．これらによって抗体医薬品の臨床応用における大きな特徴である抗原特異性が規定されている．重鎖定常領域のCH1とCH2はヒンジ領域により連結されており，これが抗体分子の可動性を決める領

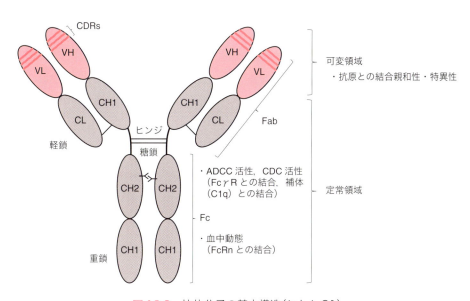

図13.2　抗体分子の基本構造（ヒトIgG1）

域であると同時に，IgG1 と IgG4 では 2 個のジスルフィド結合，IgG2 では 4 個のジスルフィド結合が 2 本の重鎖どうしを会合している．

抗体の定常領域のうち，Fc 領域にも抗体特有の機能がある．一つは抗体ががん細胞表面の抗原に結合した際に，Fc 領域を介して NK 細胞やマクロファージなどの免疫担当細胞の細胞表面の Fcγ 受容体に結合し，ADCC 活性（antibody dependent cellular cytotoxicity）あるいは ADCP 活性（antibody dependent cellular phagocytosis）により示される細胞傷害活性である．もう一つは Fc 領域との結合を介しておもに血液中の補体が活性化されて CDC 活性（complement dependent cytotoxicity）が誘導する細胞傷害活性である．これらのエフェクター機能は HER2 を標的としたトラスツズマブ（trastuzumab）や CD20 を標的としたリツキシマブ（rituximab），EGFR を標的としたセツキシマブ（cetuximab）などの主要な作用機序となっている．

抗体にはさらに，血中における半減期が長いという特徴がある．これは，上皮細胞などさまざまな組織に胎児性 Fc 受容体（neonatal Fc receptor，FcRn）が発現しており，エンドサイトーシスによって抗体が血中から細胞内に取り込まれると，Fc 領域と FcRn が細胞内にエンドゾーム内で結合し，タンパク質分解経路への移行が回避され，血中へのリサイクル機構によって抗体の血中濃度が維持されることによる．このような抗体の特性から，抗体医薬品も可変領域の CDR 配列による抗原との高い特異性と親和性，Fc 領域を介した ADCC や CDC などの細胞傷害活性，長い血中半減期（ヒト IgG1 で約 20 日間）という特徴をもつ．

13.3 IgG のアイソタイプの選択

現在承認されている抗体医薬品のフォーマットとしては，IgG1，IgG2，IgG4 のいずれかのアイソタイプが選択されている．非修飾抗体ならびに ADC の開発においても，上市されているがん治療抗体では約 30 品目のうち 20 品目以上が IgG1 タイプであり，製造性（Manufacturability），開発可能性（Developability）の観点から最も実績のあるプラットフォームといえる．IgG2，IgG4 の抗体医薬品としては，ナタリズマブ（natalizumab，IgG4，標的分子：α4 インテグリン，適用疾患：多発性硬化症），デュピルマブ〔dupilumab，IgG4，標的分子：インターロイキン-4 受容体α（IL-4Rα），適用疾患：アトピー性皮膚炎〕，ブロダルマブ〔brodalumab，IgG2，標的分子：IL-17R，適用疾患：尋常性乾癬〕など，免疫性疾患を適用としたものが多い．がん治療用抗体では，PD-1 を標的とした免疫チェックポイント阻害抗体であるニボルマブ（nivolumab）とペムブロリズマブ（pembrolizumab）が，いずれも IgG4 を採用している．IgG3 に関しては，体内でのクリアランスが IgG1 の約 3 倍早いことが報告されており[1]，製造性の観点からも治療用途としての使用実績はない．

アイソタイプが異なると Fc 領域と Fcγ 受容体の特異性が異なり，またエフェクター機能も異なる．たとえば IgG1 は ADCC 活性や CDC 活性を誘導するが，IgG2 はそれらの活性をもたない．これは IgG1 の Fc 領域が NK 細胞に発現する FcγRIIIA や補体系の C1q と結合し，それらのエフェクター機能を活性化するのに対し，IgG2 の Fc 領域はそれらとの結合が非常に低いためである[2]．

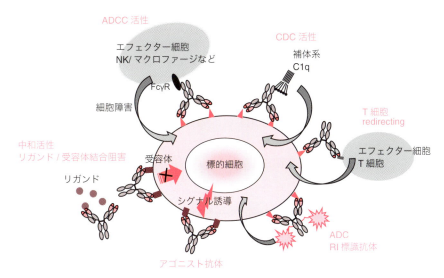

図 13.3　抗体医薬品のおもな作用機序

13.4　抗体医薬品のおもな作用機序

抗体医薬品のおもな作用機序を図 13.3 に示した．抗体医薬品の標的となる分子(抗原)は，基本的に細胞表面タンパク質や分泌タンパク質であり，抗体医薬品の作用は標的分子に結合することによって発揮される．標的分子上には抗体の結合部位(エピトープ)が多数あり，同じ標的分子であっても，どのエピトープに結合するかによって抗体医薬品の作用機序は異なる．おもな作用機序としては，(1) 標的分子がもつがん細胞に対する本来の機能を制御するメカニズムと，(2) 標的分子本来の機能阻害や活性化以外の作用メカニズムがある．(1) の標的分子の機能制御によるメカニズムとしては，アゴニスト活性，アンタゴニスト活性，リガンド阻害が挙げられ，(2) の標的分子の機能修飾以外の作用機序としては，エフェクター細胞(NK 細胞や単球，マクロファージ)を介したADCC 活性や ADCP 活性，補体を介した CDC 活性，アポトーシス誘導，抗原-抗体複合体の細胞内移行(インターナリゼーション)などによるものがある．そのほかにも (1) と (2) の両方が組み合わさった作用機序によって薬効が発揮される場合もあり，抗体医薬品には多様な作用機序があるといえる．

13.5　がんに対する抗体医薬品

13.5.1　非修飾抗体

がんに対する抗体医薬品でとくに非修飾抗体での治療標的となっている分子に，血液がんの CD20〔対応する抗体医薬品としてリツキシマブ，オビヌツズマブ (obinutuzumab)，オファツムマブ (ofatumumab)〕，CD38〔ダラツムマブ (daratumumab)〕，CD52〔アレムツズマブ (alemtuzumab)〕，SLAM7〔エロツズマブ (elotuzumab)〕，CCR4〔モガムリズマブ (mogamulizumab)〕などがある．しかし固形がんを対象とした抗体医薬品で，とくにがん細胞を直接標的とした承認済みの抗体医薬品は，EGFR〔セツキシマブ，パニツムマブ (panitumumab)，ネシツムマブ (necitumumab)〕と HER2〔トラスツズマブ，ペルツズマブ (pertuzumab)，トラスツズマブ エムタンシン (trastuzumab emtansine)〕に限られる．固形がんにおいてはこれまでに腫瘍抗原の探索がなされ，それら腫瘍

抗原に対する抗体医薬品の開発が行われてきたが，非修飾抗体単独では十分な薬効が得られていない．その原因として，固形がんでは投与した抗体が腫瘍内部まで十分に到達できないこと，腫瘍抗原の発現が多くの場合不均一であること，抗体の作用機序の一つであるADCC活性などのエフェクター細胞を介した抗腫瘍活性において，NK細胞やマクロファージの腫瘍内部までの浸潤が不十分であることが考えられる．さらに固形がんにおいてはADCC活性だけでは殺細胞活性が不十分である可能性があり，また抗体ががん細胞表面の標的分子に結合したとしても，細胞増殖シグナルの阻害活性やがん細胞に対するアポトーシス誘導活性が臨床上の有効性を示すほどには十分に発揮されるとは限らないことなどが懸念される．

13.5.2 糖鎖制御技術によるADCC活性増強抗体

こうしたなか抗HER2抗体トラスツズマブや抗CD20抗体リツキシマブの臨床効果の発揮にADCC活性が重要であることが示され，これを増強することで臨床上の有効性を上げる試みが行われている[3,4]．ADCC活性を増強する技術にはIgGのFc領域にアミノ酸変異を導入する方法と糖鎖制御技術による方法の2通りがあり，それぞれについていくつかの技術がすでに実用化されている．現在承認されているADCC活性増強型の抗がん抗体医薬品は，ヒト化抗CCR4抗体であるモガムリズマブ(協和発酵キリン)と，ヒト化タイプII抗CD20抗体であるオビヌツズマブ(Roche)で，どちらも糖鎖修飾技術によるものである．

IgGの重鎖Fc領域（CH2）の297番目のアスパラギン残基（Asn^{297}）に結合しているN-結合型糖鎖構造の還元末端のN-アセチルグルコサミン（GlcNAc）に付加している$α1,6$フコースを除去すると，FcとNK細胞の表面に発現しているFcγRIIIAとの親和性が増強され，ADCC活性が100倍以上増強されることが見いだされている[5,6]．協和発酵キリンのポテリジェント技術は，$α1,6$フコース転移酵素8（FUT8）をノックアウトしたCHO細胞を用いることによって抗体へのフコース付加を直接的に阻害するもので[7]，この方法でつくられたモガムリズマブは，$CCR4^+$の再発性・難治性の成人T細胞白血病（adult T cell lymphoma，ATL）の治療薬として2012年に世界に先駆けて日本での承認を得，2014年には末梢血T細胞白血病（peripheral T cell lymphoma，PTCL），皮膚T細胞白血病（cutaneous T cell lymphoma，CTCL）でも承認された．一方Roche社のCD20を標的としたオビヌツズマブは，2013年にFDAより未治療の慢性リンパ性白血病（chronic lymphocytic leukemia，CLL）に対する治療薬として承認を得ている．この抗体は2種類の糖鎖修飾酵素〔MGAT3（β-1,4-mannosyl-glycoprotein 4-β-N-acetylglucosaminyltransferase）およびGolgi mannosidase 2〕を恒常的に発現させたCHO細胞〔GlycArt Biotechnology社（現・Roche）〕から産生されるもので，IgG重鎖FcのAsn^{297}に結合したN-結合型糖鎖構造の還元末端のGlcNAcにバイセクティングGlcNAcを付加し，複合型糖鎖の形成阻害や側鎖の伸長低下を起こさせることで，$α1,6$フコースの付加が低下した低フコース型抗体となっている．CD20を標的としたがんの抗体医薬品（放射線標識抗体を含む）で現在までに承認されているものはリツキシマブを含めて5品目だが，そのなかでもオビヌツズマブは，前述のように，糖鎖改変によるADCC活性増強型抗体である点が大きな特徴である．またオビヌツズマブはリツキシマブが認識するCD20上のエピトープ（タイプ1エピトープ）とは異なるエピトープ（タイプ2エピトープ）を認識し，CD20の脂質ラフトへの局在化を誘導せ

ず，CDC 活性も低いが，がん細胞膜上の CD20 をクロスリンクすることで，BCL-2 やカスパーゼといったアポトーシス実行因子に依存しないアポトーシスを誘導する．

13.5.3 抗体薬物複合体（ADC）

がんを対象疾患とした抗体医薬品の開発において，最近のブレークスルーとなる技術（抗体フォーマット）および開発動向として，抗体薬物複合体（antibody drug conjugate，ADC）の開発が挙げられる．ADC が注目される理由の一つとして，前述したように，多様な腫瘍抗原に対して必ずしも抗体医薬品が臨床上の十分な薬効を示さないような場合であっても，強力な細胞傷害性薬剤を結合させることによって効果が期待できることが挙げられる．また ADC 用の抗体は腫瘍抗原に対する特異性やインターナリゼーションが重要であるが，がん細胞の増殖阻害活性やアポトーシス誘導活性をもつ必要はなく，固形がんにおいても 40 種類以上の腫瘍抗原に対する ADC が臨床開発に入っている[8]．

これまでに承認されている ADC は 4 剤〔ゲムツズマブ オゾガマイシン（gemtuzumab ozogamicin），ブレンツキシマブ ベドチン（brentuximab vedotin），トラスツズマブ エムタンシン，イノツズマブ オゾガマイシン（inotuzumab ozogamicin）〕であり，これらは第一・第二世代の ADC に分類される．抗体分子中のリジンまたはシステインにリンカーを介して細胞傷害性薬剤がランダムにコンジュゲートされており，製剤としては不均一な ADC である．例として 2013 年に国内外で承認されたトラスツズマブ エムタンシンは，抗 HER2 抗体トラスツズマブに微小管重合阻害薬であるエムタンシン（メイタンシノイドに分類される小分子化合物で DM1 とも呼ばれる）を結合させた ADC 抗体である．本薬を HER2$^+$ の手術不能または再発乳がん患者に投与した結果，無増悪生存期間（progression-free survival，PFS）および全生存期間（overall survival，OS）のいずれにおいても期間延長が認められ，ADC でない単品目としてのトラスツズマブが効かない症例においても有効性が示された[9]．

前述したように，トラスツズマブ エムタンシンは抗体分子上のリジン残基に非切断型のリンカーを介してランダムにエムタンシンを結合させた不均一な製剤であり，薬物－抗体比率（drug-antibody ratio，DAR）が 0〜8（平均 3.6）の不均一な混合体である（図 13.4）．すなわち 1 種類の製剤に活性体と不活性体（薬効としてはアンタゴニストとして作用），さらに血中での安定性が悪いフォームが混在しており，これが課題となっている．現在第三世代の ADC の開発が進んでおり，具体的には部位特異的コンジュゲーション技術や異なるリンカー技術を動員して，あるいは異なる作用機序の細胞傷害性薬剤がコンジュ

表 13.1　現在承認されている ADC（4 剤）

ADC	標的	ペイロード	適用／承認
ブレンツキシマブ ベドチン（アドセトリス）	CD30	モノメチル オリスタチン E（MMAE）	・再発・難治性ホジキンリンパ腫（HL），未分化大細胞リンパ腫（ATCL）／2011 ・原発性皮膚未分化大細胞リンパ腫／2017 ・ステージ III/IV ホジキンリンパ腫（一次療法：化学療法との併用）／2018
トラスツズマブ エムタンシン（カドサイラ）	HER2	DM1	・後期乳がん／2013
イノツズマブ オゾガミシン（ベスポンザ）	CD22	カリケアマイシン	・再発・難治性 急性リンパ性白血病（ALL）／2017
ゲムツズマブ オゾガミシン（マイロターグ）	CD33	カリケアマイシン	・急性骨髄性白血病（AML）／2017

DM1: N (2')-デアセチル-N (2')-(3-メルカプト-1-オキソプロピル)-メイタンシン

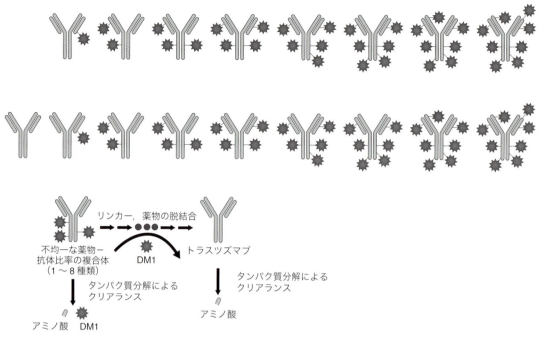

図 13.4　トラスツズマブ エムタンシン製剤における薬物-抗体比率の不均一性
文献 21)をもとに作成.

ゲートさせた均一性の高い ADC が創製されている．本章執筆時点では少なくとも 7 種類の新たな抗 HER2-ADC が臨床開発段階にある．例として，現在第Ⅱ～Ⅲ相試験の段階にある DS-8201a（第一三共）は，同社独自の切断可能型ペプチドリンカー技術を用いた ADC で，抗体鎖間のジスルフィド結合を構成するシステインを利用して，トポイソメラーゼⅠ阻害薬 DXd が部位特異的にコンジュゲートされている．DAR は 7～8 と従来の ADC の約 2 倍になっており，血中安定性も良好である[10]．また MEDI4276（メドミューン社）は，HER2 の細胞膜近接部位であるドメインⅣを認識するトラスツズマブの単鎖可変領域フラグメント（scF$_V$）を，同じく HER2 の二量体形成に必要なドメインⅡを認識する別の抗 HER2 抗体に連結させた，2 重特異性〔バイスペシフィック（bispecific）〕抗 HER2 抗体を母体として，これに強力な微小管阻害薬チューブライ

表 13.2　承認が期待される ADC

ADC	標的	ペイロード	適用 /Pivotal Study
アネツマブ レブタンシン(BAY 94-9343)	Mesothelin	DM4	・中皮腫 /NCT02610140
デパツキシズマブ マフォドチン(ABT-414)	EGFR	MMAF	・膠芽腫 /INTELLANCE 1
グレンバツムマブ ベドチン	gpNMB	MMAE	・トリプルネガティブ乳がん /METRIC
ミルベツキシマブ ソラブタンシン(IMGN853)	Folate receptor-α	DM4	・卵巣がん，卵管がん /FORWARD I
ロバルピツズマブ テシリン (Rova-T)	DLL3	PBD	・小細胞肺がん /TRINITY, MERU, TAHOE
ポラツズマブ ベドチン(DCDS4501A/RG7596)	CD79b	MMAE	・びまん性大細胞型 B 細胞リンパ腫 /POLARIX
サシツズマブ ゴビテカン(IMMU-132)	TROP-2	SN38	・トリプルネガティブ乳がん /ASCENT

DM4：(2')-デアセチル-N2-(4-メルカプト-4-メチル-1-オキソペンチル)-メイタンシン，MMAF：モノメチルオリスタチン F，
MMAE：モノメチルオリスタチン E，PBD：ピロロベンゾジアゼピン

シン（tubulysin）を結合させた ADC を開発している[11]．がん細胞表面の HER2 のクロスリンクの誘導，細胞内にインターナリゼーションされた後の HER2-抗体複合体の細胞表面へのリサイクリングの低下およびライソゾーム輸送の促進により，強い薬効が得られると期待されている．HER2 の発現が低い乳がん（HercepTest™ で 1+，2+）でも効果が期待され，まだ臨床第 I 相試験の段階（ClinicalTriaks.gov. NCT02576548）ではあるが，興味深い ADC の一つである．

その他，承認が期待されている臨床第Ⅲ相試験の段階にある ADC に，再発小細胞肺がん（small cell lung cancer, SCLC）でがん幹細胞標的分子である Delta-like 3（DLL-3）を標的としたロバルピツズマブ テシリン（rovalpituzumab tesirine, Rova-T）や，トリプルネガティブ乳がんで TROP-2 という細胞膜タンパク質を標的としたサシツズマブ ゴビテカン（sacituzumab govitecan, IMMU-132）などがある（表 13.2）．

ADC ががんの治療抗体開発におけるブレークスルーとなった構成技術の一つとして，部位特異的コンジュゲーション技術の開発が挙げられる．これにより，すでに述べたような ADC の均一性の向上による血中安定性の向上が期待されるばかりでなく，それによるオフターゲット毒性の軽減と薬効の増強も見込まれる．現在では少なくとも 40 種類以上の部位特異的コンジュゲーション技術が存在し，それらを生かした少なくとも 10 種類の ADC が臨床開発段階にある[8]．現在 80 種類近い ADC が臨床段階にあるが，その多くはまだ第 I 相または第 II 相の段階にあり，承認されている ADC は 4 剤のみである．開発される ADC の数が増えることに伴い，何らかの理由によりドロップアウトする ADC も増えてきており，ここ数年で，どのような腫瘍抗原に対してどのような ADC（抗体，リンカー，コンジュゲーション，細胞傷害性薬物）が有効であるのかが明確になってくるであろう．

13.5.4 免疫チェックポイント分子に対する抗体

共抑制性の免疫チェックポイント（co-inhibitory immune checkpoint）分子（PD-1，PD-L1 および CTLA-4）に対する抗体は，がん治療の概念を根本から転換させた画期的な薬剤である．なかでも PD-1 とそのリガンドである PD-L1 の経路を阻害する抗体（免疫チェックポイント阻害薬）は 2018 年 4 月の段階ですでに 5 剤が承認されている[12]．その適応疾患はメラノーマ（悪性黒色腫），腎細胞がん，非小細胞肺がん，頭頸部がん，尿路上皮がん，肝細胞がん，メルケル細胞がん，マイクロサテライト不安定性（microsatellite instability-positive, MSI-positive）のがん，ホジキンリンパ腫，胃がんと多岐にわたっている（表 13.3）．しかし，PD-1/PD-L1 抗体単独での奏効率はホジキンリンパ腫

表 13.3 PD1 抗体（ニボルマブおよびペムブロリズマブ），PD-L1 抗体（アテゾリズマブ，デュルバルマブ，アベルマブ）と FDA 承認年度

	MEL	NSCLC	RCC	HL	HNSCC	UC	MSI-tumor	HCC	GC	MCC
ニボルマブ	2014	2015	2015	2016	2016	2017	2017 (colon)	2017		
ペムブロリズマブ	2014	2015		2017	2016	2017	2017		2017	
アテゾリズマブ		2016				2016				
デュルバルマブ		2018*				2016				
アベルマブ						2017				2017

MEL：メラノーマ（悪性黒色腫），NSCLC：非小細胞肺がん，RCC：腎細胞がん，HNSCC：頭頸部扁平上皮がん，UC：尿路上皮がん，MSI-tumor：マイクロサテライト不安定性陽性がん，HCC：肝細胞がん，GC：胃がん，MCC：メルケル細胞がん

を除けばせいぜい20〜30％程度であり，既存の治療法と比較して全生存率への寄与は大きいものの，依然として満足できるレベルにはない．このことから，同抗体と既存の治療薬あるいは未承認の治療薬との併用での開発が世界的なトレンドとなっており，大手製薬企業からバイオテック企業に至るまで，今や免疫チェックポイント阻害薬の併用はがん治療の一大潮流となっている．このような背景のもとに，すでに承認された免疫チェックポイント阻害薬以外に，PD1抗体5剤が後期開発に進んでいるほか，さらに少なくとも16剤のPD1抗体および7剤のPD-L1抗体が臨床開発に進んでいる[13]．

PD-1抗体あるいはPD-L1抗体との併用を目指して，複数の共抑制性免疫チェックポイント分子に対する阻害抗体の開発が進んでいる．それらのなかでも代表的な分子はTIM-3，LAG-3，TIGITである[14]．いずれも一過性にCD4$^+$あるいはCD8$^+$T細胞上に発現し，同時に疲弊T細胞のマーカーでもある．これらの分子に対する抗体は，基本的にはPD1/PD-L1抗体と同様にT細胞を活性化する．少なくともTIM-3抗体3剤，LAG-3抗体6剤，TIGIT抗体3剤が臨床に進んでおり，激しい開発競争が展開されている（表13.4）．一方，共抑制性分子の阻害抗体だけでなく，共刺激性（co-stimulatory）免疫チェックポイント分子に対するアゴニスト抗体の開発も進んでいる．代表的な分子は腫瘍壊死因子受容体（tumor necrosis factor receptor, TNFR）ファミリーに属する分子群OX40，CD27，4-1BB，GITRである[15]．各々，少なくとも4剤，1剤，2剤，4剤が臨床開発に進んでおり（表13.4），共抑制性分子同様にPD1/PD-L1抗体との併用療法が主体となっている．TNFRファミリーに属するCD40分子のアゴニスト抗体については，CD40が抗原提示細胞（antigen-presenting cells, APC）上に発現し，樹状細胞（dendritic cell, DC）の活性化に直接関与する分子であることから，早期からその開発が進んできた[16]．すでに開発が中止された薬剤がある一方，中止後に復活する薬剤，新規参入の薬剤が多数登場し，非常に複雑な開発状況にあり，現時点で開発が継続されている薬剤が少なくとも5剤に及んでいる（表13.4）．

13.5.5 腫瘍随伴マクロファージ（TAM），制御性T細胞（Treg），骨髄由来免疫抑制細胞（MDSC）に対する抗体

免疫チェックポイント分子とともに注目されているのが，腫瘍微小環境でT細胞の機能を阻害する細胞〔腫瘍随伴マクロファージ（tumor-associated macrophage, TAM），制御性T細

表13.4　臨床開発中の共抑制性（co-inhibitory）あるいは共刺激性（co-stimulatory）免疫チェックポイント分子に対する抗体

共抑制性（co-inhibitory）分子	TIM-3	MBG453（Novartis），LY3321367（Eli Lilly），TSR-022（Tesaro）
	LAG-3	LAG525（Novartis），BMS-986016（BMS），MK-4208（Merck），TSR-033（Tesaro），REGN2810（Regeneron），BI754111（Boehringer Ingerlheim）
	TIGIT	BMS-986207（BMS），MTIG7192A（Genentech），OMP-313M32（OncoMed）
共刺激性（co-stimulatory）分子	OX40	MEDI0562（AstraZeneca），PF-0451800（Pfizer），MOXR0916（Genentech），GSK3174998（GSK）
	CD27	Varlilumab（Celldex）
	4-1BB	Utomilumab（Pfizer），Urelumab（BMS）
	GITR	BMS-986156（BMS），MEDI1873（AstraZeneca），OMP-366B11（OncoMed）
抗原提示細胞／樹状細胞（APC/DC）	CD40	SEA-CD40（Seattle Genetics），RO7009789（Roche），APX005M（Apexigen），ABBV-927（AbbVie），JNJ-64457107（J&J）

胞（Treg），骨髄由来免疫抑制細胞（myeloid-derived suppressor cell, MDSC）など〕に対する阻害抗体である．これらは基本的に PD1/PD-L1 抗体との併用で用いられることを想定している．TAM の分子標的としては，マクロファージコロニー刺激因子（macrophage colony-stimulating factor, M-CSF）の受容体である CSF-1R が最も注目を集めており，これに対する抗体として，少なくとも 6 剤の臨床開発が進められている[17]．その他 TAM キナーゼと呼ばれる 3 種類の分子，Axl, Mer, Tyro も注目されており，Axl 抗体が 1 剤，臨床開発段階に進んでいる[18]．活性化された T 細胞の機能を抑制する Treg も，免疫チェックポイント阻害抗体の併用薬の標的として注目されている．CCR4$^+$ 活性化 Treg を枯渇させる抗 CCR4 抗体モガムリズマブは，成人 T 細胞白血病／リンパ腫（adult T-cell leukemia/lymphoma, ATLL），皮膚 T 細胞性リンパ腫（cutaneous T cell lymphoma, CTCL）などの末梢性 T 細胞リンパ腫の治療薬として日本で認可された[19]．現在，ニボルマブ，デュルバルマブ，抗 4-1BB 抗体ウトミルマブ（utomilumab）との併用試験が実施されている（表 13.5）．MDSC を標的とする抗体医薬は報告されていないが，CD33 がそのマーカーになることから抗 CD33 抗体を応用する可能性も考えられる．

13.5.6 その他注目される抗体医薬

その他の注目される抗体医薬としては，同時に二つの抗原（または同一抗原の二つの異なったエピトープなども含む）と結合できる二重特異性抗体（バイスペシフィック抗体）がある．現在開発されているバイスペシフィック抗体のフォーマットは 100 種類以上ともいわれ，非常に多岐に及んでいる[20]．フォーマットとしては，BiTE（Bi-specific T cell engager）に代表される 1 本鎖抗体（scFV）をつなげた低分子型のものと，Fc をもつ IgG 型抗体のものに大別される．作用機序としては，片方の腕部（アーム）で腫瘍抗原と結合し，もう片方の腕部で T 細胞の CD3 と結合する T 細胞リクルート抗体と，異なる二つの腫瘍抗原（または異なる二つのリガンド）と結合して中和活性（2 リガンドまたは受容体阻害）を期待したものがある（表 13.6）．がん治療薬としてのバイスペシフィック抗体は，さまざまなフォーマットで 30 剤以上が臨床開発に進んでいる．それらのなかで，Amgen 社（旧・MicroMet 社）の BiTE 抗体（CD19/CD3）であるブリナツモマブ（blinatumomab）が，フィラデルフィア染色体陰性の再発性・難治性急性リンパ性白血病の治療薬として 2014 年にアメリカにおいて承認されている．また本章では詳細は触れないが，最近の注目すべきがんの免疫療法として，CAR-T（キメラ抗原受容体遺伝子改変 T 細胞）療法も挙げられる．すでに 2017 年に急性リンパ性白血病に対するチサゲンレクロイセル（tisagenlecleucel, CD19/TCR）と大細胞型 B 細胞性リンパ腫に対するアキシカブタゲン シロロイセル〔axicabtagene ciloleucel（Axi-cel, CD19/TCR）〕の二つが承認されている．T 細胞遺伝子療法は強い副作用や高額な医療コストなどの課題が残されているが，がん治療の革新的な治療法になることが期待されて

表 13.5 T 細胞抑制性細胞に対する抗体で臨床開発中のもの

腫瘍随伴マクロファージ (tumor-associated macrophage, TAM)	CSF-1R	Cabiralizumab（BMS/Five Prime），Emactuzumab（Roche），LY3022855（Eli Lilly）AMG820（Amgen），MCS110（Novartis），SNDX-6352（Syndax）
制御性 T 細胞 (regulatory T-cell, Treg)	CCR4	Mogamulizumab（Kyowa Kirin）

表 13.6 開発中の 2 重特異性（バイスペシフィック）抗体の例

フォーマット		開発品	標的分子 1	標的分子 2	作用機序	適用癌種	ステータス	開発会社
低分子型	BiTE	Blinatumomab AMG103 MT103	CD19	CD3	T細胞リクルート	ALL	承認 (2014)	Amgen (Micromet)
		MT111, AMG211, Medi565	CEA			Gastric cancer	1	Amgen (Micromet)
		Pasotuxizumab MT112 BAY2010112	PSMA			Prostate cancer	1	Bayer (Micromet)
		Solitomab MT110 AMG 110	EpCAM			Colorectal, lung, GI cancers, solid tumors	1	Amgen (Micromet)
		AMG420, BI 836909	BCMA			Multiple Myeloma	1	Boehringer Ingelheim, Amgen (Micromet)
		AMG 330	CD33			AML	1	Amgen (Micromet)
	DART	MGD006 S80880	CD123	CD3	T細胞リクルート	AML	1	Macrogenics, Servier
		MGD007	GPA33			Colorectal cancer	1	Macrogenics, Servier
		PF06671008	P cadherin			Solid tumors	1	Pfizer, Macrogenics
		MGD009	B7H3			Solid tumors	1	Macrogenics
		Duvortuxizumab, NRG011, JNJ64052781	CD19			Solid tumors	2	Macrogenics, Janssen
	Bi-nanobody	BI836880	VEGF	Ang2	中和活性	Solid tumors	1	Ablynx, Boehringer Ingelheim
IgG 型	Crossmab	Vanucizumab RG7221	Ang2	VEGF	中和活性	Colorectal cancer	2	Roche
		RG7802	CEA	CD3	T細胞リクルート	CEA positive solid tumors	1	Roche
		RG7386	FAP	DR5	アポトーシス誘導	Solid tumors	1	Roche
	DVD-Ig (Dual variable domain Ig)	ABT165	DLL4	VEGF	中和活性	solid tumors	1	Abbvie
	cLC-hetero-H-chain IgG	MCLA117	CLEC12A	CD3	T細胞リクルート	AML	1/2	Merus
		REGN1979	CD20			B-cell cancer	1	Regeneron
		ERY974	GPC3			Solid tumors	1	Chugai
		MCLA128	Her2	HER3	中和活性	Solid tumors	1/2	Merus
		Navicixizumab OMP-305B83	DLL	VEGF	中和活性	Solid tumors	1	Oncomed, Celgene
	IgG assembled from halfantibodies	ZW25 (Azymetrics)	Her2	Her2	中和活性	Her2 陽性がん	1	Zymeworks
		RG7828, BTCT 4465A (KiH)	CD20	CD3	T細胞リクルート	NHL	1	Genentech
		JNJ 63709178 Duobody	CD123			AML	1	Janssen, Genmab
		JNJ 61186372, EM1 Duobody	Her1	c-Met	中和活性	NSCLC	1	Janssen, Genmab

文献 22) より引用，改変．

いる．血液腫瘍のみならず固形がんでの有効性も示されれば，研究開発がさらに活発化すると考えられる．

13.6 まとめ

以上，本章では抗体医薬品の一般的な構造的特徴や作用機序，抗体分子の糖鎖改変技術やマルチスペシフィック抗体などの技術による多機能化，抗体薬物複合体や免疫チェックポイント阻害抗体の最近の開発動向について述べた．治療の標的となりうる標的分子の枯渇が叫ばれて久しいが，抗体の活性増強のための多機能化技術のさらなる発展や，がんの微小環境と正常な組織の環境とを見分けて抗体を標的分子に結合させる技術，複数膜貫通型タンパク質の構造を保持した状態でのタンパク質調整技術などの発展によって，これまで治療標的分子としては難しいと考えられてきた分子

に対しても，抗体医薬品の開発が行われていくのではないだろうか．

文　献

1) Stapleton N.M. et al., *Nat. Commun.*, **2**, 99 (2011).
2) Clark M.R., *Chem Immunol.*, **65**, 88 (1997).
3) Dall'Ozzo S. et al., *Cancer Res.*, **64**, 4664 (2004).
4) Gennari R. et al., *Clin. Cancer Res.*, **10**, 5650 (2004).
5) Shields R.L. et al., *J. Biol. Chem.*, **277**, 26733 (2002).
6) Shinkawa T. et al., *J. Biol. Chem.*, **278**, 3466 (2003).
7) Yamane-Ohnuki N. et al., *Biotechnol. Bioeng.*, **87**, 614 (2004).
8) Beck A. et al., *Nat. Rev. Drug Discov.*, **16**, 315 (2017).
9) Hurvitz S.A. et al., *J. Clin. Oncol.*, **31**, 1157 (2013).
10) Ogitani Y. et al., *Clin. Cancer Res.*, **22**, 5097 (2016).
11) Oganesyan V. et al., *J. Biol. Chem.*, **293**, 8439 (2018).
12) Jardim D.L. et al., *Clin. Cancer Res.*, **24**, 1 (2018).
13) Kaplon H. & Reichert J.M., *MABS*, **10**, 183 (2018).
14) Anderson A.C. et al., *Immunity*, **44**, 989 (2016).
15) Sturgill E.R. & Redmond W.L., *AJHO*, **13**, 4 (2017).
16) Yu X. et al., *Cancer Cell*, **33**, 664 (2018).
17) Petty A.J. & Yang Y., *Immunotherapy*, **9**, 289 (2017).
18) Paolino M. & Penninger J.M., *Cancers*, **8**, 97 (2017).
19) Sugiyama D. et al., *Proc. Natl. Acad. Sci. U.S.A.*, **110**, 7945 (2013).
20) Brinkmann U. & Kontermann R.E., *MABS*, **9**, 182 (2017).
21) Lu D. et al., *Clin. Pharmacokinet.*, **52**, 657 (2013).
22) Ulrich B. & Roland E.K., *MABS*, **9**, 182 (2017).

がん免疫療法薬

Part III　がん治療薬の分類と特徴

Summary

がん治療は従来，外科治療（手術），放射線治療，薬物療法の三大治療法により進められてきた．近年第四の治療法として"がん免疫療法"が注目されている．がん免疫療法とは，われわれの体内にある免疫細胞を活性化し機能を強化することでがん細胞を駆逐することを目的とした治療法である．代表的ながん免疫療法としてがんワクチン療法，T細胞遺伝子改変療法，免疫チェックポイント阻害療法がある．

14.1　はじめに

　免疫系は生体に備わった細菌やウイルスなどの外敵を排除するシステムである．近年の研究の進歩により，免疫系は外敵を排除するのみでなく，広範な生命現象にかかわるシステムであることが明らかになってきた．とりわけがんと免疫との関係についての研究が大きく進み，またがん免疫療法の臨床応用が進んだことから，がん免疫研究は新時代を迎え，免疫メカニズムを巧みに利用した新たな治療方法が次つぎと誕生している．本章ではがん免疫療法のこれまでの研究と近年の臨床応用について述べる．

14.2　がん免疫療法のはじまり

　19世紀後半，アメリカの外科医 W. B. Coley が細菌感染を起こしたがん患者のなかに，自然にがんが退縮した例があることに着目し，がん患者に不活化した細菌（Coley's toxin）を投与したところ，免疫反応の活性化が起こりがんが退縮することを見いだした．これががん免疫療法の始まりである[1]．1950年代に入ると F. M. Burnet や L. Thomas らにより，生体内で遺伝子変異を起こした異常な細胞が自己の免疫系により排除されるという，"がん免疫監視機構"が提唱されるようになった[2]．1974年には O. Stutman により，免疫担当細胞である T 細胞の成熟にかかわる，胸腺を欠損したヌードマウスと野生型マウスのがん発生率が同等であることが示されると，がん免疫監視機構の存在は疑問視されるようになったが[3]，その後 O. Stutman らの研究で用いられたヌードマウスは T 細胞とは別の細胞傷害性細胞である NK 細胞の活性が野生型マウスと比較して高く，また一部の T 細胞が残存していることが明らかとなり，完全な免疫不全状態ではないことが示された．さらにインターフェロン-γ（interferon-γ, IFN-γ）やパーフォリンといった抗腫瘍免疫応答に関連する分子が欠損したマウスで発がんが亢進することが証明され，がん免疫監視機構の存在が改めて確認されることとなった．近年は R. D. Schreiber や L. J. Old らにより，がん細胞と免疫監視システムの関係性は（1）がん細胞が自己の免疫系により排除される排除相（elimination），（2）排除相で排除されなかったがん細胞と免疫系が拮抗している平衡相

(equilibrium), (3) がん細胞が免疫監視システムから逃れて増殖する逃避相 (escape) の三つの相に分類されることが概念化された. これら3相で構成される一連のプロセスは"がん免疫編集 (cancer immune-editing)"と呼ばれ, がんはこれらのプロセスを経て進展していくと考えられている[4].

14.3 HLA 結合ペプチドとがんワクチン

1974 年 R. M. Zinkernagel と P. C. Doherty により, T 細胞は異物である抗原のみを認識しているのではなく, 宿主側の細胞が発現する主要組織適合抗原 (major histocompatibility antigen, MHC) も認識していることが報告された〔ヒトにおける MHC はヒト白血球抗原 (human leukocyte antigen, HLA) と呼ばれる〕[5]. 1984 年には, M. Davis や Tak W. Mak により T 細胞受容体 (T cell receptor, TCR) 遺伝子が同定されたが, 抗原, HLA および TCR の機能的関連は不明のままであった[6]. 1987 年に P. J. Bjorkman が HLA の一種である HLA-A2 分子の3次元構造解析を行い, HLA-A2 分子には 9 個前後のアミノ酸がはまり込む細長い溝があることを明らかにした. すなわち細胞傷害性を発揮する能力を備えた $CD8^+$ T 細胞は, 樹状細胞などの抗原提示細胞上の MHC クラス I 分子 (上記の場合は HLA-A2 と $\beta 2$-ミクログロブリンの複合体) に提示された, 抗原由来の 9 個前後のアミノ酸断片 (ペプチド) を TCR で認識することで細胞傷害性を獲得することが発見された (図 14.1)[7].

これらの発見から, がん細胞で発現している"がん抗原"(MAGE-A1, gp100, tyrosinase, NY-ESO-1 など) に由来する HLA 結合ペプチドの同定をめざした研究が盛んに行われるようになった. さらに同定されたがん抗原のペプチド断片を患者に投与することにより, がん細胞に対する免疫応答を増強する試み (がんワクチン療法) が始まった[8]. それらの短鎖ペプチドを用いたがんワクチン療法に加えて, 抗原ペプチドの形態も短鎖ペプチドのみにとどまらず, 長鎖ペプチド, 全長タンパク質, 核酸などに広がり, また免疫賦活剤として顆粒球単球コロニー刺激因子 (granulocyte macrophage colony-stimulating factor, GM-CSF) などのサイトカインや, 自然免疫を応用した CpG オリゴデオキシヌクレオチド, Poly-IC 2 本鎖 RNA などの Toll 様受容体アゴニストの使用も試みられた. しかしながら, 用いられた抗原が自己の正常組織でも発現が認められる抗原 (shared 抗原) であったため, 自己免疫寛容 (免疫系が非自己を排除するものの, 自己に対しては反応しないこと) が成立しており, 臨床

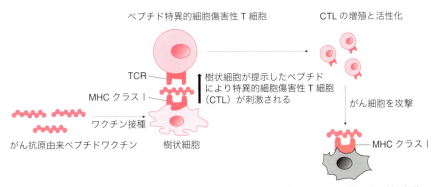

図 14.1 HLA 結合ペプチドとワクチン

■ 14章　がん免疫療法薬 ■

効果と結びつく抗腫瘍免疫応答が誘導されず，これらのshared抗原を標的としたがんワクチン療法の臨床応用の可能性は疑問視されている[9,10]．近年ではマウスがん細胞の個別の変異ペプチド(neo抗原，新生抗原，neoantigen)を次世代シーケンサーで同定し，それらの抗原をマウスにワクチンとして投与することで抗腫瘍効果が得られることが確認されている．ヒトへの応用はすでに始まっており，患者別のneo抗原を同定して，それらを標的とするペプチドワクチン療法の臨床試験が行われている[11-13]．

14.4　T細胞遺伝子改変療法

14.4.1　TCR導入T細胞療法

がん組織に浸潤する細胞傷害性T細胞を体外で培養し増殖させ，がん患者に養子免疫するT細胞療法が良好な臨床効果を示すことが報告されている[14]．しかしながらすべてのがん患者でがん組織からT細胞を採取し，必要なときに必要な量を培養により増殖させることは技術的に困難である．このような背景から，がん抗原特異的T細胞から抗原特異性の根拠となるTCR遺伝子を同定し，このTCR遺伝子を人工的に導入したT細胞を体外で培養・増殖させて養子免疫する，TCR導入T細胞(TCR-T)療法が試みられている．この治療法ではウイルスベクターやトランスポゾンなどを利用して，遺伝子操作によりリンパ球に目的のTCR遺伝子を導入するが，このときTCRの適切な選択が重要である．すなわちがん細胞にのみ特異的に発現する抗原を認識するTCRを選択することが必要となる．また患者に注入されたTCR-T細胞は体内で高い親和性をもってがん抗原を認識し，増殖活性化の刺激を得ることが望ましい．しかし高親和性TCRを用いた臨床試験では重篤な有害事象が発生しており[15]，新たな臨床試験に進むにあたってはTCR-Tの正常

細胞への反応性を十分に検証しておく必要がある．

14.4.2　CAR-T（キメラ抗原受容体発現T細胞)療法

がん細胞の表面抗原を認識する抗体とTCRおよび共刺激分子の下流のシグナルを結合したキメラ抗原受容体（chimeric antigen receptor, CAR）を患者T細胞に導入し，それを体外で培養・増殖させて養子免疫する治療法が開発された（CAR-T療法）．標的となるがん細胞の表面抗原に対する抗体のFab部分を単鎖抗体にしたものと，T細胞受容体のCD3ζ鎖とを結合したものが第一世代のCARと呼ばれている[16,17]．第一世代のCARを用いた場合，in vitro（培養細胞レベル）では抗腫瘍効果を認めたものの，in vivo（生体内）では効果が認められなかった．そこで第二世代CARとしてCD28やCD137（4-1BB）などの共刺激分子のシグナル伝達ドメインを挿入したCARが開発された．これによりin vivoでも抗腫瘍効果が認められるようになった．現在進められている抗CD19（B細胞由来の白血病・リンパ腫細胞が発現する膜タンパク質）抗体のCAR-T細胞療法の臨床試験では一般的に第二世代CARが用いられている．さらに複数の共刺激シグナル分子を挿入した第三世代のCARも開発されている（図14.2）．

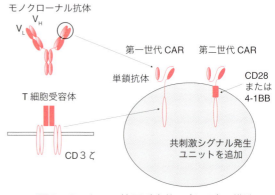

図14.2　キメラ抗原受容体の(CAR)の構造

CD19を標的としたCAR-T療法は，臨床試験で非常に高い割合で完全寛解を導くことに成功しており[18-20]，2017年にアメリカ食品医薬品局（Food and Drug Administration，FDA）により承認された．しかしCAR-T療法においては適切な標的がん抗原が限られること，CAR-T細胞のがん細胞部位への効率的な移行が難しいこと，固形がんには依然として明確な効果を認めていないことなど，解決すべき課題も多い．

14.5 免疫チェックポイント分子と免疫チェックポイント阻害療法

14.5.1 免疫チェックポイント分子

自己免疫寛容のシステムは，生体にとって非常に重要である．生体が自己免疫寛容を成立させるにはさまざまな免疫抑制機構の関与が必要であるが，免疫応答を抑制する免疫チェックポイント機構もその一つである．

腫瘍（もしくはがん抗原）を貪食したマクロファージや樹状細胞などの抗原提示細胞は，その細胞表面にMHC分子とペプチド（がん抗原）から成る複合体を発現する．それを介して抗原提示細胞はT細胞上のTCRと結合し，シグナルを伝達する．また抗原提示細胞は副刺激／共刺激（co-stimulatory）分子であるCD80/86を細胞表面に発現し，これを介してT細胞表面のCD28に結合する．T細胞は，TCR/CD3複合体を介する抗原特異的刺激と，CD28を介する副刺激を同時に受けたときに活性化される．一方で免疫チェックポイント分子は，通常T細胞の過剰な活性化といった不適切な免疫応答を阻害している．前述の通りがんの進展過程では免疫編集のプロセスが進行するが，がん細胞は免疫系からの攻撃を逃避するために免疫チェックポイント分子を含むさまざまな免疫抑制機構を利用し，この免疫抑制機構を解除することにより本来のがん免疫反応を活性化し，抗腫瘍効果を誘導することを企図した免疫チェックポイント分子阻害薬の臨床応用が急速に進んでいる．以下にその具体例を挙げる．

14.5.2 CTLA-4と抗CTLA-4抗体

1994年J. P. AllisonのグループとJ. A. Bluestoneのグループにより，T細胞の機能抑制因子として，膜タンパク質である細胞傷害性Tリンパ球抗原4（CTLA-4）が同定された[21, 22]．また1996年にはマウスにおいて抗CTLA-4抗体に抗腫瘍効果があることが証明された[23]．CTLA-4はエフェクターCD4$^+$T細胞およびエフェクターCD8$^+$T細胞の活性化に伴い細胞表面に発現される共抑制（co-inhibitory）分子である．CTLA-4のリガンドはおもに抗原提示細胞が発現するCD80（B7-1）およびCD86（B7-2）で，これらは代表的な共刺激分子であるCD28のリガンドでもある．CD28はCD80/CD86からの共刺激シグナルを受け取り，TCRより抗原特異的刺激を受けたT細胞を活性化するが，活性化されたT細胞上にはCTLA-4が誘導され，過剰な活性化を抑制的に制御している．CTLA-4はCD80/CD86と高い親和性をもつことでCD28と拮抗してこれらの因子に結合し，エフェクターT細胞に抑制シグナルを伝達する．またCTLA-4は制御性T細胞（regulatory T cell，Treg）の表面に恒常的に発現しており，免疫抑制機能を発揮している．Treg上のCTLA-4は抗原提示細胞上のCD80/CD86を介して抗原提示細胞の機能を減弱することで，エフェクターT細胞の活性化を阻害する．抗CTLA-4抗体はCTLA-4に結合することで同分子とCD80/CD86の結合を阻害することにより，エフェクターT細胞に伝達される抑制シグナルを遮断してエフェクターT細胞を活性化するのみならず，腫瘍微小環境においてはTregに作用し，がん局所のTregを排除していると考えられている[24, 25]．ヒトにおいては抗CTLA-4抗体であるイピリムマブ（ipilimumab）

が，切除不能なメラノーマ(悪性黒色腫)に対する免疫チェックポイント阻害薬として，2011年3月に世界で初めてFDAにより承認された[26, 27]．日本でもイピリムマブは2015年7月に承認を受けている．

14.5.3 PD-1/PD-L1と抗PD-1および抗PD-L1抗体

PD-1（programmed cell death 1）はCD4$^+$ T細胞およびCD8$^+$ T細胞の活性化に伴い，細胞表面に発現が誘導される共抑制分子である[28]．そのリガンドであるPD-L1（B7-H1）は，抗原提示細胞やがん細胞，感染細胞において発現し，もう一つのリガンドであるPD-L2（B7-DC）はおもに抗原提示細胞やがん細胞で発現している．PD-1は膜貫通型のタンパク質であり，その細胞内領域にチロシン残基を含むシグナル伝達モチーフであるITIM（immunoreceptor tyrosine-based inhibitory motif）およびITSM（immunoreceptor tyrosine-based switch motif）をもつ．PD-1がPD-L1もしくはPD-L2（PD-Ls）と結合すると，SrcファミリーキナーゼによりPD-1のITSMがチロシンリン酸化を受け，そこにチロシンホスファターゼSHP-2が結合する．活性化したT細胞では元来，TCR刺激を受けて活性化したSrcファミリーキナーゼLCKにより，ZAP70などのさまざまなシグナル伝達分子がチロシンリン酸化を受ける．PD-1のITSMにリクルートされたSHP-2は，これらのシグナル伝達分子のリン酸化チロシンを脱リン酸化することで，TCR刺激のシグナルを抑制する（図14.3）．

がん細胞におけるPD-Lsの発現には，PD-Ls遺伝子の異常によりPD-Lsががん細胞に高発現している場合と，抗原を認識して活性化したエフェクターT細胞から放出されたIFN-γにより，がん細胞表面にPD-Lsの発現が誘導される場合

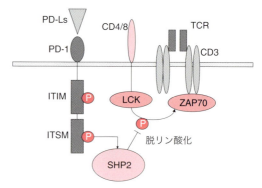

図14.3　PD-1分子の免疫抑制メカニズム

の二つのパターンがある．前者は血液腫瘍で認められ，固形腫瘍では後者が主である．後者のパターンでは，がん抗原特異的T細胞ががん細胞を攻撃することが反作用的に働いている．すなわち攻撃を受けたがん細胞側が免疫チェックポイント分子であるPD-Lsを発現し，T細胞の機能を強く抑制することで，がん抗原特異的T細胞からの攻撃を逃避するに至っている[29]．

日本では，2014年7月に抗PD-1抗体であるニボルマブ（nivolumab）が根治切除不能なメラノーマに対して承認され，それ以降，切除不能な進行・再発の非小細胞肺がん，根治切除不能または転移性の腎細胞がん，再発または難治性の古典的ホジキンリンパ腫，再発または遠隔転移を起こす頭頸部がん，がん化学療法後に増悪した治癒切除不能な進行・再発の胃がんに，適応が拡大している．2016年9月にはニボルマブと同じく抗PD-1抗体であるペムブロリズマブ（pembrolizumab）がメラノーマに対して承認されている．また，2017年11月に抗PD-L1抗体であるアベルマブ（avelumab）が根治切除不能なメルケル細胞がんに対して承認されたのに続き，同じくPD-L1抗体であるアテゾリズマブ（Atezolizumab）が2018年1月に切除不能な進行・再発の非小細胞がんに対して承認されており，今後多様ながん種への展開が期待されている．

14.6 おわりに

近年，がん免疫療法はめざましい発展を遂げ，急速に臨床応用が進んでいる．しかし，そのなかでおもに使用されている免疫チェックポイント阻害薬の奏効率は20～30％にとどまっている．そこで，どのような患者に効果が出やすいのか，あるいは免疫関連の副作用が出やすいのかなどのバイオマーカーの探索も行われ，治療の適正化が図られようとしている．また免疫療法どうしを組み合わせたり，既存の化学療法や分子標的治療薬と組み合わせることによって，より高い効果を得るための研究もなされている．基礎的側面と臨床的側面の両方からのアプローチで新たな知見が積み重なり，腫瘍免疫学がさらなる発展を遂げることを願ってやまない．

文献

1) Wiemann B. & Starnes C.O., *Pharmacol. Ther.*, **64**, 529 (1994).
2) Ehrlich P., *Ned. Tijdschr. Geneeskd.*, **5**, 273 (1909).
3) Burnet M., *Br. Med. J.*, **1**, 779 (1957).
4) Schreiber R.D. et al., *Science*, **331**, 1565 (2011).
5) Zinkernagel R.M. & Doherty P.C., *Nature*, **248**, 701 (1974).
6) Mak T.W., *Eur. J. Immunol.*, **37 Suppl 1**, S83 (2007).
7) Bjorkman P.J. et al., *Nature*, **329**, 512 (1987).
8) van der Bruggen P. et al, *Science*, **254**, 1643 (1991).
9) Rosenberg S.A. et al., *Nat. Med.*, **10**, 909 (2004).
10) Ruiz R. et al., *Curr. Oncol. Rep.*, **16**, 400 (2014).
11) Gubin M.M. et al., *Nature*, **515**, 577 (2014).
12) Ott P.A. et al., *Nature*, **547**, 217 (2017).
13) Sahin U. et al., *Nature*, **547**, 222 (2017).
14) Rosenberg S.A. et al., *Science*, **233**, 1318 (1986).
15) Morgan R.A. et al., *J. Immunother.*, **36**, 133 (2013).
16) Park J.H. & Brentjens R.J., *Discov. Med.*, **9**, 277 (2010).
17) Sadelain M. et al., *Cancer Discov.*, **3**, 388 (2013).
18) Brentjens R.J. et al., *Sci. Transl. Med.*, **5**, 177ra138 (2013).
19) Maude S.L. et al., *N. Engl. J. Med.*, **371**, 1507 (2014).
20) Kalos M. et al., *Sci. Transl. Med.*, **3**, 95ra73 (2011).
21) June C.H. et al., *Immunol. Today*, **15**, 321 (1994).
22) Holsti M.A. et al., *J. Immunol.*, **152**, 1618 (1994).
23) Leach D.R. et al., *J. Exp. Med.*, **206**, 1717 (2009).
25) Simpson T.R. et al., *J. Exp. Med.*, **210**, 1695 (2013).
26) Hodi F.S. et al., *N. Engl. J. Med.*, **363**, 711 (2010).
27) Robert C. et al., *N. Engl. J. Med.*, **364**, 2517 (2011).
28) Francisco L.M. et al., *Immunol. Rev.*, **236**, 219 (2010).
29) Gajewski T.F. et al., *Nat. Immunol.*, **14**, 1014 (2013).

Part III　がん治療薬の分類と特徴

核酸医薬

Summary

核酸医薬とは DNA や RNA を基本骨格とする医薬品の総称であり，低分子医薬品や抗体医薬に続く次世代医薬品として期待が高まっている．核酸医薬としては，アンチセンス核酸やアプタマー，RNA 干渉（RNAi）を利用した小分子干渉 RNA（siRNA）やマイクロ RNA（miRNA）がシード核酸として利用されており，現在までにがんを含む多様な疾患において臨床試験・治験が進められている．核酸医薬には，オフターゲット効果や免疫応答の回避，作用部位への的確なデリバリーシステムの開発などさまざまな課題が存在するが，核酸修飾の技術やドラッグデリバリーシステム（DDS）の発展によって打開されつつある．いまだがんを対象とした臨床応用には至っていないが，アメリカ食品医薬品局（FDA）において承認を受けた核酸医薬も登場してきており，がんを対象とした核酸医薬やがんへの適応拡大が期待される．

15.1　核酸医薬とは

核酸医薬（oligonucleotide therapeutics）とは，DNA や RNA を基本骨格として化学的に合成され，体外・細胞外から導入される医薬品である（図 15.1）．遺伝子治療とは異なり遺伝子発現を介さないため，細胞内で特定のタンパク質を発現させるような治療システムではない．現在さまざまな種類の核酸医薬が開発されており，核酸への修飾方法などは異なるが，デザインされたオリゴ DNA・RNA が配列特異的に標的分子を阻害するという特徴をもつ．核酸配列は自在に変えることができるため，これまでの抗体医薬などでは標的にできなかった mRNA や非コード RNA（non-coding RNA，nc RNA）などに対しても創薬設計することが可能である．また技術的プラットフォームが完成すれば，比較的容易に規格化できるという利点もある．そのため核酸医薬は低分

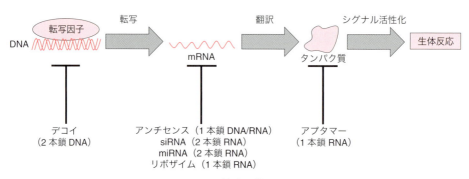

図 15.1　核酸医薬の種類
現在おもに開発が進んでいる核酸医薬として，転写因子を標的とするデコイや mRNA を標的とするアンチセンス，siRNA，miRNA，リボザイム，タンパク質を標的とするアプタマーがある．

子医薬や抗体医薬に続く次世代医薬品として高い注目を集めている．ただしその一方で，生体内における易分解性，意図しない遺伝子を標的とすること（オフターゲット効果）による副作用，作用部位へのドラッグデリバリー問題など，核酸医薬の開発において解決すべき問題点も存在する．これらの問題点は核酸修飾やドラッグデリバリーシステム（Drug Delivery System，DDS）技術の進歩により打開されつつあり，積極的な実用化に向けて基礎および臨床研究のさらなる発展が望まれる．次項からはおもな核酸医薬について概説するとともに，最新の知見を紹介する．

15.2 核酸医薬の種類とその特徴

15.2.1 アンチセンス核酸

アンチセンス核酸（Antisense-Oligonucleotide，ASO）は約 15～30 塩基程度の 1 本鎖 DNA もしくは RNA で，標的 RNA と塩基配列相補的に結合してその発現を抑制する．アンチセンス核酸に関する研究の歴史は長く，その概念は 1970 年前後に登場したと考えられている．特筆すべきは 1978 年に P. C. Zamecnik と M L. Stephenson らがラウス肉腫ウイルスの 35S RNA に相補的なオリゴ DNA によって，ウイルスの増殖が抑制されることを報告したことである[1,2]．その後，アンチセンス核酸の設計や作用機序に関する研究が進み，医薬品への応用が試みられている．

アンチセンス核酸は，その作用機序からおもに分解型と競合阻害型の 2 種類に大別される．分解型は，とくに 1 本鎖 DNA に由来するアンチセンス核酸が標的 RNA に結合し，それによって細胞内に普遍的に発現する DNA － RNA ハイブリッド分解酵素である RNase H 依存的に RNA を分解し，発現を抑制するものである．現在では，単純な 1 本鎖 DNA ではなく，Gapmer 型と呼ばれるアンチセンス核酸が主流となってきているが，これは配列中央部に RNase H によって認識される DNA 配列を挿入することで RNase H による分解性を高め，さらには両端の数塩基に修飾核酸を施したものである．修飾核酸の具体例としては 2'-O-methoxyethyl（2'-MOE）や Locked nucleic acid（LNA）などが用いられ，これらは標的 RNA との親和性やヌクレアーゼ耐性を向上させる効果をもつ．

競合阻害型は，本来タンパク質などの分子が認識する塩基配列をマスクし，競合的に標的 RNA －分子間相互作用を阻害するものである．たとえば mRNA に対するリボソームの結合を阻害して翻訳を抑制するものや，選択的スプライシングに関与するタンパク質の結合を阻害して標的 mRNA のスプライシングを調節するものがある．近年では，miRNA の標的 mRNA への結合を阻害するアンチセンス核酸も登場している．アンチセンス核酸は核酸医薬の先駆けでもあり，とくに Gapmer 型アンチセンス核酸やスプライシング制御型アンチセンス核酸は，多様な疾患を対象として開発が進んでいる（図 15.2）．

Ionis 社とアストラゼネカ社は，STAT3（signal transducer and activator of transcription 3）に対するアンチセンス核酸 AZD9150 の開発を進めている．STAT3 は，その名の通りシグナル伝達兼転写活性化因子として機能し，サイトカイン受容体と会合しているチロシンキナーゼである JAK（Janus kinase）によってリン酸化され活性化し，細胞質から核へ移行して遺伝子の転写を調節する．STAT3 はさまざまながんにおいて異常活性化し，細胞増殖や転移，血管新生に関与する遺伝子の転写を促進することがわかっている．AZD9150 は 16 塩基長のうち両端の 3 塩基が 2'-4' constrained ethyl（cEt）修飾された核酸で，マウスにおいてリンパ腫や肺がんの腫瘍増殖を抑制することが報告された[3]．現在複数のがん種を対象として臨床第 I・II 相試験の段階に

■ 15章 核酸医薬 ■

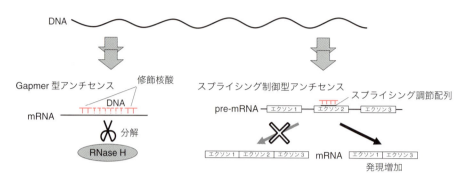

図 15.2　アンチセンス核酸の作用機序
さまざまな分野において開発が進んでいる Gapmer 型アンチセンス（左）とスプライシング制御型アンチセンス（右）の作用機序.

あり，日本でも治験が開始されている．

　Prexigebersen（BP1001）はリポソームに抱合されたアンチセンス核酸であり，Grb2（growth factor receptor bound protein 2）を標的とする．Grb2 は受容体型チロシンキナーゼの活性化を引き金として，下流の RAS-MAPK シグナル伝達経路を活性化させ，がん細胞の増殖を促進する．Prexigebersen は白血病細胞の増殖を抑制し，ゼノグラフトマウスモデルにおいてもマウス個体の生存率を向上させるという結果が得られている[4]．すでに急性および慢性骨髄性白血病において，第Ⅰ相および第Ⅱ相試験にまで進んでいる．

15.2.2　RNA 干渉（RNAi）
(a) RNAi とは

　RNA 干渉（RNA interference，RNAi）はアンチセンス核酸研究の延長で発見された．1998 年に A. Fire や C. C. Mello らは，線虫モデルを用いてアンチセンス RNA の遺伝子発現抑制メカニズムを研究し，1 本鎖アンチセンス RNA よりも 2 本鎖（センス鎖／アンチセンス鎖）RNA を導入したときのほうが遺伝子の発現が強く抑制されることを発見した[5]．その後，細胞内で 2 本鎖 RNA が約 20 塩基程度の短い RNA，いわゆる siRNA（small interfering RNA）へプロセシングされることなど，RNAi の分子メカニズムに関する研究が相次いで報告された．とくに哺乳類細胞において，直接 siRNA を導入することによって遺伝子発現抑制効果を発揮することがわかり[6]，この技術は新たな分子生物学的手法として基礎生命科学研究のさらなる発展に貢献している．また医薬応用への期待も高まっている．A. Fire や C. C. Mello らの功績は，これらの基礎から応用にわたる広い研究分野にきわめて大きなインパクトを与え，2006 年にノーベル生理学・医学賞が授与された．

(b) RNAi の分子メカニズム

　RNAi は細胞内で発現したもしくは導入された 2 本鎖 RNA が引き金となって誘導される．哺乳類細胞では，この 2 本鎖 RNA は RNA 分解酵素である Dicer によって siRNA にプロセシングされる．すると siRNA は Argonaute やその他のタンパク質と RNA 誘導サイレンシング複合体（RNA-induced silencing complex，RISC）を形成し，Argonaute によって siRNA のセンス鎖が切断される．残ったアンチセンス鎖は相補的な mRNA と結合し，Argonaute によって触媒的に次つぎと分解され，標的となる mRNA の発現が抑制される．現在では siRNA だけではなく，miRNA などのさまざまな nc RNA が RNAi に関与することが明らかになっており，その分子メカニズムに関して詳細な解析が進められている

(図15.3). siRNAやmiRNAを用いた医薬品開発もアンチセンス核酸と同様に精力的に進められている．

EPHARNA (DOPC Nanoliposomal EphA2-Targeted siRNA) は，1,2-Dioleoyl-sn-Glycero-3-Phosphatidylcholine (DOPC) をDDSとして用いたsiRNAであり，受容体型チロシンキナーゼのエフリン受容体サブファミリーであるEphA2を標的とする．EphA2はがん細胞で高発現し，がんの増殖や悪性化に関与する．EPHARNAがマウス卵巣腫瘍の増殖を抑制することが報告され[7]，現在進行性悪性腫瘍を対象とした臨床第I相試験が行われている．

低分子GTP結合タンパク質の一種であるRASは，その下流にあるMAPK経路やPI3K経路などのさまざまなシグナル伝達を制御している．正常なRASの活性は受容体型チロシンキナーゼによって調節されているが，機能獲得変異によって恒常的に活性化したRASはがん化の原因になる．KRASの12番目コドンは多くのがんで変異が検出され，とくに膵がんでは約90％の症例で変異が観察されている．siG12D-LODERは，変異型KRASに対するsiRNAとSilenseed社のLODER (Local Drug EluteR) と呼ばれるDDSとの複合体である．これはKRASの発現を抑制し，さらに膵がん細胞の増殖や上皮間葉転換 (Epithelial to Mesenchymal Transition, EMT) も抑制する[8]．ゼノグラフトマウスモデルにおいても腫瘍増殖を抑制してマウス個体の生存率を向上させることが報告されており，現在膵がんに対して超音波内視鏡生検針を用いて投与するかたちで，臨床第II相試験が行われている．

siRNAの臨床試験は日本でも行われている．国立がん研究センター研究所と3D MATRIX社は共同で，Ribophorin II (RPN2) に対するsiRNAとDOSとしてA6Kペプチドを混合した複合体TDM-812の開発を行った．RPN2はドセタキセル耐性の乳がん細胞株において発現が亢進しているタンパク質の1種として同定されており，siRNAによるRPN2の発現抑制は乳がん細胞株のドセタキセル感受性を高めることが報告された[9]．RPN2は薬物排出に関与するABCトランスポーターのMDR1やCD63のグリコシル化を介して，がん細胞の治療抵抗性に関与することが示されている[10]．2015年より治療抵抗性乳がんを対象としてTDM-812の臨床第I相試験が行われている．

15.2.3 マイクロRNA (miRNA)
(a) miRNAとは
マイクロRNA (micro RNA, miRNA) とは20〜25塩基程度から成る小分子ncRNAを指す．miRNAは，まずゲノムDNAからprimary miRNA (pri-miRNA) と呼ばれるステムルー

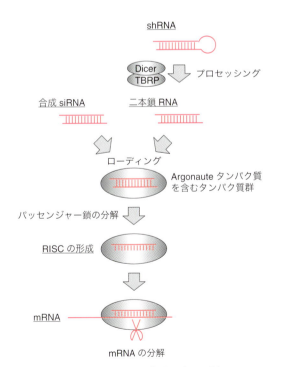

図15.3 RNAiの分子メカニズム
合成2本鎖RNAおよびshRNA (short hairpin RNA) は，いずれもArgonauteタンパク質を含むタンパク質群とともに複合体 (RISC) を形成し，標的となるmRNAを分解する．

プ構造をもつ前駆体として転写される．pri-miRNA は RNase III に分類される Drosha や DGCR8 の複合体によりプロセッシングを受け，precursor miRNA（pre-miRNA）になる．pre-miRNA は Exportin-5 により核内から細胞質へ移行し，Dicer や TRBP により再びプロセッシングを受け，2本鎖 miRNA が生成する．この2本鎖 miRNA は前述の Argonaute から成る RISC に取り込まれ，一方の鎖はパッセンジャー鎖として分解され，もう一方の鎖は機能鎖とし

て働く．miRNA は標的となる mRNA に結合し，mRNA そのものを分解，もしくはタンパク質への翻訳を抑制することで遺伝子の発現量を負に制御する（図 15.4）[11]．重要なことは，1種類の miRNA は 100 種類以上の遺伝子を標的とするため，miRNA 発現量の変化はさまざまなシグナル経路を同時に制御し，細胞増殖や恒常性の維持などに寄与することである．現在 271 の生物種で 48,860 種類の miRNA が同定されており，ヒトでは 2,654 種類の miRNA が同定されている（miRBase ver.22.1，Oct 2018）．

(b) miRNA の核酸医薬としての可能性

がんを含むさまざまな疾患の発症・進行に伴い，生体内における miRNA の発現量が大きく変動することが明らかとなっており，miRNA の発現変動は疾患の発症に大きく寄与していると考えられ，miRNA が治療標的として有用である可能性が報告されている[12,13]．また miRNA の発現変動をバイオマーカーとして診断に応用することも期待されている[14]．がんにおいて発現量が上昇する miRNA はオンコジェニックマイクロ RNA（Onco-miR）と呼ばれ，これらはがんの発生や悪性化に寄与すると理解されている．逆にがんにおいて発現量が減少する miRNA は Tumor Suppressor microRNA（TS-miRNA）と呼ばれ，がんの生存や悪性化に有利な遺伝子を標的としている[15]．これらのことから，miRNA の核酸医薬へのアプローチとしては，がんで発現が上昇している Onco-miR の機能を阻害する miRNA アンチセンスと，がんで発現が減少している miRNA（TS-miRNAs）の発現量を補充する補充型 miRNA の2種類が挙げられる．siRNA やアンチセンスオリゴは一つの遺伝子を標的とするが，miRNA は複数の遺伝子を標的とするため，複数のシグナル経路を同時に制御できる可能性がある．またこれらは異常な miRNA の発現プロファイルを正常に戻すことが基本のコンセプトであるた

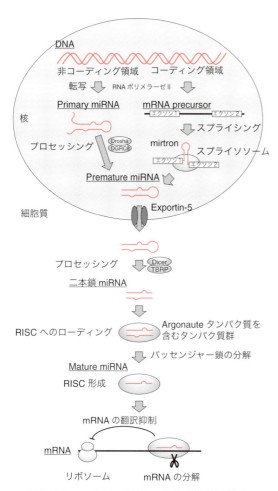

図 15.4　マイクロ RNA の生合成と作用機序
核内で転写された pri-miRNA は，二度のプロセッシングを経て mature miRNA となる．RISC を形成した mature miRNA は標的 mRNA の翻訳抑制または分解を介して当該遺伝子の発現を負に制御する．

め，過度の副作用が生じないことも期待される．

　補充型 miRNA は多くの場合，意図的に機能鎖を残すようにデザインされた2本鎖 RNA を用い，失われた miRNA の発現量および機能を補充することで疾患の治療を行う．おもにがん分野において，miRNA mimic の同定ならびにその機能解析が世界中で行われている．本章執筆担当者である田原の研究室では，乳がん細胞で発現量が減少する miRNA として（補充型 miRNA としての応用が期待される）miR-22 を同定している．田原らは miR-22 が SIRT1 や SP1，CDK6 を標的とすることで細胞老化を誘導し，乳がんの増殖を抑制することを見いだした[16]．また miR-200a,b,c および miR-205 は，ZEB1 を標的とすることで，がんの浸潤・転移能の獲得に重要な上皮間葉転換を抑制することが報告されている[17]．このような miRNA はいずれも，補充型 miRNA のシーズとして有用である．

　miRNA アンチセンスは機能鎖と相補的にデザインされた1本鎖 RNA もしくは DNA で，疾患において過剰発現し病態に寄与する miRNA の機能を抑制して当該疾患に対する治療効果を発揮する．miRNA アンチセンスは，miRNA mimic と比較して臨床研究が盛んである．現行の治験はいずれもがんを対象とはしていないが，代表的な miRNA アンチセンスとして miR-122 が挙げられる．miR-122 は肝臓で高発現している miRNA で[18]，C 型肝炎ウイルスの増殖には miR-122 が C 型肝炎ウイルスの RNA に結合する必要があることが明らかとなっている[19]．現在 miR-122 のアンチセンスである Miravirsen（Santaris Pharma 社）が C 型肝炎を対象とした臨床試験に進んでおり，第 II 相試験において好成績を収めている．がん以外の疾患を対象とした miRNA に関する臨床試験・治験も数多く進行している．これらの治験薬の標的となっている miRNA のなかには Onco-miR として知られる miRNA も多く含まれており，認可後のがん治療への適応拡大が期待される．ほかにもいくつかの miRNA 型核酸医薬ががんを対象として臨床研究が行われている．

　2005 年に，miR-16 は miR-15 とともに慢性リンパ球性白血病において発現が減少または欠損している TS-miRNA として同定され，抗アポトーシスタンパク質 BCL2 を標的とすることでがん細胞のアポトーシスを誘導することが明らかにされている[20]．その後もさまざまながん種を用いて研究がなされ，悪性胸膜中皮腫においても miR-16 の発現が減少し，この発現を補充することでがん細胞の増殖が抑制されることが報告された[21]．miR-16 mimic の MesomiR1 については，ADRI（Asbestos Disease Research Institute）において，悪性胸膜中皮腫および非小細胞肺がんを対象に臨床第 I 相試験が行われた[22]．

　miR-155 は B 細胞リンパ腫を含む血液がんや乳がんにおいて発現が上昇しており，がんの増殖や進展に関与することが報告されている[23, 24]．現在 miRagen Therapeutics 社により，miR-155 を標的とした MRG-106（Cobomarsen）の臨床開発が進められている．MRG-106 は miR-155 に対する LNA を用いた miRNA アンチセンスであり，皮膚 T 細胞性リンパ腫や慢性リンパ球性白血病，びまん性大細胞型 B 細胞リンパ腫などの血液がんを対象に臨床第 I 相試験が行われている．

15.2.4　その他の核酸医薬

　これまでに紹介してきた核酸以外にも，デコイオリゴ核酸やリボザイム，アプタマーといった核酸医薬が存在する．デコイオリゴ核酸とは，転写因子の結合配列を人工的に合成した2本鎖の短い DNA で，細胞内において標的となる転写因子に結合することで転写因子の機能を抑制する．デコイオリゴ核酸はがん細胞の生存に寄与する転写因子 NF-κB を標的としたものなどを中心に開発

されている．現在治験に移行している NF-κB デコイオリゴ核酸はがんを対象とはしていないが，アンジェス社において椎間板性腰痛症を対象に臨床第 I 相試験が行われている．

リボザイムとは，Thomas R. Cech および Sidney Altman らによって発見された，触媒活性をもつ RNA のことを指す[25, 26]．二人はリボザイムの発見により，1989 年にノーベル化学賞を受賞している．リボザイムには標的遺伝子の切断にかかわるハンマーヘッド型やヘアピン型のリボザイムや，tRNA の成熟にかかわる RNase P，標的遺伝子のスプライシングにかかわるリボザイムなどが存在する[27]．かつてはヒト免疫不全ウイルス (human immunodeficiency virus, HIV) に対する治療薬としての臨床試験が行われていた[28]．

アプタマー核酸とは，1990 年に Andrew D. Ellington と Jack W. Szostak が発見した，特定の分子に特異的に結合する核酸である[29]．抗体医薬と同様，標的分子の機能を特異的に阻害する．*in vitro* selection 法や SELEX 法 (Systematic evolution of ligands by exponential enrichment) と呼ばれる特定の RNA を選択的に合成する手法を用いることで，大量に化学合成することができる．後述するが，がんを対象とはしていないものの，アプタマー核酸医薬としてすでに認可されているものもある．

15.3 核酸における DDS

15.3.1 DDS とは

これまでに多様な核酸を紹介したが，核酸はヌクレアーゼによって分解されるため，体内における半減期が短く，安定性が低い．さらに核酸は負電荷を帯びているために，細胞膜透過性が低い．そのため治療効果を発揮させるためには，核酸を腫瘍へと安定的に送達する DDS が必要である．核酸における DDS の種類には大きく分けて二種

類あり，一つ目は核酸自体を修飾する方法，二つ目はリポソームなどのキャリアと複合体を形成させるという方法である．

核酸を化学修飾するおもな目的は二つで，一つ目はヌクレアーゼなどの各種核酸分解酵素への耐性を高めて，体内における安定性を高めることである．二つ目は標的分子との結合親和性を高めることである．これら修飾の部位としてはリン酸，糖，塩基に分類される（表 15.1）．リン酸に関しては，リン酸ジエステル結合の隣の糖と結合していない O（酸素原子）を S（硫黄原子）に換えたホスホロチオエート修飾や，B（ホウ素原子）に置換したボラノホスフェート修飾などがあり，これらの置換によってヌクレアーゼ耐性が向上する[30]．糖に関しては糖部分をモルフォリノ環に置換したモルフォリノ核酸や，糖の 2' 位のフッ素化（2'-F 化）や O-Methoxyethyl 化（2'-MOE 化）があり，いずれの修飾もヌクレアーゼに対する耐性を高める[30-32]．さらに糖部の 2' 位と 4' 位を化学的に架橋した架橋型修飾は RNA 型（N 型）に固定することができるため，相補鎖との結合力を高め，立体障害によるヌクレアーゼ耐性を付与できる[33]．塩基に関しては，ほかの塩基に変換することで核酸の立体構造を変化させ，標的分子との結合親和性を高めることが可能である[34, 35]．現在開発が進められている核酸の多くには化学修飾が施されている．

核酸のキャリアはウイルス性のものと非ウイルス性のものに大別される．ウイルス性のキャリアは高い遺伝子（核酸）導入効率をもつことが利点であるが，安全面に問題があり臨床応用は難しい．一方非ウイルス性のキャリアにはリポソームや高分子ミセルなどがあり，これらはウイルス性のキャリアよりも生体適合性が高く，しかも安全なため，DDS としての開発が期待されている．しかし微粒子キャリアは生体に異物として認識され，肝臓や脾臓といった細網内皮系 (reticuloendothelial system, RES) に捕捉され

表 15.1 核酸修飾の種類

修飾部位	リン酸		糖			塩基
修飾	O→S O→B など	2'-MOE 化 2'-F 化　など	モルフォリノ環置換など	架橋		人工塩基
構造	DNA	O→S	2'-MOE	モルフォリノ核酸	2',4'-BNA	ATGC 以外の塩基
効果		ヌクレアーゼ耐性	ヌクレアーゼ耐性	ヌクレアーゼ耐性	ヌクレアーゼ耐性 結合親和性の向上	立体構造の多様化 結合親和性の向上
適用		アンチセンス siRNA アプタマー	アンチセンス siRNA	アンチセンス デコイ	アンチセンス siRNA デコイ	アンチセンス アプタマー

体内での安定性や標的分子に対する親和性を高めることを目的に，核酸に施される化学修飾．現在開発が進められている核酸医薬の多くは化学修飾が施されている．

てしまい，血中から速やかに消失してしまうのが難点である[36-38]．一方リポソームは膜表面のポリエチレングリコール（PEG）修飾によって，DDSへの応用が大きく進んだ．これは PEG 修飾によって膜表面に水層が形成され，リポソームが RES に捕捉されにくくなり，血中からの速やかな消失を抑えることが可能となったためである[39]．高分子ミセルは PEG などの親水性と疎水性のセグメントをもつブロック共重合体の会合体で，内核に核酸を内包することができ，DDS への応用が期待されている．静電相互作用によってもミセルを形成することができ，親水性とカチオン性のセグメントで構成されるブロック共重合体とポリアニオンである核酸により形成されるポリイオンコンプレックス（polyion complex，PIC）ミセルもある[40]．

15.3.2 腫瘍への選択的 DDS の開発

核酸を腫瘍内に送達する方法として，腫瘍内微小環境を利用する方法がある．腫瘍組織の周辺部では新生血管が形成されるため，血管の分岐が多い．またこれらの新生血管では血管内皮細胞が未熟であるために間隙が広く，物質の透過性が亢進している．さらに腫瘍組織ではリンパ管が未発達であるかもしくは欠如しているため，一旦送達された薬物は消失しにくく腫瘍組織内に滞留しやすい．これらの現象は EPR 効果（enhanced permeability and retention effect）と呼ばれる[41]．そのため 100 nm 程度の粒子サイズをもつ担体であれば，腫瘍組織内に蓄積することが期待される．このように疾病部位の特異な微小環境を利用する薬物送達法を受動的ターゲティングという．

核酸を腫瘍内に送達するもう一つの方法に，能動的ターゲティングがある．例としてがん細胞特異的に発現する受容体を利用する方法が挙げられる．多くのがん細胞においてトランスフェリン受容体が正常細胞よりも多く発現していることが知られており，リポソームの膜表面にトランスフェリンを配置させることで，当該リポソームをがん細胞に取り込ませやすくする DDS が開発されている[42, 43]．高分子ミセルにおいても，がん細胞

で過剰に発現している葉酸受容体を標的とした DDS が開発されている[44]．

新しい DDS としてエクソソーム (exosome) も注目されている（11 章参照）．エクソソームは脂質二重膜で形成される 100 nm 程度の細胞外小胞であり，タンパク質や核酸を内包・伝達する細胞間コミュニケーションのツールとしての役割を果たしている．エクソソーム自体は 30 年も前から発見されていたが，エクソソームが miRNA を細胞に運び，標的遺伝子の発現を抑制するという 2007 年の報告[45]をきっかけに，大きな注目を集めた．リポソームや高分子ミセルとは異なり，エクソソームは内因性の細胞間輸送機構であるため，生体適合性が高く安全な DDS としての応用が期待されている．2018 年には，エクソソームを用いて血液脳関門を通過させ，神経細胞にmiRNA を送達する DDS が提案された[46]．しかしながらエクソソームの標的特異性はいまだに低く，その調製法や核酸の搭載方法，体内動態などクリアすべき問題点が多いため，研究開発のさらなる進展が望まれている．

15.4 FDA に承認された核酸医薬

2018 年 3 月までにアメリカ食品医薬品局 (Food and Drug Administration, FDA) に承認された核酸医薬は 5 種類で，そのうち 2 種類は日本でも承認されている（表 15.2）．

ホミビルセンは ISIS 社と Novartis 社によって共同開発され，1998 年に世界で初めて実用化されたアンチセンス核酸医薬であり，エイズ患者のサイトメガロウイルス(CMV)性網膜炎の治療薬である．CMV の増殖に必要な IE2 (immediate early antigen 2) の mRNA に結合することで，同遺伝子産物の翻訳を阻害する．投与方法は硝子体内の局所投与である．しかし，より有効な治療法が登場したため,現在では販売中止となっている．

ペガプタニブは加齢黄斑変性症の治療薬として Pfizer 社と Archemix 社が共同開発し，2004 年に承認されたアプタマー核酸医薬である．日本でも 2008 年に承認された．これは加齢黄斑変性症に伴う血管新生や滲出の原因タンパク質である血管内皮増殖因子（vascular endothelial growth factor, VEGF）を阻害することによって治療効果を示す．投与方法は硝子体内の局所投与である．

ミポメルセンは ISIS 社と Genzyme 社によって共同開発され，2013 年に承認されたアンチセンス核酸医薬である．ホモ型家族性高コレステロール血症の治療薬であり，初の全身投与可能な核酸医薬として登場した．ミポメルセンは Apolipoprotein B100（ApoB-100）の mRNA と結合し，RNase H 依存的にこれを分解する．臨床試験において既存薬の治療を受けている患者群においても，ミポメルセンの投与によって LDL コレステロール値を減少させることが報告されている．

エテプリルセンは 2016 年に承認されたアンチセンス核酸で，デュシェンヌ型筋ジスト

表 15.2 上市された核酸医薬品

一般名	商品名	核酸の種類	対象疾患	標的	投与経路
ホミビルセン	Vitravene	アンチセンス	CMV 性網膜炎	IE2	硝子体内
ペガプタニブ	Macugen	アプタマー	加齢黄斑変性症	VEGF	硝子体内
ミポメルセン	Kynamro	アンチセンス	ホモ型家族性高コレステロール血症	ApoB-100	皮下
エテプリルセン	Exondys 51	アンチセンス	デュシェンヌ型筋ジストロフィー	Dystrophin	静脈内
ヌシネルセン	Spinraza	アンチセンス	脊髄性筋萎縮症	SMN2	髄腔内

いずれもがんを対象としてはいないものの，すでに 5 種類の核酸医薬が FDA の承認を受けている．

ロフィー（Duchenne muscular dystrophy, DMD）に対する治療薬としては初めての医薬品である．DMD 患者では，その原因遺伝子である dystrophin のさまざまなエクソンスキッピング変異がよく検出される．とくにエクソン 50 のスキッピングは，フレームシフトによって中途終止コドン（premature termination codon, PTC）が生じ，機能性タンパク質を発現できなくしてしまう．エテプリルセンはさらにエクソン 51 をスキッピングさせることで，ずれた読み枠をもとに戻し，機能性タンパク質の発現を回復させる．現在では，日本国内の企業もエクソン 45 や 53 のスキッピングを誘導するアンチセンス核酸の開発に乗り出している．

ヌシネルセンは脊髄性筋萎縮症（spinal muscular atrophy, SMA, 脊髄の運動神経細胞の変性による筋萎縮や筋力低下を伴う神経病）に対するアンチセンス核酸である．コールドスプリングハーバー研究所の A. Krainer と Isis 社が共同で開発し，2016 年に SMA に対する初の治療薬として承認された．日本でも 2017 年に承認されている．SMA 患者では SMN1（survival motor neuron 1）遺伝子の変異により，機能性 SMN1 タンパク質の発現が減少している．一方，SMN1 遺伝子座の近傍に存在する重複遺伝子 SMN2 では，通常はエクソン 7 のスプライシングスキッピングが生じるため，SMN1 と比較してタンパク質の発現量が少ない．ヌシネルセンはこの SMN2 の pre-mRNA のイントロン 7 に結合することによってエクソン 7 のスプライシングスキッピングを阻害し，機能性 SMN タンパク質の量を増加させることで，患者の運動機能を回復させる．

15.5　核酸医薬の今後

核酸医薬の実用化を目指すうえで，オフターゲット効果や免疫応答の回避，作用部位への的確な DDS など，克服すべき課題が存在するが，核酸への修飾や新たな DDS 技術の開発により，これらの問題は打開されつつある．一部の核酸医薬に関してはすでに臨床試験が行われており，がん治療薬としての臨床応用の実現が待たれる．一方エクソソームを介したバイオマーカーや新規 DDS の開発も核酸医薬の開発を加速させると予想され，近い将来，これらを基盤とした新たな革新的核酸医薬も登場するものと期待される．

文　献

1) Stephenson M.L. & Zamecnik P.C., *Proc. Natl. Acad. Sci. U.S.A.*, **75**, 285 (1978).
2) Zamecnik P.C. & Stephenson M.L., *Proc. Natl. Acad. Sci. U.S.A.*, **75**, 280 (1978).
3) Hong D. et al., *Sci. Transl. Med.*, **7**, 314ra185 (2015).
4) Tari A.M., *Methods Enzymol.*, **313**, 372 (2000).
5) Fire, A., et al., *Nature*, **391**, 806 (1998).
6) Ui-Tei K., et al., *FEBS Lett.*, **479**, 79 (2000).
7) Landen C.N. Jr. et al., *Cancer Res.*, **65**, 6910 (2005).
8) Zorde Khvalevsky E., et al., *Proc. Natl. Acad. Sci. U.S.A.*, **110**, 20723 (2013).
9) Honma K. et al., *Nat. Med.*, **14**, 939 (2008).
10) Tominaga N. et al., *Mol. Cancer*, **13**, 134 (2014).
11) Krol J. et al., *Nat. Rev. Genet.*, **11**, 597 (2010).
12) Lu J. et al., *Nature*, **435**, 834 (2005).
13) Volinia S. et al., *Proc. Natl. Acad. Sci. U.S.A.*, **103**, 2257 (2006).
14) Calin G.A. & Croce C.M., *Nat. Rev. Cancer*, **6**, 857 (2006).
15) Esquela-Kerscher A. & Slack F.J., *Nat. Rev. Cancer*, **6**, 259 (2006).
16) Xu D. et al., *J. Cell. Biol.*, **193**, 409 (2011).
17) Gregory P.A. et al., *Nat. Cell Biol.*, **10**, 593 (2008).
18) Chang J. et al., *RNA Biol.*, **1**, 106 (2004).
19) Jopling C.L. et al., *Science*, **309**, 1577 (2005).
20) Cimmino A. et al., *Proc. Natl. Acad. Sci. U.S.A.*, **102**, 13944 (2005).
21) Reid G. et al., *Ann. Oncol.*, **24**, 3128 (2013).
22) van Zandwijk N. et al., *Lancet. Oncol.*, **18**, 1386 (2017).
23) Eis P.S. et al., *Proc. Natl. Acad. Sci. U.S.A.*, **102**, 3627 (2005).

24) Jiang S. et al., *Cancer Res.*, **70**, 3119 (2010).
25) Kruger K. et al., *Cell*, **31**, 147 (1982).
26) Guerrier-Takada C. et al., *Cell*, **35**, 849 (1983).
27) Serganov A. & Patel D.J., *Nat. Rev. Genet.*, **8**, 776 (2007).
28) Mitsuyasu R.T. et al., *Stem Cells Int.*, **2011**, 393698 (2011).
29) Ellington A.D. & Szostak J.W., *Nature*, **346**, 818 (1990).
30) Baker B.F. et al., *J. Biol. Chem.*, **272**, 11994 (1997).
31) Hudziak R.M. et al., *Antisense Nucleic Acid Drug Dev.*, **6**, 267 (1996).
32) Monia B.P. et al., *J. Biol. Chem.*, **268**, 14514 (1993).
33) Obika S. et al., *Tetrahedron. Letters*, **38**, 8735 (1997).
34) Malyshev D.A. et al., *Nature*, **509**, 385 (2014).
35) Kawai R. et al., *J. Am. Chem. Soc.*, **127**, 17286 (2005).
36) Poste G. et al., *Cancer Res.*, **42**, 1412 (1982).
37) Alving C.R. et al., *Proc. Natl. Acad. Sci. U.S.A.*, **75**, 2959 (1978).
38) Fidler I.J. et al., *Cancer Res.*, **40**, 4460 (1980).
39) Klibanov A.L. et al., *FEBS Lett.*, **268**, 235 (1990).
40) Kakizawa Y. & K. Kataoka, *Adv. Drug Deliv. Rev.*, **54**, 203 (2002).
41) Matsumura Y. & Maeda H., *Cancer Res.*, **46**, 6387 (1986).
42) Iinuma H. et al., *Int. J. Cancer*, **99**, 130 (2002).
43) Maruyama K. et al., *J. Control Release*, **98**, 195 (2004).
44) Bae Y. et al., *Mol. Biosyst.*, **1**, 242 (2005).
45) Valadi H. et al., *Nat. Cell Biol.*, **9**, 654 (2007).
46) Kojima R. et al., *Nat. Commun.*, **9**, 1305 (2018).

☑ Drug Discovery for Cancer

IV

分子標的治療薬の実績と展望

16 章　チロシンキナーゼ阻害薬

17 章　シグナル伝達系阻害薬

18 章　プロテアソーム阻害薬

19 章　血管新生阻害薬

20 章　エピゲノム標的薬

21 章　PARP 阻害薬

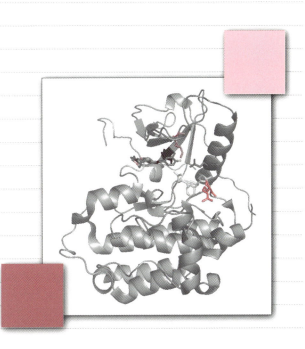

Part Ⅳ 分子標的治療薬の実績と展望

チロシンキナーゼ阻害薬

Summary

受容体型チロシンキナーゼをコードする遺伝子が，恒常的な異常活性化を起こす遺伝子変異や融合遺伝子の形成によりがんを生じさせることが明らかになり，キナーゼ阻害薬を中心としたがん分子標的治療薬が数多く開発されてきた．しかしこれらの治療薬の多くは，対応するがん遺伝子異常をもつ肺がんなどにおいて顕著な腫瘍縮小効果を発揮するものの，1年から数年以内に獲得耐性による再発が大半の症例で認められるという問題がある．本章ではチロシンキナーゼの異常によるがんとその治療薬，そしてその耐性，耐性克服薬および併用療法などによる耐性克服療法について，慢性骨髄性白血病（chronic myeloid leukemia，CML）や肺がんを中心に概説する．

16.1 受容体型チロシンキナーゼ異常によるがん

ヒトチロシンキナーゼには，58種類の受容体型チロシンキナーゼと32種類の非受容体型チロシンキナーゼの90種が存在する．基本的に，上皮成長因子受容体（epidermal growth factor receptor，EGFR）などの受容体型チロシンキナーゼは細胞膜上に発現しており，細胞外のリガンド結合領域と細胞内のチロシンキナーゼ領域で構成されている．細胞外のリガンド結合領域にリガンドが結合すると，2量体化などを介して構造変化し，チロシンキナーゼの活性化が引き起こされる．チロシンキナーゼはATPを利用して自己のチロシンリン酸化または基質となるタンパク質のチロシンリン酸化を行い，それによってタンパク質－タンパク質結合が変化し，細胞内へと情報が伝達される．たとえばリン酸化チロシンに結合するSH2ドメインをもつタンパク質がリン酸化された受容体型チロシンキナーゼに結合すると，さらに下流の細胞内のセリン／スレオニンキナーゼなどの活性化を介してシグナル伝達が行われる．通常，この活性化はリガンド依存的であり，また脱リン酸化酵素などを介して速やかに活性が制御されている．この受容体型チロシンキナーゼの活性化は，発現細胞の細胞増殖などを促す．一方がんにおいては，遺伝子増幅などによる過剰発現や，遺伝子変異による受容体型チロシンキナーゼの過剰な活性化が起こり，細胞増殖シグナルが常にオンとなることで，がん化が促進されている．このようながん化を引き起こす遺伝子異常（Oncogene）が存在し，かつその異常遺伝子産物に依存してがんが増殖していることを「Oncogene Addiction」と呼び，それを起こすがん遺伝子をドライバー遺伝子（Driver Oncogene）と呼ぶ．このようながんでは，その遺伝子産物の働きを抑制することでがん細胞は増殖しなくなり，細胞死も誘導されることが多い．ドライバー遺伝子は，血液腫瘍においては比較的古くに発見され，その多くは転写因子の融合遺伝子やチロシンキナーゼの融合遺伝子である．チロシンキナーゼの融合遺伝子としては，慢性骨

髄性白血病（CML）におけるフィラデルフィア染色体産物（*BCR-ABL* 融合遺伝子）や未分化大細胞型リンパ腫（anaplastic large cell lymphoma, ALCL）における ALK 融合遺伝子がそれぞれ約 30 年前と約 20 年前に発見された．とくに CML 患者のほぼ全例でみられる t（9;22）転座の結果生じる BCR-ABL 融合遺伝子産物では，ABL チロシンキナーゼが恒常的に異常活性化しており，それによりがん化が引き起こされている．

16.2 CML の原因遺伝子 *BCR-ABL* と薬物療法

　BCR-ABL はその活性を阻害することで，劇的な治療効果が認められることが明らかとなり，日本においても 2001 年に ABL 阻害薬イマチニブ（imatinib）が承認され，臨床で使用されてきた．その後，イマチニブ以外にもニロチニブ（nilotinib）やダサチニブ（dasatinib），ボスチニブ（bosutinib），ポナチニブ（ponatinib）といったチロシンキナーゼ阻害薬が開発されてきた．第一世代と呼ばれるイマチニブに比べて，第二世代と呼ばれるニロチニブやダサチニブはイマチニブ治療に抵抗性・不耐容の CML に対する治療薬として開発されたが，イマチニブとの比較試験の結果，初発 CML の患者への治療薬としても使用可能となった．現在では 3 薬剤が 1 次治療で選択可能となっている．さらに前治療薬に抵抗性または不耐容の CML にはボスチニブやポナチニブといった治療薬も承認されている．これらの薬剤はいずれも ABL キナーゼの ATP 結合部位に，ATP 競合的に高い親和性をもって結合する（図 16.1a）．とくに第二世代以降の薬剤は，BCR-ABL 発現細胞の増殖抑制を 20 倍から 500 倍も低い濃度で誘導することができる，非常に高活性のチロシンキナーゼ阻害薬である．また，イマチニブ治療により出現する ABL 耐性変異の多くに対してもニロチニブやダサチニブ，ボスチニブ，ポナチニブは阻害活性を維持しており，臨床試験においてもイマチニブ耐性患者に対する有効性が認められてきた．しかしゲートキーパー変異と呼ばれる 315 番目のスレオニン（T）がイソロイシン（I）に置換する変異（T315I 変異）は最も高頻度で認められるとされるが，イマチニブ，ニロチニブ

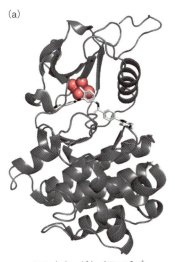

ABL キナーゼとイマニチブ
（PDB：1IEP）

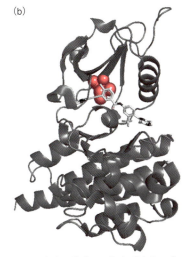

ABL キナーゼ（T315I）とポナチニブ
（PDB：3IK3）

図 16.1　Abl チロシンキナーゼの構造

やダサチニブ，ボスチニブのいずれにも耐性を示す．しかしポナチニブはこのT315I変異BCR-ABLをはじめとして，多くの耐性変異型BCR-ABLにも効果を示すとされている（図16.1b）．しかし，ポナチニブは血管閉塞性事象や重篤な肝毒性が認められた症例があったことから，承認販売後，全例使用成績調査が行われている．

16.3 その他のがんにおけるチロシンキナーゼの異常

16.3.1 EGFR活性化変異と肺がん

EGFRは，EGF（Epidermal Growth Factor）をはじめとしたさまざまなリガンド刺激により活性化構造をとり，自己チロシンリン酸化を介して細胞内に増殖シグナルを伝達する受容体型チロシンキナーゼである．EGFRは多くの固形がんで高頻度に発現しており，その過剰発現ががんの悪性度や予後と相関があるとされてきた．そこで，EGFRの活性を阻害するゲフィチニブ（gefitinib）などのチロシンキナーゼ阻害薬（tyrosine kinase inhibitor, TKI）が開発され，2000年から2001年にかけて行われた第II相臨床試験においての奏効率は10％程度であったものの，東洋人，女性，腺がん，非喫煙者の肺がん患者で比較的高い腫瘍縮小効果が認められていた．そして2002年にゲフィチニブは世界に先駆けて，日本で承認された．この時点では一部の患者には顕著な腫瘍縮小化が認められることは明らかになっていたものの，そのメカニズムが明らかになったのは2年後のことである．2004年にボストンの二つの研究グループからそれぞれ，ゲフィチニブの奏効がEGFRの変異〔Exon19の欠失変異またはExon21の点突然変異（L858Rなど），図16.2〕をもつ肺がん患者で認められることが報告された[1,2]．これらの変異はEGFRの恒常的活性化を誘導し，EGFR変異陽性の肺がんではその増殖が変異EGFRからのシグナルに依

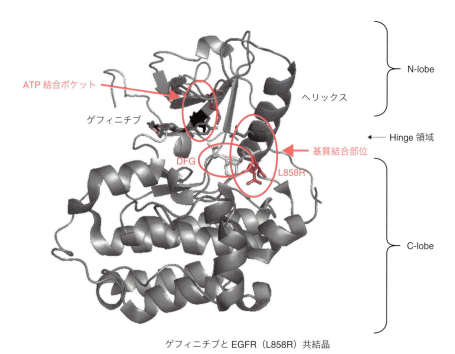

ゲフィニチブとEGFR（L858R）共結晶

図16.2 EGFRチロシンキナーゼ活性化変異体の構造

16.3 その他のがんにおけるチロシンキナーゼの異常

存していること，EGFRのチロシンキナーゼ活性を抑制することでがん細胞の増殖抑制と細胞死が誘導され，腫瘍縮小がもたらされることが明らかとなっている．その後，EGFR変異陽性肺がん患者を対象に行われた臨床試験から，ゲフィチニブなどのEGFR阻害薬が従来の化学療法よりも優れた治療効果を示すことが明らかになった[3]．EGFR-TKIとしては，ゲフィチニブに加えてエルロチニブ，アファチニブが2015年までに承認，使用されており，いずれの薬剤も初回治療から使用することが可能となっている．日本では肺がんの約6〜7割を占める肺腺がんの約半数にEGFRの活性化変異が見つかるとされており，転移のある進行肺がんであっても，EGFR変異陽性なら，その平均生存期間は3年以上にもなっている．これは化学療法の併用療法などのみに限られた時代には平均生存期間が1年程度だったことを考えると，EGFR-TKIの登場により著しく延長したといえる．

16.3.2 EGFR変異陽性肺がんにおける獲得耐性

ゲフィチニブやエルロチニブ（erlotinib），アファチニブ（afatinib）によりEGFR変異陽性進行肺がん患者の半数以上で顕著な腫瘍縮小効果が認められるが，1年程度で獲得耐性が生じ再発を来す．その原因として，EGFRの790番目のスレオニン（T）がメチオニン（M）に変化するT790M変異が半数以上の症例で確認される．このT790M変異型EGFRでは，ATPの親和性が増加し，薬剤の結合親和性が低下することで，薬剤耐性が獲得されると考えられている．T790Mは，ABLのT315Iゲートキーパー変異とキナーゼの構造上相同の部位にあたる（図16.3）．T790M以外の変異（D761YやT854Aなど）も報告されているが，これらは低頻度であり，EGFR以外のチロシンキナーゼの活性化を介したメカニズムによる耐性が頻度としては次に多くみられると報告されている．具体的には受容体型チロシンキナーゼ*MET*の遺伝子増幅や，そのリガンドである肝細胞増殖因子（hepatocyte growth factor, HGF）の産生増加による耐性，受容体型チロシンキナーゼERBB2の活性化を介した耐性などが報告されている[4-6]．これまでに，*MET*遺伝子の増幅によるEGFR阻害薬耐性に対しては，EGFR-TKIとMET-TKIの併用療法の臨床試験が複数行われてきたものの，十分な無増悪生存期間の延長などは認められておらず，また副作用の増強や併用による薬物代謝の相互作用により各々の薬剤を減らす必要があるなどの課題が多く，いまだ実際の治療応用には隔たりがある．非臨床モデルで認められた併用療法の効果が臨床試験において認められていないのはどのような理由によるのか，さらなる研究により耐性克服法を見いだ

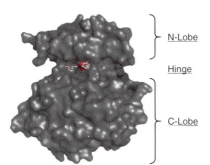
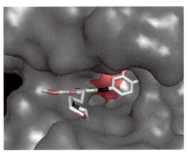

図16.3　EGFRのT790M耐性変異部位
EGFR-L858Rとゲフィチニブの共結晶構造データ（PDB No. 2ITZ）．

すことが必要である．また一部では，組織学的に腺がんなどの非小細胞肺がんであったEGFR変異陽性肺がんが小細胞肺がんに変化するという症例が認められており，その際にはがん抑制遺伝子p53の変異または欠失と，同じくがん抑制遺伝子であるRbの欠失がほぼ全例で見つかっている[7,8]．さらに多くの場合EGFR活性化変異体の発現は低下しており，小細胞がんに転化したがん細胞はEGFR-TKIに対する感受性を完全に失い，EGFRからの増殖シグナルへの依存性を消失している．この詳細な分子メカニズムはいまだに明らかになっていない．小細胞がんに転化したEGFR変異陽性がんには，従来の小細胞肺がんへの治療法(化学療法剤)が有効であるとされている．

16.3.3 EGFR変異陽性肺がんにおける耐性克服薬：オシメルチニブ

前述のように，EGFR-T790M変異がゲフィチニブやエルロチニブ，アファチニブといったEGFR-TKI耐性症例の約半数以上を占めるとされているが，そのT790M変異陽性症例にも有効な薬剤としてオシメルチニブ(osimertinib)が開発され，承認されて臨床で使用されている．ゲフィチニブ，エルロチニブはATP競合型で第一世代EGFR-TKIと呼ばれ，アファチニブはマイケルアクセプターをもつ共有結合型のEGFR-TKIであり，第二世代の阻害薬として位置づけられている．2016年に承認されたオシメルチニブは第三世代のEGFR-TKIであり，同様にマイケルアクセプターをもち，アファチニブと同じようにEGFRのATP結合ポケットの近傍に位置するシステイン(C797)に共有結合し，強力な阻害活性を発揮する[9]．オシメルチニブは臨床試験において第一，第二世代EGFR-TKI耐性後にT790M変異陽性であった患者群で高い治療効果を示しており，現在はT790M変異が確認された症例でのみ2次治療以降のEGFR-TKIとして使用が可能であるが，T790Mをもたない EGFR活性化変異体への阻害活性も高く，最近行われた，1次治療としてほかのEGFR-TKIと比較する臨床試験において有意に長い無増悪生存期間を示したことから，いまでは1次治療としても使用できるようになっている．オシメルチニブの最大の特徴は野生型EGFRの阻害活性が低く，活性化変異型EGFRに選択的に高い阻害活性をもつ点である．同じく共有結合型のアファチニブもT790M変異体への比較的高い阻害活性をもつものの，野生型EGFRの阻害とT790M変異型EGFRへの阻害に必要な濃度はほとんど同じである．野生型EGFRを強力に阻害すると，ヒトの生体でEGFRが発現し機能を発揮している上皮組織に対する副作用(皮疹や，下痢などの消化管障害)が強く出現することになる．そのため，T790Mを十分に阻害できるまでの用量を服用することは困難であり，T790M変異はアファチニブ耐性となると考えられる．またオシメルチニブは第一，二世代EGFR-TKIに比べて野生型EGFRの阻害活性が低いためか，EGFR-TKIで一般的に認められる皮膚や消化管に対する副作用が比較的軽度であると報告されており，1次治療としての使用が最近承認されたため幅広く使われるようになる可能性が高い．ただしオシメルチニブを初回治療として使用した際に生じる耐性変異についてはほとんど明らかとなっていない．そこで，本章執筆担当者である片山らはENU(エチルニトロソウレア)というDNAアルキル化薬を用いて実験的に遺伝子変異を多数誘発し，EGFR阻害薬存在下で培養することで，耐性を示すクローンを選択した．その結果，オシメルチニブ耐性変異としては，その共有結合部位である797番目のシステインがセリンにかわるC797S変異が大多数を占めた[10]．海外の症例での報告が中心であるが，オシメルチニブによる初回治療を受けた患者でオシ

■ 16.3 その他のがんにおけるチロシンキナーゼの異常 ■

メルチニブ耐性となった後の検体の解析からは，EGFR-C797S 変異以外にも，がん遺伝子 KRAS や PIK3CA などの活性化変異も見つかっている．今後，実臨床においてどのようなメカニズムによるオシメルチニブ耐性があるかを明らかにしていく必要がある．

　T790M 変異陽性症例にオシメルチニブを使用した際の耐性メカニズムとしては，主要なものとして T790M と C797S がシスに（同一アリルの遺伝子上に）生じることが約 20〜30％の患者で認められると報告されている．この T790M/C797S 活性化変異をもつ重複変異型 EGFR は既存のあらゆる EGFR 阻害薬に耐性であり，臨床で使用可能な阻害薬は存在しない．2016 年に初めて EGFR の新規アロステリック阻害薬と抗 EGFR 抗体の併用により，C797S/T790M/L858R 変異型 EGFR の活性抑制と抗腫瘍効果が得られることが報告された．片山らは，2017 年に，ALK 阻害薬として開発され（後述），アメリカでは承認されている薬剤ブリガチニブ（brigatinib）と抗 EGFR 抗体を併用することで，C797S/T790M/exon19 deletion 変異型 EGFR の活性抑制と抗腫瘍効果が得られることを発見し報告した[11]．今後十分な非臨床試験や臨床試験による検討が必須であるが，いずれも現在実臨床で使用されている薬剤（ブリガチニブは本章執筆時点でアメリカでのみ承認）であるため，ヒトでの安全性と有効性が確認された場合には耐性克服薬の一つとなる可能性が考えられる．

16.3.4 チロシンキナーゼの融合遺伝子と肺がん

　血液腫瘍や肉腫においては転写因子の融合遺伝子や，チロシンキナーゼの融合遺伝子などさまざまな融合遺伝子がドライバー遺伝子として同定されてきたが，以前は上皮系の固形がんには融合遺伝子はほとんどないと考えられてきており，肺がんにおいても融合遺伝子の存在は知られていなかった．2007 年に間野らにより EML4-ALK 融合遺伝子が肺がんにおいて発見されたのを皮切りに，さまざまな ALK 融合遺伝子，ROS1 融合遺伝子，RET 融合遺伝子，NTRK 融合遺伝子などのチロシンキナーゼ型融合遺伝子が発見されてきた[12-14]．EML4-ALK 融合遺伝子では，普段生体ではほとんど発現していない ALK 遺伝子が，EML4 と融合遺伝子を形成することで，EML4 遺伝子の転写活性化によって EML4-ALK タンパク質が発現するようになる．さらに，EML4 は N 末端近傍領域にあるコイルドコイル領域を介して 2 量体（多量体）化するため，それにより ALK チロシンキナーゼが恒常的に活性化し，細胞のがん化が誘導される（図 16.4）．したがって，ALK チロシンキナーゼの活性を阻害することで，ALK 融合遺伝子陽性がん細胞の増殖抑制と細胞死誘導が起こり，腫瘍縮小がもたらされる．ALK 融合遺伝子陽性肺がんが発見された際に，受容体型チロシンキナーゼ MET の阻害薬として開発され，臨床試験が行われていたクリゾチニブ（crizotinib）には強力な ALK チロシンキナーゼ阻害活性もあったことから，急遽 ALK 陽性肺がん患者にも対象を広げて臨床試験が実施された．その結果，ALK 陽性肺がん患者に対して著しい腫瘍縮小効果が半数以上の症例で認められ，ALK 融合遺伝子陽性肺がんの発表からわずか 5 年で（2012 年），日本においても承認された．クリゾチニブに対しても EGFR-TKI と同様に，獲得耐性がほとんどの症例で出現し，約 1/3 の症例では EML4-ALK の遺伝子増幅や，ALK チロシンキナーゼ領域内の 2 次変異が見つかっている．とくに L1196M（EGFR の T790M に相同の部位）ゲートキーパー変異の頻度が最も高いとされているものの，EGFR とは異なり，多様な耐性変異（C1156Y，G1269A，G1202R など）も報告された．そのほかの耐性機構としては，EGFR 活

189

■ 16章　チロシンキナーゼ阻害薬 ■

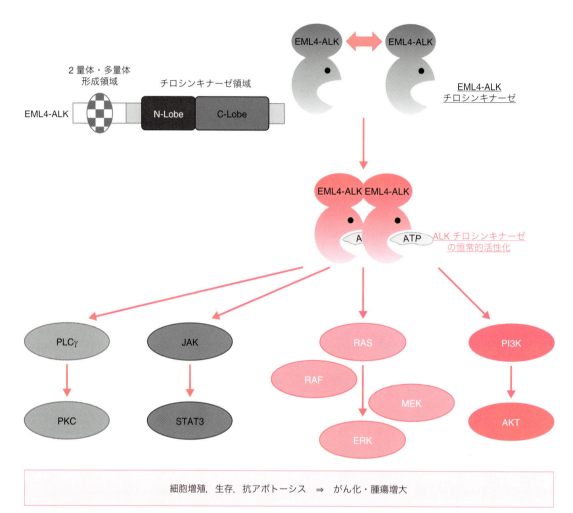

図 16.4　*EML4-ALK* 融合遺伝子によるがん化の模式図

性化や受容体型チロシンキナーゼ *cKIT* の遺伝子増幅とそのリガンドである幹細胞因子（stem cell factor, SCF）の上昇といったバイパス経路を介した耐性が報告されているが，クリゾチニブにMET阻害活性があるためか，EGFRの場合と異なり，METの活性化による耐性はみられていない．その後クリゾチニブに続き，第二世代ALK-TKIとして，アレクチニブ（alectinib），セリチニブ（ceritinib），ブリガチニブが相次いで開発された．これら3剤はいずれも，ALK-L1196Mゲートキーパー変異体にも高い阻害活性を示し，またクリゾチニブに抵抗性または不耐容のALK陽性

肺がん患者を対象にした臨床試験で高い腫瘍縮小活性を示したことから，いずれの薬剤も，クリゾチニブ抵抗性または不耐容の患者に対するALK阻害薬としてまず世界各国で承認された．日本においては，未治療のALK陽性肺がん患者に対する第Ⅰ/Ⅱ相臨床試験（AF001JP）において奏効割合は90％を超え，世界に先駆けてアレクチニブがALK陽性肺がん患者の初回治療から使用することが承認された．その後クリゾチニブとアレクチニブの初回治療での効果を直接比較する臨床試験（J-ALEX：日本，ALEX：日本以外の諸外国）が行われ，いずれの試験においてもクリゾチニブ

の約2倍を超える長さの無増悪生存期間が認められたことから，現在ではアレクチニブが初回治療に投与されることが日本以外の欧米諸国でも多くなってきている[15, 16]．また別の臨床試験であるため直接の比較はできないが，臨床試験において初回治療としてセリチニブで治療されたALK陽性肺がん患者の無増悪生存期間は，クリゾチニブよりは長く，アレクチニブよりは短いという結果が報告されている．そして，現在ではセリチニブについても，初回治療からの使用が承認されている[17]．

一部を除くクリゾチニブ耐性変異にも有効とされたアレクチニブとセリチニブであったが，それでも獲得耐性がやがて生じることが明らかにされている．アレクチニブではいくつかの2次変異（G1202R，V1180L，I1171N/T/S など）やMETの活性化を介した耐性などが，セリチニブで2次変異（G1202R，F1174C/V など）やMETの活性化，また特徴的な耐性機構として，ABCトランスポーターであるP-糖タンパク質（P-glycoprotein，ABCB1）の過剰発現によるセリチニブの細胞外への排出を介した耐性などが見つかっている[18-20]．P-糖タンパク質を過剰発現したALK陽性肺がん細胞株は，セリチニブだけでなくクリゾチニブにも耐性を示したが，P-糖タンパク質の基質でないアレクチニブではP-糖タンパク質を過剰発現させてもその感受性の変化はなかった．P-糖タンパク質は血液脳関門にも過剰発現し，脳脊髄液中の薬剤濃度を左右する因子である．P-糖タンパク質による排出を受けないアレクチニブや，後述するロルラチニブ（lorlatinib）は，脳脊髄液中への移行がきわめてよく，脳転移巣や脳脊髄液中に侵入した腫瘍にも有効であることが示唆されている．一方で脳転移巣のあるALK陽性肺がん症例において，セリチニブも有効性が認められている症例があることから，脳に転移した腫瘍に侵入している血管において，血液脳関門が破綻していないかどうかについても考慮に入れる必要がある．しかし一般的には，脳内移行のよい薬剤のほうが脳転移巣に対する高い効果が期待できる．事実，EGFR阻害薬を例に取るとオシメルチニブが脳内移行性に優れており，同剤は脳転移巣ありの*EGFR*変異陽性肺がん患者に対しても高い効果を示す．その他，EMT（上皮間葉転換，epithelial mesenchymal transition）がALK-TKI，とくにセリチニブ耐性症例のいくつものケースで見つかったといった報告や，EGFRと同様に小細胞がんへの転換もALK-TKI耐性の原因として報告されている[21]．

クリゾチニブ，アレクチニブ，セリチニブのいずれにも耐性となってしまう変異体として，G1202R変異があるが，この変異体を克服できる薬剤として期待されているのがブリガチニブとロルラチニブである[22, 23]．ロルラチニブはクリゾチニブを基本骨格とする環状構造の小分子化合物である．ブリガチニブについては，非臨床の結果ではG1202Rに対しても有効とされる結果が報告されているが，野生型ALK融合タンパク質発現細胞に比べ，G1202R耐性変異発現細胞の増殖阻害に必要な薬剤濃度は高い．またブリガチニブ耐性獲得後の患者からG1202R耐性変異が検出された症例があるため，実際に耐性克服薬となりうるかどうかについては判然としていない．一方，ロルラチニブについては，こちらも野生型のALK融合タンパク質に比べてG1202R変異体に対しては100倍程度高い濃度の薬剤がその阻害に必要であるものの，そもそも野生型に対する阻害活性が1 nMを下回る低濃度で十分に示されるため，G1202R変異体の阻害に必要な濃度も，血中濃度と比較して十分に低い濃度であることが示されている[22]．さらに，G1202R変異によって獲得耐性となった症例において，ロルラチニブは腫瘍縮小効果を示し，その効果が長期にわたって持続していたこと，ほかのあらゆる1アミノ

酸置換による耐性変異体に有効であることが示されており，期待されている薬剤である[24]．第Ⅲ相臨床試験が行われているとともに，日本とアメリカで優先審査項目に指定され，2018年に承認された．

あらゆる1アミノ酸置換の変異型ALKに対して有効であるとされるロルラチニブであるが，実際にロルラチニブの臨床試験において耐性となった患者検体から，これまでに二つ以上の変異が重なることで耐性となることがわかっている．とくに，クリゾチニブ耐性変異として知られるC1156Y変異にL1198F変異が加わることでロルラチニブに耐性となるが，非常に興味深いことにこの2重変異体はクリゾチニブへの再感受性化を獲得していた．この理由として，1198番目のロイシン（L）がフェニルアラニン（F）になることで，クリゾチニブとの結合が安定化する可能性が示唆されており，実際にL1198F変異体単独では野生型ALKよりもクリゾチニブに感受性化することが示されている．さらに，最近になって依田らによりロルラチニブ耐性後の検体から多様な耐性重複変異の発見が報告されており，いずれの重複変異もこれまでに発見された第一，二世代ALK-TKI耐性を引き起こす単一変異が二つ以上重複することで，高度にロルラチニブ耐性となっていることが明らかにされた[25]．しかしこれまでのところ，ALKキナーゼ領域内の2次変異以外にロルラチニブ耐性機構は明らかになっておらず，今後さらなる研究が必要である．

16.3.5　ROS1融合遺伝子陽性肺がんと治療薬耐性

*ROS1*融合遺伝子は，*ALK*融合遺伝子が発見・報告された2007年に，同じく肺がん細胞株（HCC78）と肺がん検体から新規融合遺伝子として発見された．ROS1チロシンキナーゼはALKチロシンキナーゼと非常に相同性が高く，とくにキナーゼ領域内のアミノ酸相同性は60％を超える．複数のALK阻害薬がROS1チロシンキナーゼを阻害できるため，ALK阻害薬のいくつかはすでにROS1阻害薬として応用されており，なかでもクリゾチニブはALKに対してよりも低い濃度でROS1を阻害し，臨床試験の結果*ROS1*融合遺伝子陽性肺がん患者に対しても高い奏効率と1年半に及ぶ無増悪生存期間が認められ，承認されている．ほかにもALK阻害薬のセリチニブやブリガチニブ，ロルラチニブ，ALK，NTRK，ROS1チロシンキナーゼに対して阻害活性があるエヌトレクチニブ（entrectinib）なども臨床試験が行われている．ROS1陽性肺がんにおけるクリゾチニブ耐性も，EGFRやALK同様に2次変異やそのほかのメカニズムで生じるとされており，とくに2次変異としては，ALKのG1202R耐性変異と相同的な位置のアミノ酸が置換するG2032R変異が最も高頻度に認められるとされている．ほかにもL2026M（ALKのL1196Mに相当），S1986F（ALKのC1156Y

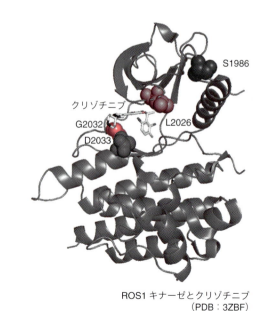

ROS1キナーゼとクリゾチニブ
（PDB：3ZBF）

図16.5　ROS1チロシンキナーゼの構造（グリゾチニブとの共結晶構造）

に相当），D2033N なども見つかっている（図 16.5)[26]．片山らは，この G2032R 変異型 ROS1 にも有効な阻害薬を探索した結果，アメリカでは甲状腺がん，腎細胞がんの治療薬として承認されているマルチキナーゼ阻害薬のカボザンチニブ（cabozantinib）が，1 nM 以下の低濃度で ROS1 の阻害活性をもち，G2032R 変異体に対しても比較的低濃度で阻害活性を示すことを見いだした[27]．なお，カボザンチニブと構造類縁体であるフォレチニブ（foretinib）の有効性も別の研究グループから報告されている．カボザンチニブは，臨床試験において D2033N 変異が見つかったクリゾチニブ耐性患者に投与され，腫瘍縮小効果を認めたとする症例が報告されている[28]．

16.3.6 ROS1 阻害薬に依存した増殖を示すユニークな現象

カボザンチニブが ROS1 に対して高活性を示すということを報告した後，片山らはカボザンチニブ耐性変異の可能性についても，ENU を用いた mutagenesis スクリーニングによる予測を試みた．その結果 ROS1 キナーゼ領域内に F2004V もしくは F2075C 変異をもつ Ba/F3-CD74-ROS1 変異細胞は ROS1 阻害薬低濃度存在下で生存・増殖が促進され，逆に ROS1 阻害薬非存在下では死滅するというユニークな性質がみられた．ROS1-F2004 と F2075 はそれぞれ ALK-F1174 と F1245 に相当し，ALK においてはこの二つのフェニルアラニン（F）が立体構造上直交するπ結合により，キナーゼの活性制御を担うαC ヘリックス構造の不活性構造を維持するのに重要な役割を果たしている．さらにこのいずれかのアミノ酸が変異することで，全長の ALK が恒常的に活性化し，神経芽細胞腫（neuroblastoma, NB）のがん化の原因遺伝子の一つとなっていることも示されている[29]．ALK と ROS の結晶構造の類似性から，ROS1 の F2004V や F2075C 変異体は活性化変異であると推察される．これらの変異体をドキシサイクリンによる誘導可能なベクターに導入し，CD74-ROS1（WT，野生型）を発現する Ba/F3 細胞に導入したところ，ドキシサイクリン処理によって発現誘導することにより，ROS1 と下流の増殖シグナルが非常に強く活性化されたが，それと同時に細胞死も誘導された．この細胞死は低濃度の ROS1 阻害薬により，ROS1 の活性化を適度に抑制することでレスキューされ，さらに普段は紫外線やストレス応答に応じて活性化する p38 MAPK 経路の活性化を阻害薬で抑制することで，ROS1 の過剰な活性化による細胞死が一部回避された[30]．これと似た現象として，BRAF V600E 変異陽性メラノーマ（悪性黒色腫）において，BRAF が過剰に活性化すると細胞死が誘導されることが明らかとなっており，そのメカニズムとして BRAF 変異陽性がんでは下流の ERK2 の過剰活性化が，BRAF からの RAF-MEK-ERK シグナルが過剰になった際の細胞死誘導のカギであることが明らかにされている．BRAF 変異陽性がんにおいては，現在，薬剤投与と休薬またはヒストン脱アセチル化酵素（HDAC）阻害薬を間欠的に行うことで腫瘍の増殖抑制効果が長く持続する可能性が示されており，臨床試験も行われている．しかし，ROS1 において発見した薬剤依存性の耐性がん細胞が，実際の臨床でも存在するのかといったことはまったく明らかではなく，またメカニズムについても不明な点が多いため，今後さらなる研究が必要である．

また肺がんでは，ドライバー遺伝子が相互排他的（mutually exclusive）であるということが示されている．たとえば *EGFR* 変異陽性がんでは，*ALK* 融合遺伝子や *KRAS* 変異がさらに見つかることはほとんどない．このことから，たくさんのドライバー遺伝子をもつことは，がんにとってそれほど有利なことではないという可能性が考えら

れる．*ALK*融合遺伝子と*EGFR*の活性化変異の両方をもつ症例などの報告もわずかにあるが，上述したように過剰すぎるOncogeneシグナルががん細胞の増殖に不利に働く可能性も考えると，ドライバー遺伝子からの活性化増殖シグナルには最適な範囲が存在するとも考えられる．

16.3.7 肺がんにおけるその他のドライバー遺伝子と分子標的治療薬の開発状況

肺がんにおけるほかの融合遺伝子としては，2012年に*RET*融合遺伝子が竹内，河野らを含めた三つのグループから同時に発表された．これまでにソラフェニブ（sorafenib），カボザンチニブ，バンデタニブ（vandetanib）による臨床試験の結果が発表されているが，それほど高い奏効割合は報告されていなかった．現在さらにアレクチニブ，ほかにもLOXO-292，BLU-667などの薬剤の臨床試験が実施されているが，最近の発表では，バンデタニブなどに比べてRETチロシンキナーゼの阻害活性の高いLOXO-292やBLU-667において，顕著な腫瘍縮小効果が報告されており，臨床試験の結果が期待されている[31]．

同様に肺がんにおいて非常に低頻度にみられる*NTRK*融合遺伝子は，大腸がんをはじめさまざまながん種で見つかっており，がん種を超えた新規分子標的治療薬が複数臨床試験で評価されている．なかでもラロトレクチニブ（larotrectinib）やエントレクチニブの臨床試験では良好な腫瘍縮小効果が発表されているが，すでに*NTRK1*-G595R，G667Cといった獲得耐性変異が患者において発見されている．ほかにもENU mutagenesisスクリーニングにより複数の耐性変異が同定されているが，すでにそれらに対して有効な耐性克服薬の候補も報告されている．とくに，G667C変異については，CMLに対するBCR-ABL阻害薬であるポナチニブや，カボザンチニブが野生型NTRK1に対するよりも低い濃度でG667Cを阻害できることが発見されている[32]．

また*BRAF*活性化変異（V600Eなど）も肺がんで発見されており，メラノーマ同様BRAF阻害薬とその下流のMEK阻害薬の併用が有効であることが示されている．日本においてもその併用療法が承認されている．また，*EGFR*や*ERBB2*（*HER2*）のExon20への1〜4アミノ酸の挿入による活性化変異（Exon20 insertion mutation）が肺がんの1〜数％で認められるが，それについては，現在有効な薬剤の探索が世界中で懸命に行われている．最近の報告では，ポジオチニブ（poziotinib）が*EGFR*および*ERBB2*のExon20挿入型変異に高い有効性を示すと報告されている[33]．

一方，cMETチロシンキナーゼは，遺伝子増幅による過剰発現，タンパク質分解に重要な領域をコードするExon14の欠失，分解されにくいまたは活性化しやすい変異などにより，過剰に活性化することで，ドライバー遺伝子として働く．このようなcMETの活性化を伴う肺がんについては，クリゾチニブやINC-280といったcMET阻害薬の臨床試験が進められており，その効果が期待されている．

*KRAS*の活性化変異は肺腺がんの約15％程度に認められると考えられているが，今のところ*KRAS*変異肺がんをターゲットできる治療薬は確立していない．非臨床モデルでは，*KRAS*変異肺がんにおいて，KRAS下流のRAF-MEK-ERK経路と共に線維芽細胞増殖因子受容体（fibroblast growth factor receptor，FGFR）のチロシンキナーゼ活性を阻害することで顕著な腫瘍縮小効果が期待できるとの報告が，2017年に相次いで発表されたが，臨床での効果についてはまだ明らかになっていない．

16.4 最後に

現在までに数多くのチロシンキナーゼ阻害薬が開発され，チロシンキナーゼ異常によるがんの予後は著しく改善してきた．しかしながら，CMLの一部を除いて，進行がんの場合にはまだ完治が望めないのが現状である．耐性の出現は残存腫瘍なくしては起こりえないと考えると，ほとんどの腫瘍細胞が死滅したあとでも生き残っている残存腫瘍の解析などを通じ，より効果的な分子標的治療法の開発を目指した基礎研究を推進することが，今後ますます重要である．

文　献

1) Lynch T.J. et al., *N. Engl. J. Med.,* **350**, 2129 (2004).
2) Sordella R. et al., *Science,* **305**, 1163 (2004).
3) Maemondo M. et al., *N. Engl. J. Med.,* **362**, 2380 (2010).
4) Engelman J.A. et al., *Science,* **316**, 1039 (2007).
5) Yano S. et al., *Cancer Res.,* **68**, 9479 (2008).
6) Sequist L.V. et al., *Sci. Transl. Med.,* **3**, 75ra26 (2011).
7) Niederst M.J. et al., *Nat. Commun.,* **6**, 6377 (2015).
8) Lee J.K. et al., *J. Clin. Oncol.,* **35**, 3065 (2017).
9) Cross D.A. et al., *Cancer Discov.,* **4**, 1046 (2014).
10) Uchibori K. et al., *J. Thorac. Oncol.*, **13**, 915 (2018).
11) Uchibori K. et al., *Nat. Commun.,* **8**, 14768 (2017).
12) Soda M. et al., *Nature,* **448**, 561 (2007).
13) Kohno T. et al., *Nat. Med.,* **18**, 375 (2012).
14) Takeuchi K. et al., *Nat. Med.,* **18**, 378 (2012).
15) Hida T. et al., *Lancet,* **390**, 29 (2017).
16) Peters S. et al., *N. Engl. J. Med.,* **377**, 829 (2017).
17) Soria J.C. et al., *Lancet,* **389**, 917 (2017).
18) Katayama R et al., *EBioMedicine,* **3**, 54 (2016).
19) Friboulet L. et al., *Cancer Discov.,* **4**, 662 (2014).
20) Katayama R. et al., *Clin. Cancer Res.,* **20**, 5686 (2014).
21) Gainor J.F. et al., *Cancer Discov.,* **6**, 1118 (2016).
22) Zou H.Y. et al., *Cancer Cell,* **28**, 70 (2015).
23) Huang W.S. et al., *J. Med. Chem.,* **59**, 4948 (2016).
24) Shaw A.T. et al., *Lancet Oncol.,* **18**, 1590 (2017).
25) Yoda S. et al., *Cancer Discov.,* **8**, 714 (2018).
26) Lin J.J. & Shaw A.T., *J. Thorac. Oncol.,* **12**, 1611 (2017).
27) Katayama R. et al., *Clin. Cancer Res.,* **21**, 166 (2015).
28) Drilon A. et al., *Clin. Cancer Res.,* **22**, 2351 (2016).
29) Bresler S.C. et al., *Cancer Cell,* **26**, 682 (2014).
30) Ogura H. et al., *Sci. Rep.,* **7**, 5519 (2017).
31) Subbiah V. et al., *Cancer Discov.,* **8**, 836 (2018).
32) Fuse M.J. et al., *Mol. Cancer Ther.,* **16**, 2130 (2017).
33) Robichaux J.P. et al., *Nat. Med.,* **24**, 638 (2018).

Part IV 分子標的治療薬の実績と展望

シグナル伝達系阻害薬

Summary

分子生物学的手法の進歩により，さまざまなドライバー遺伝子変異が多くのがん種で明らかにされている．ドライバー遺伝子変異の多くは，細胞の増殖や生存に寄与するシグナル伝達タンパク質の遺伝子上に認められる．変異によって異常に活性化されたシグナル伝達経路は，がん細胞の異常な生存・増殖に寄与する．換言すれば，がん細胞はこのようなシグナル伝達経路に依存（addict）した性質を獲得しており，このシグナル伝達を遮断する分子標的治療薬の臨床開発はまさに日進月歩の状況である．本章では，がん細胞におけるシグナル伝達経路，とくに MAPK 経路および PI3K/AKT 経路を標的とした分子標的治療薬(RAS 阻害薬，BRAF 阻害薬，MEK 阻害薬，mTOR 阻害薬，PI3K 阻害薬，AKT 阻害薬)について，最近の知見を交えながら概説する．

17.1　がん細胞におけるシグナル伝達

発生過程や正常組織における細胞は，外部環境から与えられたさまざまなシグナル(増殖因子，サイトカイン，細胞間接着など)に対して，細胞内シグナル伝達系と呼ばれる厳密に制御されたシステムを用いることで多様な応答反応を引き起こす．細胞増殖および細胞死がこれらのシグナル伝達経路の制御下にあることで，生体のホメオスタシス(恒常性)が維持されているが，がんにおいては，遺伝子異常の蓄積が細胞内シグナル伝達系の異常な亢進を惹起し，無秩序で無制限な増殖，浸潤・転移といった，がん細胞に特徴的な悪性形質が獲得される．がんゲノムに生じる体細胞遺伝子変異の多くは，ランダムな，いわゆる"パッセンジャー"遺伝子変異で，がんの増殖・進展に実際に寄与しているものはごくわずかである．このようながんの発生および進展に働く遺伝子変異はドライバー遺伝子変異と呼ばれ，またそのような変異を獲得した遺伝子はドライバー遺伝子と呼ばれる．ドライバー遺伝子は質的もしくは量的なレベルでがん細胞と正常細胞とを区別するため，がん選択的な治療標的になると考えられている．事実 2001 年には慢性骨髄性白血病のドライバー遺伝子産物である BCR-ABL チロシンキナーゼを標的としたイマチニブ（imatinib）が，世界初の制がん性チロシンキナーゼ阻害薬として慢性骨髄性白血病の治療薬に認可された．また *BCR-ABL* 融合遺伝子が発見された 1980 年代には，遺伝子工学などの分子生物学的実験手法の進歩により，ほかにも多くのドライバー遺伝子（がん遺伝子・がん抑制遺伝子）が発見され，ドライバー遺伝子変異により，シグナル伝達経路，とりわけ MAPK (mitogen activated protein kinase) 経路や PI3K (phosphatidylinositol 3-kinase)/AKT 経路が恒常的に活性化することで，がん細胞の異常増殖やアポトーシスの抑制が起こり，がんが進展するという図式が明らかにされていった．これらを背景に，MAPK 経路および PI3K/AKT 経路はがんの有望な治療標的とされ，阻害薬の臨

床開発が進められてきた．以下に，それぞれの経路のシグナル伝達因子を標的としたがん創薬の状況について述べる．

17.2 MAPK 経路

MAPK 経路は，正常細胞において増殖，生存，分化などのさまざまな細胞機能を調節するシグナル伝達経路である．この経路は MAPKKK（MAP キナーゼキナーゼキナーゼ），MAPKK（MAP キナーゼキナーゼ），MAPK という 3 種類のキナーゼファミリーから構成され，各キナーゼの連続的かつ段階的なリン酸化反応（キナーゼカスケード）によってシグナルが伝達される．ヒト細胞内では少なくとも 3 種類の MAPK 経路が存在しており（ERK 経路，p38 経路，JNK 経路），これらのうち RAS → RAF → MEK → ERK とシグナルが伝達される ERK 経路（後述）は，多くの固形がんにおいて，受容体型チロシンキナーゼ（receptor tyrosine kinase, RTK），RAS，BRAF などに代表される上流因子の遺伝子変異などによって活性化されている（図 17.1）．

17.2.1 RAS 阻害薬

RAS は GTP 結合タンパク質の一種で，ヒトでは *HRAS*，*NRAS*，*KRAS* の 3 種類の遺伝子によりコードされており，これらの遺伝子の変異の頻度は固形がん全体で約 30％に及ぶ．なかでも *KRAS* は最も早期に発見されたがん遺伝子であり，膵がん，大腸がん，非小細胞肺がんでも変異が報告されている．その頻度は膵がんで 90％，大腸がんで 40％程度である[1, 2]．野性型 KRAS は未刺激時は GDP の結合した不活性型の状態で細胞内に存在するが，RTK などの上流からのシグナルを受けることでグアニンヌクレオチド交換因子（guanine nucleotide exchange factor, GEF）により GDP を解離し，GTP と結合することで活性化型となる．その後，GTP アーゼ活性化タンパク質（GTPase-activating protein, GAP）と結合することで GTP が GDP へと加水

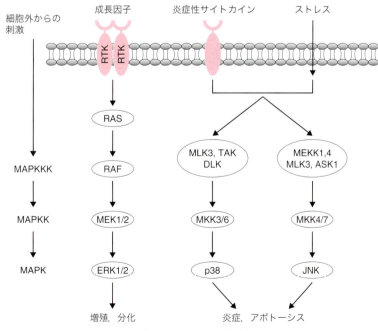

図 17.1　MAPK 経路

分解され，再び不活性化型へと戻る[3]．一方，機能獲得（gain-of-function）型変異 KRAS では，GAP による不活化が阻害されることで常に活性型の状態が維持される．活性化された RAS は，おもに ERK 経路および PI3K/AKT 経路（後述）を活性化することでがん細胞の増殖・生存を支持する（図 17.2）[4]．

このように，RAS は最も代表的ながん遺伝子（ドライバー遺伝子）の一つでありながら，創薬応用への可能性（ドラッガビリティ，druggability）は低いとされてきた．その理由として KRAS タンパク質の表面は平滑な構造をとっており，また細胞内の GTP 濃度が高い一方で KRAS と GTP の結合は非常に強力であることから，小分子化合物による KRAS の直接阻害は困難であると考えられてきた[5]．そもそも RAS は，自身のカルボキシル末端に存在する CAAX ボックスと呼ばれる領域のプレニル化（ファルネシル化）を経て細胞膜にアンカリングされることで，シグナル伝達因子としての機能を発揮する．そのため当初，ファルネシルトランスフェラーゼ阻害薬による RAS の膜アンカリングの阻害が試みられたが，ファルネシル化を阻害された RAS はゲラニルゲラニル化を介して細胞膜にアンカリングされるなどの理由から，RAS 阻害薬としての開発は成功していない．一方で近年，KRAS の代表的な機能獲得変異の一つである KRAS（G12C）を直接標的とした小分子阻害薬として，不可逆的アロステリック阻害薬[6]，グアニンヌクレオチド結合ポケットを標的とした SML-8-73-1[7]，ARS-853[8,9] などが in vitro で細胞増殖抑制効果を示すことが報告されており，今後の臨床開発が期待される．

17.2.2　BRAF 阻害薬

MAPK カスケードの MAPKKK に相当する BRAF は，前述の RAS により活性化され，下流の MAPKK（MEK1/2）にシグナルを伝達するセリン／スレオニンキナーゼの一種である．*BRAF* 遺伝子変異は固形がん全体の約 6%[10]，メラノーマ（悪性黒色腫）の 40〜50%[11]，大腸がんの約 10%[12]，非小細胞肺がんの 3〜5% に認められている[13]．従来，*BRAF* 遺伝子変異は最も高頻度に認められる V600 変異とそれ以外の non-V600 変異に分けて議論されていたが，最近では BRAF キナーゼ活性，RAS 依存性，二量体化の観点から三つの変異クラスに分類することが提唱されている[14]．このうち，クラス I の *BRAF* 変異には，従来の *BRAF* V600D/E/K/R 変異が含まれる．これらの変異型 BRAF タンパク質のキナーゼ活性は野生型タンパク質と比較して何百倍にも上昇しており，MAPK 経路の恒常的活性化を引き起こす[15]．このとき活性化した MAPK 経路の負のフィードバック作用により，BRAF の二量体化が阻害される．すなわち，これらの変異型 BRAF は活性化のために二量体を形成する必要はなく，単量体として機能する[16]．BRAF 阻害薬のベムラフェニブ（vemurafenib）およびダブラフェニブ（dabrafenib）は，BRAF

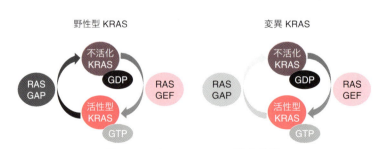

図 17.2　変異 KRAS の活性化機構

のキナーゼ領域に対するATP競合型阻害薬であり，*BRAF*（V600）変異をもつメラノーマの治療薬として承認されている[17]．一方で*BRAF*（V600）変異をもつメラノーマのうち，約半数の患者の腫瘍でBRAF阻害薬単剤に対する初期耐性が認められる[18]．BRAF阻害薬に対する初期耐性はほかのがん種でも認められており，その頻度は非小細胞肺がんで70％程度，大腸がんで95％程度になる[19, 20]．さらにBRAF阻害薬単剤で治療されたメラノーマの奏効期間は短く，早期に獲得耐性が生じる．この獲得耐性はMAPK経路の再活性化が原因と考えられている[21]．これは後述するMEK阻害薬とBRAF阻害薬を併用することにより，*BRAF*（V600）変異をもつメラノーマおよび非小細胞肺がんで60～70％の奏効率が得られている[18, 22]．*BRAF*（V600）変異大腸がんでは，BRAF阻害時にRTKである上皮成長因子受容体（epidermal growth factor receptor, EGFR）によるMAPK経路の再活性化が起こることが報告されている[23]．この研究をもとに現在，BRAF阻害薬のエンコラフェニブ（encorafenib），MEK阻害薬のビニメチニブ（binimetinib），抗EGFR抗体セツキシマブ（cetuximab）の3剤併用療法の第Ⅲ相臨床試験（NCT02928224）が実施されている．

一方，野生型BRAFをもつ細胞においては，BRAF阻害薬を添加すると二量体を形成するRAFを逆説的に活性化してしまうため，MAPK経路が再活性化される[24, 25]．この逆説的なMAPK経路の再活性化により，臨床的にはBRAF阻害薬単独での治療で*de novo*のケラトアカントーマ（keratoacanthoma）や皮膚扁平上皮がんの頻度が増えることが報告されている[26]．BRAF阻害薬単剤投与後に出現する扁平上皮がんは*NRAS*変異をもち，前述のBRAF阻害薬にMEK阻害薬を併用することでその頻度が減少することが判明した[27, 28]．がんに対する効果の面だけでなく，副作用の観点からもこの併用療法が推奨され，日本でも*BRAF*（V600）変異をもつメラノーマおよび非小細胞肺がんに対して同治療戦略が承認されている．

BRAF（non-V600）変異もさまざまながん種において認められ，非小細胞肺がんでは50～80％，大腸がんで22～30％程度の*BRAF*変異がnon-V600変異と報告されている[11, 12, 29, 30]．*BRAF*（non-V600）変異はBRAFキナーゼ活性により二つに分類される．クラスⅡに分類される変異型BRAF（G464, G469, K601, L597）のキナーゼ活性は，野生型BRAFと比較し中程度に上昇しており，RASに依存しない二量体として下流にシグナルを伝達している．一方クラスⅢに分類される変異型BRAF（G466, N581, D594, D596）はキナーゼ活性が低いか，欠如しており[14]，CRAFまたは野生型BRAFとのヘテロ二量体を形成することで，RAS依存的に下流の経路を活性化している[31]．以上より*BRAF*（non-V600）変異をもつタイプのがん（クラスⅡおよびⅢ）においては，RAFの二量体が下流にシグナルを伝達しており，臨床応用されているBRAF阻害薬単独では治療効果が乏しいと報告されている．本章執筆担当者である矢野らは，*BRAF*（non-V600）変異をもつ肺がん細胞株を用いた検討により，MEK阻害薬であるトラメチニブ（trametinib）の投与下では，EGFRを含めたRTKがフィードバックによる活性化を起こすことでMAPK経路を再活性化していることを明らかにした（図17.3）[32]．*BRAF*遺伝子にクラスⅡ変異を含む細胞株では，BRAFのヘテロ二量体からのシグナルに加え，RTKが野生型CRAFを通じてMAPK経路を活性化する．一方，クラスⅢ変異をもつ細胞株では，RTKがMAPK経路全体を制御している．これらの変異がんには，MEK阻害薬にRTK阻害薬を併用することで，MAPK経路を完全に抑制することができた．

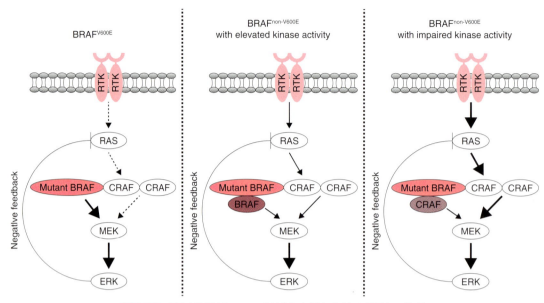

図 17.3　BRAFV600, non-V600 変異における RTK の役割

文献 32) をもとに作成.

マウスゼノグラフトモデルにおいても，これらの薬剤の併用群で腫瘍の縮小効果が得られており，non-V600 変異肺がんに対しする治療の選択肢となり得ると考えられた．

17.2.3　MEK 阻害薬

MAPKK に相当する MEK1 および MEK2 (MAPK/ERK kinase 1/2) は，上流の MAPKKK である RAF によるリン酸化を経て活性化し，下流の MAPK である ERK1/2 をリン酸化活性化する二重特異性（チロシンおよびセリン／スレオニンの両方をリン酸化する）のタンパク質キナーゼである．MEK 阻害薬は，MAPK 経路が恒常的に活性化しているがん，すなわち KRAS 変異がん，BRAF 変異がんにおける MAPK 経路を抑制する薬剤として臨床開発が進められてきた．なかでも日本発のトラメチニブは，BRAF (V600) 変異をもつメラノーマ，非小細胞肺がんに対する治療薬として用いられている．

先述のように，変異型 KRAS を直接標的とする治療薬の開発は困難をきわめており，KRAS の下流のシグナル伝達因子である MEK の阻害による制がん効果を検証する臨床試験はこれまでに複数，実施されてきた．しかしこれらの単剤での治療効果は限定的なものであった[33,34]．その原因は，MEK 阻害により下流の ERK のリン酸化が抑制されると，フィードバック機構により RTK や MEK 自体の再活性化が誘導されるためと考えられている．そのため MEK 阻害薬と各種治療薬との併用療法が検討されている．微小管重合阻害薬は KRAS 変異の有無にかかわらず MAPK 経路を活性化させることから，MEK 阻害薬と微小管阻害薬の併用の有用性が非臨床レベルで報告されていた．このことから，微小管阻害薬であるドセタキセル (docetaxel) に対して，MEK 阻害薬であるセルメチニブ (selumetinib) の上乗せ効果を比較する第 II 相臨床試験が行われた．その結果，全生存期間 (overall survival, OS) に差は認められなかったが，無増悪生存期間 (progression-free survival, PFS) は併用群で有意に良好であった[35]．これを受けて第 III 相臨床試験が行われたが，全生存期間のみならず無増悪

生存期間においても上乗せ効果を証明することはできなかった[36]．また KRAS の下流シグナルのうち，PI3K 経路は MAPK 経路と並んで重要と考えられており，PI3K 阻害薬と MEK 阻害薬の併用が腫瘍増殖を著明に抑制したことが基礎的な研究においても報告されたことから[37]，現在は同併用療法の第 I 相臨床試験（NCT01449058）が進行中である．しかしながら両経路は正常細胞の生存や増殖にもかかわっており，副作用の観点から臨床応用は困難な可能性も高いと考えられる．

矢野らは，上皮間葉転換（Epithelial to mesenchymal transition，EMT）の形質に基づいた MAPK 経路のフィードバック機構の違いに着目し，KRAS 遺伝子変異肺がんに対する新たな治療戦略を見いだした[38]．MAPK 経路はそもそも，フィードバック機構によって同経路全体の活性を一定に保つように制御されている．これは肺がん細胞においても同様であり，MEK 阻害薬による MAPK 経路の抑制は，同経路のフィードバック機構を誘導する．KRAS 変異肺がん細胞株に MEK 阻害薬であるトラメチニブを添加すると，ERK のリン酸化が一時的に抑制されるものの，同酵素が再活性化することが認められた．このような MEK 阻害薬を投与された KRAS 変異肺がんにおいて作動するフィードバック機構には，RTK の活性化が機能的に関与していた．興味深いことに，このとき活性化する RTK はがん細胞の EMT の表現型により種類が異なっていた．すなわち上皮系マーカーである E-カドヘリンが陽性の腫瘍では，ERBB ファミリーに属する RTK である ERBB3 の発現が亢進することによって MAPK 経路の再活性化が誘導される．一方で，間葉系マーカーであるビメンチンが陽性の腫瘍では，別のタイプの RTK である線維芽細胞増殖因子受容体 1（fibroblast growth factor receptor-1, FGFR1）の発現が上昇する．間葉系マーカー陽性の KRAS 変異肺がん細胞では，MEK 阻害薬の投与後，RTK の負の制御因子である Sprouty の発現が低下し，Sprouty の MAPK 経路に対する抑制効果が解除されることにより，FGFR1 から MAPK 経路へとシグナルが伝達されることが明らかとなっ

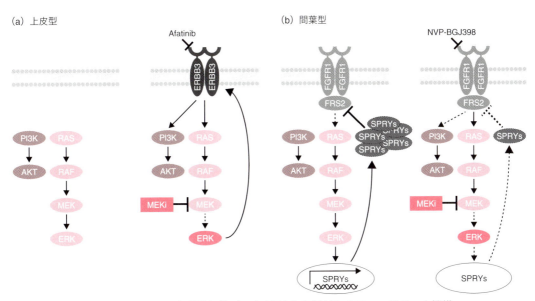

図 17.4　EMT の表現型に基づいた KRAS 変異がんのフィードバック機構

文献 38）をもとに作成．

た（図17.4）．以上より，上皮系マーカー陽性腫瘍には pan-ERBB 阻害薬であるアファチニブ（afatinib）を，また間葉系マーカー陽性腫瘍においては pan-FGFR 阻害薬である NVP-BGJ398 を，それぞれ MEK 阻害薬と併用したところ，がん細胞のアポトーシスが誘導され，マウスゼノグラフトモデルにおいても腫瘍が縮小した．以上より，*KRAS* 変異肺がんを EMT の表現型により分類し，MEK 阻害薬を用いた併用療法を行うことで，ドラッガビリティの低い KRAS を標的とした新たな個別化治療が可能となるかもしれない．

17.3　PI3K/AKT 経路

PI3K/AKT 経路は，ERK 経路と並んでがん細胞の生存・増殖に寄与する重要なシグナル伝達経路である．PI3K は細胞膜を構成するイノシトールリン脂質をリン酸化するキナーゼである．RTK などからの刺激により活性化した PI3K は，細胞膜に存在する phosphoinositol (4,5)-biphosphate（PIP2）を基質とし，その3位にリン酸基を付加することで phosphoinositol (3,4,5)-triphosphate（PIP3）を産生する．AKT は PIP3 に結合するプレクストリン相同（Plekstrin Homology, PH）領域をもつセリン／スレオニンキナーゼである．PI3K によって産生された PIP3 は，AKT の PH 領域およびもう一つのキナーゼである PDK1（phosphoinositide dependent kinase-1）の PH 領域に結合することで，これらのキナーゼを細胞膜に集積させる．ここで AKT の 308 番目のスレオニン残基が PDK1 によってリン酸化され，さらに 473 番目のセリン残基がリン酸化されることにより，AKT のキナーゼ活性が上昇する．活性化された AKT は mTOR (mammalian target of rapamycin)，BAD，FOXO，GSK3 (glycogen synthase kinase-3) といった下流の因子を活性化することで，細胞の増殖，生存，分化などを制御する（図17.5）[39]．固形がんでは PI3K の触媒サブユニット p110α をコードする遺伝子 *PIK3CA* にしばしば機能獲得型変異が生じているが，ほかにもこのシグナル伝達経路を構成する因子として，*PIK3R1, PTEN, AKT, TSC1, TSC2, LKB1, MTOR* といった遺伝子に異常が報告されている．PI3K/AKT 経路の阻害薬のうち，現在臨床開発が進められている，あるいは治療薬として承認されているものは，mTOR 阻害薬，PI3K 阻害薬，AKT 阻害薬が挙げられる．現在の開発状況を表17.1 に示す[40]．

17.3.1　mTOR 阻害薬

mTOR は，構成因子と機能が互いに異なる複合体である mTORC1 もしくは mTORC2 のなかで働く，セリン／スレオニンキナーゼである．mTOR は AKT の下流に位置し，細胞の増殖，代謝，タンパク質合成などのシグナル伝達を制御する．固形がんに対する PI3K/AKT 経路の阻害薬として，日本では mTOR 阻害薬であるテムシロリムス（temsirolimus）およびエベロリムス（everolimus）が上市されている．両薬剤とも第Ⅲ相臨床試験においてその有効性が証明され，日

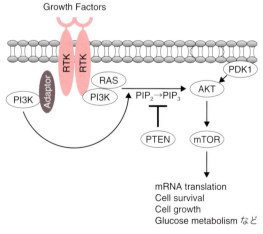

図17.5　PI3K/AKT 経路

表 17.1　PI3K-AKT-mTOR 阻害薬

Drug Class	Drug	Stage of Clinical Development
mTORC1 阻害薬	Temsirolimus	進行腎がんに承認
	Everolimus	進行腎がん，神経内分泌腫瘍，進行乳がん，結節性硬化症に伴う上衣下巨細胞性星細胞腫などに承認
	Ridaforolimus	進行軟部肉腫に対する第Ⅲ相試験が終了　さらなる開発の予定なし
	Nab-rapamycin	MTOR 遺伝子変異をもつ固形がんに対する第Ⅱ相試験が進行中
Pan-PI3K 阻害薬	Buparlisib	進行乳がんに対する第Ⅲ相試験が終了
	Pictilisib	進行乳がんに対するランダム化第Ⅱ相試験が終了　さらなる開発の予定なし
	Pilaralisib	進行乳がん，子宮がんに対する第Ⅱ相試験が終了　さらなる開発の予定なし
	Copanlisib	再発性濾胞性リンパ腫に承認　日本では未承認
	PX-866	固形がんに対する第Ⅱ相試験が終了　さらなる開発の予定なし
	CH5132799	固形がんに対する第Ⅰ相試験が終了　さらなる開発の予定なし
	ZSTK474	固形がんに対する第Ⅰ相試験が終了　さらなる開発の予定なし
	SF1126	PI3K 遺伝子異常をもつ頭頸部がんに対する第Ⅱ相試験が進行中
PI3Kα 阻害薬	Alpelisib	固形がんに対する第Ⅰ／Ⅱ相試験が進行中
	Taselisib	進行乳がん，非小細胞肺がんに対する第Ⅲ相試験が進行中
	TAK-117	進行乳がん，腎がんに対する第Ⅱ相試験が進行中
	ASN003	固形がんに対する第Ⅰ相試験が進行中
PI3Kβ 阻害薬	GSK2636771	固形がんに対する第Ⅱ相試験が進行中
	AZD8186	固形がんに対する第Ⅰ相試験が進行中
	SAR260301	固形がんに対する第Ⅰ相試験が終了　さらなる開発の予定なし
PI3Kγ 阻害薬	IPI-549	固形がんに対する第Ⅰ相試験が進行中
PI3Kδ 阻害薬	Idelalisib	慢性リンパ性白血病，濾胞性リンパ腫などに承認　日本では未承認
	Duvelisib	慢性リンパ性白血病，小リンパ球性リンパ腫に対する第Ⅲ相試験が進行中
	AMG319	頭頸部がんに対する第Ⅱ相試験が進行中
AKT 阻害薬	MK-2206	非小細胞肺がん，乳がんに対する第Ⅱ相試験が進行中
	BAY1125976	固形がんに対する第Ⅰ相試験が進行中
	Uprosertib	固形がんに対する第Ⅰ／Ⅱ相試験が進行中
	Ipatasertib	乳がん，前立腺がんに対する第Ⅱ／Ⅲ相試験が進行中
	AZD5363	固形がんに対する第Ⅰ相試験が進行中
	Miransertib	固形がんに対する第Ⅰ相試験が進行中
	ARQ751	固形がんに対する第Ⅰ相試験が進行中
	MSC2363318A	固形がんに対する第Ⅰ相試験が進行中
	TAS-117	固形がんに対する第Ⅰ相試験が進行中

文献 34) より引用　一部改変

本でも 2010 年に進行腎細胞がんに対する治療薬として承認された[41, 42]．エベロリムスについては進行腎細胞がんのみならず，ホルモン受容体陽性 HER2 陰性乳がん，膵神経内分泌腫瘍，結節性硬化症に伴う上衣下巨細胞性星細胞腫などの治療薬としても承認されている[43-45]．

17.3.2　PI3K 阻害薬・AKT 阻害薬

PI3K はその構造と働きからクラスⅠ・Ⅱ・Ⅲに分類される．クラスⅠ PI3K では，触媒サブユニット（p110）と制御サブユニット（p85）がヘテロ二量体を形成する．p110 には α, β, γ, δ の四つのアイソフォームが存在し，結合する制御サブユニットによりサブクラスに分けられる．

203

PI3Kα, β は生体内に広く発現しているのに対し，PI3Kγ, δ の発現は白血球に限定されている[46]．PI3K阻害薬は pan-PI3K 阻害薬とアイソフォーム選択的 PI3K 阻害薬に分類できる．前者はクラス I PI3K の α, β, γ, δ のすべてのアイソフォームを阻害することが可能であり，当初は強力な抗腫瘍効果が期待された．しかしながら，結果的には pan-PI3K 阻害薬の臨床開発の多くが中断されている[40]．例として，ブパルリシブ (buparlisib) は HER2 陰性乳がんに対する複数のランダム化比較試験でその効果が検証され，無増悪生存期間の延長を認めていたが[47,48]，肝障害を含めた重篤な有害事象，とくに精神症状の出現により自殺企図に至った症例も報告されたため（ブパルリシブは血液脳関門を越えるとされている），臨床開発の継続には至らなかった．今日までに上市されたpan-PI3K 阻害薬はコパンリシブ (copanlisib) のみであり，2017 年に再発濾胞性リンパ腫を適応としてアメリカ食品医薬品局 (Food and Drug Administration, FDA) で承認されており[49]，日本でも承認が期待されている．一方アイソフォーム選択的 PI3K 阻害薬は，PI3Kα，PI3Kβ，PI3Kγ，PI3Kδ 阻害薬に分けられる．PI3Kα 阻害薬は p110α を選択的に阻害するが，このアイソフォームは PIK3CA 変異によりしばしば活性化しているのが特徴である．PI3Kα 阻害薬については固形がん，とくに乳がんにおいて臨床開発が進んでいる．最近，PIK3CA 遺伝子変異をもつホルモン受容体陽性 HER2 陰性の既治療進行乳がん患者に対してフルベストラント (fulvestrant) 単独治療に対する PI3Kα 阻害薬である Alpelisib の上乗せ効果を検証する第Ⅲ相試験が行われ，その結果 Alpelisib 併用群において PFS の延長が認められたことが報告された[50]．その他のアイソフォーム選択的阻害薬においても臨床試験が進行中であるが，海外も含めて承認されたものは，PI3Kδ 阻害薬のイデラリシブ (idelalisib) のみである[51]．AKT 阻害薬についても各種臨床試験が行われているが，承認に至ったものはまだない．このように PI3K/AKT 経路を阻害する薬剤の開発には莫大な投資がなされてきたが，その臨床成果は乏しいという現実がある．その原因として，PI3K/AKT 経路を阻害することによって引き起こされるフィードバック効果，オンターゲットおよびオフターゲット効果による毒性発現，有効なバイオマーカーの欠如などが挙げられている．

17.4 おわりに

本章で述べたように，細胞の増殖や生存を調節するシグナル伝達経路を標的とした治療薬の臨床開発は，日進月歩の勢いで変遷，進展している．その一方で，KRAS 遺伝子変異のように，ドラッガビリティが低いとされている標的分子や，初期耐性および獲得耐性など，解決すべきクリニカル・クエスチョンは山積している．本章で扱った薬剤に関しては，近年隆盛をきわめている免疫療法（14 章参照）との併用に関しても報告が認められてきており，今後のさらなる研究の進展が期待される．

文　献

1) Ryan D.P. et al., *N. Engl. J. Med.*, **371**, 1039 (2014).
2) Cancer Genome Atlas Network, *Nature*, **487**, 330 (2012).
3) Bos J.L. et al., *Cell*, **129**, 865 (2007).
4) Scheffzek K. et al., *Science*, **277**, 333 (1997).
5) Ostrem J.M. et al., *Nat. Rev. Drug Discov.*, **15**, 771 (2016).
6) Ostrem J.M. et al., *Nature*, **503**, 548 (2013).
7) Hunter J.C. et al., *Proc. Natl. Acad. Sci. U.S.A.*, **111**, 8895 (2014).
8) Lito P. et al., *Science*, **351**, 604 (2016).
9) Patricelli M.P. et al., *Cancer Discov.*, **6**, 316 (2016).
10) Zehir A. et al., *Nat. Med.*, **23**, 703 (2017).
11) Davies H. et al., *Nature*, **417**, 949 (2002).

12) Jones J.C. et al., *J. Clin. Oncol.*, **35**, 2624 (2017).
13) Paik P.K. et al., *J. Clin. Oncol.*, **29**, 2046 (2011).
14) Yao Z. et al., *Nature*, **548**, 234 (2017).
15) Wan P.T. et al., *Cell*, **116**, 855 (2004).
16) Poulikakos P.I. et al., *Nature*, **480**, 387 (2011).
17) Luke J.J. et al., *Nat. Rev. Clin. Oncol.*, **14**, 463 (2017).
18) Long G.V. et al., *N. ENgl. J. Med.*, **371**, 1877 (2014).
19) Planchard D. et al., *Lancet Oncol.*, **17**, 642 (2016).
20) Kopets S. et al., *J. Clin. Oncol.*, **33**, 4032 (2015).
21) Lito P. et al., *Nat. Med.*, **19**, 1401 (2013).
22) Planchard D. et al., *Lancet Oncol.*, **17**, 984 (2016).
23) Corcoran R.B. et al., *Cancer Discov.*, **2**, 227 (2012).
24) Poulikakos P.I. et al., *Nature*, **464**, 427 (2010).
25) Hatzivassiliou G. et al., *Nature*, **464**, 431 (2010).
26) Flaherty K.T. et al., *N. Engl. J. Med.*, **363**, 809 (2010).
27) Su F. et al., *N. Engl. J. Med.*, **366**, 207 (2012).
28) Flaherty K.T. et al., *N. Engl. J. Med.*, **371**, 1877 (2014).
29) Litvak A.M. et al., *J. Thorac. Oncol.*, **9**, 1669 (2014).
30) Caner Genome Atlas Research Network, *Nature*, **511**, 543 (2014).
31) Yao Z. et al., *Cancer Cell*, **28**, 370 (2015).
32) Kotani H. et al., *Oncogene*, **37**, 1775 (2018).
33) Hainsworth J.D. et al., *J. Thorac. Oncol.*, **5**, 1630 (2010).
34) Blumenschein G.R. Jr. et al., *Ann. Oncol.*, **26**, 894 (2015).
35) Jänne P.A. et al., *Lancet Oncol.*, **14**, 38 (2013).
36) Jänne P.A. et al., *JAMA*, **317**, 1844 (2017).
37) Engelman J.A. et al., *Nat. Med.*, **14**, 1351 (2008).
38) Kitai H. et al., *Cancer Discov.*, **6**, 754 (2016).
39) Engel man J.A. et al., *Nat. Re. Cancer*, **9**, 550 (2009).
40) Janku F. et al., *Nat. Rev. Clin. Oncol.*, **15**, 273 (2018).
41) Hudes G. et al., *N. Engl. J. Med.*, **356**, 2271 (2007).
42) Motzer R.J. et al., *Lancet*, **372**, 449 (2008).
43) Baselga J. et al., *N. Engl. J. Med.*, **366**, 520 (2012).
44) Yao J.C. et al., *N. Engl. J. Med.*, **364**, 514 (2011).
45) Franz D.N. et al., *Lancet*, **381**, 125 (2013).
46) Okkenhaug K. et al., *Nat. Rev. Immunol.*, **3**, 317 (2003).
47) Baselga J. et al., *Lancet Oncol.*, **18**, 904 (2017).
48) Di Leo A. et al., *Lancet Oncol.*, **19**, 87 (2018).
49) Dreyling M. et al., *J. Clin. Oncol.*, **35**, 3898 (2017).
50) André F. et al., *N. Engl. J. Med.*, **380**, 1929 (2019).
51) Furman R.R. et al., *N. Engl. J. Med.*, **370**, 1008 (2014).

Part IV 分子標的治療薬の実績と展望

プロテアソーム阻害薬

Summary

細胞内に生じた異常なタンパク質，あるいは不要となったタンパク質を除去するタンパク質分解系は，増殖制御やストレス環境下での生存維持など，さまざまな局面において，細胞の恒常性維持に重要な役割を果たす．がん細胞は，本来は正常細胞の維持に必要なこうしたタンパク質分解機構を巧みに利用し，その悪性形質を維持していることが明らかになってきた．とくにユビキチン・プロテアソーム経路によるタンパク質分解機構はがんとの関係が深く，プロテアソーム阻害薬はすでにがんの分子標的治療薬として上市されている．本章ではプロテアソームを中心に，ユビキチン化の機序，よりマクロなタンパク質分解経路であるオートファジー・リソソーム系，さらにプロテオスタシス（タンパク質の恒常性）維持機構を含め，タンパク質分解系のがん治療標的としての現状と可能性について概説する．

18.1 ユビキチン・プロテアソーム経路とがん治療

18.1.1 ユビキチン・プロテアソーム系

細胞は，その恒常性の維持やストレス応答のために，細胞内に存在するタンパク質の選択的な分解を行っている．その中心的なものとして，真核生物に高度に保存されたユビキチン・プロテアソーム経路がある．細胞内で不要となったタンパク質は，その目印としてユビキチンと呼ばれる76個のアミノ酸から成るタンパク質が付加される．これをプロテアソームと呼ばれる巨大なタンパク質複合体が認識し，速やかに不要タンパク質を分解に導く．

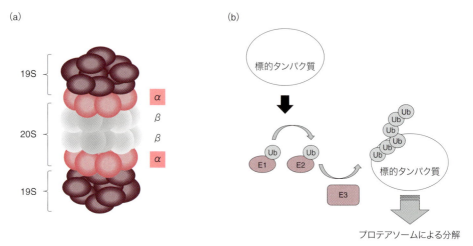

図 18.1 26S プロテアソームの構造(a)とユビキチン・プロテアソーム経路によるタンパク質の分解(b)

■ 18.1 ユビキチン・プロテアソーム経路とがん治療 ■

　26Sプロテアソームは，プロテアーゼ活性をもつ筒状の20Sコア粒子（20Sプロテアソーム）の両端に19S制御粒子が結合した，2.5 MDaに及ぶ巨大な酵素である（図18.1 a）[1]．20Sコア粒子は，7個のサブユニット（α1〜7）から成るαリングが2個と，7個のサブユニット（β1〜7）から成るβリング2個が，αββαの順に積み重なった中空の筒状の構造をしており，βリングの内側にプロテアーゼ活性がある．通常，20Sコア粒子単体ではαリングは閉じている．一方19S制御粒子はATPase活性をもち，20Sコア粒子によるタンパク質の分解に先立ち，基質タンパク質を解きほぐし，20Sコア粒子にそれを送り込む役割をもつ．19S制御粒子は，ATPase活性をもつ6個のサブユニット（Rpt1〜6）とATPase活性をもたない13個のサブユニット（Rpn1〜3, Rpn5〜13, Rpn15）で構成される．

　プロテアソームによって分解されるべき標的タンパク質には，その特定のリジンの側鎖のアミノ基に，複数のユビキチンが鎖状につながったものが付加される．この反応は三つの酵素，E1（ユビキチン活性化酵素），E2（ユビキチン結合酵素），E3（ユビキチンリガーゼ）によって行われる（図18.1b）．ヒトではE1は1種類，E2は数十種類，E3は数百種類存在することが知られており，こうした分子多様性によって基質選択性が担保されているものと考えられている．

18.1.2　プロテアソームを標的としたがん分子標的治療薬

　ユビキチン・プロテアソーム経路は，細胞内に存在する制御タンパク質の特異的な分解を通じ，さまざまな細胞機能の制御にかかわっている．たとえば細胞周期の進行過程においては，サイクリンやサイクリン依存性キナーゼ（Cyclin-Dependent Kinase，CDK）のユビキチン・プロテアソーム経路を介した特定の時期における分解制御がきわめて重要な役割を果たす．このようにプロテアソームによるタンパク質分解は，タンパク質の品質管理という細胞にとって普遍的に必要な役割を担う．したがってその阻害は正常細胞にも毒性をもたらすことが予想され，がんの治療標的としてプロテアソームは必ずしも適さないと当初は考えられていた．しかし，プロテアソーム阻害薬はがん細胞に選択的なアポトーシスを誘導することなどが見いだされ，次第に新たな制がん薬の候補化合物と考えられるようになった[2]．そして現在，プロテアソーム阻害薬は分子標的治療薬として臨床で使用されるに至っている．

　表18.1に示すように，多発性骨髄腫やマントル細胞リンパ腫などに対する治療薬として，これまでに3種のプロテアソーム阻害薬が認可されている．このうち最初に承認されたボルテゾミブ（Bortezomib）はホウ素化合物で，化合物中のホウ素原子が26Sプロテアソームに特異的に結合し，これを阻害する．ボルテゾミブは，アメリカ国立がん研究所のがん細胞パネルNCI-60において，ユニークな細胞毒性パターンを示す薬剤として見いだされた[3]．動物実験でゼノグラフト腫瘍

表18.1　認可済みのプロテアソーム阻害薬（2018年5月現在）

一般名／商品名	適応がん種	アメリカ承認年	日本承認年
ボルテゾミブ/Velcade	多発性骨髄腫，マントル細胞リンパ腫，原発性マクログロブリン血症，リンパ形質細胞リンパ腫	2003	2006
カルフィルゾミブ/Kyprolis	多発性骨髄腫	2012	2016
イキサゾミブ/Ninlaro	多発性骨髄腫	2015	2017

モデルに対する増殖抑制効果などが確認され，臨床試験のための理論的根拠が得られた．臨床試験はさまざまな固形がんや血液腫瘍に対し進められたが，とくに多発性骨髄腫に対する有効性が確認され[4]，認可に至った．ボルテゾミブがなぜ多発性骨髄腫に効くかは，当初NF-κB経路の阻害によるという説が立てられた．この考えは，(1) NF-κBが多発性骨髄腫の増殖や生存に働くサイトカインであるインターロイキン6やIGF-1の発現に必要な因子であることと，(2) NF-κBの活性化には，その抑制因子であるIκBタンパク質のユビキチン・プロテアソーム経路による分解が必要であることなどの事実に基づく．NF-κBは多くの固形がんの増殖に重要な役割を果たしているものの，プロテアソーム阻害薬はそうした固形がん由来のがん細胞に対して，とくに臨床においては有効性を示さない．これらのことから，プロテアソーム阻害薬の多発性骨髄腫に対する顕著な増殖抑制効果はNF-κB経路の阻害のみではなく，ほかの作用機序にもよることが推定された．これに関しObengらは，多発性骨髄腫の細胞が多量の免疫グロブリン（IgGやIgA）を産生することに着目した[5]．すなわち，多発性骨髄腫の細胞内には正しく合成されなかった多量の免疫グロブリン・タンパク質が蓄積し，これらは小胞体ストレス応答の一つである小胞体関連分解（ER-Associated Degradation, ERAD）によってプロテアソームにより分解されねばならない．このため，多発性骨髄腫の細胞では恒常的に小胞体ストレスがかかった状態にあり，プロテアソームの阻害はより低い閾値で，小胞体ストレス応答（Unfolded Protein Response, UPR，後述）を引き起こし，細胞にアポトーシスを誘導することが示された．さらに，プロテアソーム阻害薬によるアポトーシス誘導時には，Bcl-2ファミリータンパク質のうちでもアポトーシス促進性因子（NOXAなど）が小胞体ストレスによって誘導されることが引き金となることも明らかにされている[6]．

ボルテゾミブに加え，現在までにカルフィルゾミブ（Carfilzomib），イキサゾミブ（Ixazomib）が，多発性骨髄腫に対する治療薬として認可されている．カルフィルゾミブはテトラペプチドエポキシケトン骨格をもち，天然物質のエポキソマイシンから合成された誘導体である．カルフィルゾミブは20Sプロテアソームに不可逆的に結合して，これを阻害する．一方，イキサゾミブはボルテゾミブと同様にホウ素化合物であるが，ボルテゾミブやカルフィルゾミブが注射製剤であるのに対し，経口製剤であることが大きな特徴である．

18.1.3 ユビキチン化を標的とした分子標的治療薬

(a) ユビキチンリガーゼとその制御

ユビキチン・プロテアソーム経路によるタンパク質分解は，前述のように三つの酵素，E1（ユビキチン活性化酵素），E2（ユビキチン結合酵素），E3（ユビキチンリガーゼ）によって行われる．この分解機構においては，とくにユビキチンリガーゼが，標的タンパク質の選択的な認識に重要であると考えられている．これは哺乳類のユビキチンリガーゼが700種類にも及ぶことからも明らかである．ユビキチンリガーゼは大きく分けて，HECT型，U-box型，RING型の三つに分類される．これらのうち，がん遺伝子やがん抑制遺伝子の分解にかかわるなど，がん化との密接な関連が明らかになっているユビキチンリガーゼとして，HDM2やSCFリガーゼ複合体などが挙げられる[7]．HDM2はマウスMDM2のヒト相同体であり，がん抑制遺伝子産物p53のユビキチンリガーゼとしてp53タンパク質の分解に働く．このことからHDM2の阻害薬はp53を蓄積させ，細胞増殖停止やアポトーシスを誘導するなど，がん抑制に働くと考えられ，阻害薬開発が進めら

れてきた．しかし種々の要因により，現在まで成功に至っていない．ユビキチンリガーゼはタンパク質複合体である場合がある．なかでもCullin-RING型ユビキチンリガーゼは，Cullin（CUL）を母体とする複合体で，その数は数百に及ぶと推定されている．SCFタイプのユビキチンリガーゼは，このCullin-RING型ユビキチンリガーゼに分類され，SKP1, CUL1, RBX1と基質認識サブユニットであるF-boxタンパク質の複合体である．F-boxタンパク質の一つであるSKP2は，細胞周期を負に制御するp27などの分解にかかわっている．また，がん細胞ではSKP2の過剰発現が報告されており，がんの新しい治療標的候補分子として注目されている．

他方，ユビキチンと構造的に類似性を示すユビキチン様タンパク質として，SUMO, ISG15, NEDD8など少なくとも10種類が見いだされている．これらはさまざまな細胞内シグナルにかかわるタンパク質に共有結合し，シグナル制御にかかわるとともに，相互のシグナル伝達クロストークも存在する．なかでもNEDD8の基質タンパク質への結合に重要な役割を果たすNEDD8活性化酵素（NEDD8-activating enzyme, NAE）は，Cullin-RING型ユビキチンリガーゼの活性制御に働いている．NAEの阻害はS期DNA合成の制御異常を引き起こし，腫瘍増殖を抑制することが示された[8]．これらの知見をもとに，現在，NAE阻害薬MLK4924の有効性に関する臨床試験が進められている．

(b) ユビキチンリガーゼを標的とした薬剤

ユビキチンリガーゼを標的とする抗がん薬としては，サリドマイド（Thalidomide），レナリドミド（Lenalidomide），ポマリドミド（Pomalidomide）といった，多発性骨髄腫の治療に用いられる免疫調整薬（Immunomodulatory Drugs, IMiDs）がある[9]．これらのIMiDsは，骨髄腫細胞に対する直接的な殺細胞作用，免疫機能を賦活化する免疫調整作用，骨髄腫細胞の生存増殖に必要な微小環境への作用など，複合的な作用によって治療効果を発揮するものと考えられている．サリドマイドは，当初つわり止めや睡眠薬として使用されたものの，その催奇形性作用のため1960年代に発売中止となった．その後，多発性骨髄腫などに対する治療効果が再発見され，再び使用されるようになった．そして，より有効なレナリドミド，ポマリドミドといった誘導体が，多発性骨髄腫の治療薬として開発されるに至っている．

サリドマイドの分子標的は長らく不明であったが，2010年に半田らによってセレブロン（Cereblon, CRBN）が同定され，催奇形性のおもな原因となることが示された．その後，レナリドミド，ポマリドミドも同様にCRBNを標的とすることが明らかにされた．CRBNはCUL4, RBX1, DDB1とともにユビキチンリガーゼ複合体CRL4^{CRBN}を形成し，基質認識サブユニットとして機能する．興味深いことに，IMiDsがCRBNに結合するとCRBNの基質認識の選択性が変化し，薬剤結合状態では転写因子のIkaros（IKZF1）とAiolos（IKZF3）が基質となり分解が誘導されること，これらの転写因子の分解誘導が多発性骨髄腫の抑制に重要な役割を果たしていることが明らかになった．またレナリドミドは，サリドマイドやポマリドミドとは異なり，カゼインキナーゼ1αもCRBNの基質として分解誘導することができ，この作用によって骨髄異形成症候群（とくに5番染色体長腕部欠失を伴う場合）に治療効果を発揮するものとされている．

こうした事実は，ユビキチンリガーゼを標的とすることによって，がんに重要な特定のタンパク質を選択的に分解に導くことが可能であることを示しており，新たな創薬アプローチとして興味深い．CRBN以外に，ユビキチンリガーゼ複合体CRL4^{DCAF15}を形成するDCAF15も，スルホ

18章 プロテアソーム阻害薬

ンアミド抗がん物質の結合によって基質選択性が変化し，その結果，本来は基質とはならない，がんの増殖に重要なタンパク質の分解を誘導することが示されている．また一方で，ユビキチンリガーゼに結合する化合物と，分解に導きたい目的のタンパク質に結合する化合物とを組み合わせた，二機能性の化合物の開発研究も進められている．代表的なものとして，PROTAC（Proteolysis Targeting Chimera）やSNIPER（Specific and Nongenetic IAP-dependent Protein ERaser）が知られており，本来は相互作用しないタンパク質どうしを薬剤存在下で強制的に結合させ分解に導くことができ注目されている．

18.2 がん治療標的としてのオートファジー・リソソーム系

18.2.1 オートファジー

オートファジーはリソソームにより細胞質の自己成分を分解する機構であり，細胞の恒常性維持やストレス下での細胞の適応応答に必須の役割を担う[10]．オートファジーの基本的な役割として，細胞内アミノ酸プールの維持や分解による細胞内品質管理などが明らかにされている．通常の増殖下で，オートファジーは半減期の長いタンパク質や不良なタンパク質などのターンオーバーによる細胞内成分の品質維持に寄与する．一方種々のストレス環境下では，オートファジーは細胞保護的な役割を担い，細胞生存に寄与する．たとえば低栄養ストレス下で，細胞はオートファジーによりDNA/RNA，タンパク質，トリグリセリドなどの高分子を分解し，細胞内高分子の生合成やATP合成に必要な核酸，アミノ酸，糖，脂肪酸の供給を行う．オートファジーの進行は大きく分けて，細胞質の一部が出現した隔離膜に取り込まれてオートファゴソームと呼ばれる脂質2重膜小胞が形成され，リソソームに運ばれる過程と，形成されたオートファゴソームがリソソームと融合してオートリソソームを形成し，そこで取り込まれた細胞質成分が分解される過程から成る（図18.2）．このうちオートファゴソーム形成までの過程については，オートファ

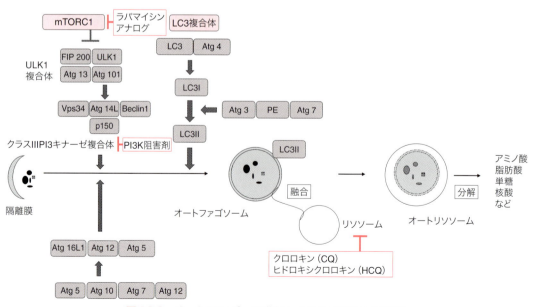

図18.2 オートファジーの進行とその分子機序と阻害薬

文献15をもとに作成．

18.2 がん治療標的としてのオートファジー・リソソーム系

ジー関連遺伝子にコードされるAtgタンパク質による詳細な分子機構が明らかになっている[11, 12]．その初期過程では，UNC-51-like Autophagy-activating Kinse-1（ULK1）複合体（ULK1，Atg13，Atg101，FIP200）が重要な役割を果たす．アミノ酸飢餓や低インスリン状態になり，mTORC1が不活性化されるとULK1複合体が活性化し，小胞体近傍に移行する．するとクラスIIIフォスファチジルイノシトール3-キナーゼ複合体（Vps34，p150，Beclin1，Atg14L）によるPI3P産生が増加し，PI3Pがさらに下流のエフェクター分子をオートファゴソームの形成の場にリクルートする．その後，ユビキチン様の結合反応により，Atg12とAtg5分子が共有結合し，さらにAtg16L1と複合体を形成する．この複合体の働きに加え，LC3複合体の作用により，隔離膜が伸長し，オートファゴソームが形成される．

がんの発生，進展におけるオートファジーの役割に関しては，がんの段階，がん種などにより，がん抑制的にも，また促進的にも寄与することが明らかにされている[12]．正常細胞の生理的条件において，オートファジーは異常なタンパク質やダメージを受けた細胞小器官，活性酸素などを取り除くことにより，遺伝子変異の原因となるDNA損傷を抑える方向に働く．したがってがんの発生過程では，オートファジーはがん抑制的に働くと考えられる．実際オートファジー関連遺伝子Atg5，Atg7の欠損マウスでは，ミトコンドリア障害やDNAの酸化ストレスなどが起き，肝がんが発症することが示されている[14]．一方がん細胞は，低酸素や低栄養といったがん特有の微小環境ストレス条件下での増殖，生存を余儀なくされ，またアミノ酸や糖などの高い代謝要求性を示す．したがってがん細胞では，ストレス下で生じた細胞内の異常物質を取り除き，かつ新たな栄養源を生み出すオートファジーは生存維持機構となる．HRAS変異やKRAS変異をもつがん細胞では，恒常的に高いオートファジー活性をもち，その増殖が強くオートファジーに依存している[15]．また，オートファジーは治療抵抗性とも深くかかわる[16]．これらの知見から，オートファジー阻害薬が新たなカテゴリーのがん分子標的治療薬となりうる可能性が示唆されてきた．

オートファジーのプロセスには多岐にわたる分子が関与し，それらを阻害する薬剤はオートファジーの阻害薬となる（図18.2）[15]．これらのうち，現在がんの治療候補薬として臨床試験まで進んでいるものに，クロロキン（CQ），およびその誘導体であるヒドロキシクロロキン（HCQ）がある．CQやHCQは抗マラリヤ薬として用いられてきた薬剤であるが，リソソームの酸性化を阻害することによりオートファゴソームの崩壊を抑制し，オートファジー阻害薬として働く．臨床試験においては，より毒性が低いという理由で，HCQがおもに選択されている．オートファジー阻害薬が腫瘍抑制に有効である理論的根拠は，遺伝学的ないし薬剤によるオートファジーの抑制を用いた種々の実験結果に基づく[12, 15]．たとえばオートファジー関連因子であるAtg5，Atg7あるいはbeclin1遺伝子の欠損は，エストロゲン受容体陽性乳がんのタモキシフェン感受性を回復させる．またHER2陽性乳がんにおいて，オートファジー阻害薬とハーセプチンの併用は化学療法の効果を増強する．オートファジーの誘導は，脳腫瘍において血管新生阻害薬アバスチンへの耐性に寄与し，この治療抵抗性は，CQ処理により改善される．腎細胞がんでは，HCQがmTOR阻害薬であるテムシロリムスの腫瘍抑制効果を増強する．このような基盤データに基づき，現在までさまざまながん種において，オートファジー阻害薬としてのHCQと多様な抗がん薬や分子標的治療薬との併用試験が進められている[15]．このうちメラノーマ(悪性黒色腫)，大腸がん，骨髄腫，そして腎細胞がんにおいて，HCQは有意な治療効果

〔部分奏効（Partial Response, PR）ないし安定（Stable Disease, SD）〕を示すことが確認されている．

このように，オートファジーを標的としたがん治療薬の創製は着実に進んできている．一方HCQ は，高い用量で用いられたときに網膜毒性の副作用が問題になることもわかっている．またオートファジーを検出するためのバイオマーカーについても十分でない．こうした点の克服が，オートファジー標的薬の開発においては今後の課題となる．

18.2.2 アグリソーム経路

オートファジー・リソソーム系は細胞内成分を非選択的に分解すると考えられているが，細胞内の特定の対象を必要なときに分解するメカニズムも備えている[16]．選択的オートファジーと呼ばれ，各種のオルガネラ，細胞内に侵入したバクテリア，リボソームや特定のタンパク質，タンパク質の凝集体などをそれぞれ選択的に分解する経路が存在する（図18.3）．こうした選択的オートファジーには p62 などのオートファジー受容体と呼ばれるタンパク質が関与しており，これらは分解対象とオートファゴソームを物理的に結びつけ分解に導く．このような選択的オートファジーのうち，タンパク質凝集体を分解対象としたものはアグリファジー（Aggrephagy）と呼ばれ，ユビキチン・プロテアソーム系とのクロストークが明らかになっている．たとえばプロテアソーム阻害薬によってユビキチン・プロテアソーム系の働きが阻害されると，ユビキチン化された変性タンパク質はアグリソームと呼ばれるタンパク質凝集体に集積され，最終的にオートファジー・リソソーム系によって分解される．このアグリソームの形成にはヒストン脱アセチル化酵素 HDAC6 が関与しており，HDAC6 の過剰発現によってユビキチン化された変性タンパク質の分解が促進されることなどが明らかにされている．

こうしたユビキチン・プロテアソーム系とオートファジー・リソソーム系とのクロストークは，がん細胞の生存・増殖に重要な役割を果たしているものと考えられている．とくに多発性骨髄腫細胞においては，これらの分解系のクロストークが治療標的となることが示されている．実際プロテアソーム阻害薬ボルテゾミブと，HDAC6 を阻害しアグリソーム形成を抑制する HDAC 阻害薬パノビノスタット（Panobinostat）との併用により，相乗的に細胞死が誘導される[17]．多発性骨髄腫細胞では機能をもたない免疫グロブリンを恒常的に大量に生成しているため，両分解系の阻害により異常なタンパク質の過剰な蓄積が引き起こされ，その結果アポトーシスが誘導されるものと考えられている．ボルテゾミブとパノビノスタットとの併用はすでに臨床上の有用性も示されているが，タンパク質分解系への阻害作用に加え，骨髄腫細胞の生存増殖機構の阻害や微小環境との相互作用の阻害など，複合的な作用によって治療効果を発揮するものと考えられている．

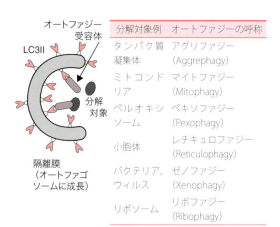

図 18.3 選択的オートファジーの特徴

18.3 がん治療標的としてのプロテオスタシス

18.3.1 プロテオスタシス

プロテオスタシス（Proteostasis, Proteome Homeostasis，細胞内に存在するタンパク質の恒常性）は，タンパク質の合成，フォールディング，分解のおもに三つの品質管理システムによって維持されている．こうした品質管理システムは，タンパク質のミスフォールディングや凝集などのタンパク質毒性ストレスが発生することを防いでおり，細胞外環境の変化などに対し細胞が生存し適応するために重要な役割を果たしている．前述のように，タンパク質毒性ストレスがプロテアソーム阻害薬の抗がん作用に関与することが明らかになり，新たながん治療の標的としてプロテオスタシスの維持機構が注目を集めるようになっている．タンパク質毒性ストレスが発生すると，細胞はタンパク質合成を減速するとともに，フォールディングや分解の機能を増強するシステムを活性化し，適応を図る[18]．こうしたストレス応答において，最初の防御線として機能しているのがHSP70ファミリーに代表されるシャペロンタンパク質である．シャペロンタンパク質は，それぞれ異なる分子が核・細胞質，小胞体（Endoplasmic Reticulum, ER），ミトコンドリアに局在し，タンパク質が凝集するのを防いで適切に折りたたまれた状態になるのを補助し，タンパク質毒性ストレスを軽減する．これら局在の異なるシャペロンの誘導は，異なる適応機構によって起こることが知られている．核・細胞質のタンパク質毒性ストレスに対しては熱ショック応答（Heat Shock Response, HSR），小胞体やミトコンドリアのタンパク質毒性ストレスに対しては，それぞれ，小胞体ストレス応答（Unfolded Protein Response in the ER, UPR^{ER}）ならびにミトコンドリアストレス応答（Mitochondrial UPR, UPR^{mt}）と呼ばれる適応機構が発動し，それぞれの細胞内部位で発生するタンパク質毒性ストレスに対して適応を図る．こうした適応機構ではタンパク質分解系の機能強化も起こり，損傷したタンパク質およびタンパク質凝集体をユビキチン・プロテアソーム系またはオートファジー・リソソーム系に輸送して分解させることによって，タンパク質毒性ストレスを軽減させている．以下では，多発性骨髄腫に対するプロテアソーム阻害薬の抗がん効果と関係の深い，小胞体ストレスUPR^{ER}（以降UPR）について述べる．

18.3.2 小胞体ストレス応答UPR

小胞体は，分泌経路において，新しく合成されたタンパク質が正しく折りたたまれて成熟していく場となっている．細胞内のおよそ30％のタンパク質の合成に関与するとされ，小胞体にはさまざまな分子シャペロンやフォールディング酵素が存在する．先述のとおり，多発性骨髄腫細胞ではとくに分泌タンパク質の免疫グロブリンを大量に生成したり，細胞環境が変化したりすることなどにより，小胞体内では折りたたみの不完全なタンパク質（Unfolded Protein）が発生しやすく，タンパク質の品質管理機構が発達している．そして小胞体内に生じた不良タンパク質は，ERAD（ER-Associated Degradation）と呼ばれる分解経路によって，小胞体内腔から細胞質側に輸送されてユビキチン化を受け，プロテアソームによって分解される．こうしたシステムで処理しきれない量の不良タンパク質が蓄積すると，タンパク質毒性ストレスとなる．小胞体内に発生するタンパク質毒性ストレスはとくに小胞体ストレス（ERストレス）と呼ばれるが，ERストレスに対して細胞はストレスシグナル伝達経路を活性化し，ストレス応答UPRを起こす（図18.4）[19]．

UPRで重要な機能を果たすのが小胞体膜に存在する三つのセンサー膜貫通タンパク

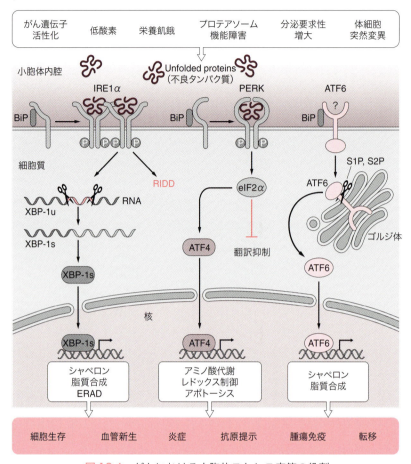

図18.4 がんにおける小胞体ストレス応答の役割

文献20)をもとに作成.

質,PERK(PKR-like ER Kinase),IRE1(Inositol-Requiring 1),そしてATF6(Activating Transcription Factor 6)である.これらのセンサーは通常時は小胞体内領域で分子シャペロン GRP78/BiP(Glucose-Regulated Protein 78/Immunoglobulin Heavy Chain-binding Protein)と結合するなどして,不活性の状態になっている.不良タンパクが蓄積すると,GRP78/BiPが解離したり,不良タンパク質がセンサーに結合したりすることで活性型になる.こうしたUPRシグナル伝達経路の活性化により,蓄積した不良タンパク質を減少させる適応応答が起こるが,大きく二つの相に分けられる.第一相では,不良タンパク質のさらなる増加を緊急回避する応答として,タンパク質合成の抑制と分解の亢進がみられる.第二相では遺伝子発現誘導による適応応答がみられ,プロテオスタシス制御にかかわる多様なUPR標的遺伝子の発現が誘導される.

ストレス下で活性化したPERKは,翻訳開始因子のeIF2αをリン酸化する.これにより恒常的なタンパク質合成を抑制する一方で,転写因子ATF4の選択的な翻訳を促進する.このeIF2αリン酸化を介した経路は,ISR(Integrated Stress Response)とも呼ばれ,ウイルス感染,栄養素欠乏,ヘム欠損など異なるストレスに応じて,異なるキナーゼによって活性化され,種々

のストレスに対する適応応答に関与する．一方 IRE1 はリボヌクレアーゼ活性により，基質である XBP-1（X-box Binding Protein 1）をコードする mRNA をスプライシングする．その結果，XBP1 を UPR の強力な転写活性化因子 XBP1sp に変換する．また ATF6 はゴルジ体へと移行し，そこでプロテアーゼ（S1P，S2P）により限定分解を受け活性型の転写因子となる．これらの転写因子群によって誘導される UPR 標的遺伝子の多くは，小胞体でのフォールディングの促進や，ERAD やオートファジーの促進に関与し，タンパク質毒性ストレスを軽減させる．しかし ER ストレスが過剰であったり，長時間持続したりする場合，これらの UPR シグナル伝達経路は，最終的にアポトーシスによる細胞死誘導に関与する．たとえば ATF4 はアポトーシスの促進にかかわる転写因子 CHOP の発現を誘導し，また IRE1 は RIDD（Regulated IRE1-Dependent Decay）と呼ばれる，多くの mRNA などの RNA の分解を引き起こし，細胞死誘導に寄与するものと考えられている．

18.4　おわりに

腫瘍内環境においてがん細胞は，低酸素，グルコース欠乏，乳酸アシドーシス，酸化的ストレスなど，小胞体に不良タンパク質を蓄積する，外因性の ER ストレスにしばしばさらされる．さらに，がん遺伝子の活性化や解糖の増大などはタンパク質翻訳の増大や分泌経路への依存性を増大させ，また分泌タンパク質の体細胞突然変異などはフォールディング機能に負荷となり，ER ストレスとなり得る．こうした腫瘍に関連したさまざまなタイプの ER ストレスに対応することと合致して，UPR による適応応答は細胞生存，血管新生，炎症，抗原提示，浸潤および転移を含む多くの局面で腫瘍増殖に影響することが示されている[20]．こうしたことから，小胞体におけるプロテオスタシス制御機構は，多発性骨髄腫細胞だけではなく，広くがんの治療標的として注目され，多くの研究が進められている．今後の発展を期待したい．

文　献

1) Kisselev A.F. et al., *Chem Biol*, **19**, 99 (2012).
2) Adams J., *Cancer Cell*, **5**, 417 (2003).
3) Adams J., *Cancer Res.*, **59**, 2615 (1999).
4) Orlowski R.Z. et al., *J. Clin. Oncol.*, **20**, 4420 (2002).
5) Obeng E.A. et al., *Blood*, **107**, 4907 (2006).
6) Fennell D.A. et al., *Oncogene*, **27**, 1189 (2008).
7) Hoeller D. et al., *Nature*, **458**, 438 (2009).
8) Soucy T.A. et al., *Nature*, **458**, 732 (2009).
9) Collins I. et al., *Biochem. J.*, **474**, 1127 (2017).
10) Mizushima N., *Genes Dev.*, **21**, 2861 (2007).
11) 蔭山俊ら，ライフサイエンス領域融合レビュー 3, e006 (2014).
12) Singh S.S. et al., *Oncogene*, **37**, 1142 (2018).
13) Liang X.H. et al., *Nature*, **402**, 672 (1999), Shen Y. et al., *Autophagy*, **4**, 1067 (2008).
14) Kimmelman A.C. et al., *Genes Dev.*, **25**, 1999 (2011).
15) Chude C.I. et al., *Int. J. Mol. Sci.*, **18**, 1279 (2017).
16) Gatica D. et al., *Nat. Cell Biol.*, **20**, 233 (2018).
17) Hideshima T. et al., *Mol. Cancer Ther.*, **10**, 2034 (2011).
18) Higuchi-Sanabria R. et al., *Dev. Cell*, **44**, 139 (2018).
19) Hetz C. & Papa F.R., *Mol. Cell*, **69**, 169 (2018).
20) Oakes S.A., *Am. J. Physiol. Cell Physiol.*, **312**, C93 (2017).

Part IV 分子標的治療薬の実績と展望

血管新生阻害薬

Summary

血管新生（angiogenesis）とは，既存の血管から出芽や嵌入などにより新たな血管網が形成され，リモデリングを経て成熟した血管構造が構築される現象である．血管新生は本来生理的な現象であるが，さまざまな病態と深くかかわっており，とくに腫瘍血管は組織に栄養と酸素を供給し老廃物の排出も行っていることから，がんにとってきわめて重要な役割を果たしているといえる．また，血管はがん細胞の転移の経路にもなっており，血管新生はがんの浸潤／転移にも重要である．血管新生が始まることを「血管新生スイッチ（angiogenesis switch）が入る」ともいうが，このスイッチが入ることはがんの発症そのものにも重要である．逆に血管新生が起こらなければ，がんは発生しても 2〜3 ミリの大きさにしかならず，そのまま休眠状態（tumor dormancy）にとどめておくことが可能である[1]．外科医 Judah Folkman 博士ら[2]が 1971 年にこうした概念を初めて提唱し，血管新生阻害によるがんの治療戦略の可能性が示された．このことが現在の血管新生阻害療法の基礎となっている．その後数十年間にわたり，血管新生因子やその制御因子，血管新生阻害因子を同定する試みが盛んに行われ，がん治療に重要な標的としての血管新生が明らかになってきた．世界初の血管新生阻害薬としてベバシズマブ（bevacizumab）が承認されてから 10 年が経過し，当初の有望な結果に反して，臨床での結果は血管新生阻害療法にも限界があることが示されている．本章では，腫瘍血管新生のメカニズムを概説し，さらに血管新生阻害療法と血管新生阻害薬の作用，そして本治療法の課題と展望について解説する．

19.1 血管新生の制御

19.1.1 血管新生因子

がんの発生初期には，がん細胞が周囲の正常組織に向かってシグナル分子（血管新生因子，表 19.1）を放出し，毛細血管の内皮細胞（endothelial cell，EC）の遊走を刺激して，血管新生を誘導する．これらの血管新生因子は血管内皮細胞を刺激し，その遊走や増殖を促進することで微小血管新生を誘導する．がん以外の原因で亡くなった患者の剖検で休眠状態のがんの存在が報告されている[3]．これらの血管新生が起きていないがんは，最初の微小なサイズ以上に大きくはならず，致死的ながんになることもない．血管新生スイッチは血管新生を正に制御する因子と負に制御する因子の均衡が崩れることによって起こる（図 19.1）．

この血管新生促進因子と抑制因子のバランスの変化は，血管内皮細胞の静止状態か活性化状態かを規定する．正常状態では血管新生抑制因子のほうが優勢のため，血管内皮細胞の増殖は抑制されている．一方，このバランスが血管新生促進の方向に傾くと血管内皮細胞が活性化され，血管が形成される．活性化された血管内皮細胞はマトリックスメタロプロテアーゼ（matrix metalloproteinase，MMP）を放出し，細胞間基質を分解して自身の遊走を可能とする．その後に管腔が形成され，成熟した血管網となる．血管新生因子には血管内皮増殖因子（vascular

表 19.1　FDA に承認された血管新生阻害薬

分類	一般名・商品名	標的分子	適応疾患
抗 VEGF モノクローナル抗体	ベバシズマブ（アバスチン®）	VEGF	転移性大腸がん，非小細胞肺がん，悪性神経膠腫，転移性腎細胞がん，転移性大腸がん
小分子マルチキナーゼ阻害薬	ソラフェニブ（ネクサバール®）	VEGFR2, VEGFR3, PDGFR, FLT3, c-Kit	進行腎細胞がん，肝細胞がん，分化型甲状腺がん
小分子マルチキナーゼ阻害薬	スニチニブ（スーテント®）	VEGFR1, VEGFR2, VEGFR3, PDGFR, FLT3, c-Kit, RET	消化管間質腫瘍，進行腎細胞がん，進行膵神経内分泌腫瘍
小分子マルチキナーゼ阻害薬	パゾパニブ（ヴォトリエント®）	VEGFR1, VEGFR2, VEGFR3, PDGFR, Itk, Lck, c-Fms	進行腎細胞がん 進行軟部肉腫
小分子マルチキナーゼ阻害薬	バンデタニブ（カプレルサ®）	RET, VEGFR, EGFR, BRK, TIE2	進行甲状腺髄様がん
小分子マルチキナーゼ阻害薬	アキシチニブ（インライタ®）	VEGFR1, VEGFR2, VEGFR3	進行腎細胞がん
小分子マルチキナーゼ阻害薬	カボザンチニブ（コメトリク®）	MET, VEGFR2, RET, KIT, AXL, FLT3	甲状腺髄様がん
小分子マルチキナーゼ阻害薬	レゴラフェニブ（スチバーガ®）	RET, VEGFR1, VEGFR2,	転移性大腸がん，消化管間質腫瘍，
mTOR 阻害薬	テムシロリムス（トーリセル®）	VEGFR3, TIE2, KIT, PDGFR, mTOR	進行性腎細胞がん
mTOR 阻害薬	エベロリムス（アフィニトール®）	mTOR	進行腎細胞がん（二次治療），巨細胞性星細胞腫，膵神経内分泌腫瘍，進行乳がん，

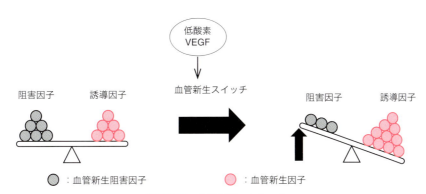

図 19.1　血管新生スイッチ
血管新生誘導因子と阻害因子のバランスが崩れ，誘導因子が過剰になると，血管新生スイッチが入る．

endothelial growth factor, VEGF), 塩基性線維芽細胞増殖因子（basic fibroblast growth factor, bFGF），血小板由来増殖因子（platelet-derived growth factor, PDGF），胎盤由来増殖因子（placental growth factor, PlGF），トランスフォーミング増殖因子（transforming growth factor-β, TGF-β），プレイオトロフィン（pleiotrophin）などが挙げられ，なかでも VEGF（または VEGF-A）は低酸素で発現が誘導され，血管新生において中心的な役割を演じている．がん組織内では低酸素によって活性化される低酸素誘導因子（hypoxia-inducible factor 1,

HIF-1) もまた複数の血管新生因子の発現亢進の原因となる．

VEGFレセプター（VEGFR）にはVEGFR1（*FLT-1*），VEGFR2（*FLK-1/KDR*），VEGFR3（*FLT-4*）があるが，VEGFR1とVEGFR2は血管内皮細胞に，VEGFR3はリンパ管内皮細胞に発現する．VEGFは内皮細胞に作用し，遊走・増殖を促進するとともに，内皮細胞の生存因子としても機能する．また血管透過性亢進作用ももつ．血管新生のシグナル伝達で最も重要なのはVEGFR2である．一方，VEGFR1には選択的スプライシングによって可溶型アイソフォームが生じることが知られており，可溶型VEGFR1はVEGFをトラップして細胞膜受容体への結合を阻害すると考えられる．

増殖因子の一種であるアンジオポエチン（angiopoietin, Ang）は，おもに周皮細胞（ペリサイト，pericyte）の血管内皮細胞への接着を調節する．とくに重要なのはAng-1とAng-2であり，Ang-1はおもに周皮細胞が，Ang-2はおもに内皮細胞が産生する．Ang-1は内皮細胞が発現する受容体型チロシンキナーゼTIE-2に結合して，その細胞内キナーゼドメインをリン酸化するアゴニストである．一方，Ang-2はTIE-2のリン酸化作用がきわめて弱く，結果的にAng-1と拮抗するアンタゴニストと考えられている．Ang-1は周皮細胞を血管内皮細胞に接着させて成熟した血管を構築するのに対し，Ang-2は周皮細胞を離脱させる．また，血管新生においては内皮細胞の産生するPDGF（とくにPDGF-BB）が重要である．PDGF-BBは周皮細胞が発現するPDGFR-βに作用し，走化性因子として周皮細胞の新生血管周囲への集積を促す．

周皮細胞に被覆されることで血管は安定し，新生血管が生じにくい状態にあるため，血管新生の開始に際しては，まず周皮細胞が内皮細胞から離脱する必要がある．血管新生のトリガーとしては低酸素が最もよく知られており，低酸素によってVEGFの遺伝子発現が誘導されるとAng-2の発現も誘導されるが，低酸素それ自体も内皮細胞のAng-2発現を誘導する．内皮細胞におけるAng-2の発現亢進はTIE-2受容体からのシグナルの遮断をもたらし，その結果周皮細胞が離脱し，血管は不安定な状態となる．不安定となった血管の内皮細胞は，VEGFの刺激を受けて，タンパク質分解酵素の産生・遊走・増殖を促進して発芽が進展する．新生血管の内皮細胞はPDGF-BBを産生し，これに引き寄せられて周皮細胞が新生血管の周りに集積する．血流が開始して低酸素が解消されると，VEGFやAng-2の発現は減弱し，周皮細胞が新生血管の内皮細胞に接着して成熟した血管が構築される．

19.1.2　血管新生抑制因子

血管新生はエンドスタチン（endostatin），アンジオスタチン（angiostatin），トロンボスポンジン（thrombospondin）などの血管新生抑制因子の発現低下によっても誘導される．さらに重要なこととして，がん遺伝子として重要なものが血管新生スイッチを制御していることが知られている．多くのがん遺伝子は血管新生促進因子の発現を誘導するだけではなく，血管新生抑制因子の発現を低下させている可能性がある．

現在までに数十種の内因性血管新生抑制因子が同定されている．これまで同定されてきた内因性血管新生抑制因子の多くは，分子量の大きな血液凝固系のタンパク質または細胞間基質の糖タンパク質が分解された断片として発見されている．最もよく研究されている血管新生抑制因子はエンドスタチンである．ほかの重要な内因性抑制因子としてはトロンボスポンジン-1（TSP-1）などが挙げられる．さらにVEGFなどの血管新生因子の刺激により血管内皮細胞特異的に誘導される内因性抑制因子としてのバソヒビン（vasohibin）が発

見された．バソヒビンは血管内皮細胞が産生する血管新生のネガティブフィードバック調節因子である[4]．その他，血管内皮細胞が産生する負の制御因子として，Notchのリガンドである Delta-like 4（Dll4）が知られている[5]．これら内在性の抑制因子はネガティブフィードバックにより腫瘍血管新生を制御していることが示されている．Dll4 は内皮細胞のうちでも発芽先端に位置する Tip 細胞に発現し，Tip 細胞に続く Stalk 細胞の notch1 受容体を介して，発芽の数を制御する（後述）．バソヒビンは血管新生が終息する部位において内皮細胞に発現し，血管新生を終息させる．

がん抑制因子と血管新生の関係については，古典的ながん抑制因子 p53 がよく研究されている．p53 は VEGF や bFGF と結合するタンパク質を抑えることや，HIF-1 を分解することによって TSP-1 の発現を増加させる．そのことにより VEGF のシグナル伝達を遮断し，血管新生を抑制する．また p53 は低酸素が持続している環境において，p21 依存的に Rb 経路を介して VEGF の発現を間接的に抑制するという新しい報告もある[6]．

19.2　腫瘍血管の特徴

血管新生には複数のタイプの血管内皮細胞が関与している．血管の分枝の最先端に位置し，血管の移動する方向を決定するガイド役を担う Tip 細胞，その後方に存在する増殖活性のある Stalk 細胞，さらに血管の安定化に働く Phalanx 細胞と呼ばれる血管内皮細胞で，それぞれ活性化しているシグナル分子も異なる（図 19.2）．このことから，血管新生阻害においてもそれぞれの細胞のシグナルをどのように制御するのかについて考慮する必要性が認識されている．たとえば Tip 細胞と Stalk 細胞を標的とすることは未熟な血管形成の阻害を介して血管新生阻害に働き，

Pharanx 細胞の形成を促進する戦略は血管の正常化に働くと考えられる．腫瘍血管新生において最も重要な促進因子は VEGF であるが，がん細胞は VEGF 以外にも FGF-2，肝細胞増殖因子（hepatocyte growth factor，HGF），インターロイキン-8（interleukin-8，IL-8），間質細胞由来因子-1（stromal cell-derived factor-1，SDF-1）などさまざまな血管新生促進因子を産生する．一方，腫瘍血管が分布する腫瘍間質にはさまざまな細胞が浸潤しており，これら腫瘍間質に存在する細胞も血管新生促進に働く．こうした細胞は VEGF や SDF-1 の刺激によって骨髄から動員されたものが多く，腫瘍随伴マクロファージや骨髄間葉系幹細胞などが知られている．また腫瘍随伴線維芽細胞（cancer-associated fibroblast，CAF もしくは tumor-associated fibroblast，TAF）も腫瘍血管新生において重要な働きを示している．

腫瘍血管の形態学的な特徴として，一般に周皮細胞による被覆が不完全で未熟な血管構造が知られている．これは腫瘍血管の内皮細胞が Ang-2

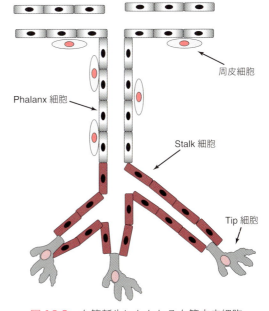

図 19.2　血管新生にかかわる血管内皮細胞
血管新生にはガイドとなる Tip 細胞，増殖活性のある Stalk 細胞，安定化に働く Phalanx 細胞がかかわる．

を高発現し，このことがTIE-2シグナルを遮断し，周皮細胞による被覆を妨げているためと考えられている．また，血管透過性因子でもあるVEGFのシグナルが腫瘍血管内皮細胞（tumor endothelial cell，TEC）において過剰に活性化していることにより，血管内皮細胞間接着因子VE-cadherinなどが発現低下や局在異常を来すことによっても血管は未熟な構造を呈する．こうした形態異常は腫瘍血管の透過性亢進をもたらし，さらには血漿成分の漏出によるがん間質圧の上昇をもたらす．そのため腫瘍内では，新生された血管は秩序のない乱雑な走向をとっている．このことがさらに腫瘍組織における血流不良，低酸素状態をもたらし，結果としてVEGFの産生が亢進して血管新生が持続するという悪循環に陥っている．

19.3 血管新生阻害療法開発の背景と作用

血管新生阻害療法は「がんの増殖，浸潤と転移は血管新生に依存している．したがって，原発巣や転移巣を餓死させるために血管の誘導を阻害することによりがんを治療することができる」という基本的な概念から生まれた．遺伝子不安定性をもつがん細胞（抗がん薬の第一の標的である）とは異なり，遺伝子が安定な血管内皮細胞はおそらく薬剤耐性を獲得し難いであろうと考えられた[7]．さらにがんにおける微小血管を裏打ちする血管内皮細胞は，50〜100個のがん細胞を養っているともいわれている．これに加えて，ほとんどの血管新生阻害薬がこれまでの古典的な抗がん薬よりも毒性がはるかに少ないはずであるということも，血管新生阻害療法開発の動機の一つとなった．

実際に，1980年代末にVEGFがクローニングされたことを皮切りに，血管新生調節機構に関する研究は急速に進み，その知見が最近の血管新生阻害薬の開発に結びついている．血管新生を制御することを目標として開発された薬剤としてはVEGFとそのシグナル伝達系を分子標的としたものが中心である．

がん治療において，VEGFシグナル伝達系を分子標的とする血管新生阻害薬の治療効果は，抗がん薬との併用のときに得られる場合と単剤で得られる場合があるが，とくに抗がん薬との併用効果に関しては，VEGFシグナルを遮断することで腫瘍血管が壁細胞で被覆された正常の構造に変換し，血流が改善するために抗がん薬ががん組織へ到達しやすくなることが指摘されている．

血管新生阻害薬は，血管内皮細胞に直接的あるいは間接的な阻害作用をもつかどうかで分類される．直接的な作用をもつものは血管内皮細胞の増殖や遊走，さらには血管新生因子による生存を阻害する．それらは血管新生因子を複数阻害し，活性化した血管内皮細胞を直接標的とする．直接的な血管新生阻害作用をもつものの例としては，エンドスタチン，アンジオスタチン，TSP-1などの内因性の血管新生阻害因子の多くを含む．間接的な血管新生因子はがん細胞からの因子の発現を減少や阻害，または中和するものや，血管内皮細胞側の受容体を阻害するもので抗VEGF薬もこちらに分類される．

VEGF（血管透過因子としても知られる）は血管新生を促進する成長因子であり，ほとんどのがん細胞において発現が亢進しており，受容体に結合することで受容体のチロシンキナーゼドメインの自己リン酸化をもたらし，下流のシグナル経路を活性化するため，血管新生阻害薬の重要な標的分子である．その他，アンジオポエチン（Ang1，Ang2）も標的分子として注目されている．Ang2はがんにおける新生血管のほとんどに発現するTIE-2受容体に結合する．Ang2の阻害は血管内皮細胞の増殖を抑制する[8]．多くのがんにおいて，Ang2/Ang1の比が増加することは腫瘍血管新生

やがんの予後不良に関連していることから，アンジオポエチンが治療標的として期待されている．血管新生阻害効果をもつ薬剤を表19.1にまとめる．

19.4 血管新生阻害薬

19.4.1 VEGF 中和抗体：ベバシズマブ

ベバシズマブはヒト化抗 VEGF-A モノクローナル抗体で，2004 年にアメリカ食品医薬品局（Food and Drug Administration, FDA）により転移性大腸がんにおけるフルオロウラシル剤との併用が承認された．その後，治療抵抗性の大腸がん，直腸がんの一次治療，二次治療における使用，さらには転移性の非扁平上皮がん，非小細胞肺がん（non-small cell lung cancer，NSCLC）の肺がん患者，神経膠芽種 glioblastoma multiforme（GBM）の患者にも適応が広がった．

19.4.2 チロシンキナーゼ阻害薬による治療

VEGF シグナル伝達系を分子標的とする薬剤には VEGFR を含む複数の増殖因子受容体のキナーゼを阻害する薬剤も複数承認されている．ソラフェニブ（sorafenib）は RAF キナーゼと VEGF 受容体（VEGFR2 と VEGFR3）のキナーゼを阻害する小分子薬で，腎細胞がん，肝細胞がんに対して数十か国以上で承認されている．これは PDGF 受容体（PDGFR）や stem cell factor（c-KIT）受容体や p38 といった腫瘍血管の維持や血管新生に関与する複数の分子に作用し，広い薬理作用をもつ．スニチニブ（sunitinib）もマルチキナーゼ阻害薬で，抗腫瘍効果と血管新生阻害作用をもち，VEGFR-1, -2, -3, c-KIT, PDGFR, FLT-3，コロニー刺激因子 1 型受容体，グリア細胞由来神経栄養因子受容体（RET）を阻害する．消化管間質腫瘍（gastrointestinal stromal tumor，GIST），腎細胞がん，膵神経内分泌腫瘍の治療に用いられている．

その他，第二世代のマルチキナーゼ阻害薬パゾパニブ（pazopanib）は VEGFR-1, -2, -3, PDGFR-α，PDGFR-β，c-KIT を阻害し，腎細胞がんおよび悪性軟部腫瘍において承認されている．また RET キナーゼ，VEGFR，上皮成長因子受容体（epidermal growth factor receptor，EGFR），プロテインチロシンキナーゼ 6（PTK6/BRK），TIE2，エフリン（EPH）受容体キナーゼファミリー，Src ファミリーキナーゼに対する阻害作用をもつバンデタニブ（vandetanib）は経口薬であり，根治切除不能な甲状腺髄様がんにおいて承認されている．

アキシチニブ（axitinib）は VEGFR-1, -2, -3, c-KIT, PDGFR の阻害薬である．2012 年にアキシチニブは転移性腎がんの 2 次治療への使用が承認された．

カボザンチニブ（cabozantinib/XL184）は MET と VEGFR2 のほかにいくつかの受容体型チロシンキナーゼ（RET, KIT, AXL, FLT-3 など）の活性を抑える小分子チロシンキナーゼ阻害薬で，日本においては進行腎細胞がんにおいて臨床試験が進行中である．

レゴラフェニブ（regorafenib）は複数のキナーゼを阻害する経口キナーゼ阻害薬で，VEGFR，TIE2, PDGFR, FGFR, KIT, RET, RAF-1, BRAF を阻害する．レゴラフェニブはすべての標準治療後に再発進行した転移性大腸がんにおいても有効性を示した初の小分子化合物となった．2013 年に消化管間質腫瘍（GIST），2017 年には化学療法後に増悪した切除不能な肝細胞がんに対して承認された．

19.4.3 mTOR 阻害薬

mTOR 経路は PI3K/Akt シグナル経路における中心的な分子で，血管新生，細胞増殖や代謝などに不可欠な多くの生物学的過程における調節因子である．mTOR キナーゼの阻害によりタンパ

ク質の翻訳や細胞増殖が抑制され，がんの増殖や血管新生阻害作用が発揮される．腎細胞がん，乳がんなどの治療に用いられている．

19.4.4　抗VEGFR2モノクローナル抗体

ラムシルマブ（ramucirumab）はVEGFR-2のVEGFに結合する細胞外ドメインに高い親和性をもつ完全ヒト化IgG1モノクローナル抗体である．胃がん，大腸がん，非小細胞肺がんの治療に対して承認されている．非小細胞肺がんの国際共同第Ⅲ相臨床試験で全生存期間の延長が示された[9]．

19.4.5　血管新生阻害薬の課題

血管新生阻害療法に対する反応はがん種によってさまざまなものが観察され，また，血管新生阻害薬が当初想像されていたような恩恵をもたらさないということも判明してきた．これらのことは，血管新生阻害薬の細かな作用機序はもっと複雑で，未知の部分が多く残されていることを示唆している．

実際に，ヒトVEGFに対する中和抗体であるベバシズマブは多くのがんの治療に用いられているが，高血圧，タンパク尿，出血，血栓，消化管穿孔などの副作用が報告されている．VEGFは血管新生以外に正常血管内皮の生存にとっても重要であるため，これらの副作用はVEGFの生理機能を阻害することに起因すると考えられる．

一方，こうした血管新生阻害療法の投与時期，薬剤の選択基準に関してはいまだに課題が残っている．最近動物実験において，VEGFシグナルを遮断して腫瘍血管を退縮させるとがん細胞が低酸素状態に陥り，HIF-1活性が上昇することでがん細胞は性質を変化させ，浸潤能や転移能が増強されることが報告された．また，腫瘍血管には正常血管とは異なる分子が発現していることなども報告されており，正常血管に対する副作用を回避するためにこうした特性を標的とする薬剤開発の取り組みもなされている．

血管新生阻害薬の治療効果は生存期間の延長にとどまっており，やがては薬剤耐性となるが，その原因の一つにがん細胞のVEGF以外の血管新生促進因子の発現亢進が考えられている．がんが進行する際にはVEGFがほかの血管新生因子に代償され，過剰にそのシグナル経路が活性化される可能性がある．したがって，これら二次的に上昇してくる成長因子やその受容体とそのシグナル経路を標的とする第二の血管新生阻害薬や，マルチキナーゼ阻害による血管新生阻害薬（スニチニブやソラフェニブなど）の使用が有用ではないかとも考えられている．しかしこれらの薬剤に対しても抵抗性が起こり，血管新生阻害療法に対する治療抵抗性に関するほかの機序の存在も疑われる．さらに*TP53*遺伝子の変異をもつがん細胞は低酸素状態下でもアポトーシスを起こしにくく，そのため血流への依存が低くなり血管新生阻害療法の効果減弱の原因となる可能性も報告されている．腫瘍内で低酸素に耐性のがん細胞が生き残り，それらが増えると，血管新生に非依存的となることも血管新生阻害療法に対する抵抗性の原因になる．ほかの抵抗性獲得メカニズムとして可能性があるものは，腫瘍血管の血管新生阻害薬に対する感受性の低下[10,11]，がんの再血管新生による再増殖，そして腫瘍による血管の吸収（cooption，がんが血管新生を誘導せず，自ら既存の血管を飲み込むように増殖していくこと）である[12]．

さらに腫瘍血管内皮細胞（TEC）そのものの薬剤耐性も原因の一つとして可能性がある．TECには染色体異常（核型異常）があることが報告されている[13]．神経膠芽種[14]，悪性リンパ腫[15]においてもTECの染色体異常が報告されている．実際，TECが薬剤耐性をもつことが報告されている．例として，多剤耐性遺伝子*MDR1*がコードするABCトランスポーター，P-糖タンパク質（P-gp）がTECで発現亢進しており，パクリタキ

セルに対するTECの抵抗性に寄与することが見いだされている[10]．このことは，がんの薬剤耐性を克服するにはTECの異常な性質も視野に入れる必要があることを裏づけている．

VEGF標的治療は原発巣の縮小ならびにがんの進展を阻害するだけではなく，がんの浸潤や転移を促進し，悪性化をもたらすこともあるという最近の報告もある[16]．血管新生阻害薬に対する抵抗性のメカニズムを理解することは，適切な阻害薬を選択して使用する治療戦略を構築するために不可欠である．

19.5 おわりに

血管新生阻害療法に感受性のある患者の選択や治療効果を臨床的に評価するためのバイオマーカーはいまだ存在しないが，組織マーカー，イメージング，血液マーカーなど多くのバイオマーカー候補が浮上しており，臨床応用に向けてのさらなる検討が望まれている．

文 献

1) Hanahan D. & Weinberg R.A., Cell, 144, 646 (2011).
2) Folkman J., N. Engl. J. Med., 285, 1182 (1971).
3) Black W.C. & Welch H.G., N. Engl. J. Med., 328, 1237 (1993).
4) Sato Y., Pharmaceuticals (Basel), 3, 433 (2010).
5) Noguera-Troise I. et al., Nature, 444, 1032 (2006).
6) Farhang Ghahremani M. et al., Cell Death Differ., 20, 888 (2013).
7) Kerbel R.S., Bioessays, 13, 31 (1991).
8) Oliner J. et al., Cancer Cell, 6, 507 (2004).
9) Garon E.B. et al., Lancet, 384, 665 (2014).
10) Akiyama K. et al., Am. J. Pathol., 180, 1283 (2012).
11) Naito H. et al., Cancer Res., 76, 3200 (2016).
12) Bergers G. & Hanahan D., Nat. Rev. Cancer, 8, 592 (2008).
13) Hida K. et al., Cancer Res., 64, 8249 (2004).
14) Ricci-Vitiani L. et al., Nature, 468, 1 (2010).
15) Streubel B. et al., N. Engl. J. Med., 351, 250 (2004).
16) Ebos J.M.L. et al., Cancer Cell, 15, 232 (2009).

Part IV 分子標的治療薬の実績と展望

エピゲノム標的薬

Summary

近年，The Cancer Genome Atlas，International Human Epigenome Consortium などのグループによる大規模な臨床検体を用いたゲノム，エピゲノム，遺伝子発現などの解析から，多くのがんにおけるゲノム・エピゲノムの特徴が明らかとなってきた．がんでは DNA メチル化，ヒストン修飾，クロマチン再構築因子などのさまざまなエピゲノム異常に加えて，エピゲノム形成に影響する分子として非翻訳 RNA の制御異常が認められる．遺伝子変異に対する分子標的治療薬の開発と並んで，エピゲノム異常を標的とした治療薬開発の試みも各国で行われている．本章では，がんにおけるエピゲノム異常の基礎およびエピゲノムを標的とした治療薬について概説する．

20.1 DNA メチル化異常を標的とする治療

20.1.1 DNA メチル化修飾と脱メチル化反応

DNA メチル化は，シトシンとグアニンが並んだ CpG ジヌクレオチド内のシトシンの 5 位の炭素に DNA メチル基転移酵素（DNA methyltransferase，DNMT）によりメチル基が付加されることにより生じる（5-methylcytosine，5mC）．ゲノムには CpG アイランドと呼ばれる CpG 配列に富んだ領域があり，がんではプロモーター領域をはじめとするさまざまな領域で CpG アイランドの異常なメチル化が観察される[1]．とくに *CDKN2A* や *RASSF1A* などのがん関連遺伝子のプロモーター領域では，異常な DNA メチル化が発がんの早期から検出され，がん化や転移・浸潤などにかかわっていることが明らかとなっている[2]．

DNA メチル化はがんの病態にも影響を与える．たとえば大腸がんでは DNA メチル化が高度に蓄積した CIMP（CpG island methylator phenotype）と呼ばれる症例群が存在することが明らかとなっている．CIMP 症例ではがん遺伝子である *KRAS*（v-Ki-ras2 Kirsten rat sarcoma viral oncogene homolog）や *BRAF*（v-raf murine sarcoma viral oncogene homolog B1）の遺伝子変異が高頻度に現れ，右側結腸に多く，病理学的に低分化型腺がんに多いなどの特徴があることが報告された[3,4]．また脳腫瘍でも高頻度に DNA メチル化が蓄積した G-CIMP と呼ばれる症例群が報告されている．G-CIMP は *IDH*（isocitrate dehydrogenase）遺伝子変異が原因と考えられており（後述），若年発症で比較的予後がよいことが明らかとなっている[5]．

メチル基を付加する DNMT には DNMT1，DNMT3A，DNMT3B が存在する（図 20.1）．DNMT1 は維持メチル化にかかわっており，細胞分裂の際に生じる片方の鎖のみにメチル基が存在するヘミメチル化の反対側をメチル化する．一方，DNA を新たにメチル化する *de novo* メチル化を行うのは DNMT3A，DNMT3B である．急性骨髄性白血病（acute myeloid leukemia，

20.1 DNAメチル化異常を標的とする治療

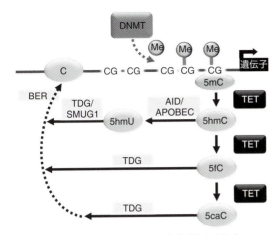

図20.1 DNAのメチル化と脱メチル化

DNAはDNAメチル基転移酵素（DNA methyltransferase：DNMT）によりメチル化修飾を受ける．脱メチル化はTETタンパク質によって行われる．メチルシトシンはTET（ten-eleven translocation）タンパク質により5-ヒドロキシメチルシトシン（5hmC）に変換される．5hmCはさらに受動的メチル化を受けて脱メチル化されるか，TETタンパク質によりさらに酸化され，5-ホルミルシトシン（5fC），5-カルボキシシトシン（5caC）が合成される．TDG：DNAグリコシラーゼ，SMUG1：DNAグリコシラーゼ，AID：シチジンデアミナーゼ，APOBEC：シチジンデアミナーゼ．

AML）では *DNMT3A* の変異が約20〜26％の症例で存在する[6,7]．AMLのみではなく，骨髄異形成症候群（myelodysplastic syndrome, MDS，約13％)[8] やリンパ系腫瘍（T細胞性リンパ腫で26％)[9] でも *DNMT3A* の変異が存在する．*DNMT3A* はR882のミスセンス変異の頻度が高く，そのほかにもフレームシフト，ナンセンス変異，スプライス部位変異が報告されている．*DNMT3A* の変異により，メチル化活性の低下が引き起こされ[10]，この結果生じるメチル化異常により白血病関連遺伝子であるHomeobox B（*HOXB*）遺伝子群のプロモーターの低メチル化が起こり，発現上昇を来すことでAML発症に関与していることが考えられる[11]．一方で *DNMT3A* に変異のないAMLでは高メチル化がしばしば観察されるが，遺伝子発現変化にはほとんど影響を与えておらず，こうした高メチル化はAMLの進展に伴った現象であると考えられる[12]．

脱メチル化には，受動的機構と能動的機構が存在する．受動的脱メチル化は，DNA複製時に鋳型鎖のメチル基が新生鎖にコピーされないために起こる．能動的脱メチル化にはTET（ten-eleven translocation）がかかわっていることがわかってきた[13,14]．TET1，TET2，TET3タンパク質はαケトグルタル酸依存型ジオキシゲナーゼであり，5mCを酸化産物である5-ヒドロキシメチルシトシン（5-hydroxymethylcytosine, 5hmC）に変換する．5hmCはさらに受動的脱メチル化を受けて脱メチル化されるか，TETタンパク質によりさらに酸化され，5-ホルミルシトシン（5-formylcytosine, 5fC），5-カルボキシシトシン（5-carboxylcytosine, 5caC）が合成される．5fC, 5caCはチミンDNAグリコシラーゼ（TDG）により切り出され，塩基除去修復機構を経てシトシンと変換される[15,16]（図20.1）．*TET2* 遺伝子変異はAMLやMDSで報告されており，腫瘍発症に関与していることが考えられる[17]．

DNAメチル化に影響を与える酵素の変異として，イソクエン酸デヒドロゲナーゼ（isocitrate dehydrogenase, IDH）が発見されている．*IDH* 変異はAMLや脳腫瘍で高頻度に存在し，*IDH1* 変異はR132，*IDH2* 変異はR140またはR172のミスセンス変異が多い[18,19]．IDHタンパク質はクエン酸回路においてNADPH依存的にイソクエン酸からαケトグルタル酸（α-KG）の産生を触媒する．一方，IDH変異タンパク質は基質特異性変化を生じ，α-KGから2-ヒドロキシグルタル酸（2-HG）へ変換する活性をもつ．2-HGはα-KG依存的に働くDNA脱メチル化酵素であるTETタンパク質やヒストン脱メチル化酵素の作用を阻害することが示されており[20]，これらの変異によりエピゲノム異常が引き起こされることが考えられている（図20.2）．

■ 20章　エピゲノム標的薬 ■

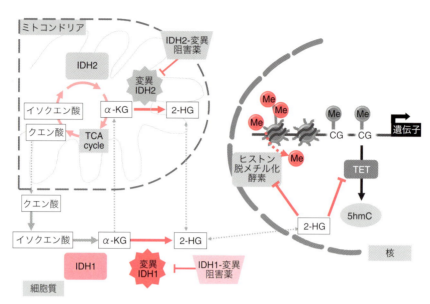

図 20.2　IDH 変異と阻害薬
IDH 変異タンパク質は α-ケトグルタル酸（α-KG）を 2-ヒドロキシグルタル酸（2-HG）へ変換する．2-HG は脱メチル化にかかわる TET タンパク質やヒストン脱メチル化酵素の機能を阻害する．IDH1, IDH2 それぞれの変異タンパク質に対する阻害薬が開発されている．

20.1.2　DNA メチル化を標的とした治療法

DNMT 阻害薬として，アザシチジン（azacitidine, 5-Aza-CR）やデシタビン（decitabine, 5-Aza-dCR）があり，これらはシチジンと構造が類似している．デシタビンはデオキシシチジンキナーゼによりリン酸化を受け，5-Aza-dCMP へと変化し，さらにリン酸化を受け 5-Aza-dCTP となり，これが DNA に取り込まれる．DNA に取り込まれた 5-Aza-dCTP は DNMT と非可逆的結合をするためやがて分解され，結果として DNMT の活性が抑制される．アザシチジンはリボースであり，デシタビンはデオキシリボースである点が異なる．アザシチジンは 5-Aza-CDP を経て，5-Aza-CTP まで変化を受けるが，これが RNA に取り込まれるため，RNA 代謝障害やタンパク質合成阻害を引き起こすこととなる．5-Aza-CDP は 5-Aza-dCDP に還元され，デシタビンと同様の経路で DNA に取り込まれる（図 20.3）．

アザシチジン，デシタビンとも MDS に対する第一選択薬として，さらにデシタビンは高齢者 AML に対する治療薬としてアメリカ食品医薬品局（Food and Drug Administration, FDA）で認可されている．2009 年に報告された高リスク MDS に対するアザシチジンと既存治療との前向きランダム化試験（AZA-001 試験）では，アザシチジン投与群が平均生存期間（24.5 か月 vs. 15 か月，$P = 0.0001$），2 年生存率（50.8％ vs. 26.2％，$P < 0.0001$）と，有意な改善が得られている[21]．最近アザシチジン，デシタビンの半減期が短い点を改良した次世代の脱メチル化剤であるグアデシタビン（guadecitabine, SGI-110）が開発され[22]，現在第Ⅲ相試験まで進んでいる（NCT02348489）．グアデシタビンは徐々にデシタビンを放出する構造になっているため，生体内で薬剤への暴露時間の延長が可能である．現在アザシチジン，デシタビンの治療反応性を確実に予測するようなバイオマーカーはないが，TET2 の変異がある患者のほうが良好な治療反応性を示したとの報告もある[23, 24]．

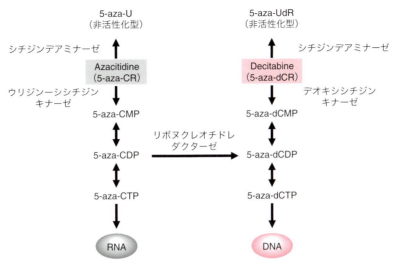

図 20.3 アザシチジンとデシタビンの代謝経路

デシタビンはデオキシシチジンキナーゼによりリン酸化を受け，5-Aza-dCMP へと変化し，さらにリン酸化を受け 5-Aza-dCTP となり，DNA に取り込まれる．アザシチジンは 5-Aza-CDP を経て 5-Aza-CTP まで変化を受けるが，これが RNA に取り込まれるため，RNA 代謝障害やタンパク質合成阻害を引き起こすこととなる．5-Aza-CDP は 5-Aza-dCDP に還元され，デシタビンと同様の経路で DNA にも取り込まれる．

20.1.3 IDH 変異を標的とした治療法

IDH1，*IDH2* 変異に対する選択的化合物が開発され[25, 26]，IDH1 変異阻害薬はグリオーマ IDH1 変異陽性細胞の増殖を阻害することが示されている[25]．IDH2 変異阻害薬は *IDH2* 変異をもつ白血病細胞で分化を誘導することが報告されている（図 20.2）[26]．

IDH1 変異阻害薬 AG-120 は 2014 年から *IDH1* 変異陽性の血液腫瘍や脳腫瘍などの固形がんで第 I 相治験が開始された．*IDH1* 変異をもつ AML 患者に対する AG-120 の治療効果は完全寛解が 21.6％ と効果を示している[27]．一方，IDH2 変異阻害薬 AG-221 の *IDH2* 変異をもつ AML 患者第 I／II 相治験では完全寛解が約 19％ であった[28]．脳内移行性のある IDH1/2 阻害薬である AG-881 は IDH1/2 変異をもつグリオーマ患者での第 I 相治験が行われている（NCT02481154）．2018 年のスローンケタリングの研究グループからの報告では，膠芽腫 52 症例中，腫瘍の大きさが進展しない SD (stable disease) 症例が一部の症例でみられたが，部分奏効 (partial response, PR) が得られた症例はない．IDH1 変異阻害薬は，膠芽腫では AML ほどの治療効果が期待できない可能性が残る．

20.2 ヒストン修飾とそれを標的とするがん治療

20.2.1 ヒストン修飾

DNA は核内でコアヒストンと呼ばれるヒストンの 8 量体に巻きつきヌクレオソームを形成している．コアヒストンは H2A，H2B，H3，H4 の 4 種類のヒストンタンパク質が 2 分子ずつ結合して構成されており，ヌクレオソームはリンカーヒストンによって束ねられている．ヒストンのアミノ末端を構成する 20～30 アミノ酸は立体構造に乏しく，ヒストンテールと呼ばれ，この部位のアミノ酸配列はリン酸化，アセチル化，メチル化などの化学修飾を受ける．これらのヒストン修飾や DNA メチル化修飾は，"writer" タン

パク質により修飾が書き込まれ，"reader" タンパク質により認識され，"eraser" タンパク質により修飾が除かれる．ヒストン修飾の変化はクロマチンの構造に影響し遺伝子発現制御にかかわる．それぞれのタンパク質の異常が多くのがんで認められる．

20.2.2 ヒストンアセチル化を標的としたがん治療

ヒストンアセチル化は一般的にはクロマチン構造をオープンにし，遺伝子の活性化を促す．ヒストンアセチル化はヒストンアセチル化酵素（histone acetyltransferase，HAT）によりリジン残基に修飾を受け，ヒストン脱アセチル化酵素（histone deacetylase，HDAC）により除かれる．HATはコアクチベーターの構成要素としてプロモーターにリクルートされる．正電荷をもつリジン残基がアセチル化されると電荷が中和され，負に電荷しているDNAとの相互作用が減弱すると考えられてきた．またヌクレオソーム間の相互作用が緩み，転写関連因子がヌクレオソームにリクルートされやすくなり，転写活性化に作用する．付加されたアセチル化はコリプレッサーとしてリクルートされるHDACにより取り除かれる．p300，CBP（CREB binding protein），Tip60，ATF2（activating transcription factor 2），MOZ（monocytic leukemia zinc finger protein）など少なくとも13種類以上のHAT活性をもつタンパク質が知られている．HATの活性異常による発がんへの関与はよく研究されており，p300の点突然変異が上皮性腫瘍で検出されるほか，遺伝子転座による*MLL-CBP*融合遺伝子や*MOZ-TIF2*融合遺伝子などがAMLをはじめとした血液腫瘍の原因として報告されている[29]．

HDACは18種存在し，相同性から四つのクラスに分類されている．クラスIはHDAC1～3，8が分類され，酵母のRpd3に相同性を示す．クラスIIはHDAC4～7，9，10が分類され，酵母のHda1に相同性を示し，酵素活性ドメインに加え，複数の機能ドメインをもつ．クラスIVはHDAC11のみである．クラスIIIは酵母のSir2に相同性を示すSirT1～7が含まれ，三つのHDACとは相同性を示さず，NAD$^+$（ニコチンアミドアデニンジヌクレオチド）依存的酵素活性をもつ．HDACの発現異常ががんでみられており，HDAC発現が高い患者では予後不良であることが，胃がんをはじめさまざまながんで報告されている[30,31]．

HDAC阻害薬はすでに臨床応用されており，ベリノスタット（belinostat，クラスIとII阻害），ボリノスタット（vorinostat，クラスIとII阻害），ロミデプシン（romidepsin，クラスI阻害）がFDAに認可され，皮膚および末梢性T細胞性リンパ腫の治療に使用されている．パノビノスタット（panobinostat，クラスI，クラスII，クラスIV阻害）は再発難治性多発性骨髄腫を適応症として，日本でも承認されている．これらの臨床試験の結果では奏効率が10～35％であり，一部の患者では有効であることが示されている[32]．現在クラス選択性HDAC阻害薬を含めた多くのHDAC阻害薬の臨床治験が行われており，今後の結果が期待される．HDAC単剤の固形がんへの治療効果は乏しいが，従来の化学療法とHDACを併用することで効果があることも報告されている．たとえば，口腔内扁平上皮がん細胞株ではHDAC阻害薬とシスプラチンの併用で相乗効果が得られている[33]．このようにHDAC阻害薬とさまざまな治療薬との併用療法の臨床治験が，血液腫瘍のみではなく固形がんを対象に数多く行われている[31,34]．

20.2.3 ヒストンメチル化を標的としたがん治療

ヒストンのメチル化はリジン（K），アルギニ

ン，ヒスチジンに修飾される．リジンのメチル化はメチル基が付加される残基の位置により機能が異なる．たとえば H3K4me3 は転写活性，H3K9me3 や H3K27me3 は転写抑制に働いている．

(a) EZH2 阻害薬

H3K27me3 は遺伝子の発現抑制にかかわり，ポリコームタンパク質群複合体（polycomb repressive complex，PRC）に含まれるメチル化酵素 EZH2（enhancer of zeste homolog 2）により修飾を受ける．EZH2 は多くのがんで過剰発現が認められており，EZH2 の高発現はがんの悪性度や予後不良と関連があることが知られている[35, 36]．EZH2 の遺伝子変異も報告されており，びまん性大細胞型 B 細胞リンパ腫（diffuse large B-cell lymphoma，DLBCL）では Y641 の変異による機能獲得型変異が発見された．さらに H3K27me3 の脱メチル化を担う UTX の遺伝子の不活化変異も多発性骨髄腫や腎臓がんで発見された[37]．こうした変異や EZH2 の高発現は H3K27me3 の異常蓄積を細胞にもたらし，悪性化に関与している可能性が高いことから，EZH2 を標的とした治療薬の開発が進んでいる．（図 20.4）

一方で MDS や T 細胞性急性リンパ性白血病（T-ALL）では EZH2 の欠失や機能喪失型変異が存在し[38-41]，発がんにおける EZH2 は腫瘍抑制にも寄与することを示唆している．現在では，EZH2 の機能獲得変異か機能消失変異のどちらであるかは，がん種により異なることもわかってきた．

EZH2 の阻害作用をもつ化合物については，2007 年に S-adenosylhomocysteine hydrolase（SAHH）を阻害する 3-Deazaneplanosin（DZNep）が，EZH2 の活性を阻害し抗腫瘍効果を示すことが報告された[42]．しかしながら，DZNep のメチル化酵素阻害活性は SAH の阻害を介した間接的な作用のため，そのほかのヒスト

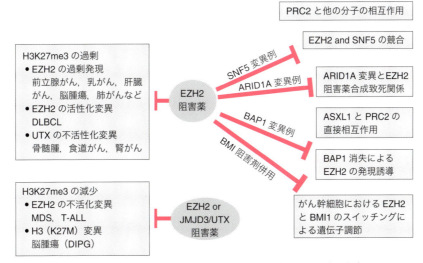

図 20.4 がんにおける EZH2/PRC2 を標的としたがん治療

ヒストン H3K27 のメチル化酵素である EZH2 はさまざまながんで過剰発現や変異が認められる．このようながんでは EZH2 が治療標的となる可能性がある．一方でその他の分子との相互作用も知られており，クロマチンリモデリング因子に遺伝子変異をもつがんや脱ユビキチン化酵素 BAP1 に変異のあるがんでは，EZH2 阻害薬が効果を示す．グリオーマ幹細胞では EZH2 と別のポリコーム群タンパク質である BMI1 により遺伝子発現が調節されており，両者の阻害がより有効であるとの報告もある[70]．ポリコーム群タンパク質 ASXL1 は PRC2 との相互作用も H3K27me3 に寄与することが報告されている[71]．DLBCL：びまん性大細胞型 B 細胞リンパ腫，MDS：骨髄異形性症候群，T-ALL：T 細胞性急性リンパ性白血病

ン修飾（H4K20）にも影響を与え，非特異的であった．現在，より特異的な阻害薬が開発されている．

一方で GSK2816126 や EPZ005687，E11，CPI-1205 は EZH1 に比べて EZH2 に強い選択性をもち，メチル基供与体である S-アデノシルメチオニン（SAM）と競合することで H3K27me3 を減少させ，遺伝子の再活性化を来す[43-46]．これらの阻害薬は EZH2 に Y641 や A667G 変異のある DLBCL 細胞に対して抗腫瘍効果が強いことが示されている．UNC1999 は EZH2 と EZH1 を阻害する．タゼメトスタット（tazemetostat，EPZ-6438）は DLBCL や非ホジキンリンパ腫に対して現在第 II 相試験が進行中であり，ほかにも CPI-1205，GSK2816126，EZH1/2 阻害薬である DS-3201 で第 I 相試験が行われている．

最近では固形がんにおいてクロマチンリモデリング因子の SMARCB1（SNF5）に変異のある悪性ラブドイド腫瘍[47]，ARID1A に変異をもつ卵巣がん[48]，脱ユビキチン化酵素 BAP1 に変異のある中皮腫細胞[49]で，EZH2 阻害薬が効果を示すことが報告された．これらのエピゲノム関連タンパク質（SMARCB1，ARID1A）や BAP1 に変異のある腫瘍では，より EZH2 酵素活性に依存した発がん経路が活性化されていることが，EZH2 阻害の高奏効率の原因として考えられる．実際に GSK2816126 の対象患者にはこのような症例が，タゼメトスタットでは中皮腫の患者が含まれている．PRC2 複合体に含まれる EED を標的とした治療薬（MAK683）も開発され，現在第 I／II 相試験に入っている．この薬剤は EED と EZH2 の結合を阻害するため H3K27me3 レベルが低下する．

(b) DOT1L 阻害薬

DOT1L（disrupter of telomeric silencing 1-like）は H3K79 のメチル化酵素である．H3K79me1，me2 は遺伝子活性化に，H3K79me3 は発現抑制にかかわっている[50]．MLL（mixed lineage leukemia）は H3K4 のメチル化酵素であるが，MLL 融合遺伝子（*MLL-AF4*，*MLL-AF9*，*MLL-AF10*，*MLL-ENL* など）は成人の AML の 3〜10％，小児の ALL の 80％でみられる[51]．興味深いことに遺伝子の融合によりできる MLL-AF9 は，DOT1L を *HOXA9A* と *MEIS1* などの白血病関連遺伝子にリクルートする．その結果，これらの遺伝子は H3K79me3 修飾をうけ，発現を異常に活性化することで細胞増殖に寄与する[52]．したがって DOT1L 阻害薬である EPZ-5676 は MLL 転座をもつ白血病細胞株で，標的遺伝子の H3K79 メチル化を抑制し遺伝子発現を阻害することで抗腫瘍効果を示している[53]．EPZ-5676（ピノメトスタット，pinometostat）は MLL 再構成を伴う AML と ALL 症例に対して現在第 II 相試験が行われている．

(c) リジン脱メチル化酵素阻害薬

H3K4 をメチル化する酵素としては SETD1A（K4me3,2,1），SETD1B（K4me3,2,1），ASH1L（K4me3），MLL1-4（K4me3,2,1），SMYD3（K4me3,2），PRDM9（K4me3），SETD7（K4me1）などが知られている．一方で H3K4 の脱メチル化酵素は Lysine-specific demethylase 1（LSD1，KDM1A）（K4me2,1），KDM1B（K4me2,1），KDM2B（K4me3），KDM5A（K4me3,2），KDM5B（K4me3,2,1），KDM5C（K4me3,2），KDM5D（K4me3,2），NO66（K4me3,2），があり，抗悪性腫瘍薬としての阻害薬が開発されている[54]．脱メチル化酵素のうち LSD1 は H3K4me1/2 脱メチル化により遺伝子発現の抑制に関与するほか，アンドロゲン受容体と結合し，H3K9 の脱メチル化による遺伝子活性化にも影響する[55]．血液腫瘍，肺がんをはじめ多くのがんで LSD1 は発現亢進していることから[56]，Mohammad らはさまざまながん

細胞株の LSD1 阻害薬に対する感受性を検討し，AML と小細胞性肺がんは LSD1 阻害に対して感受性が高いことを報告した[57]．前述した *MLL-AF9* 遺伝子異常をもつ AML では LSD1 が腫瘍関連遺伝子発現に重要であることが示されており，治療標的の可能性が示唆されている[58]．前骨髄球性白血病の治療に用いられる ATRA (all-trans-retinoic acid，トレチノイン，tretinoin) は LSD1 阻害薬 (tranylcypromine，TCP) の併用により，前骨髄球性白血病以外の AML においても，がん細胞の分化関連遺伝子の H3K4me2 レベルの増加とともに遺伝子発現を誘導し，がん細胞の分化を誘導することが報告されている[59]．これらの結果から，現在 LSD1 阻害薬として TCP，GSK2879552，INCB059872 が開発され，AML，MDS，小細胞肺がんに対しての臨床試験が行われている．

20.2.4 エピゲノム認識タンパク質を標的とした治療

Reader タンパク質である，アセチル化ヒストンを認識する BET (bromodomain and extra-terminal) を標的とした治療薬も開発されている．BET ファミリータンパク質は BRD2，BRD3，BRD4，BRDT があり，転写伸長や細胞周期の進行に重要な働きをしている[29]．とくに *BRD3*，*BRD4* と *NUT* (nuclear protein in testis) との転座が NUT midline carcinoma で高頻度に存在しており，BET 阻害薬は NUT midline carcinoma に対して非常に有効であることが示された[60]．

AML では BET 阻害薬 JQ1 がクロマチン構造変化を介して MYC を制御し，抗腫瘍効果を示すことが報告されている[61]．MLL 融合白血病では，MLL 融合タンパク質は super elongation complex (SEC) の一部を構成し，BET タンパク質と複合体をつくっている．BET 阻害薬である I-BET151 (GSK1210151A) はこの BET タンパク質複合体がクロマチンに結合するのを阻害することで，*BCL2*，*C-MYC*，*CDK6* などの腫瘍関連遺伝子の発現抑制を来し抗腫瘍効果を示す[62]．

さらに BET 阻害薬の作用機序として，スーパーエンハンサーと呼ばれるエンハンサーの存在が関与していると推測される．この領域には転写因子，メディエーター，クロマチン調節因子などの多くの転写調節タンパク質が結合することが明らかとなっている．スーパーエンハンサーは細胞系譜の確立に特徴的な複数の遺伝子発現を効率的に制御している．がん細胞では BET ファミリータンパク質のうちの BRD4 は，スーパーエンハンサー内の H3K27 アセチル化と結合し，クロマチン構造の変化を介して *MYC* などのがん関連遺伝子の活性化にかかわっている．そのため，BET 阻害薬 JQ1 は複数のがん関連遺伝子を同時に抑制し抗腫瘍効果を発揮すると期待される[63,64]．現在 BET 阻害薬は多くの薬剤で臨床試験が行われている．

20.2.5 変異ヒストンを標的としたがん治療

近年，ヒストン遺伝子自体の遺伝子変異が発見されている．小児の高悪性度のグリオーマである diffuse intrinsic pontine gliomas (DIPGs) の遺伝子解析から，ヒストン H3.1，H3.3 をコードする遺伝子 (*HIST1H3B*，*HIST1H3C*，*H3F3A*) の変異が高頻度 (*HIST1H3B*，*3C*；12 ～ 31％，*H3F3A*；12 ～ 60％) に存在することが明らかとなった[65-67]．H3.3 の K27M 変異は PRC2 の作用を阻害するため，細胞全体での H3K27me3 レベルが減少する．H3K27 の脱メチル化には JMJD3 や UTX が関与するため，JMJD3 阻害薬である GSKJ4 の投与は，H3K27M 変異をもつ細胞株において，一定の抗腫瘍効果をもたらしている[68]．しかし一方で，変

■ 20章 エピゲノム標的薬 ■

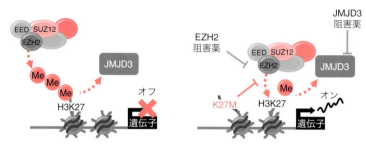

図 20.5　ヒストン変異とそれを標的としたがん治療
ヒストン H3.1, H3.3 で見られる K27M 変異はポリコーム複合体の機能を阻害するために, H3K27me3 レベルを低下させる. がん治療にはメチル化を修飾する EZH2 の阻害薬や脱メチル化酵素 JMJD3 の阻害薬が考えられる.

異を伴った細胞では *CDKN2A* をはじめとした一部の遺伝子領域で H3K27me3 レベルが保たれており, 細胞増殖には PRC の活性が必要であることも示されている. この細胞に EZH2 阻害薬を投与すると *CDKN2A* の再活性化が生じることで抗腫瘍効果がもたらされるとの報告もある (図 20.5)[69]. 今後の非臨床試験を含めた解析が待たれる.

20.3 まとめと展望

がんにおいてさまざまなゲノム・エピゲノム異常が存在することが明らかになり, エピゲノム異常を標的とした治療薬も数多く開発されてきた (図 20.6). 現時点では特定のエピゲノム異常のみを正常化する治療薬はないように思われるが, 近い将来個々のエピゲノムの制御に加えて, より遺伝子特異性を考慮したがん細胞特異的なエピゲノム治療薬の開発が必要となることは想像に難く

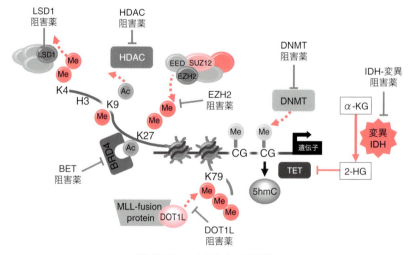

図 20.6　エピゲノム標的薬
エピゲノムを標的とした治療薬として, DNA メチル化を標的とした DNMT 阻害薬, IDH 阻害薬がある. ヒストンメチル化酵素を標的とした治療薬としては, EZH2 阻害薬や DOT1L 阻害薬がある. ヒストン脱メチル化酵素を標的としたものは LSD1 阻害薬が, ヒストン脱アセチル化酵素を標的としたものは HDAC 阻害薬がある. ヒストンアセチル化の認識タンパクである BET タンパク質を標的とした BET 阻害薬も有効である. DNMT:DNA メチル基転移酵素, α-KG:α-ケトグルタル酸, 2-HG:2-ヒドロキシグルタル酸, IDH:イソクエン酸デヒドロゲナーゼ, EZH2:enhancer of zeste homolog 2, DOT1L:disrupter of telomeric silencing 1-like, HDAC:ヒストン脱アセチル化酵素, LSD1:Lysine-specific demethylase 1.

232

ない.近年,機能が明らかとなってきた長鎖非翻訳 RNA(lncRNA)は,エピゲノム関連タンパク質と結合し,特定の遺伝子の発現を制御する可能性が示唆されている.たとえば lncRNA の一種である HOTAIR は EZH2 などのヒストンメチル化酵素と複合体をつくり,*HOXD* 遺伝子クラスターへリクルートされることで,遺伝子発現を制御していることが報告されている.このような lncRNA を標的とすることにより特定の遺伝子の制御が可能になるかもしれない.またがん細胞において特定のシグナル異常が,特定のエピゲノム異常を誘導する可能性も示唆されている.将来の効果的ながん治療法開発のために,がん細胞におけるより詳細なエピゲノム異常の誘導機序の解明が期待される.

文 献

1) Jones P.A., *Nat. Rev. Genet.*, **13**, 484 (2012).
2) Jones P.A. & Laird P.W., *Nat. Genet.*, **21**, 163 (1999).
3) Toyota M. et al., *Proc. Natl. Acad. Sci. U.S.A.*, **96**, 8681 (1999).
4) Issa J.P. et al., *Gastroenterology*, **129**, 1121 (2005).
5) Noushmehr H. et al., *Cancer Cell*, **17**, 510 (2010).
6) Ley T.J. et al., *N. Engl. J. Med.*, **368**, 2059 (2013).
7) Saygin C. et al, *Blood Cancer J.*, **8**, 4 (2018).
8) Haferlach T. et al., *Leukemia*, **28**, 241 (2014).
9) Sakata-Yanagimoto M. et al., *Nat. Genet.*, **46**, 171 (2014).
10) Ley T.J. et al., *N. Engl. J. Med.*, **363**, 2424 (2010).
11) Yan X.J. et al., *Nat. Genet.*, **43**, 309 (2011).
12) Spencer D.H. et al., *Cell*, **168**, 801, e813 (2017).
13) Guo J.U. et al., *Cell Cycle*, **10**, 2662 (2011).
14) Tahiliani M. et al., *Science*, **324**, 930 (2009).
15) He Y.F. et al., *Science*, **333**, 1303 (2011).
16) Ito S. et al., *Science*, **333**, 1300 (2011).
17) Delhommeau F. et al., *N. Engl. J. Med.*, **360**, 2289 (2009).
18) Brennan C.W. et al., *Cell*, **155**, 462 (2013).
19) Paschka P. et al., *J. Clin. Oncol.*, **28**, 3636 (2010).
20) Xu W. et al., *Cancer Cell*, **19**, 17 (2011).
21) Fenaux P. et al., *Lancet Oncol.*, **10**, 223 (2009).
22) Issa J.J. et al., *Lancet Oncol.*, **16**, 1099 (2015).
23) Cedena M.T. et al., *Oncotarget*, **8**, 106948 (2017).
24) Lin Y. et al., *Oncotarget,* **8**, 43295 (2017).
25) Rohle D. et al., *Science*, **340**, 626 (2013).
26) Wang F. et al., *Science*, **340**, 622 (2013).
27) DiNardo C.D. et al., *N. Engl. J. Med.*, **378**, 2386 (2018).
28) Fathi A.T. et al., *JAMA Oncol.*, **4**, 1106 (2018).
29) Dawson M.A. & Kouzarides T., *Cell*, **150**, 12 (2012).
30) Weichert W. et al., *Lancet Oncol.*, **9**, 139 (2008).
31) Suraweera A. et al, *Front. Oncol.*, **8**, 92 (2018).
32) Kelly A.D. & Issa J.J., *Curr. Opin. Genet. Dev.*, **42**, 68 (2017).
33) Shen J. et al., *Biochem. Pharmacol.*, **73**, 1901 (2007).
34) Diyabalanage H.V. et al., *Cancer Lett.*, **329**, 1 (2013).
35) Varambally S. et al., *Nature*, **419**, 624 (2002).
36) Kleer C.G. et al., *Proc. Natl. Acad. Sci. U.S.A.*, **100**, 11606 (2003).
37) van Haaften G. et al., *Nat. Genet.*, **41**, 521 (2009).
38) Morin R.D. et al., *Nat. Genet.*, **42**, 181 (2010).
39) Yap D.B. et al., *Blood*, **117**, 2451 (2011).
40) Nikoloski G. et al., *Nat. Genet.*, **42**, 665 (2010).
41) Ntziachristos P. et al., *Nat. Med.*, **18**, 298 (2012).
42) Tan J. et al., *Genes Dev.*, **21**, 1050 (2007).
43) Knutson S.K. et al., *Nat. Chem. Biol.*, **8**, 890 (2012).
44) McCabe M.T. et al., *Nature*, **492**, 108 (2012).
45) Qi W. et al., *Proc. Natl. Acad. Sci. U.S.A.*, **109**, 21360 (2012).
46) Vaswani R.G. et al., *J. Med. Chem.*, **59**, 9928 (2016).
47) Knutson S.K. et al., *Proc. Natl. Acad. Sci. U.S.A.*,**110**, 7922 (2013).
48) Bitler B.G. et al, *Nat. Med.*, **21**, 231 (2015).
49) LaFave L.M. et al., *Nat. Med.*, **21**, 1344 (2015).
50) Wong M. et al., *American J. Cancer Res.*, **5**, 2823 (2015).
51) Meyer C. et al., *Leukemia*, **27**, 2165 (2013).
52) Okada Y. et al., *Cell*, **121**, 167 (2005).
53) Daigle S.R. et al., *Blood*, **122**, 1017, (2013).
54) Greer E.L.& Shi Y., *Nat. Rev. Genet.*, **13**, 343 (2012).
55) Metzger E. et al, *Nature*, **437**, 436 (2005).
56) Hayami S. et al., *Int. J. Cancer*, **128**, 574 (2011).
57) Mohammad H.P. et al., *Cancer Cell*., **28**, 57 (2015).
58) Harris W.J. et al., *Cancer Cell*, **21**, 473 (2012).
59) Schenk T. et al., *Nat. Med.*, **18**, 605 (2012).
60) Filippakopoulos P. et al., *Nature*, **468**, 1067 (2010).
61) Zuber J. et al., *Nature*, **478**, 524 (2011).
62) Dawson M.A. et al., *Nature*, **478**, 529 (2011).
63) Hnisz D. et al., *Cell*, **155**, 934 (2013).
64) Loven J. et al., *Cell*, **153**, 320 (2013).
65) Wu G. et al., *Nat. Genet.*, **44**, 251 (2012).
66) Schwartzentruber J. et al., *Nature*, **482**, 226 (2012).
67) Sturm D. et al., *Nat. Rev. Cancer*, **14**, 92 (2014).
68) Hashizume R. et al., *Nat. Med.*, **20**, 1394 (2014).
69) Mohammad F. et al., *Nat. Med.*, **23**, 483 (2017).
70) Jin X. et al., *Nat. Med.*, **23**, 1352 (2017).
71) Abdel-Wahab O. et al., *Cancer Cell*, **22**, 180 (2012).

Part IV 分子標的治療薬の実績と展望

PARP 阻害薬

Summary

ポリ（ADP-リボシル）化酵素はタンパク質にポリ（ADP-リボース）鎖を付加することにより，さまざまな細胞機能を調節する．なかでも PARP-1/2 は DNA の損傷修復に機能する．PARP-1/2 阻害薬は，がん抑制遺伝子 *BRCA1/2* などの機能喪失変異で相同組換え修復機構を欠損したがんに対し，合成致死と呼ばれる選択毒性を発揮する．合成致死はがん抑制遺伝子の"不在性"を標的とするのに有効な概念であり，オラパリブなどの PARP-1/2 阻害薬が卵巣がんや乳がんの治療薬として用いられている．一方タンキラーゼ（PARP-5a/b）は Wnt/β-カテニンシグナルを増強する働きをもち，タンキラーゼ阻害薬は同シグナルが亢進した大腸がんの増殖を抑制する．

21.1　ポリ（ADP-リボシル）化と PARP ファミリー酵素

ポリ（ADP-リボシル）化（PAR 化）は，NAD^+ を基質として，タンパク質のグルタミン酸もしくはアスパラギン酸残基に ADP-リボースを連鎖的に付加する反応である（図 21.1）．PAR 鎖には直鎖型と分岐型のものがあり，およそ 20～50 個，最長で 200 個近くの ADP-リボースで構成される．PAR 化はそのサイズと負電荷から，タンパク質に大きな物性変化を与える．この反応を触媒するのが PAR 化酵素〔poly（ADP-ribose）polymerase，PARP〕であり，ヒトでは 17 種類の遺伝子が存在する（図 21.2）[1]．いずれも PARP 触媒ドメインをもつが，NAD^+ の結合ならびに PAR 鎖の転位と伸長を司る His-Tyr-Glu モチーフをもつのは PARP-1/2/3/4/5a/5b の 6 種類のみである．残りは PAR 鎖の転位・伸長

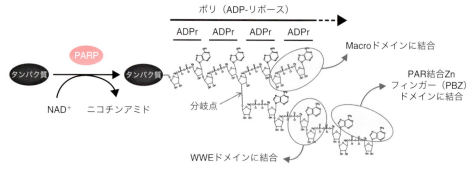

図 21.1　ポリ（ADP-リボシル）化反応
PARP は NAD^+ を基質としてタンパク質に ADP-リボース（ADPr）を連鎖付加する．PAR 鎖のうち，ADP-リボースは Macro ドメイン，*iso*-ADP-リボースは WWE ドメイン，隣り合った ADP-リボースは PBZ ドメインにそれぞれ結合し，これらのドメイン構造をもつタンパク質の集積の足場となる．

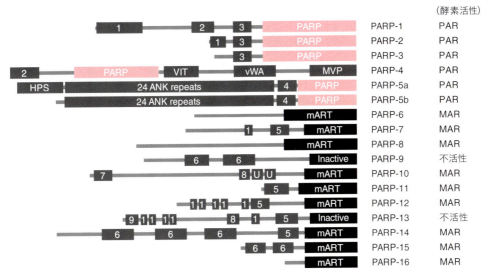

図 21.2 PARP ファミリーに属する 17 遺伝子
PARP 活性を示すのは PARP-1 から 5b までの 6 種類．残りはモノ ADP-リボシル化酵素か非活性体である．1) Zn フィンガー（核酸結合）ドメイン，2) BRCT ドメイン，3) WGR ドメイン，4) sterile α モチーフ，5) WWE ドメイン，6) Macro ドメイン，7) RNA 結合モチーフ，8) 核外移行シグナル，9) 核移行シグナル，HPS) His-Pro-Ser モチーフ，U) ユビキチン相互作用モチーフ．

活性をもたないために ADP-リボースを 1 個のみ付加するモノ ADP-リボシル化酵素（mono-ADP-ribosyltransferase，mART）(PARP-6-8, 10-12, 14-16)，もしくは酵素活性をもたないもの (PARP-9, 13) に分類される．

21.2 PARP-1/2 による DNA 損傷修復

PARP メンバーのなかで細胞内に最も豊富に存在するのが PARP-1 である．PARP-1 は核内に存在し，通常は酵素活性が低く抑えられている．PARP-1 は DNA 損傷の分子センサーであり，アミノ末端側の DNA 結合ドメインが 1 本鎖切断 DNA に結合すると，カルボキシル末端側の PARP 酵素活性が平常時と比べて 500 倍以上にまで上昇する．活性化した PARP-1 は自身を PAR 化し，PAR 鎖は XRCC1 というタンパク質をリクルートする[2]．XRCC1 は足場タンパク質としての役割をもち，さまざまな DNA 修復因子が XRCC1 との相互作用を介して損傷部位に集積する．一方，活性化した PARP-1 はヒストン H1/H2B を PAR 化することで，DNA 切断部位のクロマチン超らせん構造を弛緩させる[3]．これらの作用を介して，DNA 切断部位の塩基除去修

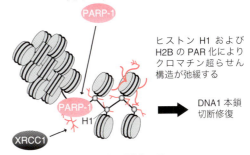

図 21.3 PARP-1 による DNA1 本鎖切断修復
PARP-1 は DNA1 本鎖切断を認識して自身を活性化させる．生成した PAR 鎖に XRCC1 が結合し，DNA 損傷修復因子が集積する．PARP-1 はヒストン H1/H2B も PAR 化することでクロマチンの超らせん構造を弛緩させる．これらを経て，損傷修復反応が進行する．

復が行われる（図21.3）．

DNAによって活性化するもう一つのPARPとして，PARP-2がある．PARP-1/2ダブルノックアウトマウスは胎生致死であることから，これら二つの酵素は冗長（redundant）な機能を共有すると考えられる[4]．PARP-2もPARP-1と同様に自身のアミノ末端側にDNA結合ドメインをもち，ここにDNAが結合することで活性化する．このようにPARP-1/2はDNA鎖切断をすばやく感知してその修復を促すことで，ゲノムの安定性に寄与している．

21.3 PARP阻害薬とBRCA1/2機能欠損による合成致死

PARP阻害薬はDNA損傷修復を阻害することから，DNA傷害性抗がん薬や放射線療法の増感薬としての用途が期待されていた．しかしこのアプローチにはがん選択的効果を狙う視点が欠けており，副作用が増強されることも予想されたため，PARP阻害薬の開発は長らく停滞していた．

このような背景のもと，PARP阻害薬が一躍注目されるきっかけとなったのは，PARP阻害薬とがん抑制遺伝子BRCA1/2の機能喪失（loss-of-function）とのあいだに成立する合成致死性（synthetic lethality）の発見である（図21.4）[5,6]．合成致死とは，それぞれが単独で失活しても生存に影響を与えない二つの因子が同時に失活したときにのみ発現する致死性（細胞毒性）である[7]．PARP阻害薬を処理した細胞では塩基除去修復が抑制されるため，DNAの1本鎖切断が修復されない．この状態のまま細胞周期が進行すると，1本鎖切断はDNA複製期に2本鎖切断に変換される．ここで，正常細胞では相同組み換え（homologous recombination, HR）により2本鎖切断が効率よく修復されるため，PARP阻害薬の毒性は顕在化しない．一方BRCA1もしくはBRCA2の機能を欠損したがん細胞では，相同組換えが起こらず致死となる．例として，BRCA2欠損CHO細胞は，BRCA2の機能を保持した対照細胞よりも1,000倍以上高いPARP阻害薬感受性を示す．これはPARP阻害薬が抗がん薬や放射線療法の増感薬としてではなく，単剤でがん治療薬となり得ることを強く示唆する．

ここでBRCA1/2がどのように相同組換えに機能するかを説明したい（図21.5）．BRCA1はDNAの2本鎖切断端において，相同組換え開始時の1本鎖突出末端の削り出し（end resection）に必須である[8]．BRCA2は相同組換えを進行させるためのRAD51フィラメントを形成させる[8]．多くの家族性および一部の散発性乳がん・卵巣がんは，これらの遺伝子のいずれかを欠損しており，相同組換え修復ができないためにPARP阻害薬に高感受性を示す．

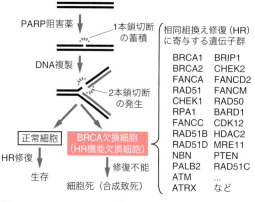

図21.4　PARP-1/2阻害とBRCA1/2欠損による合成致死

PARP-1/2が阻害されると1本鎖切断が蓄積する．この損傷は複製フォークの形成時に2本鎖切断となるが，通常は相同組換え（HR）によって修復される．BRCA1もしくはBRCA2の欠損細胞ではHR修復ができず，合成致死が誘導される．BRCA以外のHR遺伝子が欠損した場合でも合成致死が起こりうる．

21.4 PARP阻害薬の臨床開発

2014年12月，BRCA変異卵巣がんの治療薬として，ファーストインクラスのPARP阻

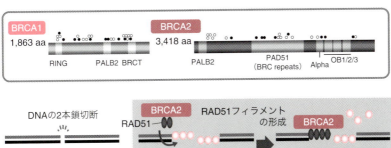

図 21.5 BRCA1/2 による DNA の相同組換え修復
上）BRCA1/2 の構造：卵巣がんにおける変異部位．○：生殖系列変異，●：体細胞変異．下）2本鎖切断において，BRCA1 は 1 本鎖突出末端の削り出し，BRCA2 は RAD51 フィラメントの形成に寄与する．いずれかが欠損すると相同組換え修復ができなくなる．

害薬であるオラパリブ（olaparib）がヨーロッパとアメリカで認可された．ただしその開発の道程には紆余曲折があった．まず，白金製剤感受性の再発卵巣がんに対するオラパリブ維持療法（再発や進行を防ぐために継続的に行う薬物療法を維持療法と呼ぶ）の臨床第Ⅱ相試験[9]では，無増悪生存（progression-free survival, PFS）期間で有意差が得られたが，全生存期間（overall survival, OS）では有意差が得られず，2011年12月に臨床開発が中止となった．また *BRCA* 変異がんと性質が類似するトリプルネガティブ乳がん（エストロゲン受容体，プロゲステロン受容体，HER2/ErbB2 チロシンキナーゼのいずれも陰性の乳がん）に対する PARP 阻害薬の臨床試験が行われていたが，オラパリブの第Ⅱ相試験に加えてイニパリブの第Ⅲ相試験が失敗に終わり，開発は頓挫したかにみえた．しかしその翌年，イニパリブはそもそも PARP を阻害しないことが判明する．一方，再解析の結果から *BRCA* 変異

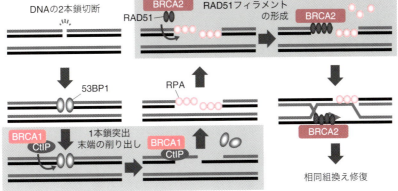

図 21.6 PARP-1/2 阻害薬の構造式
オラパリブはファーストインクラスの PARP 阻害薬であり，日本・アメリカ・ヨーロッパで承認されている．タラゾパリブはアメリカで，ニラパリブとルカパリブはアメリカとヨーロッパで，それぞれ承認されている（2019 年 5 月時点）．

がんに対するオラパリブの有益性が確実視され[10]，2013年に臨床試験が再開され，翌年に認可されるに至った．その後もルカパリブ（rucaparib），ニラパリブ（niraparib），ベリパリブ（veliparib），タラゾパリブ（talazoparib）といったPARP阻害薬の開発が進み，アメリカではオラパリブ，ルカパリブ，ニラパリブ，タラゾパリブがアメリカ食品医薬品局（Food and Drug Administration, FDA）に承認されている（2019年5月現在）（図21.6）．

21.5　PARP阻害薬の種類と適用

21.5.1　オラパリブ

オラパリブはファーストインクラスのPARP阻害薬であり，生殖細胞系列の*BRCA*変異をもち，かつ前治療歴のある卵巣がん患者に対する治療薬として2014年にヨーロッパとアメリカで承認された．2017年には*BRCA*変異の有無にかかわらず，白金系抗がん薬に感受性の再発卵巣がんに対する維持療法としての適応拡大がアメリカでなされている．同国ではさらに，生殖細胞系列*BRCA*変異をもつ転移性乳がんに対する治療薬としても承認されている．日本では，2018年に白金系抗悪性腫瘍剤感受性の再発卵巣がんにおける維持療法薬として承認された．

21.5.2　ルカパリブ

ルカパリブは2016年にアメリカで，生殖細胞系列もしくは体細胞系列の*BRCA*変異をもち，かつ前治療歴のある卵巣がん患者に対する治療薬として承認された．2018年にはオラパリブと同様に，*BRCA*変異の有無にかかわらず，白金系抗がん薬に感受性の再発卵巣がんに対する維持療法としての適応拡大がアメリカでなされている．

21.5.3　ニラパリブ

ニラパリブは世界で3番目に承認されたPARP阻害薬であり，2017年にアメリカで，*BRCA*変異の有無にかかわらず，白金系抗がん薬に感受性の再発卵巣がんに対する維持療法薬として承認された．

21.5.4　その他のPARP阻害薬

現在臨床試験が進んでいるPARP阻害薬として，ほかにベリパリブおよびタラゾパリブが挙げられる（タラゾパリブはアメリカでは2018年に承認されている）．ベリパリブを除くこれらのPARP阻害薬は，PARP-1/2の酵素阻害作用に加えて，制がん効果に寄与するもう一つの作用として，"PARPトラッピング"という効果を発揮する[11,12]．

21.6　PARPトラッピング効果による制がん

*BRCA*変異がんに対するPARP阻害薬の制がん効果は，PARP-1の発現を抑制すると減弱する．このことは，薬効にPARP-1タンパク質そのものが関与することを意味する．具体的な仕組みとして，PARP阻害薬の多くはPARPとDNAの複合体を安定化すること（PARPトラッピング）でDNA損傷を誘導する[11,12]．前述の5種類のPARP阻害薬のなかで，タラゾパリブはトラッピング効果がとくに強く，その次に強いのがニラパリブである．オラパリブとルカパリブのトラッピング効果は同等レベルであるが，ニラパリブよりも弱い．ベリパリブはトラッピング効果をほとんどもたず，純粋な酵素阻害薬とみなされる．

PARPトラッピング効果によるDNA損傷誘導は，トポイソメラーゼ阻害薬によるDNAとトポイソメラーゼの開裂複合体の安定化に伴うDNA鎖切断と類似している．したがってトラッピング

効果の強いタラゾパリブの制がん効果は，多くのがん細胞に対してnMレベルの低濃度で細胞毒性を発揮する．一方，PARPトラッピング効果のないベリパリブの制がん効果は*BRCA*変異との合成致死によるところが大きく，通常のがん細胞に対しては100 μMでも細胞毒性を発揮しない．

21.7 コンパニオン診断法の開発とその臨床的意義

　PARP阻害薬は*BRCA1/2*変異がんに有効であるため，当初はこれらの遺伝子変異の有無を明らかにすることが薬剤適応の判断基準になるとされてきた．前述の通り，BRCA1/2はそれぞれ相同組換え修復において別個の役割を担っており，いずれか片方の機能喪失変異が認められればPARP阻害薬の効果が期待できる．*BRCA1/2*変異を検出するコンパニオン診断法として，Myriad BRACAnalysis CDxがFDAに認可されている．

　一方*BRCA1/2*が野生型のがんであっても，別因子の異常によって相同組換え修復機能が欠損している可能性がある．このようにDNA損傷修復異常が*BRCA*変異がんと同様であることを"BRCA*ness*"と称し，これを判定する診断法としてMyriad myChoice HRD（HR deficiency）試験が開発されている．これは*BRCA1/2*遺伝子変異に加え，ヘテロ接合性の消失，テロメアアリルの不均衡，大規模遷移を指標に相同組換え欠損をスコア判定するものである．

　このように，*BRCA*変異陰性であることをPARP阻害薬の適応除外基準とする根拠は乏しくなり，BRCA*ness*/HRDをもつがんが同薬の適応になると考えられている．事実，上皮性卵巣がんの50％は相同組換え機構に欠損をもつ．日本でオラパリブが認可された際も*BRCA*変異は適応基準とされていない．PARP阻害薬の感受性・耐性因子は白金系抗がん薬のそれと重なる部分が大きく，HRD試験を経ずとも，白金系抗がん薬感受性の再発卵巣がん患者に用いることが承認されている．

21.8 PARP阻害薬の耐性機構

　*BRCA*変異陽性進行卵巣がんに対するオラパリブもしくはルカパリブの治療効果はおよそ34～54％の患者で認められるが，奏効持続期間の中央値は8～9か月であり，長期投薬に伴う耐性化が問題となっている．PARP阻害薬の耐性機構は，BRCA1/2が関与するものとそれ以外のものに大別される（図21.7）．

　BRCA1/2が関与する耐性機構としてはまず，変異*BRCA*遺伝子の復帰変異が挙げられる．これはもともと*BRCA1/2*の失活で相同組換え能を失っていたがんにおいて，当該遺伝子の機能復帰変異が生じ，相同組換え機構が復旧することによって生じる耐性である．この現象は白金系抗がん薬耐性乳がんで認められていたが，PARP阻害薬耐性がんでも検出された[13]．機能復帰変異は相同組換えに寄与する*RAD51C*や*RAD51D*などの遺伝子でも生じ，*BRCA*遺伝子の場合と同様にPARP阻害薬耐性を誘導する[14]．一方，*BRCA1*遺伝子プロモーター領域の高メチル化が解除されることによってBRCA1の発現が復帰し，相同組換え機構が復旧して耐性となる例もある．

　BRCA1/2以外による耐性化機構としてはまず，DNA損傷応答因子*53BP1*の変異失活による相同組換え修復機構の復帰が挙げられる[15]．BRCA1は53BP1に対して抑制的に働き，相同組換えに必要なDNA2本鎖切断端のend resectionを促進するが，*BRCA1*が失活した状態ではこれが行えない．ここでさらに*53BP1*も失活すると相同組換えが部分的に復活し，PARP阻害薬耐性が生じる．この現象はDNA損傷応

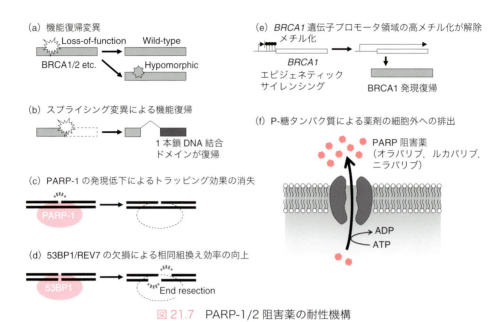

図 21.7　PARP-1/2 阻害薬の耐性機構
BRCA（もしくは HR 遺伝子）機能復帰変異，DNA メチル化消失による *BRCA* 遺伝子発現，*53BP1/REV7* 機能喪失変異は，いずれも相同組換え修復機能を少なくとも部分的に復帰させ，PARP-1/2 阻害薬耐性をもたらす．PARP-1 の発現消失は PARP 阻害薬のトラッピング効果を消失させ，P-糖タンパク質の発現は PARP 阻害薬の細胞外排出を亢進させることで，いずれも耐性をもたらす．

答因子 *REV7* の失活でも起こる．一方，PARP そのものの発現消失も PARP 阻害薬耐性を引き起こす．先述の通り，PARP 阻害薬は PARP トラッピング活性をもち，この活性に依存して DNA 損傷が惹起されるため，PARP の非存在下ではこの活性が発揮されずに耐性が生じる．また ABC トランスポーターの P-糖タンパク質による PARP 阻害薬の細胞外排出も耐性の原因となる[16,17]．オラパリブ，ルカパリブ，ニラパリブはいずれも P-糖タンパク質の輸送基質であり，P-糖タンパク質を過剰に発現したがん細胞ではこれらの PARP 阻害薬が効率よく取り込まれない．今後はこれらの耐性機構の出現頻度の把握とその克服が課題である．

21.9　PARP 阻害薬のさらなる可能性

PARP 阻害薬は卵巣がん・乳がんを対象とするが，今後はそれ以外のさまざまな臓器がんを対象に，単剤あるいは抗がん薬や放射線との併用薬として適応拡大されることも期待される[18]．一例として，転移性去勢抵抗性（ホルモン療法耐性）前立腺がんのうち，*BRCA1/2* や *ATM* などに機能欠損のある症例が有望である．また ETS ファミリー転写因子をドライバーとするがんでも有効性が期待される．例として，ユーイング肉腫の *EWS-FLI1* 融合遺伝子（FLI1 は ETS ファミリー転写因子の一つである）は PARP 阻害と合成致死の関係にあり[19]，マウスモデルで PARP 阻害薬の有効性が実証されている[20]．前立腺がんの *TMPRSS2:ERG* 遺伝子融合で過剰発現する ERG も ETS ファミリー転写因子であり，前立腺がんのドライバーとして働く．ERG の過剰発現は DNA 損傷を誘導すること，ERG のがん原性転写活性および ERG の過剰発現による DNA 損傷の修復には PARP1 が寄与することから[21]，PARP 阻害薬はこれらを阻害することで制がん効果を発揮すると想定される．

PARP阻害薬の併用薬としては，DNAアルキル化薬のテモゾロミドや，トポイソメラーゼI阻害薬のイリノテカン，トポテカンなどが相乗効果を示す．ただし本章の冒頭で述べたように，増感薬としてのPARP阻害薬は毒性も増大させる恐れがあり，DNA損傷修復機構に欠損をもつがんに対して用いるのが現実的かもしれない．併用療法の場合，PARPトラッピング効果は必要でない可能性もあり，同効果のないベリパリブの併用試験が多く組まれている．

21.10 タンキラーゼ(PARP-5a/b)阻害薬の開発

21.10.1 テロメア伸長を促進するPARP〜タンキラーゼ

テロメアは染色体末端を安定に保つキャップ構造であり，テロメア反復配列DNAとそれに結合するタンパク質で構成される．DNAポリメラーゼを介した複製機構は直鎖DNAの最末端を完全には複製できないため，細胞は増殖のたびにテロメアを消失し，最終的にはキャップ構造が崩壊して細胞老化や細胞死を起こす．がん細胞はテロメラーゼを活性化してテロメアを維持するため，無限分裂が可能である．テロメラーゼ阻害薬はがん細胞のテロメアを短縮させることで制がん効果を発揮するが，テロメアの短縮が限界に達するまで長期処理する必要がある[22]．

タンキラーゼ(tankyrase-1/PARP-5a, tankyrase-2/PARP-5b)は，テロメア結合タンパク質TRF1をPAR化する因子として発見された[23]．PAR化されたTRF1はテロメアから遊離し，SCF/FBX4リガーゼを介してユビキチン分解される．TRF1が遊離したテロメアではテロメラーゼのアクセスが促進され，テロメアが伸長する（図21.8）．タンキラーゼのPARP活性が抑制されるとTRF1のテロメア集積が亢進し，テロメラーゼのテロメア会合が起こりにくくなる．この状況下ではテロメラーゼ阻害薬によるテロメア短縮と細胞老化・細胞死が早まることから，タンキラーゼは新たながん分子標的として注目されることとなった[24]．

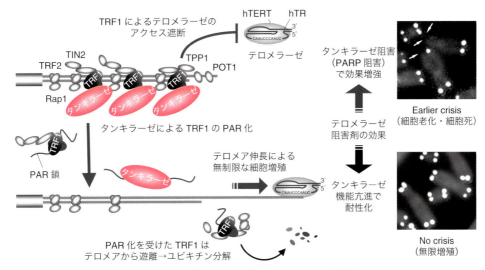

図21.8　タンキラーゼによるテロメア伸長

タンキラーゼはTRF1をPAR化することでテロメラーゼによるテロメア伸長を促進する．タンキラーゼを阻害するとテロメラーゼがテロメアにアクセスしにくくなるため，テロメラーゼ阻害薬によるテロメア短縮が加速し，細胞老化・細胞死が早期に誘導される．タンキラーゼの発現亢進はテロメラーゼ阻害薬耐性を誘導する．

21.10.2 タンキラーゼの分子構造と結合タンパク質

タンキラーゼはアンキリンリピートの24回繰り返し構造をもつが，これらは保存性の高い五つの領域（ANK repeat cluster，ARC1-5）に分割される．ARCはTRF1結合部位として機能し，とくにARC5のTRF1結合能を失った変異型タンキラーゼでは，テロメア伸長活性が消失する[25]．タンキラーゼは核外にも分布し，NuMAやアキシンといったタンパク質と相互作用し，細胞分裂やWnt/β-カテニンシグナルを調節する．後述するが，Wnt/β-カテニンシグナルは大腸がんなどで亢進しているため，タンキラーゼ特異的PARP阻害薬はこれらのがんの治療薬となる可能性がある[26]．

21.10.3 Wnt/β-カテニンシグナルを抑制するタンキラーゼ阻害薬

がん抑制遺伝子 *APC* の機能喪失変異は大腸発がんの初期過程で広く認められる．通常，Wnt刺激のない状態では，APC複合体（Wnt/β-カテニンシグナルの抑制因子APCとアキシンを軸に，グリコーゲン合成酵素キナーゼ3，カゼインキナーゼⅠなどが結合）がβ-カテニンのユビキチン分解を誘導することで，下流のTCF標的遺伝子の発現が抑制されている．ここにWnt刺激が入るとβ-カテニンの分解が抑制され，蓄積したβ-カテニンが核内でTCFと複合体を形成し，下流の遺伝子発現を誘導する．APCが失活するとβ-カテニンの分解効率が低下し，恒常的なシグナル伝達が起こる．

タンキラーゼは，アキシンをPAR化してユビキチン分解に導くことにより，Wnt/β-カテニンシグナルを増強する（図21.9）[26]．このアキシ

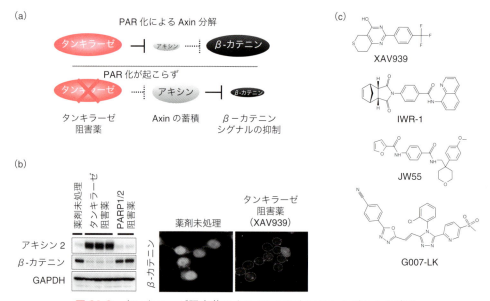

図21.9　タンキラーゼ阻害薬によるWnt/β-カテニンシグナルの遮断
(a) タンキラーゼはアキシンを分解に導き，β-カテニンを蓄積させる．タンキラーゼ阻害薬はβ-カテニンの分解を促進することで同シグナルを遮断する．(b) 左：ヒト大腸がんCOLO-320DM細胞のタンパク質抽出液を用いたイムノブロット．タンキラーゼ阻害薬（左から）：XAV939, IWR-1, JW55. PARP1/2阻害薬（左から）：ベリパリブ，オラパリブ．いずれも3.3 μM, 16時間処理．右：同細胞の免疫蛍光染色．核内に蓄積したβ-カテニン（左）がタンキラーゼ阻害薬によって消失している（右：点線は核の位置）．(c) タンキラーゼ阻害薬の構造式．

ン分解には，タンキラーゼとPAR鎖を認識するユビキチンE3リガーゼRNF146が関与する．XAV939などのタンキラーゼ阻害薬は，AxinのPAR化を抑制して同タンパク質を蓄積させる．これによりβ-カテニンの分解が亢進するため，同シグナルに依存した大腸がん細胞の増殖が抑制される．Wnt/β-カテニンシグナルは標的分子の設定と創薬が困難とされてきたが，タンキラーゼ阻害薬はこれを攻略する有望なシーズといえる[27]．ただしWnt/β-カテニンシグナルは腸管上皮の恒常性維持にも重要であり，タンキラーゼ阻害薬はいまだ臨床開発には至っていない．最近，APC変異のなかでもとくにβ-カテニンの分解に必要な20-AAR領域を完全欠失した"短鎖型"APC変異をもつ大腸がん症例で，β-カテニンシグナルが著しい活性化状態になり，これを抑制するタンキラーゼ阻害薬がとくに有効であることが報告されている[28]．効果予測バイオマーカーを適切に設定することで，タンキラーゼ阻害薬の治療指数（therapeutic index）を高めることができるかもしれない．タンキラーゼ阻害薬はEGFR阻害薬の効果増強，ホスファチジルイノシトール-3キナーゼ（PI3K）阻害薬やAKT阻害薬の耐性克服に有用との報告もある[29,30]．

21.11　今後の展望

合成致死はがん遺伝子依存性（addiction）と並び，がん分子標的治療の重要な鍵を握る事象であり，強力なドライバー遺伝子変異が不在もしくは不明のがん種に対する戦術としても有望である．一方PARP阻害薬の治験には多くの併用療法が含まれるが，これらの成績は合成致死とは区別して考察する必要があろう．個々の薬剤のレベルでは，トラッピング効果の強いPARP阻害薬の有効プロファイルや耐性機構はそれ以外のPARP阻害薬と比べて異なるのかが，興味深い．タンキラーゼ阻害薬については新規化合物の開発が相次いでおり，患者選択のバイオマーカーに関する研究とともに今後の進展が期待される．基礎研究の観点からは，翻訳後修飾シグナルとしてのPAR化とその破綻による病態機構が今後，より詳細に解明されていくであろう．それにより，PARP阻害薬の用途がますます広がるかもしれない．

文　献

1) Schreiber V. et al., *Nat. Rev. Mol. Cell Biol.,* **7**, 517 (2006).
2) Okano S. et al., *Mol. Cell Biol.,* **23**, 3974 (2003).
3) Poirier G.G. et al., *Proc. Natl. Acad. Sci. U.S.A.,* **79**, 3423 (1982).
4) Menissier de Murcia J. et al., *EMBO J.,* **22**, 2255 (2003).
5) Bryant H.E. et al., *Nature,* **434**, 913 (2005).
6) Farmer H. et al., *Nature,* **434**, 917 (2005).
7) Lord C.J. et al., *Annu. Rev. Med.,* **66**, 455 (2015).
8) Venkitaraman A.R., *Science,* **343**, 1470 (2014).
9) Ledermann J. et al., *N. Engl. J. Med.,* **366**, 1382 (2012).
10) Ledermann J. et al., *Lancet Oncol.,* **15**, 852 (2014).
11) Murai J. et al., *Cancer Res.,* **72**, 5588 (2012).
12) Murai J. et al., *Mol. Cancer Ther.,* **13**, 433 (2014).
13) Barber L.J. et al., *J. Pathol.,* **229**, 422 (2013).
14) Kondrashova O. et al., *Cancer Discov.,* **7**, 984 (2017).
15) Jaspers J.E. et al., *Cancer Discov.,* **3**, 68 (2013).
16) Henneman L. et al., *Proc. Natl. Acad. Sci. U.S.A.,* **112**, 8409 (2015).
17) Rottenberg S. et al., *Proc. Natl. Acad. Sci. U.S.A.,* **105**, 17079 (2008).
18) O'Sullivan C.C. et al., *Front. Oncol.,* **4**, 42 (2014).
19) Garnett M.J. et al., *Nature,* **483**, 570 (2012).
20) Tanaka M. et al., *J. Clin. Invest.,* **124**, 3061 (2014).
21) Brenner J.C. et al., *Cancer Cell,* **19**, 664 (2011).
22) Shay J.W. et al., *Cancer Discov.,* **6**, 584 (2016).
23) Smith S. et al., *Science,* **282**, 1484 (1998).
24) Seimiya H. et al., *Cancer Cell,* **7**, 25 (2005).
25) Seimiya H. et al., *Mol. Cell Biol.,* **24**, 1944 (2004).
26) Huang S.M. et al., *Nature,* **461**, 614 (2009).
27) Riffell J.L. et al., *Nat. Rev. Drug Discov.,* **11**, 923 (2012).
28) Tanaka N. et al., *Mol. Cancer Ther.,* **16**, 752 (2017).
29) Casas-Selves M. et al., *Cancer Res.,* **72**, 4154 (2012).
30) Tenbaum S.P. et al., *Nat. Med.,* **18**, 892 (2012).

☑ **Drug Discovery for Cancer**

V

今後注目すべきがん治療標的

22 章　がんの浸潤・転移

23 章　腫瘍内微小環境

24 章　がん幹細胞

25 章　がん特異的代謝経路

Part V 今後注目すべきがん治療標的

がんの浸潤・転移

Summary

がんの浸潤・転移は，患者の予後に直結するがん細胞の代表的な悪性形質であり，その重要性から，これまでに多くの基礎研究とその成果をもとにした治療薬開発が進められてきた．しかしながら，臨床応用に至った治療薬は少なく，がんの浸潤・転移を克服するためには依然として多くの課題が残されている．本章では，これまでのがんの浸潤・転移に関する基礎研究の歴史を振り返るとともに，得られた基礎研究成果が現在の転移克服薬開発にどう生かされているのか，さらには転移克服薬の臨床開発における問題点などを概説する．

22.1 はじめに

がん転移が成立するまでには，原発巣からの離脱，脈管内への侵入，脈管内の移動，遠隔臓器内脈管への着床，脈管外への浸潤，転移先臓器内での再増殖など，多くのステップを経る必要がある[1]．原発巣からばらまかれたがん細胞は，ランダムに転移するわけではなく，さまざまなステップを乗り越えてたどり着いた臓器に転移するわけで，原発巣と転移先臓器との脈管系のつながりや相性が大きく関与する．したがって転移先臓器は偶然に決定されるものではなく，転移先臓器の決定には必然性（臓器指向性）が存在する[2]．なお，転移過程で乗り越えなくてはならない各ステップに必要な遺伝子変異やタンパク質発現異常は悪性化の過程で徐々に起こると考えられているが，こうした変異や異常は原発巣内にすでに生じているとの報告もある[3]．こうしたがん転移の基本概念や転移関連遺伝子・分子の同定は，偉大な先人による病理学的な解析や優れたがん転移モデルを用いた実験的な証明により成し遂げられてきた．本章ではこうしたがんの浸潤・転移の基本概念と転移関連分子の概説とともに，基礎研究成果をもとにした転移克服薬開発の現状を紹介したい．

22.2 がん転移における臓器指向性

がんの種類により転移先の臓器が異なることは，1900年以前にはすでに知られていた．この現象は転移の臓器指向性として知られており，たとえば消化器系のがんは肝臓に高頻度に転移し，乳がん・前立腺がんでは骨への転移が多く認められる（表22.1）[2]．この臓器指向性を説明する代表的仮説として，1889年にStephen Pagetが提唱した，転移先臓器微小環境が転移形成に重要であるとの

表22.1 主要ながんの転移先臓器とその頻度

がん種	転移先臓器ごとの頻度（%）			
	肺	肝	骨	脳
乳がん	26	30	48	7
肺がん	26	16	39	25
大腸がん	20	78	3	1
胃がん	5	39	4	2
卵巣がん	3	13	1	1
前立腺がん	5	4	90	0

文献2)をもとに作成．

仮説であるSeed and Soil Theory（環境適所説）[4]と，1928年にJames Ewingが提唱した，原発巣と転移先臓器の循環系を介した解剖学的関係が転移先臓器の決定に重要であることを示唆したAnatomical Mechanical Theory（血液動態説）[5]が挙げられる．

22.2.1　Seed and Soil Theory（環境適所説）

19世紀，イギリスの外科医であったStephen Pagetは多くの乳がん症例を詳細に検討し，乳がんの転移先臓器は，ある程度の必然性をもって選択されていること（臓器指向性）を見いだした．そこで，適切な土壌にまかれたときのみ植物の種子が成長するといった比喩表現を用いて，がん細胞（Seed）が適切な臓器（Soil）に到達したときのみ転移巣を形成できるというSeed and Soil Theory（環境適所説）を提唱した．この仮説は現在の転移研究にも大きな影響を与え続けており，多くの論文で引用し続けられている．確かに，骨への血液流入量が肺や心臓に比べると格段に少ないことを考慮すると，乳がん・前立腺がんで高頻度に認められる骨転移が脈管系のつながりだけで起こるとは考えにくい．乳がん・前立腺がんが骨転移を起こしやすい理由は，乳がん・前立腺がんが骨という環境に親和性があるためと考えられる．

22.2.2　Anatomical Mechanical Theory（血液動態説）

アメリカの病理医であったJames Ewingは，Anatomical Mechanical Theory（血液動態説）を1928年に発表した．この血液動態説は「がんの転移先臓器の選択は血流の方向や血流量のみにより規定される」という原発巣と転移先臓器の循環系を介した解剖学的関係が，転移形成に重要であるということを示唆した仮説である．消化器系のがんに肝転移が多いのは消化器系の各臓器の静脈が門脈を介して肝臓に集まるからであり，それ以外のがんで肺転移が高頻度に認められるのは，肺へ流れ込む血液量が多いためであると考えられる．また所属リンパ節に転移が多いのは，原発巣に直結したリンパ管をもつためであり，そうした観点から循環系は転移先臓器の決定に大きくかかわっていることが示唆される．

22.2.3　複合的要因により選択される転移先臓器

前述のように消化器系のがん・乳がん・前立腺がんには臓器指向性が確かに認められるが，転移先臓器は肝や骨に限られるわけではなく，脳や副腎などのほかの臓器への転移もしばしば認められる[2]．こうした事実は，ヒトがんにおける転移先臓器の決定には環境適所説と血液動態説の両方が複雑に絡み合っている可能性を示唆している．

22.3　がん転移モデル

ヒト検体を用いた病理学的な検討や *in vitro* モデル系での解析のみでは，がん転移のような複雑な機構を解き明かすことは困難であるため，分子レベルでの解析研究へとつながる *in vivo* のがん転移モデルの開発が望まれていた．そうしたなかでFidlerは，がん細胞をマウス尾静脈内に移植するといった *in vivo* selection法により，マウスB16メラノーマ（悪性黒色腫）から高転移細胞株を樹立することに成功し[6]，その後の分子生物学的手法を用いたがん転移研究への扉を開いた．

がん転移モデルには，がん細胞を本来の発生母地である臓器に移植する同所性移植あるいはがん細胞を発生母地とは異なる部位に移植する異所性移植に大別される自然転移モデル系と，Fidlerらが行った血管やリンパ管などにがん細胞を直接移植する実験的転移モデル系に大別される．それぞれのモデル系には長所と短所がある．

22.3.1 自然転移モデル

自然転移モデルでは同所性または異所性（皮下など）にがん細胞を移植し，そこからの遠隔転移を評価する．この自然モデル系には，マウスの皮下にあらかじめがん細胞を移植して得られた組織片を採取し，その組織片を同所性に縫い付ける，いわゆる縫着モデルも知られている．自然転移モデル系には原発巣での増殖過程や血管やリンパ管へのがん細胞の浸潤過程を含んでいるため，自然な転移機序に近い分子機構を評価できるとして汎用されるが，実際の転移過程とほぼ同じ過程が含まれるということは，逆に，自然転移モデル系で観察される転移の頻度が低いことを意味しており，実験の再現性を得ることに難航することがある．再現性を求める検討には実績のある細胞株で行う必要があり，そのことは限られた細胞株でしか検討できないという欠点につながっている．

22.3.2 実験的転移モデル

実験的転移モデル系は，尾静脈や脾臓などにがん細胞を注入して播種的に肺や肝臓などに転移を起こさせる系である．そのため再現性よく短期間で遠隔転移を評価可能という特徴がある．心臓の左心室内に移植すると骨転移を生じさせることもできるため，骨転移を生じやすい乳がん・前立腺がんなどの骨転移機構の解析にも実験的転移モデルは汎用される．しかし実験的転移モデル系は，がん細胞を直接的に静脈に移植することから，原発巣での増殖過程や血管やリンパ管への浸潤過程は反映しておらず，臨床の転移病態を正確に反映しているとは言い難い．

22.3.3 同種移植転移モデル・異種移植転移モデル

各転移モデルには，動物由来のがん細胞を同種の動物に移植する同種移植モデル（syngeneic model）と，ヒトがん細胞をヌードマウスなどの免疫不全マウスに移植する異種移植モデル（xenograft model）がある．同種移植転移モデル系では免疫系が正常なマウスなどの実験動物にその実験動物由来のがん細胞を移植するため，転移過程を再現している点が大きな利点である．しかし，実験動物のがんがヒトがんの転移病態をどこまで反映しているのかは明確でない．一方異種移植転移モデル系はヒトがん細胞を免疫不全マウスに移植する系であり，ヒトのがん細胞を用いた検討が可能といった大きな特徴がある．もちろんヒトがん細胞を移植するため，免疫不全マウスを用いることが必須であり，免疫系の影響を排除した転移機構にどれほどの意味があるのかは明確でない．実際，重度免疫不全マウスであるSCIDマウスとナチュラルキラー（NK）活性が残存しているヌードマウスなどの免疫不全マウスで比較すると，NK活性が残っているヌードマウスでは転移頻度が明らかに低くなる．また，抗体医薬の効果検証においてもNK活性が残っているヌードマウスのほうが明らかに強い抗腫瘍効果が認められるため，目的に応じた使い分けが必要である．

22.4 浸潤・転移の基本メカニズム

図22.1に示すように，がん転移巣が形成されるまでには，(1) 原発巣におけるがん細胞どうしの接着の減弱と離脱，周辺組織への浸潤，(2) 血管やリンパ管など脈管系への侵入，(3) 脈管系内での移動，(4) 血管内皮細胞などに発現している接着分子レセプターとの相互作用・着床，(5) 血小板，免疫担当細胞やその他の血液内成分との相互作用と塞栓形成，(6) 遠隔臓器内での脈管外への移動と転移先臓器組織内への浸潤，(7) 転移先臓器組織内への適合と再増殖，といったさまざまなステップを乗り越える必要がある．そのためがん転移が生じる頻度は非常に低く，高転移がん細胞をマウス尾静脈に移植するといった(1)(2)の

■ 22.4 浸潤・転移の基本メカニズム ■

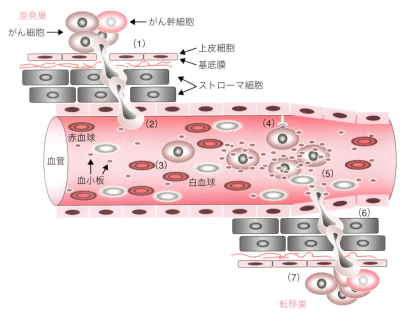

図 22.1 転移巣形成に至るまでの多数のステップ

ステップを省略したモデルでも 0.01％以下の細胞しか転移巣を形成しない[7]．実際，血中循環がん細胞（circulating tumor cell, CTC）数が非常に多く認められるがん患者でも転移が認められない症例は数多く存在する．実験的転移モデルでさえ転移の確率が低いことを考慮すると，自然転移の確率がさらに低いことは容易に推察される．

22.4.1 がん転移とがん多様性

移植したがん細胞すべてが転移巣を形成するわけではないが，Fidler らが開発した in vivo selection 法を用いることで，転移を高率に起こす高転移細胞を取得することは可能である．つまり，がん細胞中には極少数の高転移細胞が存在していることが示唆されており，こうした高転移細胞は原発巣内にすでに存在しているとも報告されている[3]．すなわち原発組織内には高転移細胞の亜集団とともに低転移細胞の亜集団が混在しており，このことから腫瘍組織内のがん細胞は均一ではないことが示唆されている．こうした腫瘍組織内の多様性（heterogeneity あるいは

cellular diversity）は転移をはじめとするがんの難治性に大きくかかわっている．がんの多様性は腫瘍組織内に含まれるがん幹細胞，上皮間葉転換（epithelial mesenchymal transition, EMT），腫瘍組織内の微小環境（がん微小環境）などにより生じるため，そのがん微小環境によりがん細胞が日々進化していると考えられている．

22.4.2 転移とがん幹細胞

がん幹細胞とは，正常組織発生過程において認められる自己複製能や非対称分裂能をもつ正常幹細胞のがん細胞版であり，多様ながん細胞を生み出す源の細胞と考えられている．血球分化マーカーの解析を通じて，血液腫瘍においてまずがん幹細胞の存在が示唆された[8]．その後，脳腫瘍や乳がんをはじめとした多様ながん種においても，その特異的表面マーカーの同定を通じてがん幹細胞画分の分離や濃縮に関する報告がなされている．がん幹細胞が正常幹細胞と同様にヒエラルキーの頂点に位置し，腫瘍組織内のすべてのがん細胞を生み出しているのであれば，がん転移巣を形成す

るのはがん幹細胞以外にはありえない．確かに，がん幹細胞で認められる造腫瘍能や足場非依存的増殖能などの形質の多くは転移形成に必須な形質でもあり，がん転移を生じるがん細胞はがん幹細胞であるとの議論もなされてきた．しかし近年，正常幹細胞からの組織発生過程とは異なり，がん細胞には可塑性（plasticity）があり，その結果としてがん細胞が脱分化してがん幹細胞へと先祖返りする場合があることが報告されている[9]．よって腫瘍はがん幹細胞といった極少数の細胞から生み出されているのではなく，分化・脱分化を繰り返しながら成長しているものと考えられる．

22.4.3 転移と上皮間葉転換（EMT）

EMTは中胚葉形成などの正常組織発生で認められる現象であり，上皮性マーカーであるE-カドヘリンなどの発現減少と間葉系マーカーであるN-カドヘリンやビメンチンの発現亢進を特徴としている．EMTが誘導されると間葉系様細胞へと分化し，細胞間接着の低下や運動能・浸潤能の亢進，細胞骨格・細胞極性の変化など，転移形成にかかわるさまざまな形質が認められるようになる．EMTはトランスフォーミング増殖因子-β（transforming growth factor-β，TGF-β），Wnt，細胞接着分子などにより制御されている．とくにTGF-βは強力なEMT誘導因子である．生体内では，がん細胞依存的な血小板活性化を起点とした血小板からのTGF-βの放出が，EMT変化を伴った転移促進にかかわっていると報告されている[10, 11]．ヒト乳がん患者のCTCにおいても，血小板との相互作用が認められるCTCにはEMTが起こっているとの報告があり[12]，血小板は生体内でのEMT誘導に主要な役割を果たしているものと推察される．これまで上皮系様状態から間葉系様状態に移行するEMTの過程にはいくつかの中間状態が存在することが示唆されていたが，その中間状態の細胞を各段階で分離して転移能を検討したところ，中間状態ごとに転移能が異なり，間葉系様状態に近いからといって，転移能が高いわけではないことが明らかにされた[13]．また，異なる中間状態にあるがん細胞集団は腫瘍組織内で異なる部位に存在していることも明らかになっている．つまり，亜集団内のがん微小環境の違いが転移能を決定している可能性がある[13]．

22.4.4 がん微小環境による転移の制御

腫瘍組織はがん細胞のみで構成されているのではなく，宿主由来のさまざまな細胞や因子（血管・リンパ管内皮細胞，線維芽細胞，免疫細胞，血小板，エクソソームなど）も包んだかたちで構成されている．そのため宿主細胞を含む腫瘍組織を *in vitro* の細胞培養系で再現することは難しく，がんの難治性にかかわる転移や耐性といった形質が腫瘍組織内でいかに獲得されているのかはいまだ明らかでない．しかし近年，がん細胞を直接標的とするのではなく，がん微小環境を標的とした治療薬の実用化や臨床試験が世界各国で進められ，その抗腫瘍効果の高さに注目が集まっている．すでに臨床で用いられている治療薬としては，腫瘍血管を標的とした血管新生阻害薬や腫瘍内免疫細胞を標的とした免疫チェックポイント阻害薬が挙げられる．両薬剤とも幅広いがん種に腫瘍増殖抑制効果を示す．また臨床試験中の治療薬としては，がん随伴線維芽細胞（cancer-associated fibroblasts，CAFs）を標的としたアポトーシス誘導薬（Bcl-2阻害薬など）がある[14]．CAFが細胞死を起こしてCAFの数が減少すると，がん細胞の増殖も抑制されると報告されており，CAF阻害薬も幅広いがん種に適用できるものと期待されている．また，これらの治療薬（候補）は，原発巣だけでなく転移巣における腫瘍増殖をも抑制できると考えられており，これら血管新生阻害薬，免疫チェックポイント阻害薬，CAF阻害薬も広い意味では転移抑制薬と捉えることができる．

22.5 浸潤・転移を標的とした治療薬の開発とその問題点

多様ながん転移モデルを用いた解析から，転移・浸潤の各ステップに関与する分子候補が多数報告されている．たとえば図 22.1 の (1) や (6) のステップにおいては，がん細胞どうしの接着などにかかわるカドヘリン・カテニンの機能喪失，細胞運動にかかわる低分子量 G タンパク質 Rho や Src の活性化，周辺組織への浸潤や細胞外基質の分解にかかわるマトリックスメタロプロテアーゼ (matrix metalloproteinase, MMP) の活性化などが関与していることが明らかにされており，(4) のステップにはセレクチン，CD44，ケモカイン受容体などの関与が知られている．また (5) のステップには，血小板凝集促進因子ポドプラニン (podoplanin, 別名 Aggrus)，インテグリン，シアリルルイス X などが挙げられ，とくに Aggrus/ポドプラニンの過剰発現などにより誘導される血小板凝集は，がん転移との相関から注目されている．血小板凝集は腫瘍塊形成と塞栓形成，腫瘍表面を覆うことによる免疫細胞からの攻撃の回避，血小板からの増殖因子の分泌促進などにかかわっていることが，基礎研究レベルで明らかになっている．これら分子を標的とした治療薬開発が現在精力的に進められており，いくつかを紹介したい．

22.5.1 マトリックスメタロプロテアーゼ (MMP) を標的とした阻害薬開発

がんの浸潤・転移を標的とした薬剤開発の歴史で忘れてはならないのが，1990 年代に大手製薬企業も含めて開発競争が行われた MMP 阻害薬である．MMP はがん周囲の組織への浸潤や基底膜の破壊にかかわっており，このような MMP の機能を阻害する MMP 阻害薬はコンセプトとしても妥当であり，非臨床試験ではめざましい転移抑制効果が認められていた．そうした背景のもと，バチマスタット (batimastat/BB-94)，マリマスタット (marimastat/BB-2516)，レビマスタット (rebimastat/BMS-275291) などの阻害薬が創製され，臨床試験が実施された．しかし，臨床試験では期待されていた有効性をまったく示すことができず，逆に骨格筋の痛みや関節の動きに対する障害という副作用が生じたため，第Ⅲ相臨床試験まで進んだ阻害薬もあったが，すべて開発が中止された[15]．MMP 阻害薬の臨床開発が行われていた当時はまだ MMP に関する理解が十分でなく，後年の解析により臨床試験に入った阻害薬の多くは MMP ファミリー分子をすべて阻害するといった非常に広い阻害スペクトラムをもっていたことが明らかになっている．転移・浸潤の促進にかかわると信じられていた MMP には，がん抑制にかかわる MMP-8 などもあることが，詳細な解析により後年明らかになっており，そのために広汎な MMP 阻害薬によりがんが憎悪する症例が現れたと考えられている．このように，MMP の正常な機能の解析が不十分なまま臨床試験に突入してしまったことが臨床開発の失敗の原因であると考えられている．こうした反省を踏まえ，阻害スペクトラムを狭めた阻害薬の開発が進められている．すでに臨床試験に入っているものとして，MMP-9 阻害抗体のアンデカリキシマブ (Andecaliximab/GS-5745) が挙げられる．また非臨床段階の阻害薬として MT1-MMP 阻害抗体 (DX-2400) などがある．このように，特異性を高めた MMP 阻害薬を用いて，改めて転移阻害薬を開発しようという動きが起こっている[16]．

22.5.2 血小板との相互作用を標的にした阻害薬開発

がん患者に静脈血栓が多いという事実は，臨床現場においてしばしば観察される．そのためがんと血液凝固の関係が古くから研究されてきた．ま

■ 22章　がんの浸潤・転移 ■

たがん細胞によって血小板凝集が誘導されると腫瘍増殖や転移が促進されるという実験的証明がなされ，血小板を標的にしたがん治療薬の開発が模索されてきた．近年ではさらに，血小板凝集に伴い放出されるTGF-βやPDGFが腫瘍増殖を促進すること（腫瘍増殖促進効果），血小板ががん細胞周囲に付着して鎧のようにがん細胞を覆うことにより免疫細胞からの攻撃を回避していること，血小板を介したがん細胞の凝集が腫瘍塞栓を形成することなどが相次いで報告され[10]，血小板とがん転移の相関に注目が集まっている．しかし血小板は止血のための血液凝固に主要な役割を果たしているため，手術を控えたがん患者や抗がん薬により血小板数が減少したがん患者に血小板凝集抑制薬を投与することは困難であり，がん依存的な血小板凝集を特異的に抑制する阻害薬の開発が望まれていた．

本章執筆担当者の藤田らは，転移能と血小板凝集能に相関のあるがん細胞株の詳細な解析により，Aggrusと命名した血小板凝集の責任分子を同定することに成功した[17]．その後Aggrusは，ポドプラニン，T1α，gp36などさまざまな名前で呼ばれていた機能未知の分子と同一であることが明らかとなった[18]．Aggrus/ポドプラニンは血小板上のCLEC-2受容体と結合し，SrcファミリーキナーゼSyk，phospholipase Cγ2経路を介して血小板凝集を惹起する．Aggrus/ポドプラニン上には，CLEC-2との相互作用に必須なPLAGドメインが4個存在しており，ヒトでは3番目と4番目のPLAGドメイン（PLAG3ドメイン，PLAG4ドメインと呼称）がCLEC-2との結合に重要である[19]．藤田らはPLAG3ドメインを特異的に認識し，CLEC-2との結合を阻害するマウス抗体（P2-0抗体とMS-1抗体）の作製とそのキメラ化に成功している．またCLEC-2との結合に主要な役割を果たしているPLAG4ドメインを2016年に同定し，そのPLAG4ドメインを特異的に認識するマウス中和抗体PG4D2の作製とそのヒト化にも成功した（図22.2）[20]．興味深いことにCLEC-2の機能を阻害しても，血小板凝集を惹起するADPやコラーゲンなどによる血小板凝集が起こることが報告されており[20]，抗血小板薬や抗炎症薬などとは異なり，ポドプラニン標的抗体は血小板の止血機能を損なうことなくがん

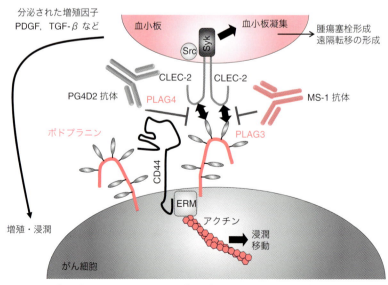

図22.2　Aggrus/ポドプラニンとCLEC-2の相互作用を介したがん依存的な血小板凝集と転移

252

転移を抑制できる血小板凝集抑制薬として有望であると考えている．現在，ヒト化した抗ポドプラニン抗体の実用化に向けた研究が進んでいる．

22.6　おわりに

MMP阻害薬の開発が失敗に終わったことを受けて，浸潤・転移を標的にしたがん分子標的治療薬の臨床開発は難しいという間違った認識が広まり，転移克服薬を積極的に開発しようという製薬企業が現在ではほとんどなくなってしまった．そのため，アカデミアの研究者が主導しているがん転移克服薬の開発も停滞しており，世界的にみても臨床で用いることができる転移克服薬は存在しない．現在の日本では，基礎研究成果を臨床へと結びつけるトランスレーショナルリサーチを積極的に進める施策がいろいろとなされているが，転移克服薬の開発には製薬企業の協力が不可欠であり，そうした点で大きなハードルはまだ残されたままである．

製薬企業の抗腫瘍薬開発では，その薬剤単独で腫瘍縮小効果が期待できるものを優先的に進める傾向がある．もちろん自社開発の薬剤とほかの薬剤との併用療法による臨床試験も実際には数多く行われているが，自社開発の薬剤単独での腫瘍抑制効果が認められれば，その後の開発が容易であるためである点は致し方ない．転移克服薬は一般的に殺細胞効果をもたないため，転移克服薬単剤での急速な腫瘍退縮は望めず，開発の優先順位が低くなってしまっている．さらに転移克服薬として開発するためには生存率の延長あるいは無転移期間の延長が効果判定に必要であるが，そのためには必然的に多数の患者さんを臨床試験にエンロールする必要があり，長期間にわたる観察も必要である．その結果臨床試験への投資が莫大な金額となることが予想され，そのことが転移克服薬の企業主導での臨床試験が停滞する原因にもなっている．幸いに臨床試験が始まったとしても，臨床試験にエンロールされる患者の多くが現在の標準治療では治癒不可能なすでに転移巣をもったような進行がん患者となる可能性もある．MMP阻害薬開発が滞った原因でもある浸潤・転移過程がみえにくい進行がん患者を対象とした臨床試験では，必然的に効果判定が難しくなると予想される．

しかし基礎研究により明らかとなったさまざまな分子・機構を標的とした浸潤・転移阻害薬開発を少しずつでも進めない限り，進行がん患者の延命，そして何よりもがんによる死亡率の減少につながらないと思われ，産官学が一体となって浸潤・転移阻害薬を開発していくシステムの構築を早急に行う必要があると考える．

文　献

1) Wirtz D. et al., *Nature Rev. Cancer,* **11,** 512 (2011).
2) Hess K.R., *Cancer,* **106,** 1624 (2006).
3) Yachida S. et al., *Nature,* **467,** 1114 (2010).
4) Paget S., *Lancet,* **133,** 571 (1889).
5) Ewing J., 'Neoplastic diseases. 6th edn' WB Saunders, Philadelphia (1928).
6) Fidler I.J., *Nature New Biol.,* **242,** 148 (1973).
7) Fidler I.J., *Nature Rev. Cancer,* **3,** 453 (2003).
8) Bonnet D.& Dick E., *Nature Med,* **3,** 730 (1997).
9) Shimokawa M. et al., *Nature,* **545,** 187 (2017).
10) Labelle M. et al., *Cancer Cell.,* **20,** 576 (2011).
11) Takemoto A. et al., *Sci. Rep.,* **7,** 42186 (2017).
12) Yu M. et al., *Scinece,* **339,** 580 (2013).
13) Pastushenko I. et al., *Nature,* **556,** 463 (2018).
14) Mertens J.C. et al., *Cancer Res.,* **73,** 897 (2013).
15) Coussens L.M. et al., *Science,* **295,** 2387 (2002).
16) Winer A. et al., *Mol. Cancer Ther.,* **17,** 1147 (2018).
17) Kato Y. et al., *J. Biol. Chem.,* **278,** 51599 (2003).
18) Fujita N. & Takagi S., *J. Biochem.,* **152,** 407 (2012).
19) Sekiguchi T. et al., *Oncotarget,* **7,** 3934 (2016).
20) Takemoto A. et al., *Cancer Metastasis Rev.,* **36,** 225 (2017).

Part V　今後注目すべきがん治療標的

腫瘍内微小環境

Summary

　固形腫瘍は，ある一定以上の大きさになると，単なるがん細胞の塊ではなく，がん細胞と多種多様な間質細胞・間質成分が有機的に相互作用して構成されるヘテロな集合体となる．間質細胞は，おもに線維芽細胞，内皮細胞など脈管を構成する細胞，腫瘍内に浸潤してきたマクロファージ，好中球，リンパ球などの骨髄由来細胞から構成されている．また，細胞外基質などが異常に発達して独特の環境を形成する腫瘍もある．さらに腫瘍組織の脈管構造の異常により，腫瘍内の酸素や栄養の分布はきわめて不均一である．腫瘍内の不均一な環境に適応するなかで，がん細胞のみでなく間質細胞も不均一な性質をもつようになり，腫瘍はきわめてヘテロな細胞・環境から成る複雑な組織となっていく．このヘテロな性質が，がん治療効果を限定的なものとしている．さらには低酸素環境で活性化する低酸素誘導因子（HIF）が治療抵抗性・悪性化・免疫抑制に関与する多くの遺伝子の発現を制御していることも明らかにされている．一方で腫瘍内微小環境は正常組織とは大きく異なるため，その違いを利用した環境標的薬の開発が進められてきた．環境標的薬の効果は腫瘍内の一部のがん組織細胞しか標的にしないため，単独での効果はきわめて限定されるものの，悪性化や治療抵抗性の原因となるがん細胞を死滅させるため，既存の抗がん薬・治療法との併用で，より効果的ながん治療を実現できると期待される．本章では腫瘍内微小環境の特徴をまとめ，治療標的としての腫瘍内微小環境についての研究を考察する．

23.1　腫瘍内微小環境

　がんの発生組織や細胞の種類により多少の差はあるものの，固形腫瘍内には正常組織には存在しない「低酸素・低pH・低グルコース」に特徴づけられる特有の微小環境が存在する[1-3]．低酸素と飢餓ストレスにさらされるきわめて過酷な環境も存在し，多くのがん細胞が死滅するなか，過酷な環境に適応する能力を身につけて生き延びたがん細胞は，薬剤抵抗性や転移浸潤能を獲得する．その過程では「ゲノムの変異およびエピジェネティックな変異（DNAのメチル化やヒストン修飾に生じる変化で，子孫細胞に継承されるもの）」と「低酸素誘導転写因子の機能」が大きな役割を果たしている．

23.1.1　腫瘍血管の欠陥がつくり出す微小環境

　正常血管では，適切な血管新生因子が順序よく，バランスよく作用し，しっかりとした階層構造をもった堅固な血管が形成され，規則正しく分布している．一方で腫瘍血管は，がん組織細胞から無秩序に分泌される血管新生因子に応答してつくられるために，急ごしらえで建設した道路のように無秩序に分布しており，構造的・機能的異常が存在する．たとえば，血管の階層構造の損失や内膜の欠損により腫瘍血管は正常血管よりも透過性が高く，正常血管からは漏れ出ないような大きい分子（＞50 nm）も漏出する〔この透過性亢進を利用

して，リポソームやミセルなどのドラッグデリバリーシステム（drug delivery system, DDS）製剤は腫瘍特異的送達が可能になっている．また，リンパ管も同様に構造的に不完全なため排出機能が低下しており，薬物の腫瘍からの排出が遅延する．このような現象は enhanced permeability and retention（EPR）効果として知られている］．また不規則な分枝や高頻度の動静脈シャント（接合部）形成が起こるなどして[4]，血液が滞留したり，逆流したり，あるいは流速も方向も定まらない異常な血流が観察される．さらに，滞留した血管の周辺や血管から離れた領域に長時間にわたって低酸素となる領域が生じ，がん組織細胞の生存にきわめて過酷な微小環境が形成される．

23.1.2　間欠性低酸素(intermittent hypoxia)

一定の血流により安定した酸素や栄養が供給される正常組織に対して，異常な脈管構造に起因する異常な血流が生じる腫瘍組織では，腫瘍血管内のヘモグロビン酸素飽和度が短時間に小刻みに変動する．ヘモグロビンから遊離した酸素が組織細胞に供給されるため，血管周辺の組織酸素濃度も，短時間に大きく変動する状態（intermittent hypoxia）になる[5]．短時間の小刻みな酸素濃度の変動は，活性酸素種（reactive oxygen species, ROS）の産生を促し，周辺のがん細胞のみならず，血管内皮細胞を含むがん組織細胞すべてが ROS による酸化ストレスにさらされることになる．

23.1.3　慢性低酸素(chronic hypoxia)

腫瘍血管から供給される栄養や酸素は，血管からの距離が離れるにつれて濃度が下がり，慢性的に低酸素・飢餓状態の領域が形成され，さらに約 100 μm 以上離れると壊死領域が形成される（図 23.1a）[1-3]．慢性低酸素領域は，極端な低酸素（10 mmHg 以下）の領域を含む．この条件下ではニトロイミダゾール骨格をもつ化合物の

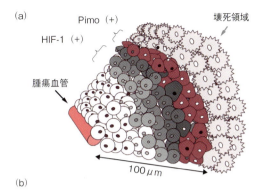

図 23.1　固形腫瘍内にみられる低酸素領域
(a) 腫瘍内の慢性的低酸素環境．Pimo (+)：きわめて低酸素（10 mmHg 以下）で応答するピモニダゾール反応（低酸素マーカー）の陽性領域．(b) 酸素濃度依存的に制御される HIF，酸素センサーとして機能するプロリン水酸化酵素 PHD2 と HIF の転写活性抑制因子 FIH の活性，ピモニダゾール反応の関連性を模式的に示した．

還元反応が起こるため，この反応を利用して腫瘍内低酸素領域を検出することが可能である（図23.1b）．具体例として，ニトロイミダゾール系の化合物であるピモニダゾールは低酸素条件下では容易に還元され，細胞内でタンパク質などの高分子に結合する性質を示すようになる．すなわち低酸素状態にある細胞でのみピモニダゾールの蓄積が起こるため，この原理を生かして生検サンプルなどの低酸素イメージングを行うことが可能である[6]．同様にこの原理を利用して[^{18}F]フルオロミソニダゾール，[^{18}F] EF5，[^{18}F]フルオロアゾマイシンアラビノシドなどの PET（Positron Emission Tomography，陽電子放出断層撮影）診断薬[7]，低酸素活性化プロドラッグ（後述）[8]の実用化研究が進められている．

23.1.4　腫瘍内微小環境での悪性化

間欠性や慢性の極端な低酸素にさらされた細

胞では，ROSが発生する．ROSは遺伝子変異やエピジェネティック変異，修復機構の機能不全を誘導する[9]．例としてヒドロキシルラジカル（hydroxyl radical）はピリミジンやプリン，クロマチンタンパク質と反応して塩基の修飾やゲノムの不安定性を誘導する．ROSはさらに，次項で詳述する低酸素誘導因子（hypoxia inducible factor，HIF）の活性も上昇させる[10]．HIFは腫瘍内微小環境下に置かれたがん細胞集団の淘汰過程に深くかかわっている．たとえば上皮間葉転換（Epithelial-Mesenchymal Transition，EMT）にはHIFによって発現制御される遺伝子の機能が関与している[11]．これは間葉系に転換した細胞は運動性・浸潤性を亢進していることから，HIFはEMTの誘導を介して，がん細胞がよりよい環境を求めて移動するのを手助けしていると解釈することができる．また多分化能を維持するのに必要な遺伝子の発現が誘導されるため，HIFによりがん細胞は脱分化する[12]．未分化な細胞のゲノムでは一般にエピジェネティックな修飾が変化し，変異を獲得した遺伝子を含めてより多くの遺伝子が発現可能な状況になったり，遺伝子全体の発現パターンが変化したりする．その結果，細胞の性質が大きく変わることもある．したがってROSの発現が高い腫瘍内低酸素環境では多くの細胞が死滅するが，遺伝子変異の結果，過酷な環境下での淘汰を乗り越え，ストレスに強い性質を獲得して生き延びる細胞も出てくる．そのような細胞はより治療抵抗性や悪性度の高いがん細胞となる．

23.2　低酸素誘導因子HIF

1992年にHIF-1がエリスロポエチン遺伝子の低酸素応答転写因子として報告されて以来[13]，低酸素に応答して発現する遺伝子が次つぎに明らかとなり，正常組織における酸素応答が次第に解明された．そして低酸素がん細胞の理解が加速度的に進み，がんの治療抵抗性や悪性化にもHIFの機能が重要な役割を果たしていることが明らかになってきた[14]．

HIFは低酸素条件下で速やかに活性化され，腫瘍組織細胞の細胞周期制御，解糖系代謝，薬剤排出，アポトーシス制御，血管新生に関与する遺伝子の発現を誘導して，治療抵抗性を高めたり，腫瘍内の厳しいストレスに打ち勝つ手助けをしたりして，より悪性度の高いがんの形成に寄与する[14]．HIFが発現制御する遺伝子のプロモーター，エンハンサー領域には，HIFの結合配列であるhypoxia responsive element（HRE）が存在する（図23.2）．HREは方向性をもたず，逆向きにいれても機能は変わらない．また標的遺伝子の3'，5'側のどちらにも存在しても転写活性を誘導し，10 Kb以上離れた位置から転写制御する場合もある．HIFは単独では転写活性をもたず，p300/CBPなどの転写活性化補助因子（coactivator）と結合して転写因子複合体を形成し，標的遺伝子の転写を促す[15]．がん細胞の種類や状態により協働する転写活性化補助因子の種類や活性が異なるため，HIFの活性化によって発現が誘導される遺伝子の発現量や種類は異なる[16]．したがって，低酸素下にあるがん細胞において，HIFに誘導される遺伝子が必ずしも同一であるとは限らない．

23.2.1　HIFの種類

HIFはαとβの異なる二つのサブユニットから成る（図23.2）．HIFαはヒトでHIF-1α，HIF-2α，HIF-3αの三つのアイソフォームが知られている．HIF-1αは普遍的に全身組織細胞で発現しており，HIF-2αはおもに血管内皮細胞など組織特異的な発現が確認されている．HIF-3αはスプライシングバリアントであるIPAS（inhibitory PAS protein）が知られており，転写抑制的な機能が報告されているが，詳細

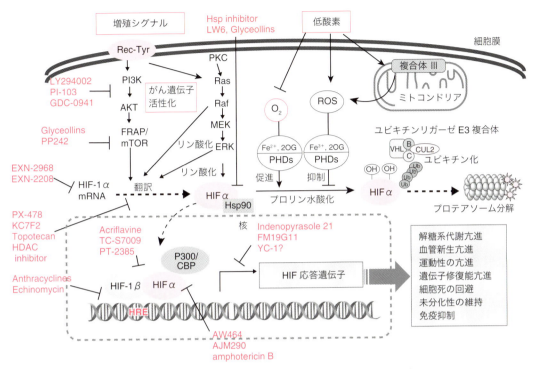

図 23.2　HIFの発現制御機構とさまざまな阻害剤の作用点

HIF-1はHIFαとHIF-1βによって構成される．HIF-1βは恒常的に発現し，細胞内に多く存在するのに対し，HIFαの量は酸素分圧やROSによって転写・翻訳，翻訳後修飾のレベルで制御されている．すなわち，HIF-1の活性はおもにHIFαタンパク質の量によって制御されている．酸素が十分にある正常細胞内では，HIFαはPHDsによるプロリン残基の水酸化に続くユビキチン・プロテアソーム系により速やかに分解される（右上）．がん細胞では，酸素依存的制御に加えて，受容体型チロシンキナーゼ（RTK）を介した過剰な増殖シグナルやがん遺伝子の活性化によりおもに翻訳が亢進したり（左上），酸素依存的分解を担っているユビキチンリガーゼVHLの遺伝子変異により分解が阻害されたり，Hsp90などにより安定化したりして，過剰なHIFαタンパク質が産生される．安定化したHIFαタンパク質は核に移行してHIF-1βと二量体を形成し，転写因子HIFとしてHRE配列に結合し，HIF応答遺伝子の発現を制御する（下）．赤字はHIFの阻害薬として開発されている薬剤名を，T字線は薬剤の作用点を示している．

は不明である[17]．βサブユニット（HIF-1β）は恒常的に発現しているが，αサブユニット（HIFα）のタンパク質安定性は低酸素条件下で上昇する．次項で説明するが，これはHIFαの安定性がおもに酸素依存的制御機構で制御されているためである[14]．したがってHIFの活性は，細胞内にHIF-1βに結合できるHIFαがどのくらい存在するかに依存している．HIF-1αおよびHIF-2αのノックアウト（KO）マウスは胎生致死となる[18, 19]．HIF-1αのKOマウスは血管などの循環器系の発生異常がおもな原因となり，胎生9.5日前後で死亡する．HIF-2αのKOマウスの表現型は系統により異なるものの，HIF-2αが胎児や新生児の組織形成に重要な役割を果たしていることを示している．

23.2.2　HIFα発現量の酸素依存的制御

HIFα発現量の酸素依存的制御は，細胞の酸素センサーとして機能するプロリン水酸化酵素（prolyl hydroxylase，PHD）により行われている．HIFαの酸素依存的分解ドメイン（oxygen-dependent degradation domain，ODD）にあるプロリン残基がPHDによって水酸化されると，E3ユビキチンリガーゼがこの水酸化修飾を認識

してHIFαをユビキチン化することで，HIFαがユビキチン-プロテアソーム分解機構によって分解される[20]．つまり，HIFαは酸素が十分にある組織では，常につくられ，常に壊される「無駄なタンパク質」である．しかし正常組織細胞が疾患や事故で低酸素状態に陥った際にはHIFαが速やかに安定化し，転写因子として機能することで，低酸素状態の細胞を救うさまざまな遺伝子が発現し，細胞死が回避される．正常組織では専ら酸素依存的制御機構によりHIFの活性が制御されている．PHDはヒトでは*PHD1*から*PHD3*の3種類の遺伝子が同定されており，有酸素状態でのHIFαタンパク質の制御にはPHD2が中心的な役割を果たしている．PHDの活性化には二価の鉄イオン（Fe^{2+}）に加えて酸素が必須であるため，PHDの活性は低酸素の環境下で大きく低下する（図23.1b）．

23.2.3　ROSによるHIF活性制御

　酸素分子の供給が減ると，酸素依存的なさまざまな酵素の活性が急激に阻害される．たとえばシトクロム酸化酵素（cytochrome oxidase, COX）は細胞内の酸素を最も多く消費する酵素である．COXの阻害はミトコンドリアにおける電子伝達の低下やNADHの蓄積を引き起こし，これによって細胞内で"省エネ"モードへの切り替えスイッチが入る．ミトコンドリア電子伝達系の複合体Ⅲ（complex Ⅲ）で産生されるROSにより，PHDsの活性中心のFe^{2+}がFe^{3+}となりPHDsの機能を阻害する[21]．その結果HIFαタンパク質が安定化し，HIFを介する低酸素応答が開始される（図23.2）．したがって過酸化水素水や2,3-ジメトキシ-1,4-ナフトキノンのような酸化還元サイクリング試薬（redox cycling compounds）を細胞に作用させると，HIF-1αタンパク質が蓄積してHIF-1活性が上昇する[22]．炎症反応によってHIF活性が上昇するときにもROSの機能が寄与していると考えられる．

23.2.4　HIFα発現量の酸素非依存的制御

　がん細胞ではHIFα発現量の酸素依存的制御機構と同時に，多くの酸素非依存的な制御機構が存在する（図23.2）．がん抑制遺伝子による制御としては，p53-Mdm2[23]やVon Hippel–Lindau（VHL）による分解制御が知られている．VHLは，HIFαのユビキチンリガーゼである．*VHL*の機能喪失型変異はHIFαの酸素依存的分解を抑制するため，HIF活性の恒常的活性化を引き起こし，中枢神経や網膜での血管芽腫や腎臓での明細胞がん，褐色細胞腫などの腫瘍が多発するVHL病の要因として知られている．がん遺伝子によるHIFαの発現量の制御としては，過剰な増殖因子や受容体型チロシンキナーゼの活性化，その下流のPI3K-AKT-mTORシグナルの亢進を引き起こすがん遺伝子の活性化，RASやRAFなどのがん遺伝子産物によって活性化されたMAPK（mitogen-activated protein kinase）シグナルによる翻訳の亢進が報告されている．また，熱ショックタンパク質（heat shock protein）であるHsp90やHsp70を介してHIFαタンパク質の安定性を制御する機構も知られている[24]．

23.2.5　HIFの転写活性制御

　HIFの転写活性制御としては，酸素依存的なアスパラギン水酸化酵素であるFactor Inhibiting HIF-1（FIH-1）による抑制と，MAPKを介する活性化が知られている．FIH-1は，HIFαのカルボキシル末端ドメインに結合することでHIFとそのアダプター因子であるp300との結合を阻害する．一方FIH-1の発現量も酸素濃度によって制御されている．すなわちFIHは低酸素になると発現量が低下し（図23.1b），それによりp300がHIFαタンパク質に結合できるようになり，HIFの転写活性が高まる．FIH-1

も多くの組織細胞に発現しており，HIF活性を制御していると考えられているが，神経膠芽細胞腫などでは欠損し，これが悪性化に寄与する[25]．またMAPKはHIFαを直接リン酸化して，プロリン異性化酵素（prolyl isomerase）であるPin1のHIFαへの結合を促し，その構造変化を誘導することで，HIFαの転写活性を上げている[26]．

23.3 治療抵抗性を培う腫瘍内低酸素環境

腫瘍内低酸素領域の存在は，放射線治療の予後不良因子として60年以上前に報告された[27]．それ以来，低酸素領域にあるがん細胞が治療抵抗性の原因や再発の温床となっていることが示唆されてきた．これまでに機構が明らかにされている，低酸素環境が治療抵抗性をもたらす要素について概説する．

23.3.1 放射線治療抵抗因子としての低酸素

放射線の作用には，DNAなどの生体分子に直接当たって電離を起こす直接作用と，水の分子に当たってそれを電離分解してラジカルを発生させ，このラジカルがDNAなどに当たり傷つける間接作用がある．間接作用が起こるときに酸素があると，活性の高い酸素ラジカルや，より寿命の長いラジカルをつくって放射線によるDNA損傷効果は大きくなる．これがいわゆる「酸素効果」である．低酸素領域では酸素効果が得られないため，放射線治療効果が低下する．また放射線照射によってHIFの活性が一過性に上昇することで，治療後の腫瘍血管の新生を促し，生き延びた低酸素がん細胞の生存を助け，放射線治療の効果を限定的なものにしてしまっている[28]．このHIFの活性を抑えることで，生き残った低酸素状態の細胞から放出される血管新生因子による血管新生を抑え，長期にわたり腫瘍増殖を抑制することができると期待されている[28]．

23.3.2 薬剤耐性

放射線と同様の機構で，DNAに2本鎖切断損傷を与えるブレオマイシン（bleomycin）やエトポシド（etoposide）も低酸素環境では薬効が低下する[29]．また異常な腫瘍血管の血流に乗って運ばれる抗がん薬は酸素や栄養と同様に不均一に分布し，とくに慢性の低酸素領域には効率よく運ばれないため，多くのがん細胞において有効な薬剤濃度に達する機会が少ない．また慢性低酸素領域の細胞はエネルギー不足で"省エネ"モードに入っており，増殖を停止している．多くの抗がん薬は分裂している細胞を標的としているため，増殖を停止している低酸素がん細胞に対する効果は限定的なものになる．さらにHIFによって発現が誘導される遺伝子のなかには，薬剤耐性遺伝子の代表格である*MDR1/ABCB1*遺伝子がある（図23.3）[30]．*MDR1/ABCB1*は，ABCトランスポーターファミリーの一員で，12回膜貫通型の糖タンパク質であるP-糖タンパク質（P-glycoprotein, P-gp）をコードしている．P-gpの作用により薬剤の細胞外排出が促されるため，当該薬剤の薬効が低下する．最近ではリソゾームに局在するP-gpが薬剤のリソゾームへの流入・蓄積を促すことにより，薬効を低下させていることも報告されている[31]．

23.3.3 細胞周期の制御

放射線や多くの抗がん薬がDNAや核酸・DNA合成経路に作用点をもつため，DNA複製をしている増殖中の細胞に対する効果が高い．抗がん薬治療や全身放射線被曝後に，細胞再生系（皮膚，毛，血球，粘膜細胞）に副作用や障害がみられるのはそのためである．低酸素は，HIF依存的あるいは非依存的機構を介してG1期からS期への移行を抑制する[32, 33]．HIFはcyclin-

■ 23章 腫瘍内微小環境 ■

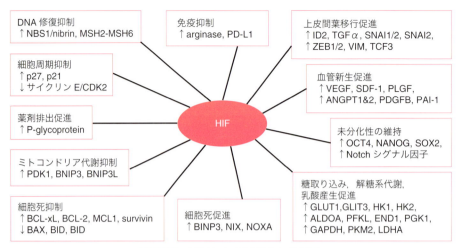

図 23.3 HIF により制御される因子
HIF により発現が上昇する因子を↑で，発現が抑制される因子を↓で示した．

dependent kinase inhibitor（CKI）p21 やp27 の発現を上昇させ，サイクリン E/CDK2 のキナーゼ活性を抑制することで，細胞周期進行のブレーキ役である RB タンパク質の低リン酸化状態（活性化状態）を引き起こす．これにより細胞周期の G1 期から S 期への移行が抑制される（図23.3）．そのため，低酸素環境下の細胞では細胞分裂が不活発になっており，多くは G1 期で細胞周期を停止しているため，放射線や抗がん薬の治療効果が限定的となる．

23.3.4 糖代謝の制御

ワールブルク（Warburg）効果でよく知られているように，がん細胞では酸素が十分にある状態でも解糖系代謝が活発になっている．先述したように，腫瘍内では HIF が低酸素非依存的機構で活性化することが一つの要因である．糖の取り込みを行う Glut-1 やほとんどの解糖系代謝酵素がHIF により発現制御されている（図23.3）[34]．また，解糖系の最終産物であるピルビン酸は，本来ミトコンドリアに移行し，酸化的脱炭酸反応を通じてアセチル CoA に変換され，TCA サイクルおよび酸化的リン酸化経路へと移行する．この

ときの酸化的脱炭酸反応はピルビン酸デヒドロゲナーゼ（PDH）によって触媒される．腫瘍内では，HIF-1 によって発現上昇した PDK1（PDH kinase 1）が PDH を直接抑制するため，ピルビン酸のアセチル CoA への変換が抑制される[35]．したがって HIF-1 が活性化している細胞ではミトコンドリアでの代謝が低下する．これによりピルビン酸は細胞質に蓄積することになるが，ピルビン酸を乳酸に変換する乳酸デヒドロゲナーゼ（lactate dehydrogenase, LDHA）の発現もHIF-1 によって誘導されるため，乳酸の産生が亢進する．結果的に乳酸濃度が上昇することで細胞内外の pH が下がり，一部の薬剤（塩基性薬剤）の効果が低下することになる．

23.3.5 アポトーシスの制御

HIF-1 は，ミトコンドリアの不活化やアポトーシス抑制因子（BCL-xL，BCL-2，MCL-1）の誘導，アポトーシス誘導因子（BAX，BAK，BID など）の抑制を介してアポトーシスを抑制することが知られている．事実 HIF によるアポトーシス抑制は，アポトーシスを介してがん細胞を死滅させる抗がん薬の耐性メカニズムの一つとなって

いる[36]．HIF によるアポトーシス抑制のメカニズムとしては，転写因子である NF-κB を安定化させ，NF-κB によってサバイビン（survivin）などの抗アポトーシス因子の発現が誘導されることも報告されている．最近では 5-フルオロウラシル（5-fluorouracil）による胃がんの治療において，DNA 損傷による p53 依存的なアポトーシスが HIF-1 によって抑制されることが報告された[37]．一方，HIF-1 はアポトーシス促進因子（BNIP3，NIX，NOXA など）の発現も誘導することが知られている[36]．HIF-1 は低酸素関連疾患において，損傷が甚大で生存が困難な細胞にアポトーシスを誘導し，組織恒常性の維持を図っているのかもしれない（図 23.3）．HIF-1 によるアポトーシス制御については，まだ不明な点も多い．

23.3.6 免疫抑制

腫瘍内低酸素領域には，免疫抑制性の骨髄由来抑制細胞（myeloid-derived suppressor cells, MDSC），腫瘍随伴マクロファージ（tumor-associated macrophage, TAM）や制御性 T 細胞（regulatory T cells, Treg）が集積し，これらが相互にクロストークして免疫抑制性の環境を構築することで，腫瘍の治療抵抗性や悪性化を促進している[38]．腫瘍内低酸素環境にある MDSC は，HIF-1 依存的なアルギナーゼ活性や一酸化窒素（nitric oxide, NO）産生の上昇や programmed death-ligand 1（PD-L1）の発現を上昇させて，T 細胞の活性を抑制する（図 23.3）．また抗原特異的 Treg の増殖を推進する．さらに MDSC は TAM に分化し，免疫抑制を促進する．マクロファージは活性化の様式により M1 型と M2 型の二つのタイプに大別されるが，TAM はがん細胞や MDSC から分泌されたインターロイキン-10（interleukin-10, IL-10）の刺激により，より免疫抑制活性の強い M2 型となる．また TAM による T 細胞の増殖・機能抑制は，HIF-1α および誘導型一酸化窒素合成酵素（inducible nitric oxide synthase, iNOS）に依存している[39]．低酸素環境では抗原提示細胞である樹状細胞（dendritic cells, DC）の機能が抑制され，T 細胞の活性化が抑えられる．低酸素で誘導される血管内皮増殖因子（vascular endothelial growth factor, VEGF）や IL-10 などによっても DC の機能的成熟が抑えられ，がんの免疫回避が促進されることが報告されている[40]．

23.4 環境標的薬の開発

これまでに述べてきたように，低酸素腫瘍環境はがんの治療抵抗性や悪性化の温床となっている．その実態は不均一な環境にある不均一な細胞の集合体であり，これを攻略するためには少なくとも 2 種類の抗がん薬を併用することが有効であると考えられる．すなわち，個々のがんに特化した抗がん薬と，以下に述べるような腫瘍特異的微小環境で働く抗がん薬を併用することで，がんをより効率的に攻略することができると期待される．現在開発されている低酸素標的薬と HIF 標的薬について概説する．

23.4.1 低酸素活性化プロドラッグ

低酸素活性化プロドラッグ（hypoxia-activated prodrug, HAP）は，まず細胞内で一電子還元反応によってラジカルアニオンをもったプロドラッグ体になり，低酸素細胞内で細胞傷害性をもつ薬剤へと変換され，酵素阻害や DNA 損傷を引き起こす（図 23.4）．HAP の歴史は長く，30 年余も研究開発が続けられているが，いまだに臨床応用には至っていない．現在開発されているプロドラッグは，低酸素細胞内で機能する還元酵素により活性化されることで細胞毒性を示すようにデザインされている．おもなものは芳香族ニトロ化合物や N-オキシド類で，現在臨床治験中

■ 23章　腫瘍内微小環境 ■

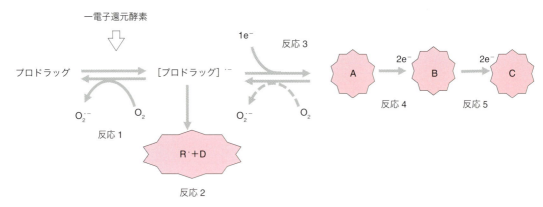

図 23.4　低酸素活性化プロドラッグの活性化機構

低酸素活性化プロドラッグ（hypoxia-activated prodrug: HAP）はまず，1 電子還元反応によってプロドラッグラジカル（[Prodrug]·⁻）に変換される．これは，酸素によって再酸化され得る（反応 1）．低酸素細胞においては，このプロドラッグラジカルは，断片化（反応 2）またはそのプロドラッグラジカル不均化反応（反応 3）および，その後の 2 電子還元反応（反応 4 および 5）によってさらに還元される．反応 2～5 による生成物が細胞傷害性をもつ活性化剤として機能する．

表 23.1　UPR ストレス応答を標的とした薬剤

薬剤名	標的	作用機序	開発段階	引用文献
ベルシペロスタチン (versipelostatin)	GRP78, GRP94	GRP78/94 の標的遺伝子の転写を阻害する	非臨床	J. Nat. Cancer Inst. 2004, 96, 1300–1310. Tetrahedron Lett. 2002, 43, 6941–6945.
ドコサヘキサエン酸 (docosahexaenoic acid)	GRP78	GRP78 の発現を抑制し，UPR タンパク質 ERdj5 や PERK の発現を誘導する	臨床第 II / III / IV 相（固形がん）	Cancer Res. 2000, 60, 4139–4145. Ann. Oncol. 2011, 22, 787–793. Melanoma Res. 2010, 20, 507–510.
PAT-SM6	GRP78	がん特異 GRP78 に結合するモノクローナル IgM 抗体で，アポトーシスを誘導する	臨床第 I 相（メラノーマ），臨床第 I / II 相（多発性骨髄腫）	Melanoma Res. 2013, 23, 264–275.
アルクチゲニン (arctigenin)	GRP78	ROS/MAPK を介してアポトーシスを誘導する	非臨床	Free Radic. Biol. Med. 2014, 67, 159–170.
GSK2656157	PERK	PERK キナーゼを阻害し，血管密度を下げる	非臨床	Cancer Res. 2013, 73, 1993–2002. J. Med. Chem. 2012, 55, 7193–7207.
ISRIB	ATF4	ATF4 の発現を抑制する	非臨床	Cell Death Dis. 2015, 6:e1913.

文献 49)をもとに作成．

の薬剤もある（表 23.1）．HAP の活性化には，酸素分子が十分に欠乏している条件下で，HAP を細胞傷害性薬剤へと変換する細胞内修飾因子および一電子還元酵素が揃っているという条件が必要である．このことは，薬剤効果が限定的なレベルにとどまっていることの一因であると考えられる．

また HAP が活性化される酸素濃度は，HIF が活性化する酸素濃度よりもかなり低い[8]．低酸素マーカーであるニトロイミダゾール化合物で検出される細胞と HIF 活性が高い細胞とは，腫瘍内分布がほとんど一致していないため[41]，治療標的としては異なる細胞を標的にしていると考えるべ

きである．これも薬剤効果を限定的にしている一因であると考えられる．

23.4.2 小胞体ストレス応答の阻害薬

低酸素や飢餓ストレスにさらされている細胞では，Unfolded Protein Response（UPR）やIntegrated Stress Response（ISR）といったストレス応答シグナル経路を活性化して，ストレスを緩和しようとする．URPは小胞体分子シャペロンである glucose-regulated protein（GRP）78 や GRP94 の誘導を促す．ISR は eukaryotic translation initiation factor 2 alpha（eIF2α）のリン酸化を誘導することで翻訳全体を抑制する一方で，ATF4，ATF6 などの小胞体（endoplasmic reticulum，ER）ストレス応答因子の翻訳を促進し，がん細胞を細胞死から守る．このERストレス応答を阻害する薬剤を開発できれば，低酸素や飢餓ストレスにさらされているがん細胞を標的にすることができる．現在開発中の薬剤を表23.2にまとめた．UPRが起こる酸素濃度は，HIFが活性化する酸素濃度よりもかなり低いことから[8]，適応できる腫瘍を選別する必要があるかもしれない．

23.4.3 グルコース欠乏細胞特異的な細胞死誘導薬

グルコースが欠乏する環境に適応したがん細胞では，ミトコンドリアの代謝異常が起こる．TCA回路を逆回転させるフマル酸レダクターゼ（fumarate reductase）の活性が上昇し，酸化的リン酸化が抑制される．このフマル酸レダクターゼの酵素活性を低下させることで，グルコース欠乏に適応した飢餓状態のがん細胞を死滅させる可能性が示唆されている[42]．またミトコンドリア複合体Ⅰ（complex Ⅰ）の阻害薬は，グルコース欠乏時にはROSを発生させ，細胞傷害性を発揮することが報告されている．

23.4.4 HIF 標的薬

がん細胞の進行や悪性化に深く関与しているHIFは，分子標的治療薬の有望な標的として注目されており，HIF活性を抑制する化合物のスクリーニングが世界規模で行われている．これまでにHIF活性を抑制する効果を示した薬剤は多数報告されており，そのなかにはすでに承認されているものもある．さらにHIFαの転写・翻訳・翻訳後修飾，HIF-1bとの二量体形成，DNA結合，転写活性化の各ステップを対象とした研究が進んでいる（図23.2）[12, 43]．しかしながら，いまだHIF特異的な標的薬として承認されたものはない．一方でHIFを活性化するPHD阻害剤が，腎障害による貧血の治療薬として治験（第Ⅰ相から第Ⅲ相まで）に入っている[44]．HIFの機能は生体にとってきわめて重要であるため，HIF標的薬をがん治療薬として実用化するためには，化合物のHIFそのものに対する特異性に加えて，腫

表23.2 臨床試験に入っている低酸素活性化プロドラッグ

化合物	薬剤名	
ベンゾトリエンジN-オキシド類	チラパザミン（tirapazamine）	臨床第Ⅲ相試験完了（子宮がん）
芳香族ニトロ化合物	CB 1954	臨床第Ⅰ相試験
	HT-302	臨床第Ⅱ／Ⅲ相試験
	PR-104	臨床第Ⅰ〜Ⅱ相試験
キノン類	RH-1	臨床第Ⅰ相試験
	マイトマイシンC（mitomycin C）	臨床第Ⅰ／Ⅱ／Ⅲ相試験
第三級アミンN-オキシド類	AQ4N	臨床第Ⅰ〜Ⅱ相試験

瘍に対する特異性も高める工夫が必要であると考えられている．

23.4.5 HIF活性化細胞に特異的に作用するタンパク質製剤の開発

HIFを可視化するトランスジェニックマウスを用いた実験から，成体では恒常的に高いHIF活性を示す正常組織は存在しないことが示唆された[45]．HIF活性の高い細胞を可視化するイメージングプローブを使った実験でも，恒常的に高いHIF活性をもつ組織は，がん組織以外に検出されていない[46,47]．恒常的に高いHIF活性を示す正常組織が存在しないのであれば，活性が劇的には高くない薬剤であっても，HIF活性が高く低酸素・飢餓ストレスを受けている腫瘍組織細胞に蓄積し，死滅させることで，副作用を抑えながら制がん効果を引き出すことができると考えられる．そのような発想でデザインされた機能性融合タンパク質タイプのプロドラッグPOP33は，低酸素条件下で安定化し，活性化するアポトーシス誘導性のプロカスパーゼ-3を機能本体とする（図23.5）．POP33は，膵臓がんの同所移植モデルマウスを用いた実験でがんの増殖を抑え，浸潤・転移を抑制し，有意な延命効果を示した[48]．既存の膵臓がん治療薬と組み合わせることでさらなる延命効果を発揮しており，現在，臨床応用に向けた研究が進められている．

23.5 おわりに

腫瘍組織を構成する多様な細胞と不均一な微小環境は，治療標的をきわめて多様で複雑なものにし，既存のがん治療の効果を限定的にしている．がんは一見攻略されたようにみえても，過酷な環境に適応する能力を身に付けた一部のがん細胞が復活してくる．2人に1人がんに罹患する時代にあっては，適切なバイオマーカーを用いた診断のもと，個々のがんに対して最適な薬剤を適用するプレシジョン医療を発展普及させることが重要である．また，治療抵抗性で悪性度の高いがん細

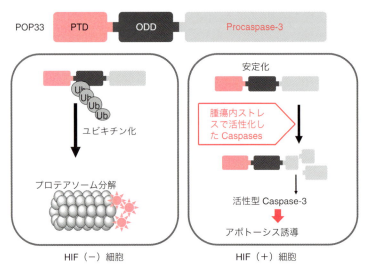

図23.5　HIF活性細胞に特異的に作用するタンパク製剤の開発
POP33の構造模式図（上）．POP33は，膜透過ペプチドPTDの機能により細胞膜を通過して細胞内に入る．HIFαが安定化できない通常酸素状態のHIF(−)細胞では，HIFα同様にユビキチン−プロテアソーム系で分解される（左）が，HIF(＋)細胞では分解されず，低酸素ストレスなどで活性化されているカスパーゼによってProcaspase-3が切断されて活性型Caspase-3になり，アポトーシスを誘導する（右）．

胞を減らし，再発のリスクを減らすうえで，本章で述べたような多くの固形がんに共通した腫瘍内微小環境を標的とする治療薬を併用することがもう一つの有望な治療戦略と考えられる．がんとともに長い人生を歩む時代に即した，安価で汎用性の高い治療薬の開発が望まれている．

文　献

1) Harris A.L., *Nat. Rev. Cancer*, **2**, 38 (2002).
2) Brown J.M. & Wilson W.R., *Nat. Rev. Cancer*, **4**, 437 (2004).
3) Kizaka-Kondoh S. et al, *Cancer Sci.*, **94**, 1021 (2003).
4) Vaupel P., *Semin. Radiat. Oncol.*, **14**, 198 (2004).
5) Toffoli S. & Michiels C., *FEBS J.*, **275**, 2991 (2008).
6) Raleigh, J.A. et al., *Sem. Radiat. Oncol.*, **6**, 37 (1996).
7) Minn H. et al., *Curr. Pharm. Des.*, **14**, 2932 (2008).
8) Wilson W.R. & Hay M.P., *Nat. Rev. Cancer*, **11**, 393 (2011).
9) Ziech D. et al., *Mutat. Res.*, **711**, 167 (2011).
10) Dehne N. et al., *Antioxid. Redox Signal.*, **20**, 339 (2014).
11) Bao B. et al., *Biochim. Biophys. Acta.*, **1826**, 272 (2012).
12) Semenza G.L., *Drug Discov. Today*, **12**, 853 (2007).
13) Semenza G.L. & Wang G.L., *Mol. Cell. Biol.*, **12**, 5447 (1992).
14) Semenza G.L., *Nat. Rev. Cancer*, **3**, 721 (2003).
15) Semenza G.L., *Am. J. Physiol. Cell Physiol.*, **301**, C550 (2011).
16) Cianfrocca R. et al., *Oncotarget.*, **7**, 17790 (2016).
17) Makino Y. et al., *Nature*, **414**, 550 (2001).
18) Ryan H.E. et al., *EMBO J.*, **17**, 3005 (1998).
19) Tian H. et al. *Gene Dev.*, **12**, 3320 (1998).
20) Epstein A.C. et al., *Cell*, **107**, 43 (2001).
21) Nordsmark M. et al., *Radiother. Oncol.*, **80**, 123 (2006).
22) Marinho H.S. et al., *Redox Biol.*, **2**, 535 (2014)..
23) Blagosklonny M.V., *Oncogene*, **20**, 395 (2001).
24) Zhang D. et al., *Cancer Res.*, **15**, 813 (2010).
25) Wang E. et al., *PLoS One*, **9**, e86102 (2014).
26) Jalouli M. et al., *Cell Signal.*, **26**, 1649 (2014).
27) Thaomlinson R.H. & Gray L.H., *Br. J. Cancer*, **9**, 539 (1955).
28) Harada H. et al., *Oncogene.*, **26**, 7508 (2007).
29) Yamauchi T. et al., *Cancer Chemother. Pharmacol.*, **19**, 282 (1987).
30) Comerford K.M. et al., *Cancer Res.*, **62**, 3387 (2002).
31) Yamagishi T. et al., *J. Biol. Chem.*, **288**, 31761 (2013).
32) Gardner L.B. et al., *J. Biol. Chem.*, **276**, 7919 (2001).
33) Goda N. et al., *Mol. Cell Biol.*, **23**, 359 (2003).
34) Semenza G.L., *Curr. Opin. Genet. Dev.*, **20**, 51 (2010).
35) Papandreou I. et al., *Cell Metab..*, **3**, 187 (2006).
36) Rohwer N. et al., *PLoS One*, **5**, e12038 (2010).
37) Rohwer N. & Cramer T., *Drug Resist. Updat.*, **14**, 191 (2011).
38) Noman M.Z. et al., *Am. J. Physiol. Cell Physiol.*, **309**, C569 (2015).
39) Doedens A.L. et al., *Cancer Res.*, **70**, 7465 (2010).
40) Gabrilovich D.I. et al., *Nat. Med.*, **2**, 1096 (1996).
41) Kizaka-Kondoh et al., *Adv. Drug Deliv. Rev.*, **61**, 623 (2009).
42) Sakai C. et al., *Biochim. Biophys. Acta.*, **1820**, 643 (2012).
43) Semenza G.L., *Trends Pharmacol. Sci.*, **33**, 207 (2012).
44) Haase V.H., *Exp. Cell Res.*, **356**, 160 (2017).
45) Kadonosono T. et al., *PLoS One*, **6**, e26640 (2011).
46) Kuchimaru T. et al., *PLoS One*, **5**, e15736 (2010).
47) Kuchimaru T. et al., *Sci. Rep.*, **46**, 34311 (2016).
48) Kizaka-Kondoh S. et al., *Clin. Cancer Res.*, **15**, 3433 (2009).
49) Sykes E.K. et al., *Cancers* (Basel). **8**, 30 (2016).

Part V　今後注目すべきがん治療標的

がん幹細胞
——がん幹細胞の概念と治療戦略

Summary

正常組織における幹細胞は，分化細胞を生み出す源としての性質をもつ細胞であり，同時に自分自身を産生する自己複製の能力を兼ね備えた細胞と定義される．この幹細胞を頂点とした階層構造（ヒエラルキー，hierarchy）により，個体の一生にわたり組織の恒常性が維持されている．がん組織においても，正常組織幹細胞と類似の自己複製能と多分化能をもつ少数のがん細胞が存在しており，この細胞が起源となってがん細胞を供給し，腫瘍組織全体を構成するという「がん幹細胞モデル」が提唱された．一方で，最新のゲノム解析に基づいたクローナル進化モデルや幹細胞性（ステムネス）の可逆性など，がんの不均一性（ヘテロジェナイティ，heterogeneity）が，必ずしも「狭義のがん幹細胞」という概念だけで説明できるわけではないことも認識されている．このような議論のなか，幹細胞特性とがんの悪性化との密接な関連を示すデータは着実に蓄積し続け，広義の「がん幹細胞」として，ますます活発な研究が展開されている．今後，新たなバイオマーカーや治療標的の探索，抗がん薬スクリーニングなど，がん医療への応用が期待される．

24.1　がん幹細胞研究の経緯

24.1.1　がん幹細胞モデルの提唱と実証

1990年代にDickらは，ヒト急性骨髄性白血病（acute myelogenous leukemia, AML）のいくつかの型で免疫不全マウス（SCIDマウス）に生着能をもつ白血病細胞集団は，少数のCD34$^+$CD38$^-$亜集団であり，生理的な多能性幹細胞，つまり正常な造血幹細胞と共通の表面マーカープロファイルをもつことを明らかにした．このことから，白血病集団のなかの一部の細胞が自己複製能と（多）分化能をもっていることが想定され，この細胞が「白血病幹細胞（SCID leukemia-initiating cell）」と呼ばれるようになった[1,2]．つまり腫瘍細胞集団が階層性を基盤とした幹細胞システムと同じ様式で編成されているという概念である（図24.1）[3]．

Clarkeらは，乳がんでは腫瘍の11〜35％を占めるCD44$^+$CD24$^-$の細胞集団のみが免疫不全

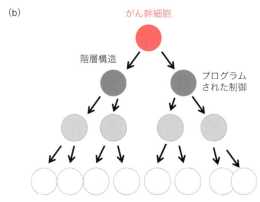

図24.1　古典的がん幹細胞モデル
(a) 免疫不全マウスに異種移植した場合，生着能をもつ白血病細胞は一部の細胞に限られる（SCID leukemia-initiating cell）．(b) がん幹細胞は自己複製能と（多）分化能をもち，これを頂点とした階層構造（ヒエラルキー）により，がん組織の不均一性が形成されている．

マウスに異種移植されたときに腫瘍形成能をもつことを示し，がん幹細胞が固形腫瘍にも存在することを報告した[4]．この細胞集団から再び形成された腫瘍は，もとの腫瘍と同様に混在したヘテロな細胞集団を再現し，固形腫瘍中でも幹細胞を起点とした階層性が構成されていることを示す最初の証拠となった．さらに多形性膠芽腫や髄芽腫などの脳腫瘍でも，腫瘍形成能をもつ細胞は腫瘍全体の5～30％を占めるCD133$^+$分画に限られ，この細胞集団を脳内移植するともとの腫瘍と同じ分化パターンを示す腫瘍を形成することが示された[5]．

*Apc*変異マウスを用いた腸管腫瘍モデルにおいてDclk1陽性細胞をマーキングし，その後の子孫細胞をトレースする実験系では，腫瘍を形成するほとんどの細胞は，このDclk1陽性細胞を起源とすることが判明した[6]．さらにDclk1陽性細胞においてジフテリア毒素受容体を発現させてDclk1陽性細胞を死滅させたところ，腫瘍の退縮あるいは消失が認められた．このことからDclk1陽性細胞を頂点とした階層構造が形成されており，腸管腫瘍モデルにおいてもがん幹細胞のコンセプトが検証できたといえる．さらに正常組織においてDclk1陽性細胞を死滅させても腸管構造に大きな影響は認められなかったことから，Dclk1は腫瘍特異的な幹細胞マーカーであると考えられた（図24.2）[7]．前立腺，卵巣，肝，肺，膵などのさまざまな組織がんでも限られた細胞集団が腫瘍形成能をもつという"がん幹細胞モデル"を支持する研究が相次いで報告された．

24.1.2　がん幹細胞特異的マーカー

これまでにがん幹細胞集団を選別できるさまざまな表面マーカーが同定されている[8]．これらは（1）がん幹細胞と胚性幹細胞（ES細胞，embryonic stem cell）に共通して発現している分子，（2）がん幹細胞と組織幹細胞で共通して発現している分子，（3）多くの細胞で発現が認められるが，とくにがん幹細胞で高発現を示す分子に大別できる（表23.1）．これまでにES細胞のような多能性幹細胞で観察される未分化性維持機構や自己複製制御機構は，さまざまながんの悪性化に寄与していることが次つぎと報告されている．例としてNanog，Oct4，Sox2を中心とするES細胞の未分化性を制御する重要な分子群は，幹細胞性（ステムネス）の獲得・維持に必須であり，正

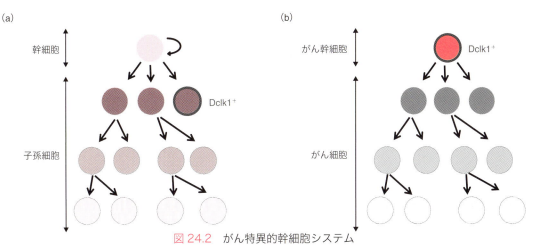

図24.2　がん特異的幹細胞システム
正常腸組織では，Lgr5とDclk1は一致せず，Lgr5陽性細胞が幹細胞である．(a) アデノーマにおいては，Lgr5陽性Dclk1陽性細胞が，がん幹細胞としての性質をもつ（文献7をもとに作成）．(b) Dclk1陽性細胞を選択的に除去すると，正常な腸管に障害はなく，腸腫瘍のみが退縮する．

表 24.1 がん幹細胞マーカー

がん幹細胞とES細胞に共通して発現している分子		がん幹細胞と組織幹細胞で共通して発現している分子		多くの細胞で発現が認められるが、とくにがん幹細胞で高発現を示す分子	
表面マーカー	がん幹細胞で発現しているがん種	表面マーカー	がん幹細胞で発現しているがん種	表面マーカー	がん幹細胞で発現しているがん種
SSEA3	Teratocarcinoma, breast	CXCR4	Breast, brain, pancreas	CD29 (Integrin β1)	Breast, colon
SSEA4	Teratocarcinoma, breast	CD34	Leukemia, squamous cell carcinoma	CD9	Leukemia
TRA-1-60	Teratocarcinoma, breast, prostate	CD271	Melanoma, head and neck	CD166 (ALCAM)	Colorectal, lung
TRA-1-81	Teratocarcinoma, breast	CD13 (Alanine aminopeptidase)	Liver	CD44 variants	HNSCC, breast, colon, liver, ovarian, pancreas, gastric
SSEA1	Teratocarcinoma, renal, lung	CD56 (NCAM)	Lung	ABCB5	Melanoma
CD133 (AC133)	Breast, prostate, colon, glioma, liver, lung, ovary	CD105 (Endoglin)	Renal	Notch3	Pancreas, lung
CD90 (Thy-1)	Brain, liver	LGR5	Intestinal, colorectal	CD123 (IL-3R)	Leukemia
CD326 (EpCAM)	Colon, pancreas, liver	CD114 (CSF3R)	Neuroblastoma		
Cripto-1 (TDGF1)	Breast, colon, lung	CD54 (ICAM-1)	Gastric		
PODXL-1	Leukemia, breast, pancreas, lung	CXCR1, 2	Breast, pancreas		
ABCG2	Lung, breast, brain	TIM-3 (HAVCR2)	Leukemia		
CD24	Breast, gastric, pancreas	CD55 (DAF)	Breast		
CD49f (Integrin α6)	Glioma	DLL4 (Delta-like ligand 4)	Colorectal, ovarian		
Notch2	Pancreas, lung	CD20 (MS4A1)	Melanoma		
CD146 (MCAM)	Rhabdoid tumor, sarcoma	CD96	Leukemia		
CD10 (Neprilysin)	Breast, head and neck				
CD117 (c-KIT)	Ovary				
CD26 (DPP-4)	Colorectal, leukemia				

文献8)をもとに作成

常組織ではほとんど発現していないが、がん化に伴いその発現が獲得される[9,10]．これらの分子は機能的にも、がん細胞の増殖性、治療抵抗性、転移能に重要であり、ES細胞とがん細胞のあいだの分子生物学的な共通性が認識されている．このようにES細胞とがん細胞の転写制御機構が類似していることから、多くの細胞表面抗原の発現もES細胞とがん幹細胞間で類似していると考えられる．たとえばヒトES細胞をワクチンとしてマウスに投与しておくと、大腸がん細胞に対して強い免疫反応を示すことも、その考えを支持するものである[11]．また、このような形質の特徴を抗がん薬スクリーニングに応用した取り組みも報告されている．ヒトES細胞のクローンのなかには、悪性化形質をもつバリアントが存在する[12]．この悪性ES細胞は通常のES細胞に比べて自己複製能が高く、奇形腫形成の際もOct4のような未分化性を制御する遺伝子の発現を維持してい

る．そこで，コントロールおよび悪性 ES 細胞に，*OCT4* あるいは *SOX2* プロモーター下で発現誘導される緑色蛍光タンパク質（green fluorescent protein, GFP）を導入し，未分化形質をモニターするシステムを構築した[13]．このシステムで化合物スクリーニングを行った結果，悪性 ES 細胞にのみ分化誘導効果を示す化合物として，チオリダジン（thioridazine）のようなドーパミン受容体阻害薬が特定された．さらに BMI1 のような組織幹細胞の自己複製制御にかかわるエピジェネティック制御分子の発現はがん組織において亢進しており，がん患者の予後不良因子となることも知られている（後述）[14]．これらの知見から，がんの幹細胞形質は正常組織幹細胞とも類似点があり，ゆえに共通のマーカーを発現していることもうなずける．

これらのがん幹細胞マーカーは，診断や化学療法時の治療評価に用いるバイオマーカーとして有用であるが，さらにそのマーカー分子ががん幹細胞の機能にも重要な場合は，直接，治療標的に成りうる．たとえば表中の CD117, CD26, CXCR4, CD114, CD54, DLL4, CD20, CD29 についてはすでに，これらを分子標的とするがん治療薬がアメリカ食品医薬品局（Food and Drug Administration, FDA）で承認されている．

24.1.3 新たながん幹細胞モデル：幹細胞性（ステムネス）の可逆性

がん幹細胞モデルは「腫瘍内の不均一性」という生物学的特徴を説明しうる点で重要であった．しかしその後，当初想定されてきた階層構造を基盤としたがん幹細胞のコンセプトに相反するデータが報告されるようになった．当初のがん幹細胞モデルによると，少数の幹細胞によって大部分のがん細胞が供給されているとされる．しかしメラノーマ（悪性黒色腫）患者検体を用いた研究により，高度な免疫不全マウスを用いると，実に 4 個に 1 個の割合で腫瘍形成能をもったがん細胞が存在していることが示された[15]．これにより，メラノーマではほぼすべての腫瘍が腫瘍形成能をもつという可能性も示された．また，細胞株を用いた *in vitro* の実験系であるが，脱メチル化酵素 *JARID1B* 遺伝子の発現をモニターすることにより，自己複製能をもつ細胞が，そうでない細胞から生まれるという現象が示され，可逆的なエピジェネティック制御により幹細胞特性が動的に変化する考えも示された[16]．この考えを支持するように，最近，大腸がん患者由来オルガノイドの移植実験にて，がん幹細胞マーカーである LGR5⁺ 細胞を死滅させた場合，LGR5⁻ 細胞から陽性細胞が出現する現象が確認され，幹細胞特性の可逆性を証明する結果が報告されている（図 24.3）[17]．

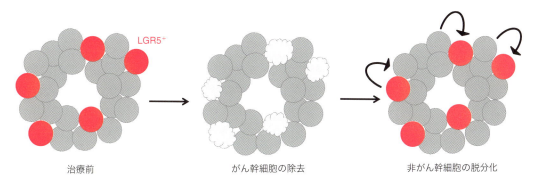

治療前　　　　　がん幹細胞の除去　　　　　非がん幹細胞の脱分化

図 24.3　がん幹細胞の可逆性
ヒト大腸がんオルガノイドの移植実験では，通常 LGR5 陽性がん幹細胞を頂点としたヒエラルキーにより腫瘍が形成されているが，LGR5 陽性がん幹細胞を死滅させると，脱分化により LGR5 陰性細胞から LGR5 陽性細胞が出現する．

さらにメラノーマでも，がんの不均一性はがん細胞が表現型を可逆的に変化させることによりもたらされていることが報告されている[18]．

このように，幹細胞特性の階層性と可塑性，さらにこれらの概念と対極にある腫瘍内遺伝的不均一性（intratumoral genetic heterogeneity）の存在，がんの悪性進展過程での遺伝子変異の異なるクローンが産生される，いわゆるクローン進化（clonal evolution）を考慮すると，腫瘍内の不均一性を当初想定されていたがん幹細胞モデルだけで説明することは困難であり，腫瘍内では複数のモデルが混在している可能性も示唆されている．

24.2 がん幹細胞のステムネスを標的とした治療法の開発

前述のように，がんの不均一性を従来のがん幹細胞モデルだけで説明することは困難であるが，一方でがん細胞のなかで幹細胞性を獲得，あるいは保持している細胞を標的とした治療という概念は定着しつつある．一般的な抗がん薬は細胞分裂の活発ながん細胞を死滅させることができるが，むしろ耐性をもったがん幹細胞を生み出してしまうことになるという現象も，幹細胞性の獲得で説明できるかもしれない．したがってがん細胞の幹細胞性を治療標的とした研究が活発に行われている．

がんの幹細胞性は，ゲノム変異，エピジェネティック変化や微小環境要因など，さまざまな条件が作用することで形成され，治療抵抗性や転移などのがんの悪性化を規定するコアマシナリーとして機能している（図24.4）[3]．これまでに幹細胞性の制御にかかわる多様な分子が特定され，その阻害薬開発も進行中である．また分子を標的とするのではなく，幹細胞性を指標としたスクリーニングも考案されている．その結果，既存薬のドラッグリポジショニングによる新たながん治療法の開発や，特定された化合物からの新たな標的分子の発見が行われたという報告もある．ここでは，幹細胞特有の代謝特性，自己複製，上皮間葉転換（epithelial-mesenchymal transition, EMT），さらには，がん幹細胞を取り巻く微小環境を標的とすることによって，がん幹細胞の幹細胞性を消滅させようとする取り組みについて述べる．

24.2.1 代謝特性

ES細胞では，解糖系活性の上昇，ミトコンドリア活性の低下，ATP産生量低下などWarburg効果様の状態が観察され，それに伴う活性酸素の低下が観察されている．網羅的メタボローム解析によると，未分化状態のES細胞の大きな特徴はGSH（還元型グルタチオン）/GSSH（酸化型グルタチオン）比が高いことであり，分化とともにこの比が低下することが示され，レドックス制御がES細胞分化の運命決定に重要な要素であることが示された[19]．同様の特徴は，一部のがんの腫瘍源性細胞でも観察されている．正常の乳腺組織の幹細胞として特定されているCD24^{med}CD49f^{high}Lin$^-$集団は，非幹細胞集団と

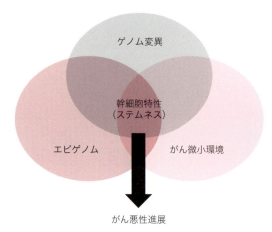

図24.4 がんの治療標的となる幹細胞特性
微小環境からのゲノム変異，エピゲノム変化，さらには炎症などのさまざまな変化が協調して，がんの幹細胞特性を形成する．その制御分子ががん悪性進展のコアマシナリーとして機能しており，重要な治療標的となりうる．文献3）をもとに作成．

比較し，ミトコンドリアスーパーオキサイドを含む活性酸素種（reactive oxygen species, ROS）が低下していることが示されている．さらにROSレベルの低い細胞集団のなかに，乳腺組織の再構築能の高い幹細胞集団が濃縮され，ROSの低さが乳腺幹細胞の指標になることが示された[20]．興味深いことに，乳がん幹細胞も同様にROSレベルが低いことが報告されている．これらの細胞集団では，グルタチオン（GSH）合成の律速酵素であるグルタミン酸システインリガーゼ調節サブユニット（glutamate-cysteine ligase modifier subunit, Gclm）などの抗酸化に寄与する分子，あるいはフォークヘッド転写因子FoxO1のようにストレス応答に関与する分子の発現が高いこと，さらにこれらの抗酸化作用は放射線照射によるDNA損傷の抑制に寄与し，がんの治療抵抗性の原因となるという考えが示された．これらの知見は，ROSの制御を理解することによって，それをがんの治療にも応用できる可能性を示唆するものである．

乳がんをはじめとしたさまざまながん幹細胞マーカーとして知られるCD44のスプライシングバリアント（CD44v）が，酸化還元状態を制御することによってがんの生存に大きく影響することも示されている[21]．CD44vは細胞膜上でシスチントランスポーターであるCD98hcとxCTのサブユニットから構成される複合体と結合することによってトランスポーターの安定性を高め，細胞内へのシスチンの取り込みを増大させる機能をもつ．取り込まれたシスチンは還元されてシステインとなり還元型グルタチオン（GSH）となる．GSHは酸化ストレスを抑制することにより，ROSに対する抵抗性を獲得する．自然発症型胃がんモデルやヒト胃がん組織においても，CD44v⁻細胞では，p38MAPKのリン酸化の亢進と分化抗原の発現が認められ，CD44vがROSを抑制し未分化性の維持に寄与していることが示唆された．さらにCD44vと複合体を形成しているxCTを介したシスチントランスポーターの阻害薬であるサラゾスルファピリジン（salazosulfapyridineまたはsulfasalazine）の投与により，シスチンの取り込みを抑制することで，マウス腫瘍モデルにおいて，胃がんの増殖や乳がんの肺転移が抑制されることが示された．このように，CD44複合体やCD44のスプライシング調節にかかわる化合物を探索することによって，代謝調節を標的とした有用な抗がん剤が得られると期待される．

24.2.2 自己複製

最近，固形腫瘍の自己複製を標的とした治療としてBMI1阻害薬が開発された[22]．ポリコーム群タンパク質は二つのポリコーム抑制複合体（polycomb repressive complex, PRC）1およびPRC2を形成し，BMI1は，PRC1を構成するタンパク質の一つである．PRC2に含まれるヒストンメチル化酵素EZH2によるヒストンH3K27のメチル化に続き，それを認識してPRC1がリクルートされ，PRC1に含まれるRING1A/1Bによりヒストン H2A-K119 がユビキチン化され，さまざまな遺伝子の転写が抑制される．BMI1は，造血幹細胞，神経幹細胞，腸管幹細胞などの組織幹細胞自己複製に必須の分子であり，普遍的な幹細胞性制御分子であるといえる．また，大腸がんを含む多くのがんにおいてBMI1は発現が亢進しており，患者の予後不良因子として知られるなど，がんの悪性化と自己複製制御との密接な関連に寄与する鍵分子である．Dickらのグループは，大腸がん患者サンプルにおいてBMI1をノックダウンして，これを免疫不全マウスに移植することにより，BMI1が大腸がんの自己複製能にとって必須の役割を果たすことを示した[22]．さらにBMI1遺伝子の5′端および3′端の非翻訳領域をルシフェラーゼ遺伝子に結合させた，

BMI1 の転写後調節を指標としたレポーターシステムにより，小分子化合物スクリーニングを行い，BMI1 のタンパク質発現を抑制する PTC-209 と呼ばれる化合物を特定した．また，PTC-209 処理を行うと BMI1 タンパク質の減少に引き続いてユビキチン化 H2A の発現低下がみられるなど，PRC1 の機能阻害が誘導されることが示された．興味深いことに，この化合物による BMI1 の抑制は，正常血液細胞よりも腫瘍細胞株に対して強い増殖抑制効果を示した．さらに，大腸がん患者由来サンプルの腫瘍形成能を抑制することが示された．これらのことから，がんの自己複製を阻害する化合物によって，がんの治療が可能となることが示された．

一方 PRC2 の構成タンパク質である EZH2 に関しても，脳腫瘍，前立腺がん，乳がんなど多くの固形腫瘍で発現が高く，その発現は悪性度と相関がみられる．脳腫瘍幹細胞の維持に必須であるなど[23]，治療標的として重要な分子として認識されつつある．すでに EZH2 阻害薬が開発されており[24]，がん幹細胞を標的とした治療として確立することが期待される．

24.2.3　上皮間葉転換（EMT）

EMT は上皮系のがん細胞が間葉系細胞の形質を獲得する現象である．がん転移のプロセスにおいて，がん細胞では E-cadherin の発現が低下して EMT が誘導され，浸潤能を獲得するとされている．Weinberg らのグループはヒト不死化乳腺上皮細胞（HMLE）に Twist や Snail を導入して EMT を誘導した細胞が，CD44$^+$CD24$^-$ というヒト乳がん幹細胞様の細胞表面マーカーの発現パターンを示すことを発見した[25]．この EMT 誘導細胞は乳がん幹細胞の特性であるスフィア形成能をもち，ヌードマウスに移植したときの造腫瘍能が亢進していることを見いだした．また，HMLE において E-cadherin の発現レベルを抑制しても，CD44$^+$CD24$^-$ ヒト乳がん幹細胞様の細胞が得られ，この状態では非常に高いパクリタキセル（paclitaxel）への治療抵抗性を示すことも判明している[26]．さらに，EMT を誘導する Twist は，がん幹細胞の自己複製能の制御にかかわる BMI1 の発現を制御しており，Twist と BMI1 は協調的に E-cadherin と *p16*^{Ink4a} の転写を制御していることも判明した[27]．この EMT 形質は，幹細胞形質を標的とした化合物スクリーニングにおいても有用性を発揮している[26]．EMT 誘導細胞とコントロール細胞に対して化合物スクリーニングを行った結果，EMT 誘導細胞特異的に増殖抑制効果を示す化合物が特定された．その一つであるサリノマイシン（salinomycin）は，生体内でのヒト乳がん細胞の増殖を抑制すること，上皮系への分化を誘導すること，幹細胞遺伝子群の発現低下を誘導することが報告されている．EMT を指標とすることにより，幹細胞形質を抑制する新規抗がん薬を探索できることが示された．

24.2.4　微小環境

組織幹細胞は生物学的"ニッチ"と呼ばれる微小環境によりその生存や分化運命が制御されている．おもに血管内皮細胞，ストローマ，組織マクロファージ，線維芽細胞などから分泌される液性因子や細胞外マトリックスがこれに関与しているが，がん幹細胞もこの制御機構を巧みに利用し，化学療法などのストレス影響下においても有利に生存していることが知られている．そのため微小環境を標的にした治療標的探索が活発に行われており，固形腫瘍では CAFs（cancer-associated fibroblasts）が代表例である．肺がんと乳がんの患者では，CD10 および GPR77 を共発現する CAFs のサブタイプの頻度と，患者の化学療法抵抗性および予後に相関があり，この CD10$^+$ GPR77$^+$ CAFs が分泌する IL-6 と IL-8 が，がん幹細胞の生存を支持していることが報告された．

また，GPR77 の中和抗体の投与により腫瘍形成が抑制され，治療抵抗性が解除されることも示されている[28]．

一方，骨髄微小環境は CXCL12 というケモカインを分泌しているが，白血病幹細胞はそのレセプター（CXCR4）を発現し，微小環境に定着することで，抗がん薬ストレスから回避していると考えられている．この受容体阻害薬プレリキサフォル（plerixafor）は，慢性骨髄性白血病（chronic myelogenous leukemia, CML）のチロシンキナーゼ阻害薬感受性を亢進できることが報告されている[29]．

24.3 おわりに

がん幹細胞研究においては，研究者により幹細胞という言葉や概念の捉え方が異なることから，これまで議論のすれ違いや誤解が生じていた．しかし今日までの研究の歴史を経て，問題がやや整理されてきた感がある．当然ながら，がんが正常幹細胞と同一であるわけもなく，両者の違いに着目した抗がん薬探索は理にかなったものである．がんの幹細胞特性は固定されたものではなく，がんの悪性化やがん種の違いにより変動しうるものであるため，個々のがん病態での見極めに注意が必要であるが，幹細胞という観点での標的分子の特定やスクリーニングは，きわめて有用な治療開発戦略である．この研究領域のますますの発展が，がん医療の向上への一助となることを期待する．

文 献

1) Lapidot T. et al., *Nature*, **367**, 645（1994）.
2) Bonnet D. & Dick J.E., *Nat. Med.*, **3**, 730（1997）.
3) Kreso A. & Dick J.E., *Cell Stem Cell*, **14**, 275（2014）.
4) Al-Hajj M. et al., *Proc. Natl. Acad. Sci. U.S.A.*, **100**, 3983（2003）.
5) Singh S.K. et al., *Nature*, **432**, 396（2004）.
6) Nakanishi Y. et al., *Nat. Genet.*, **45**, 98（2013）.
7) Metcalfe C. & de Sauvage F.J., *Nat. Genet.*, **45**, 7（2013）.
8) Kim W.T. & Ryu C.J., *BMB Rep.*, **50**, 285（2017）.
9) Wang M.L. et al., *Onco. Targets Ther.*, **6**, 1207（2013）.
10) Ben-Porath I. et al., *Nature genetics*, **40**, 499（2008）.
11) Li Y. et al., *Stem Cells* **27**, 3103（2009）.
12) Werbowetski-Ogilvie T.E. et al., *Nat. Biotechnol.*, **27**, 91（2009）.
13) Sachlos E. et al., *Cell*, **149**, 1284（2012）.
14) Siddique H.R. & Saleem M., *Stem Cells*, **30**, 372（2012）.
15) Quintana E. et al., *Nature*, **456**, 593（2008）.
16) Roesch A. et al., *Cell*, **141**, 583（2010）.
17) Shimokawa M. et al., *Nature*, **545**, 187（2017）.
18) Quintana E. et al., *Cancer Cell*, **18**, 510（2010）.
19) Yanes O. et al., *Nat. Chem. Biol.*, **6**, 411（2010）.
20) Diehn M. et al., *Nature*, **458**, 780（2009）.
21) Ishimoto T. et al., *Cancer Cell*, **19**, 387（2011）.
22) Kreso A. et al., *Nat. Med.*, **20**, 29（2014）.
23) Kim E. et al., *Cancer Cell*, **23**, 839（2013）.
24) McCabe M.T. et al., *Nature*, **492**, 108（2012）.
25) Mani S.A. et al., *Cell*, **133**, 704（2008）.
26) Gupta P.B. et al., *Cell*, **138**, 645,（2009）.
27) Yang M.H. et al., *Nat. Cell. Biol.*, **12**, 982（2010）.
28) Su S. et al., *Cell*, **172**, 841（2018）.
29) Weisberg E. et al., *Leukemia*, **26**, 985（2012）.

Part V 今後注目すべきがん治療標的

がん特異的代謝経路

Summary

グルコースやグルタミンの大量消費や乳酸の産生増加などは，多くのがん細胞において観察される代謝様式であるが，近年それら以外にも細胞内で多くの代謝産物の濃度が変化していることが，次つぎに明らかになってきた．ジェネティックまたはエピジェネティックな変化により増加した代謝産物のなかには，腫瘍形成に寄与しているものもある．2-ヒドロキシグルタル酸，フマル酸，コハク酸そして活性酸素種（ROS）といった特定の代謝産物は，細胞内のシグナル伝達や代謝の流れを変化させる．本章では，がん細胞内で代謝産物濃度が変化する機序を分類したのちに，がん特異的な治療の標的になりうる代謝産物を取り上げて，その代謝産物が細胞内のシグナルに与える影響と，それを標的にした治療の可能性を論じてみたい．

25.1 がん細胞における好気的解糖（ワールブルク効果）

1920年代にOtto Warburgにより「がん細胞では有酸素下でもミトコンドリアにおける酸化的リン酸化が抑制され解糖系が亢進している現象（ワールブルク効果，Warburg effect）」が報告されて約1世紀が経とうとしている[1, 2]．最近の研究で，多くのがん遺伝子やがん抑制遺伝子が解糖系を直接制御していることが明らかになってきた[3]．1分子のグルコースからのATPの産生は解糖系では2分子であるのに対して，酸化的リン酸化では36分子であり，ATPの産生効率だけで考えると解糖系のエネルギー効率は悪い．しかし，がん細胞は活発な細胞増殖を支えるために，ATPだけではなく細胞の構成成分となる核酸・タンパク質・脂質などの生体高分子の材料となるヌクレオチド・アミノ酸・脂肪酸を大量に生合成する必要があり，これを実現するために代謝経路を改変している（metabolic reprogramming）と考えられている[4]．

25.2 代謝産物濃度に異常をきたすメカニズム

好気的解糖はがん細胞で広く一般的に認められる現象だが，近年の質量分析装置などの技術的進歩により，がん細胞のなかでの代謝産物の変化がより詳細に研究できるようになってきた．がん細胞に生じるジェネティックまたはエピジェネティックな変化により細胞内のさまざまな代謝産物の濃度が変化する．その機序はおよそ下記の4種類に分類される（図25.1）[5]．代表的な例と合わせて概観したい．

① 酵素活性の低下（図25.1 b）

がん細胞内で多くの代謝産物の蓄積が報告されているが，多くの場合，体細胞変異による酵素の機能欠失や何らかの原因で酵素発現量が減少することにより，酵素活性が低下し代謝産物の消費が遅くなることが原因である．体細胞変異による酵

■ 25.2 代謝産物濃度に異常をきたすメカニズム ■

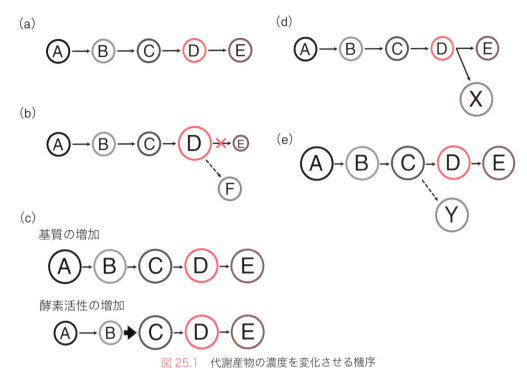

図 25.1 代謝産物の濃度を変化させる機序
(a) 通常状態の代謝経路の一例．代謝産物 A が代謝産物 E まで代謝される経路を表している．(b) 酵素機能の消失．代謝産物 D から代謝産物 E への反応にかかわる酵素機能が体細胞変異や発現量の欠失で失われた場合，この酵素反応の基質濃度(代謝産物 D)が上昇する．場合によっては分岐代謝経路による代謝産物(代謝産物 F)の濃度が上昇する．(c) 酵素機能の増大．代謝産物 A の取り込みが増加したり(上)，この酵素反応の 2 番目の酵素活性が増加した場合(下)，下流の代謝産物の濃度は上昇する．(d) 新規酵素機能の獲得．(a) の酵素反応の最終段階の酵素が体細胞変異などで新規機能を獲得した場合，新規代謝産物 X が産生される．野生型の酵素活性が残っている場合，代謝産物 E も産生される．(e) 代謝の副産物．代謝産物 C の濃度が上昇すると，酵素反応ではない off-target 反応が進むことで代謝の副産物 Y が産生される．文献 5)をもとに作成.

素の機能欠失の一例として遺伝性平滑筋腫症・腎細胞がん症候群 (Hereditary Leiomyomatosis and Renal Cell Carcinoma, HLRCC) におけるフマル酸ヒドラターゼ (fumarate hydratase, FH) の失活が挙げられる[6]．HLRCC はがん抑制遺伝子である *FH* 遺伝子の変異が原因となって発症する常染色体優性遺伝性疾患であり，皮膚平滑筋腫，子宮平滑筋腫や単発性腎がんに特徴づけられる．*FH* の変異によってフマル酸をリンゴ酸に変換することができず，細胞内のフマル酸が蓄積する(図 25.2)．

遺伝性褐色細胞腫・パラガングリオーマ症候群と呼ばれるパラガングリオーマと褐色細胞腫が多発する疾患の原因遺伝子であるコハク酸脱水素酵素 (succinate dehydrogenase, SDH) の失活もこのグループに属する[7]．SDH のサブユニットは四つの *SDHA*・*SDHB*・*SDHC*・*SDHD* 遺伝子でコードされており，SDHA のフラビン活性化に必要な捕因子は *SDHAF2* (*SDH5*) にコードされている．SDH の失活はこのほかにも，消化管間質腫瘍や甲状腺腫瘍などでも認められる．SDH の失活によりコハク酸が細胞内に蓄積し，後述するように低酸素誘導因子 HIF-1 (hypoxia-inducible factor 1) の安定化を通じて腫瘍形成を促進する (図 25.2)[8]．

酵素の発現量が低下する一例としては，尿素サイクルのアルギニノコハク酸シンターゼ (argininosuccinate synthase 1, ASS1) が挙げ

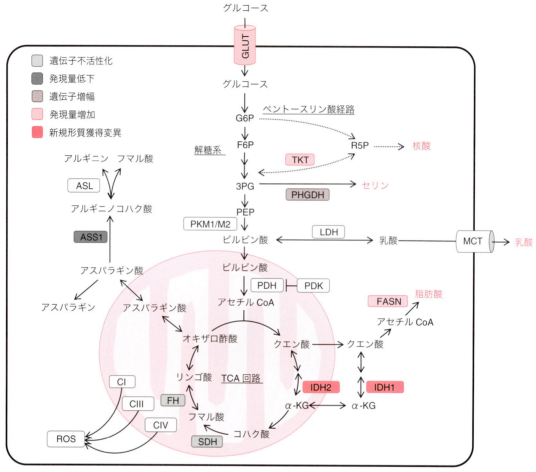

図 25.2 グルコースの代謝経路とがんとの関係
グルコースの代謝経路と主要な反応に関係する酵素を本文に関係のある部分を中心に記載した．これ以外にも多く の代謝異常が報告されているが紙面の関係で割愛．3PG：3-ホスホグリセリン酸，αKG：αケトグルタル酸，CI-CIV： ミトコンドリア電子伝達系酵素複合体 I-IV，F6P：フルクトース 6 リン酸，G6P：グルコース 6 リン酸，PEP：ホスホ エノールピルビン酸，R5P：リボース 5 リン酸，ROS：活性酸素種．文献 5) をもとに作成．

られる．これまでにメラノーマ（悪性黒色腫），中皮腫，肝臓がん，そして腎臓がんなど多くのがん種でエピジェネティックな機序で発現が低下していることが報告されている．ASS1 の機能欠失によりアルギノコハク酸産生が減少すると，最終的にアスパラギン酸が蓄積し細胞増殖が亢進する[9]．
②酵素活性の上昇（図 25.1 c）

ある代謝産物の産生量が増えると，消費量がそれを上回らない限り，細胞内のその代謝産物濃度は上昇する．酵素反応が飽和しない限り基質が増加することで酵素反応速度は上昇するので，最終代謝生成物も増加する．同様に代謝酵素の発現量増加は代謝経路に流れる代謝産物量を増やす．がん細胞にみられる Warburg 効果は，酸素の有無にかかわらず解糖系が活性化している現象だが，これはグルコースの取り込みから始まり解糖系の中間産物を増加させるという意味でこのグループに属する．セリン合成系に関与するホスホグリセリン酸デヒドロゲナーゼ（phosphoglycerate dehydrogenase, PHGDH）[10, 11]，ヌクレオチド

合成にかかわるペントースリン酸経路のトランスケトラーゼ (transketolase, TKT)[12]，そして脂質合成系に関与する脂肪酸合成酵素 (fatty acid synthase, FASN) の高発現[13] は，それぞれの同化反応の生成物を増加させることで腫瘍増殖を促進することが報告されている．しかし新しくつくられた代謝産物が実際の表現型にどのような影響をもたらしているかは依然として不明な点が多い．

③腫瘍特有の酵素活性（図 25.1 d）

代謝関連遺伝子の体細胞変異により，新規の代謝産物が合成されることがある．このカテゴリーで最も注目されているのはイソクエン酸デヒドロゲナーゼ 1 (isocitrate dehydrogenase 1, *IDH1*) および *IDH2* のミスセンス変異である．両タンパク質はいずれもホモ二量体で機能し，NADP$^+$を補酵素に用いるが，IDH1 はおもに細胞質に局在するのに対し，IDH2 はミトコンドリアに局在する．現在までに多くのがん種において，*IDH1* Arg132（R132）変異，*IDH2* R172 変異，ならびに *IDH2* の R140 変異が確認されている[14]．がん種別にみると，神経膠腫（60〜90%）や急性骨髄性白血病（10〜40%），血管免疫芽球性 T 細胞リンパ腫（10〜40%），軟骨腫瘍（50〜70%），胆管がん（10〜20%）で高い．変異 IDH により産生される代謝産物である D-2-ヒドロキシグルタル酸 (D-2-hydroxyglutarate, D-2HG) が，がんの発生・進展に寄与する[15]．がんの代謝を標的とした治療開発のなかでは，創薬から臨床試験まで進んでいる数少ない分野であり，D-2HG の蓄積が細胞内の代謝やシグナルに及ぼす影響と合わせて後述する．

④代謝の副産物（図 25.1 e）

特定の酵素反応の基質と生成物の多くはこれまでの研究から同定されているが，ある代謝産物が増加した際に別の基質と反応する非酵素反応が起きたり，反応性の高い経路は新たな代謝産物を生成したりすることがある．このようにして本来の酵素反応から生成される代謝産物とは異なる副産物が細胞内のシグナルに影響を与えることが広く知られている．その例として，活性酸素種 (reactive oxygen species, ROS)，活性窒素種 (reactive nitrogen species, RNS) そして D-2HG などが挙げられる．これらの代謝産物の多くは正常細胞内のシグナル伝達にもかかわっており，がん細胞内での増加が与える影響は多岐にわたる．

25.3 がん細胞に特異的な代謝産物のバイオロジー

前述のようないくつかの機序でがん細胞内でさまざまな代謝産物の変化が生じる．多くの代謝経路・代謝産物は正常の細胞も利用しているために，過剰に活性化している代謝経路を阻害するだけでは正常細胞にも少なからず障害を与えることが予想される．ここではがん細胞で特異的に生成される代謝産物で，そのバイオロジーだけでなく実際の治療でも注目されている *IDH* 変異とヒドロキシグルタル酸を取り上げる．さらにがん細胞のなかで産生される ROS を代謝の副産物の代表として取り上げ，それが細胞内でどのようなシグナルに関係して腫瘍形成を促進するのか，そのシグナルを標的にした創薬の可能性はあるのかを考えたい．

25.3.1 ヒドロキシグルタル酸と *IDH* 変異

WHO 脳腫瘍病理分類（Classification of Tumors of the Central Nervous System）は，2016 年に第 4 版（WHO2016）が出版された[16]．この改訂では成人の浸潤性グリオーマで病理診断に *IDH* 変異が加えられ，古典的組織分類から分子遺伝学的分類に大きく舵を切った．*IDH* 変異はがんの代謝で分類した③に属し，体細胞変異により新しい代謝産物を産生し，かつその代謝産物

(IDH の場合は D-2HG) は腫瘍形成に重要な役割を果たしている．代謝を標的とした創薬の多くは過剰発現している野生型の酵素の阻害薬であるなかで，これはがん細胞のみでみられる変異酵素の分子標的治療薬であり，注目を集めている．

IDH1 点突然変異は 2008 年に膠芽腫において世界で初めて報告された[17]．続く報告で *IDH1* 変異は原発性膠芽腫では 5％程度にしか認められず，むしろ WHO 分類の grade II，III の神経膠腫や低 grade の神経膠腫から進行した grade IV の悪性度の高い続発性膠芽腫において 70〜90％と高頻度にみられることが明らかになった[18]．興味深いことに *IDH1/2* 変異症例のほうが野生型症例よりも予後がよい[18]．*IDH1* 変異は脳腫瘍においてアルギニンがヒスチジンに変換される R132H の変異が 90％以上を占める．また *IDH1* の相同遺伝子である *IDH2* の 172 番目のアルギニンの変異もみられる．*IDH1/2* 変異はほとんどの場合相同遺伝子の一方のみにみられるヘテロ接合性変異である．*IDH1* 変異は腫瘍特異性をもち，神経膠腫のほか軟骨性の腫瘍や急性骨髄性白血病，甲状腺がん，胆管がんなどでみられるものの，大腸がん，肺がん，乳がんではほとんどみられない．

IDH1 は三つあるイソクエン酸デヒドロギナーゼの一つで，イソクエン酸を α-ケトグルタル酸 (αKG) に変換する (図 25.3)．IDH1 と IDH2 は NADP$^+$ を補酵素とし，IDH3 は NAD$^+$ を補酵素とする．IDH1/2 はホモ二量体を形成して働くのに対し，IDH3 はアミノ酸配列が大きく異なり，ヘテロ三量体を形成して機能する．エネルギー産生代謝経路のクエン酸回路内に含まれるのは IDH3 である．IDH3 を構成する遺伝子における変異はいまのところ報告されていない．

IDH 変異は野生型の酵素活性を低下させているが，本来の生成物である αKG を基質，NADPH を補酵素として，新たな代謝産物である D-2-ヒドロキシグルタル酸 (D-2HG) を産生するという新たな機能を獲得している．D-2HG は *IDH* 変異のみで合成されるため，正常細胞では存在しない．すなわち *IDH* 変異はヘテロ接合性変異であり新たな機能の獲得という点で典型的ながん遺伝子と考えられる．近年，D-2HG と αKG の立体構造が類似しているために，D-2HG が αKG と拮抗することで αKG 依存性ジオキシゲナーゼ活性を阻害するという知見が集まってきた (図 25.4)[19]．哺乳動物細胞には 60 を超えるジオキシゲナーゼが存在し，それらは αKG を共基質としている．αKG 依存性ジオキシゲナーゼには，DNA メチル化の主体である 5-methylcytosine (5mC) を 5-hydroxymethylcytosine (5hmC) に変換する TET (Ten-eleven translocation

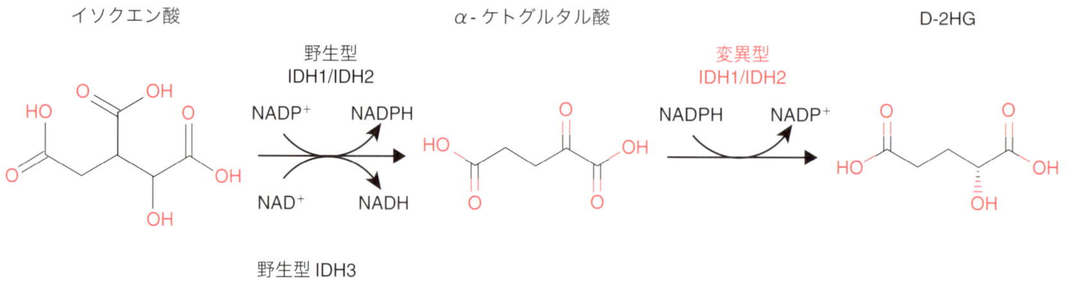

図 25.3　IDH 変異による酵素反応

野生型 IDH と腫瘍由来の変異型 IDH が触媒する化学反応．IDH1 は細胞質に，IDH2 はミトコンドリアに局在する．野生型 IDH1/2 は NADP$^+$ を補酵素に用いてイソクエン酸から α-ケトグルタル酸 (αKG) を産生する．変異型 IDH1/2 は αKG 産生能を失う一方で，NADPH を補酵素に用いて αKG から D-2HG を産生する．αKG と D-2HG の構造は非常に類似する．

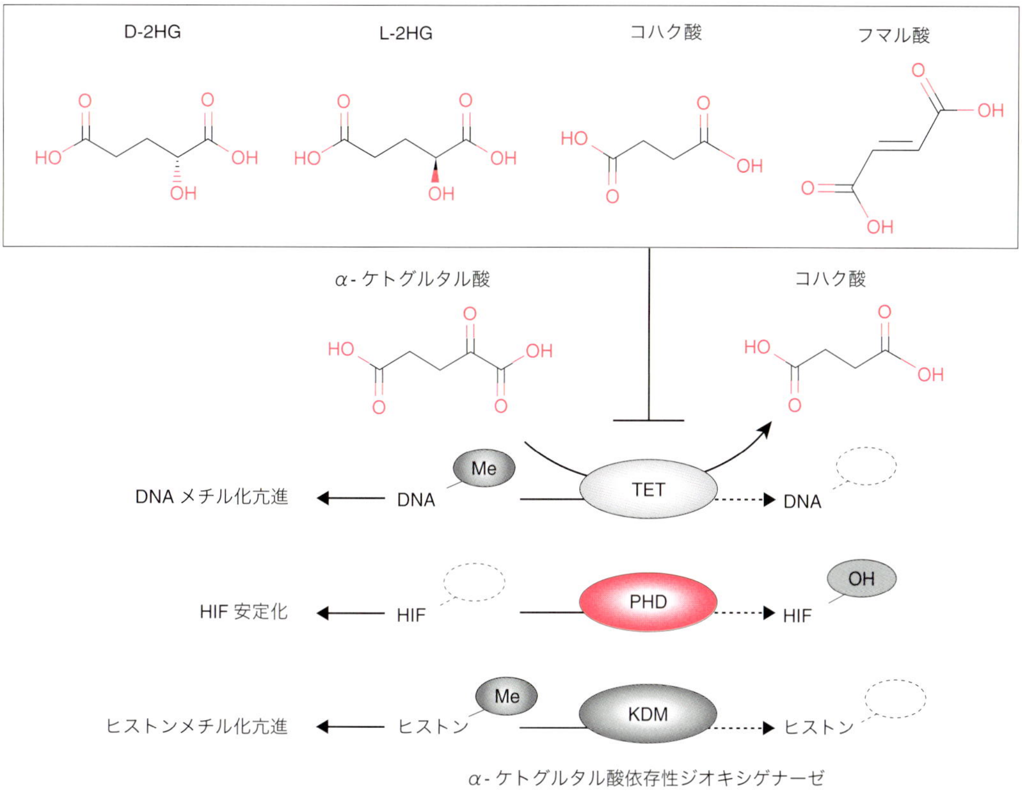

25.3 がん細胞に特異的な代謝産物のバイオロジー

図25.4 αKG依存性ジオキシゲナーゼの代謝産物に与える影響
D-2HG, L-2HG, コハク酸そしてフマル酸の増加によりαKG依存性ジオキシゲナーゼの酵素活性は変化する. 5-methylcytosine (5mC) を 5-hydroxymethylcytosine (5hmC) に変換する TET の酵素活性はこれらの増加により阻害され, 結果として DNA メチル化が亢進する. L-2HG, コハク酸そしてフマル酸の増加により, HIF を水酸化するプロリン水酸化酵素 PHD (prolyl hydroxylase domain-containing protein) の酵素活性は阻害され, その結果 HIF が安定化する. D-2HG が PHD の酵素活性に与える影響は亢進・阻害両方の報告がある. ヒストンのメチル化リシン残基を脱メチル化する反応を触媒するヒストン脱メチル化酵素 KDM (Histone lysine demethylase) のうちの Jumonji ファミリーの酵素活性は, D-2HG, L-2HG, コハク酸そしてフマル酸の増加により阻害され, その結果ヒストンメチル化が亢進する.

oncogene family member) ファミリーや, ヒストン脱メチル化酵素の JMJ (Jumonji) ファミリーなどが含まれる. 細胞内で D-2HG が増加すると, ヒストンと DNA のメチル化が亢進し幹細胞様の遺伝子発現パターンを示すことで腫瘍形成に寄与していることが報告されている[20-22]. そして急性骨髄性白血病では *IDH* 変異と *TET2* 変異は排他的な関係にあり, D-2HG が蓄積しても TET2 活性が低下しても, 過剰なメチル化による腫瘍形成の促進をもたらす[23-25]. このように D-2HG は *IDH* 変異により細胞内に蓄積し腫瘍形成に寄与する代謝産物であり, これが D-2HG が oncometabolite と呼ばれるゆえんである.

2017年8月, 変異 IDH2 の阻害薬として開発されたエナシデニブ (enasidenib) が, *IDH2* 変異をもつ再発性／難治性急性骨髄性白血病 (R/R AML) 患者への使用に対して FDA から承認を受けた. これは第 I 相試験の結果をもとにしており, *IDH2* 変異をもつ R/R AML 患者 176 人での全奏効割合が 40.3％ (患者 176 人中 71 人), さらに完全奏効割合は 19.3％ (患者 176 人中 34 人) であった. 奏効期間の中央値は全奏効患者で 5.8

279

か月，完全奏効を達成した患者で8.8か月であった[26]．エナシデニブに対して，*IDH2*変異をもつ高齢R/R AML患者で従来の治療レジメンと比較してエナシデニブの有効性と安全性を評価する第Ⅲ相IDHENTIFY試験（NCT02577406）が現在進行中で，並行して初発AML患者に対する有効性が試験されている．

25.3.2　活性酸素種（ROS）

ROSとは酸素分子（O_2）に由来する反応性に富む一群の分子群の総称である．細胞内のROSのおもな産生源はミトコンドリアの電子伝達系であり，またNOX（NADPH oxidase）などの酵素によって積極的に産生される．ROSにはスーパーオキシド（superoxide），過酸化水素（hydrogen peroxide），ヒドロキシラジカル（hydroxyl radical），そして一重項酸素（singlet oxygen）などが含まれ，生体内に存在するスーパーオキシドジスムターゼやカタラーゼなどの抗酸化酵素がその代謝に関与する．

近年ROSが腫瘍形成に与える影響に関して多くの視点から研究されている．高濃度のROSによりゲノム不安定性が増すことで腫瘍形成を促進するというのはよくいわれるモデルだが，低濃度のROSも細胞内シグナルに影響を与えている．がん細胞内でROSが高濃度になるのは，がん細胞では代謝回転が早くNADHが大量に産生され，それによりミトコンドリアでのROS産生が増加するためと説明ができる．しかしこうした大量のROSを含むがん細胞が腫瘍形成の過程で選択されており[27]，ROSには積極的に腫瘍形成を促進している役割もありそうである．一例としてSirtuin 3（SIRT3）が欠失すると，ミトコンドリアからのROS依存性の腫瘍形成が促進されることが報告されている[28]．さらに転移能の高いがん細胞株のミトコンドリアDNAを取り出して転移能の低いがん細胞株のミトコンドリアDNAに置換すると，ROS依存性に転移能が変化する[29]．これらの報告はROSが腫瘍形成の過程で重要な役割を果たしていることを示すものである．通常はスーパーオキシドが産生されるROSの大半を占めるが，ROSのシグナルはスーパーオキシドジスムターゼによってスーパーオキシドから産生される過酸化水素と関係している．過酸化水素はスーパーオキシドより反応性が低いものの，拡散能が高く反応の特異性も高い．高濃度の過酸化水素は，ジスルフィド結合を形成するか，ほかの酸化型システインを形成することでシステインを酸化する．こういった修飾は，反応性が高いチオール基をもつ一連のタンパク質に起こる傾向が強く，この修飾されたタンパク質は本来の活性を変化させ，がん細胞の増殖や生存を支えている．しかしどのようにして特定のチオール基の反応性や特異性が規定されているのかに関してはまだ不明な点が多い．実際ROSの蓄積が細胞内にどのようなシグナルを伝達していくか，比較的研究の進んでいる二つのフィードバックループを紹介したい．

(a) 低酸素とROSのフィードバックループ

低酸素状態やミトコンドリアの機能不全によりROSが蓄積すると，プロリン水酸化酵素PHD（prolyl hydroxylase domain-containing protein）が阻害され，その結果HIF-1が安定化することが知られている．HIF-1の安定化は解糖系酵素群の活性化を導くのと同時に，ピルビン酸デヒドロゲナーゼキナーゼ1（pyruvate dehydrogenase kinase 1，PDK1）遺伝子の転写を促進することでクエン酸回路を介した代謝を能動的に抑制している[30,31]．PDK1はピルビン酸をアセチル補酵素Aに変換するクエン酸回路のピルビン酸デヒドロゲナーゼ（pyruvate dehydrogenase，PDH）を阻害し，グルコースの代謝産物をクエン酸回路から遠ざけることでミトコンドリアからのROS産生を減らす．さらにHIF-1下流遺伝子のNADH dehydrogenase

25.3 がん細胞に特異的な代謝産物のバイオロジー

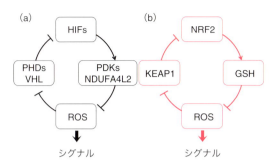

図 25.5　ROS などの酵素反応の副産物が関与するフィードバック経路

(a) ミトコンドリアの産生する ROS は PHDs の活性を阻害し，HIF が蓄積する．HIF は PDKs と NDUFA4L2 の転写量を増加させることで，ミトコンドリアからの ROS 産生を抑制する．この HIF を中心とするフィードバックループにより全体としての ROS の産生が調節されている．(b) ROS をはじめとする反応性の高い代謝産物は KEAP1 のシステイン残基を修飾して NRF2 の分解を阻害する．安定化した NRF2 はグルタチオン合成酵素などを含む標的遺伝子群の転写を活性化する．還元型グルタチオンが増加すると ROS を含む反応性の代謝産物は減少する．この酸化ストレスからの生体防御反応に重要な KEAP1-NRF2 経路が形成するフィードバックループにより全体としての ROS の産生を調節している（図 25.6 参照）．文献 5) をもとに作成．

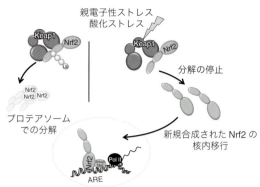

図 25.6　KEAP1-NRF2 経路

転写因子 NRF2 は内因性または外因性の酸化ストレスや親電子性ストレスに応答して生体防御系遺伝子群の発現を誘導するのに中心的な役割を果たしている．非ストレス下では NRF2 はその抑制因子である KEAP1 と結合することによりユビキチン化を受け，速やかに分解される．ストレスに暴露されると，KEAP1 のシステイン残基が修飾を受けることで構造変化が生じ，NRF2 のユビキチン化が停止し，NRF2 は核に蓄積する．そして小 MAF 群因子とヘテロ二量体を形成して抗酸化応答配列 antioxidant responsive element（ARE）に結合し，標的遺伝子である解毒酵素や抗酸化タンパク質の発現を誘導する．

(ubiquinone) 1 alpha subcomplex, 4-like 2 (*NDUFA4L2*) は，呼吸鎖複合体 I の NADH 脱水素酵素を抑制し，ミトコンドリア電子伝達系の機能を低下させ ROS の産生を抑制する[32]．このように HIF-1 を介したがん細胞の代謝とミトコンドリアからの ROS 産生は，フィードバックを形成しながら腫瘍形成に重要な役割を果たしている（図 25.5a）．

(b) 酸化ストレス応答系と ROS のフィードバックループ

細胞内で ROS が増えた際に生体の酸化ストレス応答系 KEAP1-NRF2（NFE2L2）経路が活性化することが広く知られている（図 25.5b）．NRF2 は塩基性領域/ロイシンジッパー構造（bZip 構造）をもつ CNC 転写因子群に属する強力な活性型転写因子である[33]．通常 NRF2 は KEAP1 により抑制された状態にあり，親電子性物質や ROS など細胞内外から酸化ストレスが加わった際に活性化される．*Keap1* ノックアウトマウス由来の細胞の解析から，おもに Cullin3 (CUL3)-Roc1 ユビキチンリガーゼ複合体によるユビキチン化により KEAP1 が NRF2 を分解することが示されている（図 25.6）．ROS に曝露されると，KEAP1 のシステイン残基が修飾を受けることで，NRF2 は KEAP1 による分解から逃れ，核へ移行する．そして小 MAF 群因子とヘテロ二量体を形成して抗酸化応答配列 antioxidant responsive element（ARE）に結合し，解毒酵素や抗酸化タンパク質の発現を誘導する（図 25.6）[33]．ROS 以外にも先述の *FH* 変異により蓄積したフマル酸により KEAP1 のシステイン残基がコハク酸修飾を受けることで，KEAP1 の立体構造が変化して，KEAP1 に結合できなくなった NRF2 が核へ移行し，標的遺伝子群を活性化することが報告されている[34,35]．

興味深いことに，非小細胞肺がんを中心に，*NRF2* 遺伝子もしくは *KEAP1* 遺伝子に体細胞変異が入ることでNRF2が恒常的に安定化する[33]．いくつかのマウスモデルからNRF2は腫瘍形成に重要な役割を果たしていることがわかっているが[36,37]，NRF2が恒常的に安定化することでグルタチオンなどの抗酸化タンパク質が合成されるが，グルタチオンの前駆体であるN-アセチルシステインを投与するだけで肺がんの腫瘍形成が亢進することもマウスで報告されている[38]．KEAP1-NRF2経路を活性化したり，抗酸化物質を投与したりすることで，がん細胞がより高い濃度のROSをはじめとする反応性の代謝産物のなかで生存可能になると考えられる．また恒常的に安定化したNRF2は機能を拡大していくつかの同化反応を促進することが報告されている．*KEAP1* 変異株のA549細胞を用いた網羅的な解析から，NRF2がグルコースの代謝経路であるペントースリン酸経路を活性化してヌクレオチド合成を促進することが見いだされた[39]．さらに多くの非小細胞肺がんの細胞株を用いた解析から，NRF2はATF4（activating transcription factor 4）を介してセリン・グリシン合成経路のPHGDH，ホスホセリンアミノトランスフェラーゼ（phosphoserine aminotransferase 1, PSAT1），そしてセリンヒドロキシメチルトランスフェラーゼ2（serine hydroxymethyltransferase 2, SHMT2）を制御していることが報告された[40]．

酸化ストレス応答系を標的とした創薬は可能だろうか．*Nrf2* ノックアウトマウスを用いた解析から肺がんと膵がんのモデルでNRF2が欠失していると腫瘍増殖は抑制されることが報告されている[36, 37]．NRF2は多くのがん種で体細胞変異により活性化しており，正常細胞での発現は低いことから魅力的な標的である．NRF2は転写因子であることから，NRF2そのものの阻害薬の開発は困難な可能性もあるが，NRF2が制御しているグルタチオン合成系や上記の同化反応のエフェクター分子は十分に標的になりうる[41]．これまでのいくつかの小分子化合物スクリーニングからも，がん細胞を選択的に殺傷する薬剤のなかでグルタチオンの利用効率を低下させるような小分子が同定されている[42, 43]．これらの薬剤はどれも細胞内のグルタチオン濃度を下げ，ROS濃度を上げるが，これらの効果はN-アセチルシステインの投与でレスキューされる．こうした知見は抗酸化物質の阻害はがんの治療標的となりうることを示すもので，がんの代謝からみた創薬としても興味深い．

25.4　おわりに

細胞内での代謝の変化はHallmarks of Cancerの一つである[44]．代謝の変化はがん細胞の同化反応を進めるだけでなく，がん細胞の形質を変える代謝産物の濃度をも変化させる．さらにがん細胞にみられる遺伝子変異のなかには，腫瘍形成能をもつ代謝産物を直接増やすものもある．今後それぞれの代謝産物が細胞内のシグナル伝達にどのような影響を及ぼすか，さらなる研究が必要である．これらを理解することによって新しいがん治療の標的が明らかになっていくだろう．

文　献

1) Warburg O. et al., *J. Gen. Physiol.*, **8**, 519 (1927).
2) Warburg O., *Science*, **123**, 309 (1956).
3) Vander Heiden M.G. et al., *Science*, **324**, 1029 (2009).
4) Tennant D.A. et al., *Nat. Rev. Cancer*, **10**, 267 (2010).
5) Sullivan L.B. et al., *Nat. Rev. Cancer*, **16**, 680 (2016).
6) Tomlinson I.P. et al., *Nat. Genet.*, **30**, 406 (2002).
7) Janeway K.A. et al., *Proc. Natl. Acad. Sci.*

U.S.A., **108**, 314（2011）.
8) Selak M.A. et al., *Cancer Cell*, **7**, 77（2005）.
9) Rabinovich S. et al., *Nature*, **527**, 379（2015）.
10) Locasale J.W. et al., *Nat. Genet.*, **43**, 869（2011）.
11) Possemato R. et al., *Nature*, **476**, 346（2011）.
12) Tseng C.W. et al., *Cancer Res.*, **78**, 2799（2018）.
13) Menendez J.A., *Nat. Rev. Cancer*, **7**, 763（2007）.
14) Clark O. et al., *Clin. Cancer Res.*, **22**, 1837（2016）.
15) Dang L. et al., *Nature*, **462**, 739（2009）.
16) Louis D.N. et al., *Acta Neuropathol.*, **131**, 803（2016）.
17) Parsons D.W. et al., *Science*, **321**, 1807（2008）.
18) Yan H. et al., *N. Engl. J. Med.*, **360**, 765（2009）.
19) Xu W. et al., *Cancer Cell*, **19**, 17（2011）.
20) Lu C. et al., *Nature*, **483**, 474（2012）.
21) Figueroa M.E. et al., *Cancer Cell*, **18**, 553（2010）.
22) Flavahan W.A. et al., *Nature*, **529**, 110（2016）.
23) Rohle D. et al., *Science*, **340**, 626（2013）.
24) Wang F. et al., *Science*, **340**, 622（2013）.
25) Losman J.A. et al., *Science*, **339**, 1621（2013）.
26) Stein E.M. et al., *Blood*, **130**, 722（2017）.
27) Sullivan L.B. & Chandel N.S., *Cancer Metab.*, **2**, 17（2014）.
28) Finley L.W. et al., *Cancer Cell*, **19**, 416（2011）.
29) Ishikawa K. et al., *Science*, **320**, 661（2008）.
30) Papandreou I. et al., *Cell Metab.*, **3**, 187（2006）.
31) Kim J.W. et al., *Cell Metab.*, **3**, 177（2006）.
32) Tello D. et al., *Cell Metab.*, **14**, 768（2011）.
33) Taguchi K. et al., *Front Oncol.*, **7**, 85（2017）.
34) Ooi A. et al., *Cancer Cell*, **20**, 511（2011）.
35) Adam J. et al., *Cancer Cell*, **20**, 524（2011）.
36) DeNicola G.M. et al., *Nature*, **475**, 106（2011）.
37) Satoh H. et al., *Cancer Res.*, **73**, 4158（2013）.
38) Sayin V.I. et al., *Sci. Transl. Med.*, **6**, 221ra15（2014）
39) Mitsuishi Y. et al., *Cancer Cell*, **22**, 66（2012）.
40) DeNicola G.M. et al., *Nat. Genet.*, **47**, 1475（2015）.
41) Harris I.S. et al., *Cancer Cell*, **27**, 211（2015）.
42) Raj L. et al., *Nature*, **475**, 231（2011）.
43) Trachootham D. et al., *Cancer Cell*, **10**, 241（2006）.
44) Hanahan D. & Weinberg R.A., *Cell*, **144**, 646（2011）.

☑ Drug Discovery for Cancer

VI

がん治療薬の臨床開発・承認審査

26 章　がん治療薬の臨床開発

27 章　がん治療薬の承認審査

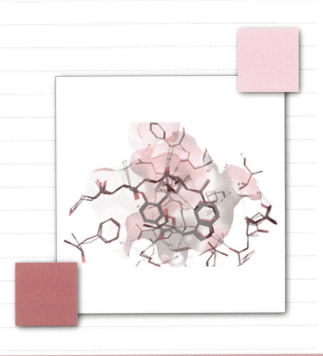

Part VI　がん治療薬の臨床開発・承認審査

がん治療薬の臨床開発

Summary

がん治療薬の臨床試験は，一般的に第Ⅰ相試験でおもに安全性および忍容性を評価し，最大耐用量または生物学的有効量を推定し，次相の推奨用量を決定する．第Ⅱ相試験では腫瘍縮小効果などの観点から有効性および安全性を探索的に評価し，次相に進むかどうかを決定する．第Ⅲ相試験では全生存期間などを主要評価項目として，標準治療との有効性および安全性の比較を行い，当該がん治療薬の有用性を検証する．

26.1　はじめに

「臨床試験の一般指針」（ICH-E8）では，「開発の相という概念が臨床試験の分類の基礎としてふさわしくない」，「試験の目的による分類がより望ましい」，「相という概念は一種の記述表現であり，要求されていることそのものではない」とされている（図 26.1）．しかしながら典型的ながん治療薬の臨床試験は，第Ⅰ相試験でのおもに安全性および忍容性の評価，続く第Ⅱ相試験での腫瘍縮小効果などの観点からの有効性および安全性の探索的評価，第Ⅲ相試験での全生存期間などを主要評価項目とした標準治療との有効性および安全性の比較を行い，当該がん治療薬の有用性を検証する．

本章では医薬品規制調和国際会議（International Council for Harmonisation of

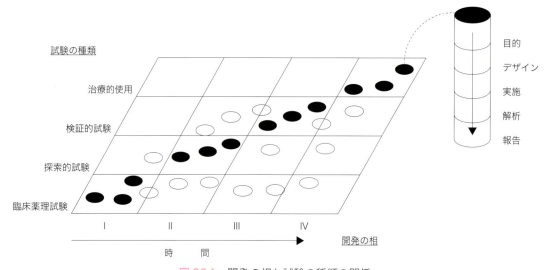

図 26.1　開発の相と試験の種類の関係

臨床試験の一般指針, ICH-E8, 医薬審第 380 号（1998）をもとに作成．

Technical Requirements for Pharmaceuticals for Human Use）の各ガイドラインおよび「抗悪性腫瘍薬の臨床評価方法に関するガイドライン」（以下，「抗悪ガイドライン」）[1]を中心に，第Ⅰ，Ⅱ，Ⅲ相試験を解説するとともに，最近の臨床試験のトレンドについても解説する．なお，抗悪ガイドラインにおいて抗悪性腫瘍薬は「悪性腫瘍病変の増大や転移の抑制，又は延命，症状コントロールなどの何らかの臨床的有用性を悪性腫瘍患者において示す薬剤を指す」と定義されている．本章でもがん治療薬を同様に定義して使用することとする．

26.2　第Ⅰ相試験

26.2.1　目的

第Ⅰ相試験の目的は，非臨床試験の結果に基づき用量に依存したがん治療薬の忍容性および安全性を検討することであり，最大耐用量（maximum tolerated dose, MTD）などの推定，薬物動態学的検討，第Ⅱ相試験の推奨用量（recommend dose, RD）の決定，バイオマーカーの探索などを行う．分子標的治療薬の場合には細胞傷害性のがん治療薬とは異なり，MTDよりも低い用量で生物学的有効量（biological effective dose, BED）に到達する可能性があり，必ずしもMTDを決定する必要はない．MTDを探索するとともに，BEDも探索することが理想的である．実際には，すべてのがん治療薬でBEDの推定が可能なわけではなく，MTDを推定しながら，次相のRDを決定せざるを得ないことが多い．またがん治療薬の特性にあったMTDを決定するためには適切な用量制限毒性（dose-limiting toxicity, DLT）を定義する必要がある．

26.2.2　実施施設と研究者

第Ⅰ相試験を行う医療機関には，がん治療薬の特性に応じて，被験者の安全性を確保するための専門医，看護師などの教育訓練を受けた人員の配置，救命救急などの設備，重篤な有害事象が発生した際の報告手順を含む管理体制などが求められる．重篤な有害事象が発現した場合などに迅速に情報共有ができるよう，第Ⅰ相試験は単施設または最小限の施設で行う必要がある．

26.2.3　第Ⅰ相試験開始前に行うべき非臨床試験

第Ⅰ相試験はがん治療薬を人に初めて投与する段階であり，がん治療薬の非臨床安全性試験などにより，臨床試験を実施する前に最低限必要な安全性を確認する必要がある．臨床試験開始前にどのような非臨床試験が必要になるかについては，「抗悪性腫瘍薬の非臨床評価に関するガイドライン」（ICH-S9）[2]などを参照する．

26.2.4　対象疾患

毒性が強いがん治療薬の第Ⅰ相試験では，健康成人ではなく，がん患者を対象とすべきである．また標準治療が存在する場合は未治療のがん患者を対象とすべきではない．

26.2.5　有害事象の評価規準および評価項目（エンドポイント）

がん治療薬の臨床試験では，有害事象の評価規準として国際的に認知されている有害事象共通用語規準（Common Terminology Criteria for Adverse Events）を用い，有害事象名，重症度（Grade），重篤性（重篤な有害事象かどうか），有害事象と被験薬との因果関係などを評価する．有害事象のうち，被験薬との因果関係があるか，因果関係が否定できないものを副作用とする．観察・検査項目は一般臨床検査に加えて，非臨床安全性試験の結果から予想される毒性を踏まえて検査項目およびそのスケジュールを設定する．

一般的なDLTの定義の例を表26.1に示す．

MTDは，33％以上のDLTの発生のない用量のうち最高投与量と定義されることが多い．DLTやMTDの定義は，対象とする疾患およびがん治療薬のプロファイルを踏まえて決定すべきである．DLTおよびMTDの決定に当たって，必要に応じて効果安全性評価委員会など第三者の専門家の意見を求めることもある．

26.2.6　第Ⅰ相試験のデザイン
(a) 用法および用量

1回投与量，投与経路，投与間隔などの用法および用量は，入手可能なすべての非臨床試験成績（薬物動態，薬力学，毒性など）を考慮して決定する．初回投与量は，抗悪ガイドラインでは原則として，mg/m² で表示されたマウスに対する10％致死量〔mouse equivalent 10 % lethal dose, MELD$_{10}$（LD10値）〕の1/10量とされている．しかし多くの小分子医薬品では，げっ歯類の10％に重篤な毒性を発現する投与量（STD$_{10}$）の1/10量を初回投与量として設定するのが一般的であり，非げっ歯類が最も適切な動物種である場合には重篤かつ非可逆的な毒性を発現しない最高投与量（HNSTD）の1/6量が初回投与量として適切と考えられている．また抗体などのバイオ医薬品では，無毒性量 (No Observed Adverse Effect Level, NOAEL) に基づくアプローチ[3]または推定最小薬理作用量（Minimum Anticipated Biological Effect Level, MABEL）に基づくアプローチが行われる．とくに免疫系に対しアゴニスト活性をもつバイオ医薬品では，MABELを考慮すべきとされている[4]．

(b) 増量計画と観察期間

一般的な用量レベルの設定方法としては，伝統的にFibonacciの変法が用いられることが多い．この方法では2番目の投与レベルは初回投与量の2倍，3番目の投与レベルは2番目の1.67倍，4番目の投与レベルは1.5倍，6番目以降の投与量は1.33倍となる．また人に初めて投与するがん治療薬では，最初の被験者への投与から2番目の被験者への投与までの間隔にも留意する．

増量計画については伝統的な3＋3デザインが採用されることが多い．原則として1コース目に出現する毒性で，DLT，レベル移行，MTDなどの判断を行う．伝統的な3＋3デザインの例を図26.2に示す．ただしMTDの定義にはバリエーションが存在し，必ずしも例のように試験が実施されるとは限らない．

伝統的な3＋3デザインで決定されるMTDには統計学的な裏付けがなく，低用量で治療される被験者が少なからずいることなどが課題である．伝統的な3＋3デザイン以外にもさまざまなデザインが提唱され，加速型漸増デザイン（Accelerated titration design），連続再評価法（Continual reassessment method, CRM），

表26.1　用量制限毒性（DLT）の定義の例

血液毒性	・7日間を超えて持続するGrade 4の好中球数減少 ・好中球数 1000/mm³ 未満かつ 38.0℃以上の発熱 ・輸血を要するGrade 3以上の貧血 ・Grade 4または輸血を要するgrade 3の血小板数減少
非血液毒性	・Grade 4の非血液毒性 ・以下の毒性を除くGrade 3の非血液毒性． 　- 治療により48時間以内にコントロール可能な悪心，嘔吐，食欲不振 　- 止痢薬により48時間以内にコントロール可能な下痢 　- 無症候性の電解質異常

DLTは，DLT評価期間である1コース目（28日間）に認められた上記の表に示すいずれかの副作用とする．

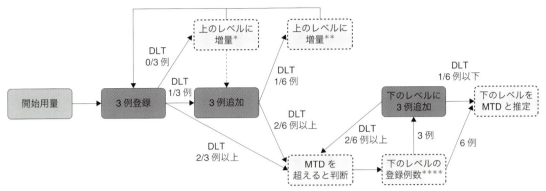

以下の要領で，投与量はMTDを超えるまで，または事前に定めた最高用量のレベルまで増量する．MTDはDLTの発現が6例中1例以下であった最高の用量レベルの用量とする．

1. 初回投与量のレベルまたは移行したレベルに3例の患者を登録し，2へ．
2. 最初の3例においてDLTを評価する．
   - DLTが0/3例の場合は，上のレベルに移行し，1へ．それ以上高い用量のレベルがない場合は，当該レベルにさらに3例を追加登録し，3へ．
   - DLTが1/3例の場合，当該レベルにさらに3例を追加登録し，3へ．
   - DLTが2/3例以上の場合，当該レベルの用量はMTDを超えると判断し，4へ．
3. 6例でDLTを評価する．
   - DLTが1/6例以下の場合，上のレベルに移行し，1へ．上のレベルがすでにMTDを超えていると判断されている場合は，DLTの発現が6例中1例以下であった最高の用量レベルの用量をMTDとして試験終了．それ以上高い用量のレベルがない場合，MTDは未到達（不明）で試験終了．
   - DLTが2/6例以上の場合，当該レベルの用量はMTDを超えると判断し，4へ．
4. 最低の用量レベルがMTDを超えたと判断された場合，MTDは不明として試験を終了する．MTDを超えると判断した用量の一段階下のレベルで，すでに6例のDLT評価が行われていれば，当該レベルの用量をMTDとする．当該レベルで3例のみしかDLT評価が行われていない場合は，当該レベルに3例を追加登録する．
   - DLTが1/6例以下の場合，当該レベルの用量をMTDとする．
   - DLTが2/6例以上の場合，当該レベルの用量はMTDを超えると判断し，4へ．

＊その上のレベルがない場合は，同じ用量に3例を追加登録する．＊＊その上のレベルがない場合は，増量を中止．＊＊＊その下のレベルがない場合は，試験中止．

図26.2 伝統的な3＋3デザインの例

mTPI法（modified toxicity probability interval）[5]などが提唱されているが，いまのところ伝統的な3＋3デザインにとって代わるものにはなっていない．

26.2.7 ほかのがん治療薬との併用の第I相試験

ほかのがん治療薬との併用療法を行う場合にも，原則として用量探索試験が必要である．併用療法における投与開始量は，第一段階からがん治療薬の単独投与以上の有効性を確保することを前提として，組み合わせるがん治療薬の毒性の重複の程度，予測されるDLT，予測される薬物相互作用を考慮して決定する．

26.2.8 第I/II相試験および第I相試験の拡張コホート

第I相試験における忍容性の確認と第II相試験における有効性の探索を組み合わせたデザインの第I/II相試験が行われることがある．第I/II相試験とすることで第I相試験の主たる目的ではない有効性の評価を第I相試験に参加した被験者においても行えること，第I相試験と第II相試験を一つのプロトコルで評価することの効率性などか

ら，幅広く実施されている．一方で第Ⅰ相試験の目的（忍容性の確認）と第Ⅱ相試験の目的（有効性の探索）は異なることから，効果が期待できない用量や忍容性のない毒性が出現する可能性のある用量が投与され得る患者集団と有効性の探索を行う患者集団は異なる可能性が高く，第Ⅰ相試験と第Ⅱ相試験の有効性の結果を併せて評価することはバイアスの原因になり得る．

また近年の第Ⅰ相試験においては，安全性，有効性，薬物動態（pharmacokinetics，PK），薬力学（pharmacodynamics，PD）などの評価を目的とした拡張コホートの利用が増えている[6]．試験によっては，第Ⅰ相試験でありながら対象患者数が1,000人を超えるものもある．

26.2.9 第Ⅰ相試験のまとめ

非臨床試験などで得られた結果をもとに，人に対して初めてがん治療薬を投与または併用によりがん治療薬を投与する段階の臨床試験である．適切に第Ⅰ相試験が実施されればDLTおよびMTDが明らかとなり，さらに忍容性が確認されれば第Ⅱ相試験のRDが決定する．忍容性が確認されない場合は投与量または投与スケジュール，対象患者の見直し，支持療法の検討などが必要になったり，場合によっては当該がん治療薬の開発中止が決断されたりする．

伝統的な3＋3試験で推定されるMTDには統計学的な限界があり，当該方法で推定されたMTDに基づいて決定されたRDの妥当性については，第Ⅱ相試験以降においても引き続き検討する必要がある．近年では拡張コホートを設定した第Ⅰ相試験が増えており，第Ⅰ相試験と第Ⅱ相試験の境界が曖昧になりつつある．

26.3 第Ⅱ相試験

26.3.1 目的

第Ⅱ相試験の目的は，第Ⅰ相試験で決定された推奨用量を用いて，特定のがん種に対する有効性および安全性を探索的に評価することにより，第Ⅲ相試験に進むかどうかを決定することである．

26.3.2 対象疾患

第Ⅰ相試験に組み入れられ有効性のシグナルが認められたがん種，がん治療薬の作用機序，薬効薬理試験の結果などに基づいて，効果が期待できると考えられるがん種を対象に試験を行う．

26.3.3 評価項目

第Ⅱ相試験において，古典的には奏効率[*1]が主要評価項目として採用されることが多い．しかしながら多くのがんにおいて，奏効率が全生存期間などの真の評価項目の代替評価項目であるかどうかは確立していない．

がん治療薬のなかには腫瘍の縮小は期待できないものの，無増悪生存期間や生存期間の延長が期待されるものがある．その際にはtime to eventのような時間の評価項目を主要評価項目とする．しかし生存期間などの評価項目は患者選択のバイアスの影響を強く受けるため，バイアスの排除のためには後に述べるランダム化第Ⅱ相試験を行うことが妥当である．

26.3.4 効果判定規準

RECIST（Response Evaluation Criteria In Solid Tumors）[7]による効果判定規準が用いられることが多いが，がん種によってはRECISTを修正した規準を採用したり，造血器腫瘍においては疾患独自の規準を用いることもある．

[*1]「率」は速度の概念も含むことから，近年は奏効割合と呼ぶことが推奨されている

26.3.5　試験デザイン

単群の第Ⅱ相試験のメリットは，症例数が少なく，シンプルで容易に実施が可能なことである．第Ⅲ相試験に進むかどうかの意思決定は，ヒストリカルコントロール（既存試験で得られたデータを対照群とすること）と比較して行うことになるが，単群試験においては選択バイアスの問題が生じ得る．適切なヒストリカルコントロールデータが利用可能な場合には第Ⅱ相試験は単群試験とするのが妥当であろうが，患者の多様性，支持療法の変化，診断技術の向上などによる患者背景の変化があると，適切なヒストリカルコントロールの選択は難しい．

第Ⅱ相試験においても同一試験内に同時対照群を設定するランダム化第Ⅱ相試験が実施されることがある[8]．スクリーニングデザインは標準治療を対照群として，新規がん治療薬と直接比較する（図26.3 a）．この場合，有意水準を15～20％，検出力を80％程度に設定することが多い．スクリーニングデザインの最大のメリットは標準治療との比較が可能なことである．腫瘍縮小効果以外の評価項目，すなわちtime to eventのような時間の評価項目を主要評価項目とする試験などにおいて，患者選択によるバイアスを排除するためには有用なデザインである．

セレクションデザインでは新規がん治療薬どうしを比較し，次相に進むがん治療薬を決定する（図26.3 b）．いくつかのがん治療薬または同一のがん治療薬の複数の用量から，どれを第Ⅲ相試験に進めるかを判断するのに有用である．このデザインではほかの治療と比較して悪くないものを選択することとなる．

標準治療と併用するプラセボ[*2]またはがん治療薬の複数の用量をランダム化することで，至適投与量を探索することを目的とした試験デザインの例もある（図26.3 c）．このようなデザインはスクリーニングデザインとセレクションデザインを合わせたデザインともいえる．ランダム化第Ⅱ相試験のデメリットとしては，試験デザインが複雑になること，多くの症例数が必要となること，さらにランダム化第Ⅱ相試験そのものが本当に効率的な方法論なのかが証明されていないことがある

[*2] 薬効のない偽薬

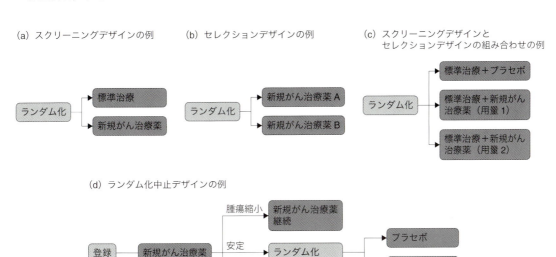

図26.3　ランダム化第Ⅱ相試験の例

が，ヒストリカルデータの情報が限られている状況ではランダム化第Ⅱ相試験を行うことを考慮してもよいであろう．

ほかにランダム化中止デザインもある（図26.3 d）．このデザインでは，被験者は導入期間としてまず被験薬となるがん治療薬の投与を受ける．その後一定期間，腫瘍が安定している被験者が，被験薬であるがん治療薬の継続か対照群（標準治療またはプラセボ）にランダム化される．導入期間に腫瘍の増悪が認められた被験者は試験を中止し，腫瘍の縮小が認められた被験者は被験薬であるがん治療薬が継続される．このデザインは腫瘍縮小効果が期待できないものの，長期の安定により生存期間の延長を期待するようながん治療薬の有効性の探索に有用であろう．

26.3.6　用法・用量

第Ⅰ相試験において決定された用法・用量に基づいて試験を開始する．さらに適切な用法・用量を決定するためには，候補となる2，3の用法・用量による比較試験を行うこともある（図26.3 c）．

26.3.7　目標症例数

一定の有効性を評価可能な症例数を設定する．奏効率を主要評価項目とする場合，ヒストリカルコントロールから設定した閾値奏効割合，第Ⅰ相試験の結果，類似薬，臨床的意義などから設定した期待奏効割合，検出力および有意水準から症例数を計算する．期待する有効性が認められない被験薬については，臨床試験を早期に中止できるよう2ステージデザインを採用するなど，倫理面に配慮した計画とすることもある．

2ステージデザインでは第一段階の患者数をあらかじめ規定し，規定の患者数が登録されると一時的に登録を中止する．第一段階の時点で被験薬が有望でないことが示されれば試験を早期に中止する．試験が早期中止されなければ，登録を再開して第二段階に進む．

26.3.8　承認申請を目的とした第Ⅱ相試験

前述の通り，第Ⅱ相試験の目的は特定のがん種に対する有効性および安全性を評価することで，第Ⅲ相試験に進むかどうかを決定することである．しかしながら第Ⅲ相試験に進むかどうかの意思決定を目的としない第Ⅱ相試験も行われることがある．一つは検証的なランダム化比較試験の実施が困難な領域において実施される，承認申請を目的とした第Ⅱ相試験である．もう一つは海外で行われた第Ⅲ相試験の受け入れが可能かどうかを判断するための第Ⅱ相試験で，いわゆるブリッジング試験である．

(a) 検証的なランダム化比較試験の実施が困難な疾患領域における第Ⅱ相試験

抗悪ガイドラインでは，非小細胞肺がん，胃がん，大腸がん，乳がんなどの患者数が多いがん種を対象とするがん治療薬の開発においては，それぞれのがん種に対する延命効果を中心に評価する第Ⅲ相試験の成績を承認申請時に提出することとされている．ただし，「科学的根拠に基づき申請効能・効果の対象患者が著しく限定される場合はこの限りではない」とも記載されている．また希少疾病用医薬品に該当する疾患の場合，収集可能な症例数を用いて臨床試験を行うことが可能ともされている．

したがって対象患者が著しく限定される場合または希少疾病用医薬品に該当する疾患であって，かつ検証的なランダム化比較試験の実施が困難な疾患領域においては，第Ⅲ相試験に進むかどうかの意思決定を目的としない，承認申請を目的とした第Ⅱ相試験が行われることがある．

(b) ブリッジングを目的とした第Ⅱ相試験

「外国臨床データを受け入れる際に考慮すべき民族的要因についての指針」（ICH-E5）において，ブリッジング試験は「外国臨床データを新地域に

外挿するために新地域で実施される補完的な試験．新地域における有効性，安全性及び用法・用量に関する臨床データ又は薬力学的データを得るために実施される」とされている[9]．ここでの新地域とは日本を指す．

海外で実施された第Ⅲ相試験の結果を日本での承認申請に活用する場合，海外のデータを日本に外挿可能かどうかを判断することを目的とした第Ⅱ相試験が行われることがある．海外では承認されているがん治療薬が日本では未承認であるという，いわゆるドラッグ・ラグの早期解消のためには，海外で実施された臨床試験データの有効活用が不可欠であり，これまで日本で第Ⅱ相試験として，いわゆるブリッジング試験が数多く行われてきた（ただし用量反応特性までは検討されないことが多い）．

26.3.9 マスタープロトコル

次世代シーケンサー（Next Generation Sequencer, NGS）の導入により数十～数百の遺伝子の異常を一度に検出することが可能となったことで，臨床試験でゲノムなどのバイオマーカー情報に基づいて患者選択を行うことが増加している．肺がん，大腸がんなどのメジャーながん種であっても，バイオマーカー情報に基づいて選択された結果，希少な患者集団（いわゆる希少フラクション）となることがあるが，それぞれの患者集団に対して個別に臨床試験を計画することは効率的ではない．そこで複数のがん治療薬を複数のがん種で評価するという多くの臨床上の疑問に答えるために，マスタープロトコルという概念が提唱されている[10]．マスタープロトコルではバイオマーカーで選択された一つのがん種または複数のがん種を対象に一つまたは複数のがん治療薬の評価が行われる．マスタープロトコルにはアンブレラ試験，バスケット試験，プラットフォーム試験の三つのサブタイプがある．

図 26.4　アンブレラ試験の例

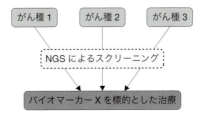

図 26.5　バスケット試験の例

アンブレラ試験は，特定のがん種においてゲノムなどのバイオマーカーのスクリーニングを行い，がん治療薬の効果が期待されるバイオマーカー情報に基づいて対象を選択し，当該がん治療薬を評価する臨床試験を並行して複数実施するものである（図 26.4）[10]．具体的には，日本で行われているSCRUM-Japanプロジェクト，非小細胞肺がんを対象としたLUNG-MAP試験[11]などがある．

頻度が希なバイオマーカーでは対象患者が限定されるため，がん種ごとに臨床試験を実施することが効率的ではない，あるいは不可能なことがある．バスケット試験は，がん種を一つに限定せず，あるがん治療薬の効果が期待されるバイオマーカーに基づいて対象を選択し，がん種横断的に当該がん治療薬を評価する試験デザインである（図 26.5）[10]．具体的には，マイクロサテライト不安定性（microsatellite instability, MSI）-H（high）またはDNAミスマッチ修復欠損をもつ固形がんに対する免疫チェックポイント阻害薬ペムブロリズマブ（pembrolizumab）の第Ⅱ相試験[12]などがある．

一つのがん種から，ゲノムなどのバイオマーカー情報に基づき選択される，複数の部分集団に対して複数のがん治療薬が開発されることがある．これら複数の患者集団に対するがん治療薬の開発をそれぞれ独立して行う代わりに，一つの試験において対照群をおきつつ複数のがん治療薬の評価を実施できれば，サンプルサイズの削減など，効率的な試験実施が期待される．このような状況において，プラットフォーム試験は一つのがん種の複数の標的に対して複数のがん治療薬を評価する試験デザインである[10]．具体的な例としては，早期乳がんを対象としたI-SPY2試験[13,14]などがある．

26.3.10　第Ⅱ相試験のまとめ

第Ⅱ相試験では，第Ⅰ相試験の結果に基づき，特定のがん種または特定のバイオマーカーをもつがん患者を対象に被験薬となるがん治療薬の有効性および安全性を探索的に評価する．単群試験では腫瘍縮小効果の観点から，ランダム化試験ではtime to eventのような時間の観点から有効性が評価されることが多い．近年ではNGSの導入により，マスタープロトコルと呼ばれる臨床試験が行われている．

26.4　第Ⅲ相試験

26.4.1　目的

第Ⅲ相試験の目的は，第Ⅱ相試験において一定の有効性と安全性が示された新規がん治療薬または新規がん治療薬を含む併用療法を，適切な対照群と比較することでその有効性および安全性を検証し，より優れた標準治療を確立することである．

26.4.2　対象疾患

第Ⅱ相試験の対象となったがん種で有効性と安全性が確認されれば，そのがん種を対象とする．

ゲノムなどのバイオマーカー情報に基づき患者選択を行う場合は，当該マーカーが陰性の患者も含めたオールカマー（All comers）デザインまたはマーカー陽性例のみを対象としたマーカープラスデザインで試験が行われる．新規がん治療薬が当該マーカー陰性の患者にも有効性が期待でき，当該マーカーの測定系またはカットオフ値が確立されていない場合はオールカマーデザインが望ましいであろう．それに対して対象患者を当該マーカー陽性例に限定することについて科学的に合理的な根拠をもって説明可能な場合は，マーカープラスデザインで試験を行うことが妥当である．マーカープラスデザインでは信頼性の高い測定系が必要であり，コンパニオン診断薬の開発を考慮しつつ，臨床試験計画を立てる必要がある．

26.4.3　評価項目

第Ⅲ相試験が検証試験であることを踏まえると，主要評価項目は臨床的意義の明確な，真の評価項目である必要がある．がんの臨床試験においては全生存期間を主要評価項目とすることがゴールドスタンダードであり，安全性，QOL（Quality of Life）などに関する評価を行い，ベネフィット・リスクバランスを考慮したうえで，既存の標準治療と比較して当該がん治療薬の有用性を示す必要がある．全生存期間を主要評価項目とすることが必ずしも適切でない場合もあり，無増悪生存期間，無再発生存期間などを主要評価項目とすることもある．無増悪生存期間，無再発生存期間などのように評価者によるバイアスが生じる可能性のある評価項目を主要評価項目とする場合は，二重盲検法，中央判定の実施など，バイアスを最小限にする方策をとる必要がある．

試験によっては，無増悪生存期間および全生存期間の二つを主要評価項目とするなど複数の主要評価項目を設定する場合がある．この場合は，検定の多重性に注意する必要がある．たとえば無増

悪生存期間の有意水準を 0.01，全生存期間の有意水準を 0.04 として試験全体の有意水準を 0.05 とする，あるいは無増悪生存期間の検定で有意差が認められた場合においてのみ全生存期間の検定を行う（閉手順）などの工夫が行われる．

26.4.4　試験デザイン

第Ⅲ相比較試験は一般的に，被験薬群に対応する対照群を設け，ランダムに治療群を割付ける並行群間試験として行われる．治療群の特性に応じて適切に，かつ可能ならば二重盲検法を採用する．盲検化およびランダム化は試験結果にバイアスを生じさせる危険性を最小化する．単盲検試験は，プラセボを用いてがん治療薬による介入の有無を識別不能にすることにより，割付けられた治療を被験者のみが知らされない試験をいう．さらに治療，臨床的評価，データ解析などにかかわる担当医師および臨床試験のスタッフも割付けられた治療法を知らない試験を二重盲検試験という．対象患者に対する標準治療の有無などによって，対照群としてプラセボ投与群，標準治療（＋プラセボ群）などを設定する．このとき対照群は医学的および倫理的に妥当なものである必要がある．群間の比較性を保つため，ランダム化が行われる．ランダム化は，被験者の背景因子のバラツキを試験治療群と対照群のあいだでバランスをとることを目的とする．通常，主要評価項目にかかわる予後因子や施設を層別因子として，ブロックランダム化，動的割付法などを用いて層別ランダム化割付けを行う．

通常，新規がん治療薬の有用性を示すには図 26.6 に示すようなデザインの優越性試験が行われることが多い．有効性において標準治療に対する優越性が証明できなくとも，毒性の軽減が得られる，あるいは簡便な投与が可能などのほかの臨床的有用性が期待される場合は，有効性で劣らないことを示す非劣性試験というデザインが採用さ

(a) 新規がん治療薬を標準治療と比較する場合

(b) 新規がん治療薬の標準治療への上乗せを検証する場合

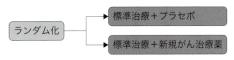

図 26.6　第Ⅲ相試験の例

れることもある．この場合臨床的に許容される非劣性マージンを設定し，設定された非劣性マージンを上回る有効性を示す必要がある．

26.4.5　目標症例数

目標症例数は科学的に有効性を検証できるように設定すべきである．有意水準，検出力，検出すべき差，登録期間，追跡期間，脱落率などを考慮して算出される．「臨床試験のための統計的原則」(ICH-E9) では，通常，有意水準を片側検定では 2.5％，両側検定では 5％ とすることが推奨されている[15]．検出力は通常 80〜90％ とされる．

26.4.6　統計解析

全生存期間などの主要評価項目の統計解析では頑健性のある適切な解析法を用いる．生存期間を主要評価項目とする優越性試験の場合は，層別 log-rank 検定が行われることが多い．

26.4.7　第Ⅲ相試験のまとめ

第Ⅲ相試験は，第Ⅰ相試験および第Ⅱ相試験で得られた結果をもとにがん治療薬の有用性を検証する試験である．第Ⅲ相試験が適切に実施されれば，試験結果がポジティブであってもネガティブであっても，意義のある結果が得られる．すなわち新規がん治療薬の有用性が示されれば，新たな標準治療が確立する．新規がん治療の有用性が示されない結果となった場合は，当該試験の対象患

者に当該がん治療薬を当該試験の用法・用量で投与することは適切ではないとの結論が得られる．

26.5 おわりに

がん治療薬の開発では，特別な理由がない限りは第Ⅰ相試験，第Ⅱ相試験，第Ⅲ相試験というプロセスを経て有用性が示される．臨床試験を行うための体制整備，臨床試験に関する知識の普及，規制当局の医薬品審査体制の強化などに加え，NGS を利用したゲノム情報などのバイオマーカーを基にしたがん治療薬の開発など，日本の医療環境にも大きな変化が認められている．抗悪ガイドラインが実情に見合わない場面も増えており，今後の見直しが必要であろう．

文　献

1) 抗悪性腫瘍薬の臨床評価方法に関するガイドライン，薬食審査発第 1101001 号（2005）．
2) 抗悪性腫瘍薬の非臨床評価に関するガイドライン，ICH-S9，薬食審査発 0604 第 1 号（2010）．
3) Center for Drug Evaluation and Research et al., "Estimating the Maximum Safe Starting Dose in Initial Clinical Trials for Therapeutics in Adult Healthy Volunteers", (2005).
4) 医薬品非臨床試験ガイドライン研究会，『医薬品非臨床試験ガイドライン解説 2013』，薬事日報社（2013）．
5) Ji Y. et al., *J.Clin. Oncol.*, **31**, 1785 (2013).
6) Manji A. et al., *J. Clin. Oncol.*, **31**, 4260 (2013).
7) Eisenhauer E.A. et al., *Eur. J. Cancer.*, **45**, 228 (2009).
8) Rubinstein L.V. et al., *J. Clin. Oncol.*, **23**, 7199 (2005).
9) 外国臨床データを受け入れる際に考慮すべき民族的要因についての指針，ICH-E5，医薬審第 672 号（1998）．
10) Woodcock J. et al., *N. Engl. J. Med.*, **377**, 62 (2017).
11) Herbst R.S. et al., *Clin. Cancer Res.*, **21**, 1514 (2015).
12) Le D.T. et al., *N. Engl. J. Med.*, **372**, 2509 (2015).
13) Park J.W. et al., *N. Engl. J. Med.*, **375**, 11 (2016).
14) Rugo H.S. et al., *N. Engl. J. Med.*, **375**, 23 (2016).
15) 臨床試験のための統計的原則，ICH-E9，医薬審第 1047 号（1998）．

Part VI　がん治療薬の臨床開発・承認審査

がん治療薬の承認審査

Summary

近年，日本で承認・上市される新規のがん治療薬は増加しており，抗がん薬の治験（臨床試験）の件数も増えている．現在，新薬審査業務の実質的な部分は独立行政法人医薬品医療機器総合機構（PMDA）で行われているが，その体制強化や関係者の努力により，新薬の審査期間は大幅に短縮してきた．今後も，希少がんを含めた各種悪性腫瘍に対する新薬開発が積極的に進められていくと考えられるが，このような新たながん治療薬について，世界で進行する開発タイミングとの同期化を図る，あるいは日本オリジンの医薬品について国内での臨床開発を先行させるために，引き続きさまざまな面からの環境整備を図っていく必要があるであろう．

27.1　最近のがん治療薬の承認と治験の状況

がん治療薬の承認審査について解説するに当たり，まずは最近の新規がん治療薬の承認状況をみてみたい．2015 年以降，2018 年 3 月までに承認された新規がん治療薬（新規有効成分）を表 27.1 に示した．30 のうち 9 の医薬品の成分名に「（遺伝子組換え）」とあるが，これらは遺伝子組換え技術を応用して製造された医薬品である．また成分名が「○○マブ」という医薬品はモノクローナル抗体医薬品を意味する．

抗がん薬以外で，ここ 3 年間（2015 年，2016 年，2017 年）で承認された新しい有効成分を含有す

表 27.1　最近承認された新規抗がん薬

医薬品成分名［販売名］	効能・効果の概要	承認年月，その他
アテゾリズマブ（遺伝子組換え）［テセントリク®］	切除不能な進行・再発の非小細胞肺がん	2018 年 1 月
イノツズマブ オゾガマイシン（遺伝子組換え）［ベスポンサ®］	再発または難治性の CD22 陽性の急性リンパ性白血病	2018 年 1 月 希少疾病用医薬品
オラパリブ［リムパーザ®］	白金系抗悪性腫瘍薬感受性の再発卵巣がんにおける維持療法	2018 年 1 月
パルボシクリブ［イブランス®］	手術不能または再発乳がん	2017 年 9 月
ダラツムマブ（遺伝子組換え）［ダラザレックス®］	再発又は難治性の多発性骨髄腫	2017 年 9 月 希少疾病用医薬品
アベルマブ（遺伝子組換え）［バベンチオ®］	根治切除不能なメルケル細胞がん	2017 年 9 月 希少疾病用医薬品
アフリベルセプト ベータ（遺伝子組換え）［ザルトラップ®］	治癒切除不能な進行・再発の結腸・直腸がん	2017 年 3 月

表 27.1 最近承認された新規抗がん薬（つづき）

医薬品成分名[販売名]	効能・効果の概要	承認年月，その他
フォロデシン塩酸塩[ムンデシン®]	再発また難治性の末梢性T細胞リンパ腫	2017年3月 希少疾病用医薬品
イキサゾミブクエン酸エステル[ニンラーロ®]	再発または難治性の多発性骨髄腫	2017年3月 希少疾病用医薬品
プララトレキサート[ジフォルタ®]	再発または難治性の末梢性T細胞リンパ腫	2017年3月 希少疾病用医薬品
ロミデプシン[イストダックス®]	再発または難治性の末梢性T細胞リンパ腫	2017年3月 希少疾病用医薬品
クリサンタスパーゼ[アーウィナーゼ®]	急性白血病，悪性リンパ腫（L-アスパラギナーゼ製剤に過敏症を示した場合）	2016年12月
ペムブロリズマブ(遺伝子組換え)[キイトルーダ®]	根治切除不能なメラノーマ(悪性黒色腫)	2016年9月 希少疾病用医薬品
エロツズマブ(遺伝子組換え)[エムプリシティ®]	再発または難治性の多発性骨髄腫	2016年9月 希少疾病用医薬品
ポナチニブ塩酸塩[アイクルシグ®]	前治療薬に抵抗性または不耐容の慢性骨髄性白血病，再発または難治性のフィラデルフィア染色体陽性急性リンパ性白血病	2016年9月 希少疾病用医薬品
カルフィルゾミブ[カイプロリス®]	再発または難治性の多発性骨髄腫	2016年7月 希少疾病用医薬品
ダブラフェニブメシル酸塩[タフィンラー®]	BRAF遺伝子変異をもつ根治切除不能なメラノーマ	2016年3月 希少疾病用医薬品
トラメチニブ ジメチルスルホキシド付加物[メキニスト®]	BRAF遺伝子変異をもつ根治切除不能なメラノーマ	2016年3月 希少疾病用医薬品
塩化ラジウム(^{223}Ra)[ゾーフィゴ®]	骨転移のある去勢抵抗性前立腺がん	2016年3月
セリチニブ[ジカディア®]	クリゾチニブに抵抗性または不耐容のALK融合遺伝子陽性の切除不能な進行・再発の非小細胞肺がん	2016年3月 希少疾病用医薬品
オシメルチニブメシル酸塩[タグリッソ®]	EGFRチロシンキナーゼ阻害薬に抵抗性のEGFR T790M変異陽性の手術不能または再発非小細胞肺がん	2016年3月
イブルチニブ[イムブルビカ®]	再発または難治性の慢性リンパ性白血病	2016年3月 希少疾病用医薬品
ベキサロテン[タルグレチン®]	皮膚T細胞性リンパ腫	2016年1月 希少疾病用医薬品
バンデタニブ[カプレルサ®]	根治切除不能な甲状腺髄様がん	2015年9月 希少疾病用医薬品
トラベクテジン[ヨンデリス®]	悪性軟部腫瘍	2015年9月 希少疾病用医薬品
イピリムマブ(遺伝子組換え)[ヤーボイ®]	根治切除不能なメラノーマ	2015年7月 希少疾病用医薬品
パノビノスタット乳酸塩[ファリーダック®]	再発または難治性の多発性骨髄腫	2015年7月 希少疾病用医薬品
レンバチニブメシル酸塩[レンビマ®]	根治切除不能な甲状腺がん	2015年3月 希少疾病用医薬品
ポマリドミド[ポマリスト®]	再発または難治性の多発性骨髄腫	2015年3月 希少疾病用医薬品
ラムシルマブ(遺伝子組換え)[サイラムザ®]	治癒切除不能な進行・再発の胃がん	2015年3月

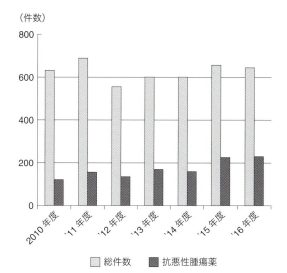

図 27.1 治験計画の届出状況
出典：医薬品医療機器総合機構

る医薬品は 38, 51, 24 であった．このうちがん治療薬の成分数(%)は 7（18.4%），12（23.5%），8（33.3%）で，年による変動はあるが，近年の承認新薬に占めるがん治療薬の割合が多いことに気づく．

日本では新薬の治験を開始する際，試験ごとにその計画（プロトコルなど）を厚生労働省に届け出なければならない．近年の治験計画の届出状況から，年間 600 件程度の新薬の治験が新たに開始されていることがわかる（一つの治験薬について，同じ年に 3 件の治験計画の届出があった場合は「3」とカウントされている．図 27.1）．ここ数年，抗悪性腫瘍薬に関する治験数が全体の 3 分の 1 程度を占めていることは注目に値する．国内外の製薬企業ががん分野の新たな薬剤の研究開発に力を入れ，積極的に取り組んでいることの表れといえる．

27.2　新薬の承認審査の仕組み

医薬品の開発は医薬品候補物質の種の発見あるいは創製に始まり，その最適化と絞り込み，その後の動物実験や臨床試験の実施を経て，最終的にはそれらの試験データに基づいた国への承認申請，審査，そして承認という手順が踏まれる．創薬の上流から臨床試験の実施までの詳細は他章に譲り，ここでは新薬の承認審査の仕組みを概説する．

27.2.1　新薬の承認申請資料

医薬品の製造販売承認を得るためには，承認申請者（製薬企業）は医薬品医療機器法（正式名は「医薬品，医療機器等の品質，有効性及び安全性の確保等に関する法律」，以前は「薬事法」という名称であった）の関連規定に基づいて，申請資料を添えて厚生労働大臣宛てに承認申請を行う必要がある．その際に必要となる申請資料の概要を表 27.2 に示す．申請資料はおもに申請医薬品の品質に関する試験成績（品質規格や安定性など，表 27.2 のロ，ハ），非臨床試験成績（動物を用いた薬理試験や毒性試験など，同ニ，ホ，ヘ），臨床試験成績（同ト）から成る．

これらの試験を行い，データをまとめるうえでの標準的な方法を示したガイドラインが多数公表されている．ここではがん治療薬に関するガイドラインをいくつか紹介する．

「抗悪性腫瘍薬の臨床評価方法に関するガイドライン」（2005 年 11 月）[1] は，新たな抗悪性腫瘍薬の承認取得を目的として実施される臨床試験（治験）の計画・実施・評価方法などに関する一般

表 27.2 新薬の承認申請に必要とされる資料

イ	起原又は発見の経緯及び外国における使用状況等に関する資料
ロ	製造方法並びに規格及び試験方法等に関する資料
ハ	安定性に関する資料
ニ	薬理作用に関する資料
ホ	吸収，分布，代謝，排泄に関する資料
ヘ	急性毒性，亜急性毒性，慢性毒性，催奇形性その他の毒性に関する資料
ト	臨床試験の成績に関する資料
チ	添付文書等記載事項に関する資料

的な指針をまとめたものである．同ガイドラインでは，患者数が多い癌腫を対象とした抗悪性腫瘍薬について，延命効果などの明確な臨床的有用性について評価した第Ⅲ相試験の成績を承認申請時に提出することを求めている．また，すでに海外で実施された第Ⅲ相試験成績がある場合には国内で実施する臨床試験数を最小限とするなど，効率的な臨床開発計画を立てるべきことが強調されている．

「小児悪性腫瘍における抗悪性腫瘍薬の臨床評価方法に関するガイダンス」（2015年9月）[2]は，前述のガイドラインを補完する目的で，小児悪性腫瘍に対する医薬品の臨床開発のための基本的考え方を示したものであり，小児悪性腫瘍を小児に特有の悪性腫瘍と病態が成人悪性腫瘍と同様の小児悪性腫瘍に分けて，開発タイミングや計画時の留意点などを示している．

抗悪性腫瘍薬の開発では，病態が進行性で致死的な悪性腫瘍患者が臨床試験に参加することが多く，臨床投与量が副作用発現量と非常に近いまたは同じである場合があることを考慮して，必要となる非臨床試験の種類や実施時期について述べた「抗悪性腫瘍薬の非臨床評価に関するガイドライン」（2010年6月）[3]も公表されている．

27.2.2　新薬審査の組織とプロセス

臨床試験成績などを添付して承認申請が行われた新薬については，国による審査が行われることになる．実はこの審査の実質的な部分は，現在は厚生労働大臣の指示に基づいて独立行政法人・医薬品医療機器総合機構において実施されている．医薬品医療機器総合機構は，その英語名（Pharmaceuticals and Medical Devices Agency）から，PMDAと略称されることが多い．

承認申請が行われた新薬については，まずPMDAに在籍する医学，薬学，獣医学，統計学などのさまざまな専門分野の審査員で構成される

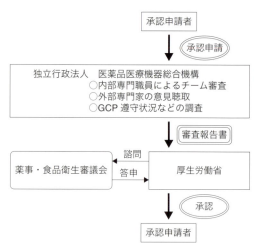

図27.2　承認審査のプロセス

審査チームによって，その有効性，安全性，品質に関する審査が行われる．また審査の材料となる申請資料がGCP（good clinical practice，医薬品の臨床試験の実施の基準）などのルールに従って行われた試験に基づき作成され，信頼性があるかどうか，たとえば医療機関に保存されている根拠資料（診療録など）との整合性の確認などが行われる．これらのプロセスを経て，さらに外部専門家の意見も聴取したうえでPMDAによる審査結果が審査報告書として取りまとめられ，厚生労働省に報告される．

厚生労働省ではこの審査報告書をもとに，当該医薬品の承認の可否などについて厚生労働大臣の諮問機関である薬事・食品衛生審議会の意見を聴取し，了解が得られれば承認する．新薬承認審査の大まかな流れを図27.2に示す．

27.2.3　新薬審査のパフォーマンス

かつてドラッグ・ラグ（ある新薬が米国や欧州で承認されてから日本で承認されるまでの時間差）という言葉がよく使われた．その原因の一つとして，新薬の承認審査に長い期間を要していたことが挙げられる．

審査のスピードアップを図ることを任務の一つ

27.3 新薬の承認可否判断とレギュラトリーサイエンス

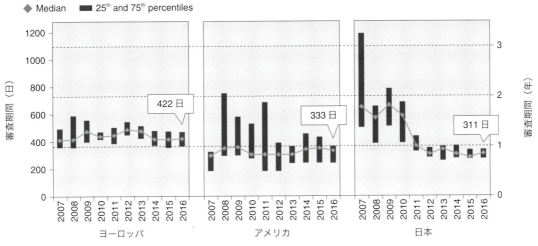

図 27.3　日米欧における新薬(新有効成分)の審査期間
出典：Centre for Innovation in Regulatory Science

として設立された PMDA は，設立当初（2004 年 4 月）は総職員数 256 名（うち審査部門 154 名）であったが，その体制強化のために職員の継続的な拡充が図られ，2017 年 4 月には 906 名（同 578 名）になった．この間，審査員などに対して種々の体系的・継続的な研修が実施されるなど，その質の確保のための取り組みも継続されてきた．また 2009 年 4 月には抗悪性腫瘍薬の審査を専門的に手掛ける新薬審査第五部が新設され，抗悪性腫瘍薬に関する承認審査や治験相談業務の充実が図られている．

最近の日米欧における新薬（新有効成分）の審査期間をみると（図 27.3），日本の審査期間は欧米と遜色ないレベルに達し，ここ数年は中央値でみて最も短期間かつ品目間のバラつきも小さくなっていることがわかる．

27.3 新薬の承認可否判断とレギュラトリーサイエンス

27.3.1 医薬品の承認基準

新たな物質が医薬品として承認される条件について考えてみたい．医薬品医療機器法には承認申

申請された医薬品について，用法・用量，効能・効果，副作用，その他の品質，有効性，安全性に関する事項の審査の結果，次のいずれかに該当する場合は承認しない．
1. 申請医薬品が，申請された効能・効果を有すると認められないとき
2. 申請医薬品が，その効能・効果に比べて著しく有害な作用を有することにより，医薬品としての使用価値がないと認められるとき

図 27.4　医薬品を承認しない基準
医薬品医療機器法 第 14 条第 2 項を読みやすく改変した

請された医薬品を承認するか否かの基準を示す条文がある（図 27.4）．実際には「承認する基準」ではなく「承認しない基準」が書かれているので，それを裏側から読んで解説すると，承認申請資料を審査した結果，(1)申請医薬品が申請された効能・効果をもっていることが示されており（有効性の立証），かつ (2) 有害な作用（副作用）があるものの，得られる効能・効果と比較すると許容可能であって医薬品として使用価値があると判断されること（有効性と安全性のバランス）が承認の基準となっている．何とも曖昧な基準ではないかと思われるかもしれない．(2)の有効性と安全性のバランスに基づく医薬品としての価値評価においては，臨床試験などで得られた申請医薬品の効果と安全性に関するデータの詳細に加え，その医薬品が適

用対象とする疾病の性質（重篤性など）や当該疾病に対する標準的な治療法の有無などによって，結果がだいぶ変わってくることは容易に想像できよう．

27.3.2　レギュラトリーサイエンスと承認審査

近年レギュラトリーサイエンスという用語を耳にする機会が増えた．レギュラトリーサイエンスは，1987年に当時の国立衛生試験所（現在の国立医薬品食品衛生研究所）副所長であった内山充博士によって提唱された概念で，「科学技術の進歩を真に人と社会に役立つ最も望ましい姿に調整するための評価・判断の科学」とされている．科学技術の最新の成果を実用化するためには，当該技術を効果とリスクの両面から評価し，それらのバランスを勘案しながら最終判断を行う必要がある．その際，必ずしも十分な情報(エビデンス)が提示されるわけではないことはレギュラトリーサイエンスの難しさである．

新たな医薬品を承認するか否かの判断（審査）は，このレギュラトリーサイエンスのわかりやすい例ともいえる．承認可否の判断に当たっての材料（承認申請資料）は多いに越したことはないが，確実な判断を行うためにさらに臨床試験を追加すべきなどという審査結果が示された場合，それには多くの時間と労力が必要となり，結果的に患者を待たせることになる．理想的なデータを求めるとキリがなく，どこかの段階で判断をしなければならない．ある医薬品を承認したことが果たしてよかったのか，それは歴史の判断に頼らざるを得ないのかもしれない．その意味で，医薬品の開発・評価は完全に正しい答えがある問いではないことについて，社会の理解を得ていくことが必要であろう．PMDAは承認された医薬品の審査報告書などを事後的に公表している．

27.4　今後のがん治療薬の承認審査

最後に，がん治療薬の承認審査について，今後の課題と展望を述べたい．

日本においてがん治療薬を含めた新薬について審査の迅速化が図られてきたことは喜ばしいことである．しかしながら，ある新規物質が医薬品として世界で初めて承認されるのはたいていアメリカであるという点を指摘しておきたい．多くの製薬企業がアメリカでの臨床開発を先行させ，承認申請を行うという戦略を採っている．これにはさまざまな背景が関与しているが，審査期間をいくら短縮しても，開発が大幅に遅れてしまうと追いつくのは容易ではなく，承認申請の時期も遅くなる．とくに悪性腫瘍など重篤度と緊急性の高い疾病領域における新薬開発では，世界で進行する開発タイミングとの同期化を図る，あるいは日本オリジンの医薬品について国内での臨床開発を先行させるためにさまざまな面からの環境整備を図っていく必要があるだろう．国においても，「先駆け審査指定制度」など，革新的な医薬品の早期開発・承認に向けた取り組みが開始されており，今後の動向に注目したい．

近年は患者数が比較的少ないがん（希少がん）に対する新薬開発への期待が高まっている．改めて表27.1を眺めると，承認された多くのがん治療薬が「希少疾病用医薬品」の指定を受けたものであることはその表れであろう．さらには近年の分子生物学的解析法の進歩により，これまでの発生臓器などによる分類に加えて，ゲノム情報によるがんの分類（希少フラクション化）が可能になりつつある．このような背景も踏まえ，最近PMDAの科学委員会（希少がん対策専門部会）で希少がんの臨床開発を促進するための課題と提言を取りまとめた報告書が公表された[4]．報告書では，希少がんに対する臨床試験ではデザインや症例数の面での制約が大きく，結果として新薬の有効性および

27.4 今後のがん治療薬の承認審査

安全性の検証の度合は相対的に小さいものとならざるを得ないことから，試験の外形的条件の弱みを緩和するための方策を考案すべきことなどが指摘されており，また疾患登録と集約化，正確な臨床・病理診断のための診断の標準化・中央化とバイオバンクの整備が喫緊の課題であるとされている．

がん治療薬の開発(臨床試験)および承認審査が，今後の科学技術の進歩と医薬品開発の国際化の流れに合わせて発展していくことが期待される．

文 献

1) 厚生労働省医薬食品局審査管理課長．抗悪性腫瘍薬の臨床評価方法に関するガイドライン（改訂）．2005年11月1日
2) 厚生労働省医薬食品局審査管理課長．小児悪性腫瘍における抗悪性腫瘍薬の臨床評価方法に関するガイダンス．2015年9月30日
3) 厚生労働省医薬食品局審査管理課長．抗悪性腫瘍薬の非臨床評価に関するガイドライン．2010年6月4日
4) 医薬品医療機器総合機構 科学委員会 希少がん対策専門部会．希少がんの臨床開発を促進するための課題と提言2017－アカデミア及びレギュラトリーサイエンスの視点から－．2017年11月28日

用語解説

【英数字】

2-ヒドロキシグルタル酸
(2-hydroxyglutarate, 2-HG)
脳腫瘍や一部の白血病などで高頻度に見いだされるイソクエン酸デヒドロゲナーゼ, IDH1 や IDH2 の遺伝子変異の結果, 生成される代謝物. 通常はほとんど検出されない代謝物であり, IDH1 や IDH2 の遺伝子変異によってがん細胞に特徴的に産生される. 2-ヒドロキシグルタル酸は, 2-オキソグルタル酸と構造が似ていることから, 2-オキソグルタル酸依存的なジオキシゲナーゼ群を競合的に阻害する.

ADCC 活性
(Antibody-dependent cellular cytotoxicity)
抗体依存性細胞傷害活性のこと. たとえば悪性腫瘍の細胞表面に発現する標的分子に結合した抗体が, Fc 領域を介して NK 細胞やマクロファージなどのエフェクター細胞に発現している Fc 受容体と結合することで, 抗体依存的に誘導される細胞傷害活性を示す.

BET ファミリータンパク質(BET family protein)
二つのブロモドメインをもつアセチル化ヒストン認識タンパク質のこと. BRD2, BRD3, BRD4, BRDT がある. BET タンパク質はプロモーターやエンハンサーで複合体を形成し, 転写伸長や細胞周期の進行に関与する.

CAR-T 療法
(Chimeric antigen receptor T cell therapy)
患者自身の T 細胞を採取し, がん細胞などの表面に発現する特定の抗原を認識・攻撃するように設計されたキメラ抗原受容体 (CAR) を発現するように改変した細胞 (CAR-T 細胞) を患者に戻す治療法. 難治性のがんに対する治療法の一つ.

CpG アイランド(CpG island)
プロモーター領域には C と G が並ぶ配列がみられ, これを CpG アイランドと呼ぶ. GC 含量が 55 % 以上, CpG の出現頻度 0.65 以上の 500 bp を超える塩基配列とされている.

EGFR 機能獲得型変異(Epidermal growth factor receptor gain-of-function mutation)
EGFR は上皮成長因子受容体のことで, 通常は EGF (Epidermal Growth Factor) などのリガンド刺激により活性化し, 細胞増殖シグナルを伝達する. この EGFR に L858R (858 番目のロイシン (L) がアルギニン (R) に変異) や, エクソン 19 が 5 アミノ酸欠失する機能獲得型変異が生じると, EGFR は恒常的に活性化し, がん化を誘導するようになる.

***EML4-ALK* 融合遺伝子**(*EML4-ALK* fusion gene)
染色体の 2 番に存在する *EML4* 遺伝子と *ALK* 遺伝子が逆位により形成される融合遺伝子のことで, 強力ながん遺伝子として肺がん患者より発見された. *ALK* 遺伝子がコードする ALK チロシンキナーゼが EML4 との融合により恒常的に活性化することで, がん化が引き起こされているため, ALK チロシンキナーゼ阻害薬が治療薬として用いられる.

EPR 効果
(Enhanced permeability and retention effect)
固形がんでは, 腫瘍血管の透過性が亢進し, リンパ系の構築が未発達であるために, 高分子物質が集積しやすい環境が形成されており, これを EPR 効果と呼ぶ. 抗体からナノ粒子までさまざまな高分子キャリアによる薬物ターゲティングの基本原理となっている.

The Hallmarks of Cancer
細胞ががん化するときに獲得する八つの細胞生物学的な特徴のこと. 個別には正常細胞でも備えている性質も含まれているが, がん細胞は八つのすべてを備えている.

KEAP1-NRF2 経路(KEAP1-NRF2 pathway)
NRF2 は転写活性化因子であり, KEAP1 は NRF2 の抑制性因子である. KEAP1 は NRF2 のユビキ

用語解説

チン化を促進することでNRF2を分解に導く．細胞が酸化ストレスや親電子性物質に曝露されると，KEAP1が失活することで，NRF2が安定化し，抗酸化タンパク質や解毒酵素などを誘導する．

Ligand-Based Drug Discovery（LBDD）
リガンド（小分子医薬品およびその候補品）側の情報に基づく医薬品設計を示す．情報としては，創薬ターゲットへの結合親和性・阻害活性のほか，細胞への効果，体内動態（膜透過性，代謝安定性，血中曝露量など），毒性（心毒性，遺伝毒性など）が用いられ，設計・予測方法としては，二次元，三次元の形状類似性，人工知能の一種である機械学習などのいわゆるインフォマティクス的な手法が用いられる．

MAPK経路
（Mitogen-activated protein kinase pathway）
MAPKは広く真核生物に保存されたセリン／スレオニンキナーゼであり，その活性化シグナルが核内へと移行することで細胞増殖，分化に深くかかわっている．固形がんにおいてはその恒常的な活性化が認められており，治療標的と考えられている．

PI3K/AKT経路
（Phosphatidylinositol-3 kinase/AKT pathway）
PI3K/AKT経路は細胞膜リン脂質の働きを介して，細胞増殖，細胞死，細胞周期，転写，糖代謝などを制御する中心的な役割を担っている．この経路の恒常的な活性化が固形がんにおいても認められており，治療標的と考えられている．

Proof-of-concept（POC）
基礎と臨床で定義が多少異なるが，医薬品候補物質が想定通りの作用機序を介して治療効果を示すことを非臨床もしくは臨床レベルで実証すること．広義には，治験薬の薬力学的効果（酵素阻害など）の立証や効果予測バイオマーカーの特定などを指すこともある．ある生体分子が疾患の治療標的となることを実証することをターゲットPOCと呼ぶ．

PROTAC（Proteolysis Targeting Chimera）
標的タンパク質に結合する小分子化合物が，E3ユビキチンリガーゼ結合ドメインなどと融合するかたちで合成された化合物．これにより，酵素活性をもたず，従来，薬剤標的となり得なかった病原タンパク質に，ユビキチン・プロテアソーム経路による選択的な分解を誘導できる．

RAS
RASタンパク質は低分子GTP結合タンパク質の一種で，転写や細胞増殖，細胞の運動性の獲得のほか，細胞死の抑制などにかかわっている．*RAS*遺伝子変異は細胞のがん化に大きく寄与しており，*RAS*遺伝子はがん原遺伝子とされている．

RECIST
（Response Evaluation Criteria In Solid Tumors）
固形がんの効果判定に用いられる規準で，客観的腫瘍縮小効果を評価する．がん種によっては，RECISTを修正した規準を採用することもある．造血器腫瘍においてはRECISTとは異なる疾患独自の規準を採用することが多い．

RNA干渉（RNA interference, RNAi）
二本鎖RNAが，それに相補的な配列をもつmRNAの遺伝子発現抑制効果を示す現象．単細胞生物から哺乳動物まで，さまざまな生物で，発生や代謝，感染防御などにかかわっている．遺伝子機能探索の技術としても利用される．

Structure-Based Drug Discovery（SBDD）
創薬ターゲットであるタンパク質，核酸などの立体構造に基づく医薬品設計を示す．ターゲットの立体構造は，X線，電子顕微鏡，NMRなどの実験的な手段で決定するか，ホモロジーモデリングなどの計算による手段で予測する．設計・予測方法としては，標的への医薬候補化合物のドッキング，時間経過の振る舞いをみる分子動力学シミュレーション，精密な相互作用エネルギーを算出する量子化学計算など，いわゆる分子シミュレーション的な手法が用いられる．

Wntシグナル（Wnt signal）
WntリガンドによるFrizzled受容体を介したシグナルで，細胞内ではAPC，AXIN，GSK3β複合体によるβ-カテニンリン酸化が抑制される．安定化したβ-カテニンは核に移行し，幹細胞の維持にかかわる遺伝

子群の発現を誘導する．

【あ】

悪性腫瘍（Malignant tumor）
腫瘍とは周囲の正常組織との協調性を欠いて過剰増殖をする異常な組織の塊である．このうち，周囲の組織に浸潤し，遠隔臓器に転移する性質をもつものを悪性腫瘍と呼ぶ．いわゆる「がん」のことである．

アポトーシス（Apoptosis）
多細胞生物において，生理的に正常な能動的プログラムで誘導される細胞死．生体内ホメオタシスを維持する重要なメカニズムだが，がん細胞のなかには，このアポトーシスに抵抗性を獲得したものもある．

アンジオポエチン（Angiopoietin）
血管新生や脈管新生に重要な糖タンパク質．とくにアンジオポエチン 1（Ang-1）とアンジオポエチン 2（Ang-2）は血管内皮細胞に発現する Tie2 のリガンドである．Ang-1 は Tie2 に結合し血管内皮細胞に壁細胞を接着させ血管構造の成熟・安定化などに重要な役割を果たすが，Ang2 は血管内皮細胞においては Ang1 と反対の作用をもつ．

イソクエン酸デヒドロゲナーゼ（Isocitrate dehydrogenase, IDH）
イソクエン酸を α ケトグルタル酸（2-オキソグルタル酸）に変換する酵素．IDH には 3 種類あり，IDH1 は細胞質に，IDH2 はミトコンドリアにあり，いずれも，この反応に伴って NADPH を産生する．IDH3 はミトコンドリアのクエン酸回路の酵素として，NADH を産生する．

医薬品医療機器総合機構（PMDA）
厚生労働大臣からの委託を受け，医薬品の承認審査などの業務を行う独立行政法人．このほか医薬品の副作用などによる健康被害に対する救済業務，医薬品などの市販後の安全性に関する情報の収集・分析・提供に関する業務を行っている．

医薬品医療機器法
医薬品，医療機器などの治験や製造販売承認の取扱い，市販後の安全対策などについて定めた法律であり，正式名を「医薬品，医療機器等の品質，有効性及び安全性の確保等に関する法律」という．以前は「薬事法」という名称だった．

インシリコ創薬（in silico drug discovery）
創薬の過程は，初期のヒット（創薬の種となる化合物）探索からリード（疾患動物モデルでの薬効を示す化合物）への展開，リード最適化を経て，臨床候補品を導く必要がある．インシリコ創薬は，インフォマティクスおよび分子シミュレーション計算に基づく予測によって，創薬の過程を効率化し，成功率を上げるアプローチ全般を指す．

エクソソーム（Exosome）
さまざまな細胞から分泌される直径約 50〜150 nm の細胞外小胞の一種であり，血液や尿などの体液中で検出される．エクソソームは脂質二重膜で形成されており，DNA や RNA，さらにはタンパク質を内包し，細胞間のシグナル伝達に重要な役割を果たすと考えられている．

エピゲノム（Epigenome）
ゲノムに書かれた遺伝情報を変えることなく，遺伝子発現を制御する機構．DNA メチル化，ヒストン修飾，クロマチン構造，非翻訳 RNA などが制御にかかわっている．

オートファジー（Autophagy）
細胞の恒常性維持などのために細胞質の自己成分を分解する機構．その進行過程では，細胞質の一部が取り込まれてオートファゴソームと呼ばれる脂質 2 重膜小胞が形成され，さらにそれがリソソームと融合し，取り込まれた細胞質成分が分解される．

オフターゲット効果（Off-target effect）
医薬品候補物質が，期待された標的分子（オンターゲット）とは異なる別の生体分子（オフターゲット）に作用することで現れる，想定外の薬理効果．核酸医薬の場合，標的遺伝子以外の遺伝子に作用すること．分子標的治療薬の proof-of-concept を達成するうえではとくに，オフターゲット効果の把握が重要である．

■ 用語解説 ■

オルガノイド（Organoid）
マトリゲルなどの細胞外基質中であたかも臓器のように増殖・分化を再現する細胞構造体のこと．本来は上皮細胞のみで構成され，幹細胞周囲の微小環境を再現した血清不含有培養により正常細胞でもほぼ無限に増殖する．

【か】

核酸医薬（Nucleic acid drug）
DNA あるいは RNA などの核酸を利用した医薬品で，mRNA や miRNA などを創薬ターゲットとすることが可能なため，次世代の医薬品として期待されている．これまでの創薬と異なり，ほぼすべての遺伝子を標的にできるという利点がある．

化合物ライブラリー（Chemical library）
ライブラリーとは図書館を意味するが，化合物ライブラリーとは本ではなく化合物を集めたコレクションを指す．創薬の探索源として使用できるように，多数の化合物の構造式や性質をデータベース化し，各種スクリーニングにすばやく提供できるように管理されている．

活性酸素種（Reactive oxygen species, ROS）
酸素分子よりも反応性が高い酸素化合物．スーパーオキシド，ヒドロキシラジカル，過酸化水素などがある．ヒドロキシラジカルはとくに反応性が高い．

がん遺伝子（Oncogene）
がん遺伝子の産物は細胞のがん化を引き起こす．一般的には細胞増殖の制御に関与する正常細胞の遺伝子（がん原遺伝子）が機能獲得変異したものであり，顕性（優性，dominant）の遺伝様式をとる．

がん遺伝子依存性（Oncogene addiction）
がん細胞は，自身をがん化に導いたがん遺伝子（ドライバー遺伝子）に対して依存性を獲得していることが多い．この性質が利用され，当該ドライバー遺伝子の働きを抑える薬剤が分子標的治療薬として用いられている．

がん幹細胞（Cancer stem cell）
がん組織中で自己複製能と多分化能をもつがん細胞で，この細胞が起源となってがん細胞を供給し，がん組織全体を構成する．

がん随伴線維芽細胞
（Cancer-associated fibroblast, CAF）
腫瘍組織内には，がん細胞周囲に存在するかたちでαSMA 陽性の線維芽細胞が存在しており，その線維芽細胞を CAF と呼ぶ．CAF はがん細胞との直接的あるいは間接的な相互作用により，腫瘍進展や治療薬耐性に寄与している．

環境適所説（Seed and soil theory）
英国の外科医である Stephen Paget が 1889 年に唱えた説．がん細胞を種（seed）に例え，ある特定の臓器に転移・増殖するのはその転移先臓器特異的な環境（soil）がそのがん細胞の増殖に適しているからであるとした．

がん依存性マップ
（Cancer dependency map, DepMap）
RNA 干渉法による遺伝子発現ノックダウンないし CRISPR/Cas9 法による遺伝子ノックアウトを用い，多数のがん細胞株について増殖・生存がどの遺伝子に依存しているのかをゲノムワイドに測定したデータベースのこと．2017 年にアメリカ・ブロード研究所による DepMap プロジェクト，ノバルティス バイオメディカル研究所による Project DRIVE が発表された．

がんゲノムアトラス
（The Cancer Genome Atlas, TCGA）
2006 年からアメリカで開始されたがんゲノム解読プロジェクト．33 種類のがんについて合計 2 万症例を超えるサンプルを収集し，ゲノム・エピゲノム・トランスクリプトーム解析を行い，そのデータは公開されている．

がんゲノム医療（Cancer genome medicine）
おもにがんの組織を用いて，がん遺伝子パネルなどを用いて多数の遺伝子の遺伝子変異を明らかにすることで，患者個人の体質や病状に合わせて治療などを行う医療．現在，体制づくりが進められている．

がん細胞パネル（Cancer cell line panel）
がん細胞パネルは，アメリカ国立がん研究所（NCI）が開発した抗がん薬スクリーニングに用いられる数十種類のがん細胞株からなるセット．NCI60は60種のヒトがん細胞株によって構成されている．日本ではがん研究会にて，1990年代にJFCR39パネル試験が開始された．

間質細胞（Stromal cell）
組織を構成する細胞をつないだり，支持したり，連絡したりする細胞の総称で，線維芽細胞や免疫細胞（リンパ球，好中球，マクロファージなど），血管内皮細胞，平滑筋細胞などが含まれる．

患者由来ゼノグラフト
（Patient-derived xenograft, PDX）
汎用されてきたがん細胞株由来のゼノグラフトと区別する意味で，がん患者の臨床検体（手術・生検・腹水）を直接移植した場合をとくにPDXと呼ぶ．患者由来オルガノイドを移植した場合も広義のPDXに含まれる．

がんの可塑性（Cancer plasticity）
がん細胞において，形質や遺伝子発現パターンが変化しうる性質のこと．上皮間葉転換などの細胞系譜を越えた形質変化や幹細胞性をもったがん細胞への形質転換が例として挙げられる．

がんの不均一性（Tumor heterogeneity）
ゲノムの不安定性や微小環境の差異によるエピゲノム変化を背景とする，がん細胞集団内や，原発巣と転移巣のあいだ，同種腫瘍の患者間におけるゲノム，エピゲノムおよび形態的，機能的な多様性を指す．

がん抑制遺伝子（Tumor suppressor gene）
がん抑制遺伝子の産物には腫瘍を抑制する機能がある．その機能喪失変異は細胞のがん化につながり，潜性（劣性，recessive）の遺伝様式をとる．細胞増殖抑制因子のほかに，DNAの損傷修復に関与するタンパク質をコードする遺伝子などが含まれる．

クローン進化（Clonal evolution）
一つの細胞が体細胞遺伝子変異を獲得し，さらに変異を獲得していくなかで，環境に最も適応した変異をもったクローン（細胞）が自然選択により生き残り，モノクローナルながん細胞集団が生じるとする概念のこと．

ゲートキーパー変異（Gatekeeper mutation）
EGFRなどのキナーゼにおいて，ATPが結合するポケットの一番奥に存在する疎水性アミノ酸から成る部位をゲートキーパー残基と呼び，この部位に生じたアミノ酸変化を伴う変異をゲートキーパー変異と呼ぶ．ABL阻害薬やEGFR阻害薬，ALK阻害薬の第一世代阻害薬では，ゲートキーパー変異による耐性が比較的多くみられ，第二，三世代の阻害薬ではゲートキーパー変異をも克服できる薬剤が数多く開発されてきた．

血液動態説（Anatomical mechanical theory）
病理学者であるJames Ewingが1929年に唱えた説．がんの転移先臓器選択には原発臓器と転移先臓器とのあいだの脈管系におけるつながりが重要であるとした．

血液―脳腫瘍関門
（Blood-brain tumor barrier, BBTB）
血液と脳の組織液とのあいだでは，輸送体や小胞輸送によって選択的な物質交換が行われており，脳の血管内皮細胞には密着結合が存在する．このため，膠芽腫などの悪性脳腫瘍では，ほかの固形がんと比較して，EPR効果に基づく高分子物質の集積が低下している．

血管新生（Angiogenesis）
新たに血管ができること．既存の血管から血管内皮細胞が増殖・遊走して新しい血管をつくることや，血管をつくるもとの幹細胞から血管ができることも広く指すことがある．

血管内皮増殖因子
（Vascular endothelial growth factor, VEGF）
血管新生に重要な役割を担う糖タンパク質で，血管内皮細胞に特異的に作用し，血管内皮細胞の増殖・遊走の促進，血管透過性の亢進を引き起こす．

ゲノム不安定性（Genomic instability）
体細胞変異の獲得や染色体の倍加・欠失といったゲノム異常の頻度が正常細胞より上昇し，安定的にゲノム

■ 用語解説 ■

配列・構造を維持できない状態を指す．発がんリスクを上昇させ，がん細胞集団内の遺伝的多様性の一因となる．

ゲノム編集（Genome editing）
CRISPR/Cas9 などの DNA 配列に特異的なヌクレアーゼを利用して遺伝子を改変する技術．マウス受精卵や ES 細胞でのゲノム編集は，遺伝子改変マウスモデルの作製にも応用されている．

合成致死（Synthetic lethality）
それぞれが単独で失活しても生存に影響を与えない二つの因子（遺伝子）が，同時に失活したときにのみ発現する致死性（細胞毒性）．たとえばがん抑制遺伝子 *BRCA1/2* の機能喪失と PARP1/2 の阻害は合成致死を引き起こす．

抗体薬物複合体（Antibody drug conjugate，ADC）
たとえば悪性腫瘍の細胞表面だけに存在するタンパク質（抗原）に特異的に結合する抗体に毒性の高い薬剤を結合させると，その ADC は悪性腫瘍だけを死滅させることができる．このため，比較的副作用が少なく効き目の強い薬剤となる可能性がある．

コンパニオン診断薬
（Companion diagnostics，CDx）
医薬品の有効性や安全性を高めるために，対象患者が医薬品の使用対象に該当するかどうかなどを，あらかじめ検査する目的で使用される診断薬のこと．

【さ】

最大耐用量（Maximum tolerated dose，MTD）
33％以上の用量制限毒性（DLT）の発生のない用量のうち最高投与量と定義されることが多い．DLT や MTD の定義は，対象とする疾患およびがん治療薬のプロファイルを踏まえて決定される．

細胞傷害性抗がん薬（Cytotoxic anticancer drug）
基本的な細胞増殖メカニズムである，DNA 合成や細胞分裂機構を阻害して，殺細胞効果を示す抗がん薬のこと．増殖が盛んな正常細胞にも作用するため，骨髄抑制や消化管障害などの副作用を起こすものが多い．

先駆け審査指定制度
患者に世界で最先端の治療薬を最も早く提供することを目指し，厚生労働省が一定の要件を満たす画期的な新薬などを先駆け審査指定制度の対象品目として指定し，薬事承認にかかわる相談・審査で優先的な取扱いをすることなどにより，その迅速な実用化を図るための制度．

自己複製能（Self-renewal capacity）
幹細胞が分裂して生じる娘細胞の少なくとも 1 個に，自己と同じ未分化性（幹細胞形質）を継承する能力のこと．この性質により幹細胞の数（プールサイズ）が長期間維持される．一方，前駆細胞にはこの能力がなく，プールサイズを恒常的に維持することができない．

支持療法（Supportive therapy）
がん化学療法などに伴うさまざまな苦痛や副作用に対して，それを予防する，あるいはその軽減を目的として行われる治療法のこと．悪心，嘔吐，痛みなどの予防・軽減は患者の生活の質（QOL）の維持や治療遂行に大きな影響を与える．

次世代シーケンサー
（Next-generation sequencer，NGS）
2000 年半ばに登場したシーケンサー．塩基配列を並列に読み出すことで，従来のキャピラリーシーケンサーに比べて解読量が桁違いに多くなり，低コスト・短時間で全ゲノム・全エクソン解析などが可能になった．

浸潤・転移（Invasion and metastasis）
腫瘍組織内のがん細胞が周囲の組織に広がっていく過程を浸潤といい，浸潤したがん細胞が血管内やリンパ管内に入り込んで原発部位とは異なる臓器で増殖して腫瘍を形成することを転移という．

腫瘍血管（Tumor blood vessel）
がん組織内にみられる血管．がん細胞に酸素・栄養を送る供給路となる．

腫瘍抗原（Tumor antigen）
がん細胞の細胞表面に発現している抗原（標的分子）．正常細胞では発現せずがん細胞に特異的に発現してい

る抗原を腫瘍特異抗原（TSA）と呼び，一方，正常組織にもがん組織にも発現している抗原は腫瘍関連抗原（TAA）と呼ばれる．

腫瘍随伴マクロファージ
（Tumor-associated macrophage，TAM）
腫瘍組織に浸潤したマクロファージの総称．腫瘍関連マクロファージともいう．がん細胞から放出される液性因子の作用によりM2型に分化しており，免疫抑制作用や血管新生促進作用を介して腫瘍の進行を促進する．

主要組織適合抗原
（Major histocompatibility antigen，MHC antigen）
MHC抗原，MHC分子ともいう．細胞内に取り込まれた抗原が分解され生成されるペプチドを細胞表面に提示する役割をもつ細胞表面分子である．MHCにはMHCクラスIとMHCクラスIIの2種類がある．ヒトではヒト白血球抗原（HLA）として知られる．

腫瘍内微小環境（Tumor microenvironment）
がん組織特異的なさまざまな現象のなかで，分子レベル，細胞レベルでの局所的な特性を総称した語．狭義では，低酸素や低pHなどの環境的特性を指す場合や，特異的な細胞間相互作用を指す場合もある．

循環腫瘍DNA（Circulating tumor DNA，ctDNA）
循環腫瘍細胞（CTC）と同様に血中で検出される腫瘍細胞由来の循環型DNAのことであり，がんの迅速診断や治療効果の指標に有用であると考えられている．

循環腫瘍細胞（Circulating tumor cell，CTC）
原発巣（最初に腫瘍組織が形成された部位）から血管内へと浸潤し，血中を循環するがん細胞のこと．CTCがほかの臓器に生着し増加することで転移を引き起こすと考えられている．

上皮間葉転換
（Epithelial-mesenchymal transition，EMT）
上皮細胞が移動能をもつ間葉細胞様に可逆的に転換する現象で，胚発生期に観察される．上皮がん細胞の浸潤・転移にこの現象がかかわっているとされており，EMT関連分子ががんの治療標的として注目されている．

小胞体ストレス
（Endoplasmic reticulum stress，ER stress）
小胞体は新しく合成されたタンパク質が正しく折りたたまれて成熟する場である．しかし細胞内外に起因する種々の要因により，小胞体内で不良タンパク質が蓄積すると，タンパク質毒性ストレスとなる．これを小胞体ストレスという．

シングルセル解析（Single cell analysis）
単一細胞レベルで網羅的な遺伝子発現やタンパク質発現，クロマチン状態などを解析する手法．現在数千個までの解析が可能になり，がん細胞の多様性のみならず周囲の免疫細胞・間質細胞の解析にも応用されている．

人工知能（Artificial intelligence，AI）
予測，問題解決などの知的行動を人間に代わって計算機に行わせる技術や仕組み全般に対して使われる．1980年代に機械学習技術が使われるようになり，人間を模倣する実用性のある人工知能が使われ始めた．2010年代後半からは機械学習の一種である深層学習，ビッグデータ，GPUなどの高性能な計算機が結びつき，人間を超える判断，予測も可能な人工知能が現れつつあり，創薬への応用が研究されている．

スーパーエンハンサー（Super-enhancer）
エンハンサーがクラスターを形成し，細胞の系列決定に重要な遺伝子発現を制御すると考えられている領域．この領域には転写因子，メディエーター，クロマチン調節因子などの多くの転写調節タンパク質が結合している．

スフェロイド（Spheroid）
浮遊培養における球体の細胞塊を意味する．臓器によっては正常幹細胞からも生成するが，基本的にはがん細胞，とくにがん幹細胞が濃縮した状態と考えられている．通常は低接着培養皿で血清不含有の状態で培養する．

ゼノグラフト（Xenograft）
異種移植片を意味する．ヒトがん組織片を免疫不全マウスに移植して腫瘍を形成させたものを指す．移植するものは細胞株やオルガノイドの場合もあり，また移

■ 用語解説 ■

植部位も皮下以外に腹腔内や同所が選択される場合もある．

前がん病変（Precancerous lesion）
病理組織学的に正常細胞と異なる，異形成（dysplasia）を認める細胞で構成された限局性病変で，一般にがんを発生する危険性がある組織と考えられる．

全生存期間（Overall survival，OS）
ある時点から（ランダム化試験ではランダム化した時点からとすることが多い），死因を問わないあらゆる死亡までの期間．延命を目的とするがん治療薬の有効性の評価項目として，OSは真のエンドポイントと考えられ，第Ⅲ相試験の主要評価項目のゴールドスタンダードになっている．

相互排他性（Mutual exclusivity）
二つの強力ながん遺伝子（ドライバー遺伝子）が，一つのがん患者からは見つかる頻度が低く，相互排他性があることが明らかになっている．このドライバー遺伝子の相互排他性の理由についてはまだ十分には明らかにされていないものの，がん化に必要ではなかったためというだけでなく，二つ以上のドライバー遺伝子をもつことが，腫瘍にとって何らかのデメリットになる可能性が示唆されている．

【た・な】

多段階発がん（Multistep carcinogenesis）
複数のがん遺伝子やがん抑制遺伝子の変異が段階的に蓄積することで，正常組織から良性腫瘍が発生し，段階的に悪性化するという概念で，大腸がんをモデルにVogelsteinらが1990年に提唱した．

多発性骨髄腫（Multiple myeloma，MM）
血液細胞を産生する組織である骨髄において，白血球の一種であるB細胞が分化した「形質細胞」に異常が生じてがん化したもの．多発性骨髄腫では，正しく合成されなかった多量の免疫グロブリン・タンパク質の蓄積が認められる．

タンパク質―タンパク質相互作用
（Protein-protein interaction，PPI）
細胞内では，あるタンパク質が別のタンパク質と複合体を形成することによって，生物機能を発現していることが多い．タンパク質どうしの結合を阻害する薬剤は特異性の高い阻害薬として期待されるので，創薬ではタンパク質―タンパク質の相互作用を阻害する薬剤開発が試みられている．

低酸素（Hypoxia）
生体を構成する組織における正常な酸素分圧（pO2）は，組織細胞ごとに異なるため，生体内の「低酸素」を数値で定義することはできない．各組織において，正常な組織 pO_2 範囲を下回った状態をいう．

低酸素誘導因子（Hypoxia inducible factor，HIF）
1973年にSemenza博士らによって，エリスロポエチン遺伝子を低酸素刺激時に発現誘導する転写因子として，低酸素誘導因子HIF-1タンパク質が同定された．その後，HIF-2も同定され，細胞の低酸素応答を司る転写因子として研究が進み，低酸素依存的なHIF-1/2の活性化機構が解明されている．

テロメア（Telomere）
直鎖状染色体の末端を保護する核酸―タンパク質複合体．ヒト正常体細胞は分裂とともにテロメアを消失し，やがて細胞老化を誘導する．がん細胞はテロメラーゼもしくは相同組換えを利用してテロメアを維持し，無限の分裂能を示す．

ドライバー遺伝子変異（Driver mutation）
がん遺伝子・がん抑制遺伝子など，発がんにおいて正の選択を受ける，あるいはがん細胞の生存や悪性化に寄与するゲノム異常．そうでないものはパッセンジャー変異と呼ぶ．治療標的やバイオマーカーとして有望である．

ドラッガビリティ（Druggability）
標的タンパク質の機能を小分子化合物などで制御しようとしたときの実現可能性の高さ．原義は，標的タンパク質に対して薬剤が示しうる親和性の高さ．がん創薬においては，KRASやMYCなどに代表されるドラッガビリティの低い標的分子（undruggableな標的分子）をいかに攻略するかが課題となっている．

ドラッグデリバリーシステム
(Drug delivery system, DDS)
体内の薬物分布を量的・空間的・時間的に制御し、コントロールするための技術の総称。この技術により、薬物の効果の増強、副作用の軽減および使用性の改善、患者の生活の質（QOL）の改善などのさまざまな恩恵がもたらされる。

ドラッグ・ラグ (Drug lag)
新たな医薬品が外国（アメリカまたはヨーロッパ）で承認・上市されてから、自国（日本）で承認され、利用可能になるまでの時間差を指す。ある医薬品がアメリカでは使えるのに日本では承認されておらず使えないといった状況を示す用語として用いられてきた。

ドラッグリポジショニング (Drug repositioning)
既存の治療薬から別の疾患に有効な薬理作用を見つけ出すこと。既存薬は、すでに臨床での安全性や薬物動態試験が済んでおり、その製造方法も確立しているため、この手法により研究開発期間の短縮とコスト削減が可能となる。

ナノテクノロジー (Nanotechnology)
原子や分子の配列をナノスケールで自在に制御することにより、望みの性質をもつ材料や新たな機能をもつデバイスを開発する技術のこと。DDSをはじめ医療分野においても革新をもたらすことが期待されている。

【は】

バイオマーカー (Biomarker)
病態の変化や治療に対する反応に相関し、指標となるタンパク質や遺伝子のこと。疾患の有無、進行度、治療の効果の指標の一つとなる。腫瘍マーカーもバイオマーカーの一種。

ハイスループットスクリーニング
(High throughput screening, HTS)
創薬において、化合物ライブラリーのなかから目的の生物活性を見いだす作業をスクリーニングという。ロボットを活用して大規模な化合物ライブラリー（通常、数万種以上の化合物）をスクリーニングすることをハイスループットスクリーニングという。

バスケット試験 (Basket trial)
試験の対象がん種を一つに限定せず、あるがん治療薬の効果が期待されるバイオマーカーに基づいて対象を選択し、がん種横断的に当該がん治療薬を評価する試験デザイン。

非コードRNA (Non-coding RNA, ncRNA)
タンパク質のアミノ酸一次配列情報をコードしていないRNAで、20〜200塩基程度の小分子ncRNAと、全長が数百〜数十万塩基長の長鎖ncRNAに大別される。

非小細胞肺がん
(Non-small cell lung cancer, NSCLC)
原発性肺がんは小細胞肺がんと非小細胞肺がんに大別される。非小細胞肺がんに関してはドライバー遺伝子異常の発見とともに分子標的薬の開発が進み、さらには免疫療法の有効性も示されており、その治療戦略の進化は日進月歩である。

ヒストン修飾 (Histone modification)
DNAは核内でコアヒストンと呼ばれるヒストンの8量体に巻きつきヌクレオソームを形成している。ヒストンのN末端を構成する20〜30アミノ酸は立体構造に乏しく、ヒストンテールと呼ばれ、この部位のアミノ酸配列はリン酸化、アセチル化、メチル化などの化学修飾を受ける。

ヒト化抗体 (Humanized antibody)
マウスやラットに免疫して作製したモノクローナル抗体の抗原を認識して結合するアミノ酸配列（超可変領域、相補性決定領域）を、ヒト抗体配列の対応する領域に遺伝子工学的に移植して作製する抗体。

ファーストインクラス (First-in-class)
これまでになかった作用点をもち、既存の治療体系に大きな影響を与えうる画期的新薬に対して与えられる呼称。これに対し作用機序は新しくないが既存薬と比較して難点が少なく、最も堅実に普及した薬をベストインクラスと呼ぶ。

プロドラッグ (Prodrug)
投与時には不活性型であるが、体内で代謝、酵素処理

■ 用語解説 ■

を受けて，活性型へと変化し，薬効を示すようになる医薬品．たとえば，副作用を抑えるために疾患組織特異的な代謝を利用して小分子化合物を活性型にしたり，疾患細胞で活性が高い切断酵素を利用して，タンパク質製剤を活性型にしたりする．

ヘテロ接合性消失（Loss of heterozygosity，LOH）
がん抑制遺伝子の不活性化において，父親由来と母親由来の相同染色体(ヘテロ接合)のうち，片側の染色体に変異が入り，もう片方の染色体が欠失することをヘテロ接合性消失という．がん化のメカニズムの一つである．

ヘリコバクター・ピロリ菌（*Helicobacter pylori*）
ヒトの胃粘膜に感染する，らせん型のグラム陰性微好気性細菌で，萎縮性胃炎や十二指腸潰瘍の原因となる．ピロリ菌感染は胃がん発生と密接に相関しており，WHO により胃がん発生の危険因子として認定されている．

ポテリジェント技術（POTELLIGENT technology）
協和発酵キリン社が開発した独自技術で，抗体の Fc 領域に結合している N-グルコシド結合複合型糖鎖からフコースを取り除く技術．それにより Fc ガンマ受容体 IIIa との親和性が向上し，ADCC 活性が増強される．

ポリ（ADP-リボシル）化酵素
〔Poly(ADP-ribose)polymerase，PARP〕
NAD^+ を基質としてタンパク質に多数の ADP-リボースを連鎖的に付加する酵素．生成したポリ（ADP-リボース）鎖は，タンパク質集積の足場やユビキチン分解のシグナルとして働くなど，さまざまな生理的機能を発揮する．

【ま】

マイクロ RNA（MicroRNA，miRNA）
マイクロ RNA は小分子 ncRNA の一つ．標的となる mRNA の 3′ 非翻訳領域に結合し，その分解促進と翻訳抑制を引き起こして遺伝子発現を制御する．

マイクロサテライト不安定性
（Microsatellite instability，MSI）
ゲノム上に存在する反復配列の一種であるマイクロサテライト領域では，修復機構の減弱・喪失により変異が生じやすい．この変異をマイクロサテライト不安定性といい，これがミスマッチ修復酵素の異常を予測するためのバイオマーカーとなっている．

慢性骨髄性白血病
（Chronic myeloid leukemia，CML）
造血幹細胞に染色体の 9 番と 22 番の一部が染色体転座により入れ替わり，フィラデルフィア染色体（Ph）が生じることが原因の白血病．Ph 上には *BCR-ABL* 融合遺伝子という異常ながん遺伝子が形成され，異常な細胞増殖シグナルの活性化により，細胞のがん化が起こるため，ABL の阻害薬が治療に用いられる．

脈管系（Vascular system）
血液を循環させることで全身に栄養と酸素を供給するとともに二酸化炭素や老廃物などを回収する器官系のこと．心臓から組織に血液を運ぶのが動脈で，心臓に血液を戻すのが静脈である．その動脈と静脈は，物質交換などが行われる毛細血管やリンパ管でつながれている．

無増悪生存期間（Progression-free survival，PFS）
ある時点から（ランダム化試験ではランダム化した時点からとすることが多い），腫瘍の増悪が認められるまでの期間．全生存期間（OS）の評価に時間を要するがん種においては，PFS を主要評価項目とすることがあるが，PFS が真のエンドポイント（評価項目）であるか，あるいは OS の代替エンドポイントになり得るかどうかについては議論がある．

メタボローム解析（Metabolome analysis）
質量分析計を用いてサンプル中の代謝産物を網羅的に解析する技術で，数十から数百種類の代謝物質(核酸，アミノ酸，糖，脂肪酸，小分子化合物など)を一度に定量することができる．

免疫チェックポイント（Immune checkpoint）
自己に対する免疫応答を抑制し，過剰な免疫反応を抑制する分子群を免疫チェックポイント分子という．が

ん細胞はこれを利用して，免疫系からの攻撃を回避しているため，これを阻害する免疫チェックポイント阻害薬ががんの治療で使用されるようになっている．

免疫不全マウス(Immunodeficient mouse)
ヒト由来腫瘍組織を移植した際，T細胞による細胞性免疫が欠損したマウスでは拒絶反応が抑制されるため，生着しやすい．免疫不全の程度の軽いほうからヌードマウス，SCIDマウス，NOGマウスなどが使用される．

【や・ら・わ】

薬剤耐性(Drug resistance)
病原体やがん細胞に対して，薬剤が効かない，あるいは効きにくくなる現象のこと．もともとその薬剤が無効な自然耐性・不感受性の場合と，最初は治療効果が認められたものの次第に効果がなくなってくる獲得性耐性の2パターンがある．

薬物排出トランスポーター(Drug efflux transporter)
薬物を細胞外に排出する能力をもつ膜タンパク質．ATP加水分解エネルギーを利用するATP-binding cassette (ABC) ファミリーと，ATPを利用しないSoluble carrier (SLC) ファミリーがある．ABCB1/P-糖タンパク質は，構造や作用機序の異なるいくつもの抗がん薬の耐性(多剤耐性)に関与する．

ユビキチン・プロテアソーム経路
〔Ubiquitin(Ub)-proteasome pathway〕
細胞の恒常性維持などのために存在するタンパク質の選択的な分解機構．分解の標的となるタンパク質には，ユビキチンと呼ばれるタンパク質が付加され，これをプロテアソームと呼ばれる巨大なタンパク質複合体が認識し，分解に導く．

リキッドバイオプシー (Liquid biopsy)
血液や尿などの体液検体を用いて診断や治療効果の予測を行う技術のこと．これにより，低侵襲な方法で病態を診断できることに加え，治療効果を評価しながら適切な治療薬を選択できるようになることが期待されている．

レギュラトリーサイエンス(Regulatory science)
1987年に内山充博士〔国立衛生試験所(当時)〕によって提唱された概念で，「科学技術の進歩を真に人と社会に役立つ最も望ましい姿に調整するための評価・判断の科学」とされる．医薬品や医療機器のみならず，化学物質や食品安全，原子力利用などさまざまな分野でも使われている．

ワールブルク効果(Warburg effect)
がん細胞などの増殖が活発な細胞では，酸素が十分に利用できる環境であるにもかかわらず，グルコースが解糖系を介して乳酸となり排出される現象．好気的解糖といわれる．

索　引

【数字】

2 ステージデザイン	292
2-ヒドロキシグルタル酸(2-HG)	277, 305
2-フルオロデオキシグルコース(FDG)	22
3＋3 デザイン	288
3 次元培養	88
50％増殖抑制濃度(GI_{50})	70
53BP1	239
5-ヒドロキシメチルシトシン(5hmC)	225

【A】

ABC トランスポーター	9, 240
Absolute	55
actionable gene	58
ADC（antibody-drug conjugates）	115, 155, 310
ADCC（antibody-dependent cellular cytotoxicity）	5, 37, 155, 305
ADCP（antibody dependent cellular phagocytosis）	155
Akt	20
AKT 阻害薬	203
ALK 阻害薬	78
AMET	8
Apc 遺伝子	33, 95
APC 遺伝子	93
APC 複合体	242

【B】

BCR-ABL	196
BED（biological effective dose）	287
BET ファミリータンパク質	231, 305
BMP 経路	89
BRAF	19
BRAF（non-V600）変異	199
BRAF（V600）変異	199
BRAF 遺伝子変異	198
BRAF 阻害薬	198
BRCA1	236
BRCA2	236
BRCA*ness*	239
Broad 研究所	62

BWA-MEM	52

【C】

C57BL/6J マウス系統	93
CAF（cancer-associated fibroblast）	25, 219, 308
CAR（chimeric antigen receptor）	168
CAR-T（キメラ抗原受容体遺伝子改変 T 細胞）	163, 168, 305
CCLE（Cancer Cell Line Encyclopedia）	78
CDC（complement-dependent cytotoxicity）	5, 37
cDNA キャプチャーシーケンス	51
CDR 配列	155
CellMiner	69, 75
cfRNA（cell-free RNA）	127
ChemBank	62
CLEC-2	252
CMC（Chemistry Manufacturing Control）	8
CMT1000	78
co-deletion	25
COMPARE 解析	70
COSMIC	55
COX-2	96
COX-2/PGE_2 経路	95
CpG アイランド	33, 224, 305
CTC	125, 311
ctDNA（circulating tumor DNA）	45, 59, 127, 311
CTLA-4	169
CTOS 法	89

【D】

DAR（drug-antibody ratio）	158
DDS（Drug Delivery System）	115, 173, 255, 313
DepMap（Cancer Dependency Map）	79, 81, 308
Disease-oriented screening	69
DLT（dose-limiting toxicity）	287
DNA	
——修復因子	235
——トポイソメラーゼ I 阻害薬	74
——メチル化	32, 33, 34, 224
——メチル基転移酵素（DNMT）	224
DOT1L	230
DRIVE データ	79

317

索引

【E】

EGFR 遺伝子	78, 305
EML4-ALK 融合遺伝子	189, 305
EMT（epithelial-mesenchymal transition）	22, 30, 102, 201, 249, 256, 270, 311
EPR（Enhancer Permeability and Retention）効果	118, 179, 305
ERBB3	201
ETS ファミリー転写因子	240
EU-O ペン Screen	63
EWS-FLI1 融合遺伝子	240

【F】

False discovery rate	54
FBS	84
FDG	22
FFbxw7	102
Fibonacci の変法	288
FMO 創薬コンソーシアム	112
founding mutation	57

【G・H】

Gan マウス	97
GLP（Good Laboratory practice）	8
GOF（gain-of-function）	100
GTP アーゼ活性化タンパク質（GAP）	197
HAT（histone acetyltransferase）	228
HDAC（histone deacetylase）	228
――阻害薬	228
HeLa 細胞	84
HIF（Hypoxia inducible factor）	18, 217, 312
HLA（human leukocyte antigen）	167
The Hallmarks of Cancer	17, 305

【I】

IC_{50}	107
ICGC	55
ICH-E5	292
ICH-E8	286
ICH-E9	295
ICH-S9	287
i-Cluster	57
IDH（isocitrate dehydrogenase）	225, 307
――変異	227
IDH 変異	277
iPS 細胞	32, 34

【J・K・L】

JFCR39	71
JMJD3	231
KEAP1-NRF2 経路	281, 305
KRAS	19
Kras 変異	101
KRAS 変異	12, 200
LBDD（Ligand-Based Drug Discovery）	106, 306
LNA（Locked nucleic acid）	173, 177
lncRNA（long non-coding RNA）	127
LOH（loss of heterozygosity）	11, 314
LSD1	230

【M】

MABEL（Minimum Anticipated Biological Effect Level）	288
MAPK 経路	196, 197, 306
mART（mono-ADP-ribosyltransferase）	235
MDSC（marrow-derived suppressor cell）	25
MEK 阻害薬	200
$MELD_{10}$	288
MET 阻害活性	190
MHC（major histocompatibility antigen）	167, 311
miRNA（microRNA）	127, 175, 314
MMP（matrix metalloproteinase）	216, 251
――2	99
――阻害薬	253
MRI（magnetic resonance imaging）	121
mRNA	172
MT1-MMP	99
MTD（maximum tolerated dose）	287, 310
mTOR 阻害薬	202, 221
mTPI 法	289
MutSig2CV	54
mutually exclusiveness	56

【N】

NCI60	69
ncRNA（non-coding RNA）	127, 172, 313
NF-κB	100
NGS（next-generation sequencer）	42, 68, 293, 310
NOAEL（No Observed Adverse Effect Level）	288
NOG マウス	87

【P】

p53 遺伝子欠損マウス	99
PARP（poly(ADP-ribose)polymerase）	234, 314
――-1	235

■索　引■

──-2	236
──阻害薬	236
──トラッピング	238
PAR化酵素（poly（ADP-ribose）polymerase）	234
PCR	85
PD-1（programmed cell death 1）	170
PDK1（phosphoinositide dependent kinase-1）	202
PD-L1	23
PDX（Patient-derived xenografts）	87, 99, 309
PET/CT（positron emission tomography-computed tomography）	121
PGE_2	96
PI3K/AKT経路	196, 306
PI3K阻害薬	203
PIK3CA	19
*PIK3CA*遺伝子	202
PLLASシステム	107
POC（proof-of-concept）	7, 37, 38, 306
PROTAC（Proteolysis Targeting Chimera）	210, 306
PTEN	19
PubChem	62, 105
P-糖タンパク質	141, 144, 153, 222, 240

【Q・R】

QOL（quality of life）	2, 116
RAS	197, 306
RBタンパク質（pRB）	18
RD（recommend dose）	287
RECIST（Response Evaluation Criteria In Solid Tumors）	8, 290, 306
RNA干渉	78, 86, 174, 306
──ライブラリー	69
RNAシーケンス	51
ROS（reactive oxygen species）	24, 255, 308

【S】

SB（Sleeping Beauty）	97
SBDD（Structure-Based Drug Discovery）	107, 306
SCIDマウス	87
SCRUM-Japan	11, 293
shRNA	93
──ライブラリー	78
siRNA（small interfering RNA）	174
*SLFN11*遺伝子	74
SMAD4	20
SPECT（single photon emission computed tomography）	121
Sprouty	201
SRBアッセイ	70
STD_{10}	288
SWI/SNF複合体	11

【T】

TAM（tumor-associated macrophage）	25, 162, 311
TCGA	55, 308
TCR（T cell receptor）	167
TEC（tumor endothelial cell）	220
TET（ten-eleven translocation）	225
TGF-β	20, 99, 250
TKI（tyrosine kinase inhibitor）	38, 148, 153, 186
TMB（tumor mutation burden）	13
TP53タンパク質（p53）	20
Treg（regulatory T cell）	169, 261
tRF（transfer RNA-related fragments）	127
TRF1	241
TS-miRNA（Tumor Suppressor microRNA）	176
T細胞受容体（TCR）	167

【U・V・W】

ultra-deep sequencing	51
UTX	231
VEGF（vascular endothelial growth factor）	18, 216, 221, 309
──中和抗体	221
Warburg effect	12
whole genome duplication	55
Wnt	
──/β-カテニンシグナル	12, 242
──経路	89
──シグナル	96, 98, 306

【あ】

悪性腫瘍	16, 307
アグリソーム経路	212
アザシチジン	226
アジュバント療法	3
アスピリン	94
アプタマー	177
アポトーシス	143, 307
アルキル化薬	140
アロステリック阻害薬	9
アンジオポエチン	218, 307
安全投与域	116
アンチセンス核酸	173
アンブレラ試験	11, 293
異種移植転移モデル	248

■ 索　引 ■

イソクエン酸デヒドロゲナーゼ（IDH）　225, 277, 307
イデラリシブ　204
遺伝子多型　86
遺伝子パネル　58
イマチニブ　6, 148, 150, 153, 185, 196
医薬品医療機器総合機構（PMDA）　300, 307
医薬品医療機器法　299, 307
医薬品規制調和国際会議　286
イリノテカン　142
インシリコ創薬　105, 111, 307
インフォマティクス　105
エクソソーム　125, 180, 307
エテプリルセン　180
エトポシド　143, 259
エナシデニブ　279
エピゲノム　32, 33, 34, 93, 231, 307
　──標的薬　150
エピトープ　157
エベロリムス　202
エリブリン　144
エルロチニブ　187
塩基性線維芽細胞増殖因子（bFGF）　217
炎症反応　96
オートファジー　210, 307
オキサリプラチン　139
オシメルチニブ　187
オフターゲット　39, 73
オフターゲット効果　79, 173, 307
オミックスデータ　57
オミックス総合データベース　77
オラパリブ　12, 237
オルガノイド　88, 97, 98, 103, 308
オンコジェニックマイクロRNA（Onco-miR）　176

【か】

外国臨床データを受け入れる際に考慮すべき民族的
　要因についての指針（ICH-E5）　292
核酸医薬　172, 308
化合物データベース　62
化合物ライブラリー　62, 308
加速型漸増デザイン　288
家族性大腸腺腫症　33
可塑性　29, 250, 309
活性化型変異　55
活性酸素種（ROS）　24, 255, 280, 308
可変領域　155
カルボプラチン　139
がん依存性マップ（DepMap）　78, 81, 308
がん遺伝子　4, 17, 308

　──依存性　243, 308
　──パネル検査　14
がん幹細胞　9, 31, 86, 249, 266, 308
　──特異的マーカー　267
環境適応　28
環境適所説　247, 308
間欠性低酸素　255
がんゲノムアトラス（TCGA）　55, 308
がんゲノム医療　14, 308
がん原性　38
がん抗原　167
韓国化合物バンク　64
がん細胞株　83
がん細胞パネル　68, 309
幹細胞性（ステムネス）　269
間質　17
　──細胞　254, 308
　──反応　102
患者由来組織ゼノグラフト（PDX）　86, 99, 309
がん随伴線維芽細胞（CAF）　25, 308
がん対策推進基本計画　2
肝転移　103
がん免疫監視機構　166
がん免疫編集　167
がん免疫療法　166
間葉上皮転換（MET）　22, 30
がん抑制遺伝子　4, 20, 93
がんワクチン　167
機械学習　58
希少がん　302
希少フラクション　10
キナーゼ阻害薬　148
キメラ抗原受容体（CAR）　168
急性骨髄性白血病（AML）　110
グアニンヌクレオチド交換因子（GEF）　197
クリゾチニブ　149
クリニカルシーケンシング　43
グルタチオンペルオキシダーゼ4（GPX4）　26
クローン進化　13, 28, 270, 309
クロスコンタミネーション　84
ケアテイカー遺伝子　24
形質転換　17
血液動態説　247, 309
血液-脳腫瘍関門　121, 309
血管新生　216, 309
血管内皮増殖因子（VEGF）　18, 216, 309
血小板　250
　──凝集　252
　──由来増殖因子（PDGF）　217

320

ゲートキーパー変異	189, 309
ゲノム不安定性	29, 309
ゲノム変異数(TMB)	13
ゲノム編集	98, 310
ゲフィチニブ	148, 153, 186
ケミカルバイオロジー	60
ケラトアカントーマ	199
抗VEGFR2モノクローナル抗体	222
抗悪性腫瘍薬の非臨床評価に関するガイドライン（ICH-S9）	287
抗悪性腫瘍薬の臨床評価方法に関するガイドライン	287, 299
効果予測バイオマーカー	12
好気的解糖	274
抗腫瘍抗生物質	140
合成致死	10, 236, 310
抗体依存性細胞傷害(ADCC)	5, 37
抗体薬物複合体(ADC)	115, 118, 155, 158, 310
公知化合物情報(PubChem)	62, 105
高分子—薬剤コンジュゲート	119
高分子ミセル	120
骨髄由来抑制細胞(MDSC)	261
コパンリシブ	204
コンディションドメディウム	89
コンパニオン診断法	239
コンパニオン診断薬	10, 41, 310
コンプリメンタリー診断薬	42

【さ】

サイクリンD	18
最大耐用量(MTD)	287, 310
細胞株	83
——同一性	85
細胞極性	91
細胞傷害性抗がん薬	3, 134, 310
細胞バンク	85
細胞遊離RNA（cfRNA）	127
細胞老化	84
先駆け審査指定制度	302, 310
サブクローン	57
サリドマイド	152, 209
磁気共鳴画像診断(MRI)	121
シクロホスファミド	140
自己複製能	31, 310
支持療法	135, 310
シスプラチン	139
次世代シーケンサー（NGS）	42, 68, 126, 293, 310
自然転移モデル系	248
実験的転移モデル系	248
周皮細胞	218
手術療法	2
腫瘍血管	21, 216, 310
腫瘍血管内皮細胞(TEC)	220
腫瘍原性	31
腫瘍抗原	158, 310
腫瘍随伴線維芽細胞(TAF，CAF)	219
腫瘍随伴マクロファージ(TAM)	25, 162, 219, 261, 311
主要組織適合抗原(MHC)	167, 311
腫瘍内遺伝の不均一性	270
循環腫瘍DNA（ctDNA）	45, 127, 311
循環腫瘍細胞(CTC)	125, 311
消失相(β相)	117
小児悪性腫瘍における抗悪性腫瘍薬の臨床評価方法に関するガイダンス	300
承認基準	301
上皮間葉転換(EMT)	22, 30, 102, 177, 201, 249, 256, 270, 311
上皮成長因子受容体(EGFR)	98, 184
情報科学	105
小胞体ストレス(ERストレス)	208, 213, 263, 311
除外基準	12
初代培養	83
徐放化	115
新規がん治療薬	297
シングルセル解析	59, 311
神経膠芽腫	32
人工知能	58, 311
審査報告書	300
浸潤	21, 251, 310
新生抗原	13, 57
申請資料	299
新生物	16
推奨用量(RD)	287
推定最小薬理作用量(MABEL)	288
スクリーニングセンターネットワーク	61
スクリーニングデザイン	291
ステムネス	269
スーパーエンハンサー	231, 311
スフェロイド	86, 311
スルホローダミンB（SRB）アッセイ	70
制御性T細胞(Treg)	169, 261
生体バリア	115
生物学的有効量(BED)	287
ゼノグラフト	83, 207, 311
セルメチニブ	200
セレクションデザイン	291
線維芽細胞	102

321

■ 索　引 ■

──増殖因子受容体1（FGFR1）	201
全エクソン解読	50
前がん病変	96, 312
全ゲノム解読	50
染色体コピー数異常	50
全生存期間	8, 312
臓器指向性	246
相互排他	8, 193, 312
相同組み換え	236
創薬機構	64
創薬コンソーシアム	63
ソーティング	89
組織幹細胞	31

【た】

ターゲットシーケンス	50
ターゲティング	117
第Ⅰ相試験	287
第Ⅰ／Ⅱ相試験	289
第Ⅱ相試験	290
第Ⅲ相試験	294
胎仔牛血清	84
胎児性 Fc 受容体	155
代謝拮抗薬	134, 135
耐性	250
耐性変異	49
第二世代高速シーケンサー	49
胎盤由来増殖因子（PlGF）	217
多段階発がん仮説	28
多段階発がん説	94
多発性骨髄腫	208, 312
多分化能	31
タラゾパリブ	238
単一光子放射断層撮影（SPECT）イメージング	121
タンキラーゼ	241
タンキラーゼ阻害薬	243
タンパク質－タンパク質相互作用	63, 312
タンパク質非コード領域	43
タンパク質立体構造情報（PDB）	105
治験計画の届出	299
長鎖非コード RNA（lncRNA）	127
治療指数	3
治療切除	2
チロシンキナーゼ阻害薬（TKI）	38, 186, 221
低酸素	312
──活性化プロドラッグ	261
──誘導因子（HIF）	18, 217, 312
定常領域	155
デコイオリゴ核酸	177
デシタビン	226
テムシロリムス	202
テロメア	241, 312
テロメラーゼ	21, 241
──阻害薬	241
転移	21, 246, 310
転移克服薬	250, 251, 253
点突然変異	50
天然化合物データベース（NPEdia）	65
天然化合物バンク（NPDepo）	65
同種移植モデル	248
ドキソルビシン	141
ドセタキセル	200
トポイソメラーゼ阻害薬	134, 142
ドライバー遺伝子	4, 24, 40, 94, 184, 196, 312
ドラッガビリティ	198, 312
ドラッガブル	10, 38
ドラッグ・ラグ	293, 300
ドラッグデリバリーシステム（DDS）	115, 173, 178, 255, 313
ドラッグリポジショニング	270, 313
トランスフォーミング増殖因子-β（TGF-β）	98, 217
トランスレーショナルリサーチ（TR）	122, 253
トリプリネガティブ乳がん	237
トレチノイン	151

【な】

ナイトロジェンマスタード	3
内分泌療法薬	144
ナノテクノロジー	115, 313
ナノポア技術	50
ナンセンス変異	55
二重特異性抗体	163
二重盲検法	295
ニラパリブ	238
ヌシネルセン	181
ネオアジュバント療法	3

【は】

バイオアベイラビリティ	7
バイオマーカー	39, 181, 313
背景変異	54
バイスペシフィック抗体	163
ハイスループットスクリーニング	65, 313
パクリタキセル	143
パスウェイ	56
バスケット試験	11, 293, 313
白金製剤	139
白血病幹細胞	266

パッセンジャー変異	11, 24, 49, 196
非遺伝子領域	54
非幹がん細胞	32
非コードRNA（ncRNA）	127, 172, 313
微小環境	25, 34, 95, 250, 254, 272, 311
微小管阻害薬	134, 143, 200
非小細胞肺がん	197, 313
非ステロイド抗炎症薬	95
ヒストン	
——アセチル化	32
——アセチル化酵素（HAT）	228
——修飾	227, 313
——脱アセチル化酵素（HDAC）	228
——メチル化	32
ヒト化抗体	155, 313
ヒト化免疫不全マウス	87
ヒト白血球抗原（HLA）	167
ヒドロキシグルタル酸	277
病原体ゲノム	52
標準治療	2
標的化	115
非劣性試験	295
ビンクリスチン	143
ファーストインクラス	7, 313
フィードバック機構	200, 201
部位特的コンジュゲーション技術	161
フェロトーシス	26
不均一性	28, 309
服薬コンプライアンス	116
ブパルリシブ	204
プラットフォーム試験	293, 294
フルオロウラシル	137
フレームシフト変異	55
ブレオマイシン	141, 259
プレシジョン医薬	42
プレシジョン医療	14, 125
プロテアソーム阻害薬	152
プロテオスタシス	213
プロドラッグ	116, 313
分化誘導剤	151
分子標的治療	36
分子標的治療薬	4, 29, 146
分布相（α相）	117
分布容積	117
ペガプタニブ	180
ヘテロ接合性消失（LOH）	11, 314
ペプチド	167
ヘリコバクター・ピロリ菌	96, 314
ペリサイト	218
ベリパリブ	238
放射線治療	2
補体依存性細胞傷害（CDC）	5, 37
ポテリジェント技術	158, 314
ポドプラニン	251, 252
ポマリドミド	209
ホミビルセン	180
ポリ（ADP-リボシル）化	234, 314
——酵素阻害薬	151
ポリ乳酸／グリコール酸共重合体（PLGA）	116
ボリノスタット	151
ボルテゾミブ	151, 152, 207
ホルモン療法	144

【ま】

マイクロRNA（miRNA）	127, 175, 314
マイクロサテライト不安定性	13, 314
マイクロニードルパッチ	116
マスタープロトコル	293
マトリゲル	89
マトリックスメタロプロテアーゼ（MMP）	216, 251
慢性骨髄性白血病	6, 184, 314
慢性低酸素	255
ミスセンス変異	99
ミスマッチ修復機構	30
脈管系	246, 314
無増悪生存期間	8, 314
無毒性量（NOAEL）	288
メタボローム解析	270, 314
メチル化酵素EZH2	229
メトトレキサート	135
メルカプトプリン	137
免疫監視システム	22
免疫チェックポイント	13, 26, 78, 161, 169, 314
——阻害薬	87
免疫調節薬	152
免疫不全マウス	83, 315
モノADP-リボシル化酵素（mART）	235
モノクローナル抗体医薬品	297

【や】

薬剤耐性	8, 27, 91, 315
薬物—抗体比率（DAR）	158
薬物排出トランスポーター	152, 315
ユーイング肉腫	240
有害事象共通用語基準	287
融合遺伝子	50
ユビキチン・プロテアソーム経路	206, 315
ユビキチンリガーゼ	208

■ 索　引 ■

陽電子放出断層撮影―コンピュータ断層撮影（PET/CT）	121	リボザイム	177
用量制限毒性（DLT）	287	リポソーム	120
予後バイオマーカー	39	良性腫瘍	16
		臨床シーケンス	58

【ら・わ】

		臨床試験の一般指針（ICH-E8）	286
		臨床試験のための統計的原則（ICH-E9）	295
ライセンス機構	30	ルカパリブ	238
ランダム化	295	レギュラトリーサイエンス	302, 315
ランダム化第Ⅱ相試験	291	レナリドミド	209
ランダム化中止デザイン	292	連続再評価法（CRM）	288
リキッドバイオプシー	13, 45, 315	ワールブルク効果	12, 260, 274, 315

編者略歴

清宮啓之（Seimiya Hiroyuki）
がん研究会がん化学療法センター分子生物治療研究部長，薬学博士
1967年　埼玉県生まれ
1995年　東京大学大学院薬学系研究科博士課程　修了
　　　　癌研究会，米国ニューヨーク大学を経て2005年より現職．
2018年　理化学研究所　創薬・医療技術基盤プログラム・プロジェクトリーダー（兼務）

専門は腫瘍生物学，分子標的治療．染色体末端テロメアの研究を基軸に，核酸の特殊形態やタンパク質の翻訳後修飾を標的とした，新たな創薬をめざしています．

DOJIN BIOSCIENCE SERIES 32
進化するがん創薬——がん科学と薬物療法の最前線

2019年6月20日　第1版　第1刷　発行

検印廃止

JCOPY 〈出版者著作権管理機構委託出版物〉
本書の無断複写は著作権法上での例外を除き禁じられています．複写される場合は，そのつど事前に，出版者著作権管理機構（電話 03-5244-5088，FAX 03-5244-5089，e-mail: info@jcopy.or.jp）の許諾を得てください．

本書のコピー，スキャン，デジタル化などの無断複製は著作権法上での例外を除き禁じられています．本書を代行業者などの第三者に依頼してスキャンやデジタル化することは，たとえ個人や家庭内の利用でも著作権法違反です．

乱丁・落丁本は送料当社負担にてお取りかえいたします．

編　者　清　宮　啓　之
発行者　曽　根　良　介
発行所　（株）化学同人
〒600-8074　京都市下京区仏光寺通柳馬場西入ル
編集部　TEL 075-352-3711　FAX 075-352-0371
営業部　TEL 075-352-3373　FAX 075-351-8301
　　　　振替　01010-7-5702
E-mail　webmaster@kagakudojin.co.jp
URL　https://www.kagakudojin.co.jp
印刷・製本　日本ハイコム（株）

Printed in Japan　ⓒHiroyuki Seimiya　2019　無断転載・複製を禁ず　ISBN978-4-7598-1733-1